中国逻辑史研究方法论

——首届两岸中国逻辑史学术研讨会论文集

何杨　李贤中　主编

中国社会科学出版社

图书在版编目（CIP）数据

中国逻辑史研究方法论：首届两岸中国逻辑史学术研讨会论文集 / 何杨，李贤中主编. —北京：中国社会科学出版社，2019.6
ISBN 978-7-5203-4626-9

Ⅰ.①中… Ⅱ.①何…②李… Ⅲ.①逻辑史—中国—学术会议—文集 Ⅳ.①B81-092

中国版本图书馆CIP数据核字（2019）第122283号

出 版 人	赵剑英
责任编辑	孙 萍
责任校对	沈丁晨
责任印制	王 超

出　　版	中国社会科学出版社
社　　址	北京鼓楼西大街甲158号
邮　　编	100720
网　　址	http://www.csspw.cn
发 行 部	010-84083685
门 市 部	010-84029450
经　　销	新华书店及其他书店
印　　刷	北京明恒达印务有限公司
装　　订	廊坊市广阳区广增装订厂
版　　次	2019年6月第1版
印　　次	2019年6月第1次印刷
开　　本	710×1000　1/16
印　　张	30.75
字　　数	473千字
定　　价	128.00元

凡购买中国社会科学出版社图书，如有质量问题请与本社营销中心联系调换
电话：010-84083683
版权所有　侵权必究

前　言

2016年9月2日至3日，中山大学逻辑与认知研究所和台湾大学哲学系联合举办了首届两岸中国逻辑史学术研讨会。来自海峡两岸20多所高等院校、科研院所与出版机构的40多名专家学者聚首于广州中山大学锡昌堂，共同探讨中国逻辑史研究的方法论问题。

这一会议主题的确立不仅反映了中国逻辑史领域的最新研究动态，也彰显了两岸学者互相借鉴、共促发展的合作愿景。一方面，议题的学科史起源可追溯至20世纪初。彼时，在西方逻辑学东渐的背景下，刘师培、梁启超、胡适等学人根据西方传统逻辑理论解释和重构中国古代逻辑。这种"据西释中"式的研究成为随后百来年中国逻辑史研究的经典范式。毋庸置疑，无论是在学术研究方面，还是在学科建设方面，这种研究都取得了重要成就。然而，该范式也存在诸多弊端，未能揭示出中国古代逻辑自身的特点。20世纪90年代以来，中国逻辑史学界对中国逻辑史研究进行了总体反思，而且，两岸学者还各自提出了一些新的研究途径，如基于名学与辩学、符号学、语言哲学、符号逻辑、非形式逻辑、广义论证、思想单位等理论学说开展的研究。另一方面，虽然近年来两岸的学术交流日渐增多，但是中国逻辑史领域的有效沟通尚显不足。因而，出于对"新方法"的共同关注，这个具有承前启后意义的学术会议也便应势而成。

这次会议以中国逻辑史研究方法论为主题，同时也涉及中国逻辑史经典文献的新诠释、中国逻辑史新史料的发掘与解读等议题。大会共有37场学术报告，其中，台湾云林科技大学李哲贤教授、香港科技大学冯耀明教授、中山大学鞠实儿教授、南开大学张晓芒教授、台湾元智大学孙长祥教授分别作了特邀报告。基于与会者的充分交流，本次会议的讨论也卓有成效。其一，会议报告充分展现了当前中国逻辑史研究的最新进展，同时也强调了逻辑观念、研究方法、研究史料等对于中国逻辑史研究的重要价值，并注重借鉴文史哲等其他学科方法与成果开展中国逻辑史研究。可以说，这次会议的召开为将来的中国逻辑史研究提供了方向。其二，诸多与会专家均一致提议今后继续举办两岸中国逻辑史学术研讨会。在闭幕式时，田立刚教授代表南开大学哲学院即表示举办第二届会议。其后，2017年10月11日至12日在南开大学成功举办了第二届两岸中国逻辑史学术研讨会。台湾辅仁大学哲学系则将举办第三届会议。

为了纪念首届会议，并将会议成果更好地呈诸学界，中山大学与台湾大学学者于会后共同商议了论文集的出版事宜。经挑选，本书最终收录了23篇论文。其中，大陆学者15篇，台湾学者7篇，香港学者1篇。从论文内容上看，中国逻辑史研究方法论为本书主体内容，其中，前10篇论文从宏观层面展开方法论讨论，其他论文则以具体文本为基础，或采用新方法对经典逻辑史料展开新诠释，或基于新的逻辑观念和更为丰富的史料拓展中国逻辑史的研究范围。

虽然两年多的编纂过程颇为烦琐，但幸得多方通力合作，这本论文集终于如期完成。在此，首先要感谢各位专家学者惠赠大作，并不厌其烦地多次校改。其次，感谢中山大学逻辑与认知研究所对文集出版的资助，特别是近年来所长鞠实儿教授对中国逻辑史学科所给予的大力支持！再者，感谢中国社会科学出版社赵剑英社长慧眼玉成本书的出版，并感谢责任编辑孙萍为本书的编纂所付出的辛劳努力！事实上，中国社会科学出版社对中国逻辑史学科发展的鼎力相助由来已久。早在1982年，该社就为中国逻辑史第一次学术讨论会（广州，1980年）出版了会议论文集《中国逻辑史研究》。最后，我们真诚地希望，本书的出版不仅能够促进海峡两岸中国逻辑史研究者的学术交流，也能引起文史哲等不同领域的学者对中国逻辑史的关注，进而推动中国逻辑史研究的进一步发展。

目 录

汉学视野下之"中国逻辑史研究"之反思
　　——以荀子名学研究为例 …………………………… 李哲贤(1)
中国逻辑史研究刍议 ……………………………………… 孙中原(13)
中国逻辑史研究与训诂之关系刍议 ……………………… 王克喜(22)
中国古代逻辑整体性研究初探 …………………………… 田立刚(35)
"中国逻辑"的建构问题 …………………………………… 邱建硕(44)
先秦逻辑史研究方法探析 ………………………………… 李贤中(59)
传统名辩的视域分殊及方法论反思 ………… 郎需瑞　张晓芒(77)
论证实践与中国逻辑史研究 ……………………………… 何　杨(95)
A Bridge between Philosophy and Philology: A Methodological
　　Problem in Chinese Classical Studies ……………… 冯耀明(109)
中国古代算学史研究新途径
　　——以刘徽割圆术本土化研究为例 ………… 鞠实儿　张一杰(202)
医学人文的思维方法 ……………………………………… 萧宏恩(230)
易经的思维方式 …………………………… 张丽娟　吴进安(246)
中国古代式盘逻辑大义 …………………………………… 吴克峰(256)
经典解释与《墨辩》逻辑研究 …………………………… 曾昭式(286)
墨辩中有关行动规范的逻辑
　　——以墨子大小取为主的讨论 ………………………… 孙长祥(299)
《小取》"是而然"中的命题、词项与西方逻辑史的
　　一些论述 ……………………………………………… 韩国建(333)
墨家"实"之意义辨析 …………………………………… 李雷东(361)
"实"的可经验性
　　——《墨经》"实，荣也"句新解 ………… 陈声柏　韩继秀(373)

诡辩抑或误解？
　　——"白马非马"及其合理性论证 …………………… 郭　桥(393)
物的可指性
　　——《公孙龙子·指物论》新解 …………………… 李　巍(414)
论庄子、惠施的"大小之辩" …………………………… 吴惠龄(428)
近代中国逻辑思想研究源论 ……………………………… 翟锦程(443)
《名理探》中对逻辑作为一门科学的讨论 ……………… 江　璐(466)

汉学视野下之
"中国逻辑史研究"之反思
——以荀子名学研究为例

李哲贤[*]

一 前言

  就中国学界之中国逻辑史研究而言，一般以为是始自19世纪末20世纪初，迄今已一百多年了。近三十年来，中国逻辑史研究已成为中国学术界之研究重点之一。目前，在中国境内已出版了诸多有关中国逻辑史之通史、断代史、专书和论文等。中国学者对中国逻辑史之研究，百年来代代相承，其研究成果已汗牛充栋。

  中国学界对于中国逻辑史之研究，不遗余力，不论是其研究目的、研究对象、研究方法、分期和范围等，皆有全面而深入之探讨。至于中国逻辑史研究之目的则在于探讨中国古代逻辑思想之酝酿、衍变和发展之历史和研究成果，此为纵向研究方面，此外，当有横向方面之研究，如探讨各时代、各学派、各思想家之逻辑思想等。在研究方法方面，则主要采用比较研究法和历史分析法。而研究对象则是中国古代之逻辑思想，其主要内容是先秦时期之名学、辩学或名辩学之文献等。依此，中国学界在中国逻辑史研究方面，历经百年来之努力经营、探索，研究成绩极为亮眼。

  实者，近几十年来，世界上有关中国逻辑史研究之中心，是在中

---

 [*] 李哲贤，台湾云林科技大学汉学应用研究所教授。

国（主要指大陆地区），而不在海外。在中国逻辑史研究领域，中国学界之研究成果最为丰硕，在中、外学界之相关研究中几无出其右。然而，或许长期以来，受限于自身之学术文化传统、儒家之道统观念等因素的影响，研究成果不易积累消化，或突破传统之藩篱，而只能在自身之文化传统中迂回摸索。相形之下，（国外）汉学界可不受中国传统文化之影响与限制，因之，能从不同之视角或切入点来从事中国逻辑史研究，吾人若透过汉学界之研究成果之再研究（分析、诠释），可提供或发掘新的问题或新的观点，由此可扩大学术研究视野，并提供新的学术研究方向或论题，从而获得令人耳目一新且具有启发性之见解。

而在中国逻辑史研究方面，其成就最高的当属先秦时期之逻辑思想，其中，除了公孙龙和墨辩之外，当以荀子之名学最具代表性。虽然，目前荀子思想研究之中心是在两岸，而不在海外，然而，汉学界长期以来即非常关注荀子思想之研究，近年来，其研究成果颇为丰硕，所提出之观点极为新颖且具启发性，非常值得中文学界之借镜。故本文旨在就汉学界之荀子名学研究成果，分别从五方面来进行论述：一，荀子名学之本质；二，荀子名学之定位；三，约定俗成之制名原则；四，荀子之哲学立场；五，"共名""别名"之问题，试图寻绎出汉学界之荀子名学研究对于中文学界之荀子研究所可能赋予之意义，并可作为中国学界在从事中国逻辑史研究时之参照、借镜及反思。

二 "汉学研究"之意义

（一）"汉学"之名义

"汉学"一词源自西方，相当于英文之 Sinology，不过，现在则多用 Chinese Studies（中国学或汉学）一名。它大致和中国过去习用之"国学"一词在实质上相近，而涉及之范围则更广泛。简单地说，"汉学"就是外国人研究中国学术文化的学问，即以中国为探究对象之人文和社会科学为主。

（二）汉学研究之意义

1. 汉学研究在国外有其悠久的历史，其中以欧洲、美国、日本等地区最具代表性，而目前则以美国的汉学研究成果最为丰硕，且最具特色，可谓国际汉学研究的重镇。

2. 国外学者之研究态度较客观，不受传统观念之束缚，视野较宽阔，亦较自由。

3. 国外学者是以"他者"（other）的身份来研究汉学，由于对中国传统文化的陌生，相对的，亦不受传统文化之影响与限制，从而能以不同的视角或切入点来研究汉学，因此，可获得一些新的、具有启发性的见解。

4. 国内所谓"汉学研究"，其意义在于对汉学研究成果之再研究，由此而具有学术研究之"主体性"。汉学固然属于外国人的学问，但是，当我们对（国外）汉学之研究成果进行诠释、分析或再研究时，它已不属于外国人的学问，因为它已体现了我们自己的观点和看问题的视角，也就是我们已建立汉学研究的主体性。目前，此一工作在国内正处于方兴未艾之际，值得吾人共同努力去开发和研究。

5. 学术研究国际化是中文学界未来研究发展之必然趋势。

6. 汉学研究必须以中国学术研究为基础。

7. 透过汉学研究成果之再研究（分析、诠释），可提供或发掘新的问题或新的观点，由此扩大学术研究视野，并提供新的学术研究方向或论题。

8. 可为国内学界提供一种国际视野及国内、外汉学研究者之对话窗口。

9. 可扩大学术交流，并提升国内汉学研究水平。

三　汉学视野下之荀子名学研究

在荀子思想之研究领域，中文学界之研究成果极为丰硕，然而，相形之下，国外汉学界往往能从不同的视角或切入点来研究荀子的思想，从而获得令人耳目一新且具有启发性的见解。在荀子名学研究方面，国外学者在名学之本质、名学之定位、约定俗成之制名原则、荀子之哲学立场及"共名""别名"等议题提出许多洞见，而这些议题或观点却是中文学界（可能受限于文化传统）所未能触及或予以发掘的，兹分述如下。

（一）荀子名学之本质

1. 背景

荀子之名学思想是对孔子正名思想之继承与发展。荀子批判地吸收前人之思想，尤其是在墨辩之研究成果之基础上，以儒家之立场推进并发展先秦之名学思想，建立其名学思想体系，从而在中国名学史上占有极为重要之地位。

荀子名学之目的在于正名，由"制名以指实"以实现"上以明贵贱，下以辨同异"之目的，并体现孔子以伦理政治为依归之正名思想。依此，荀子对名、辞、辩说等名实问题进行深入之探究，对名即概念之理论颇有创获，并建立严谨之概念论，此外，在辞和辩说方面亦有极为精辟之论述，凡此，在先秦名学思想史上皆具有重大之意义与价值。

历来有关荀子之研究，多着重其心、性、天、礼或政治、伦理道德学说等之阐发，而较疏于其名学思想之研究。近年来，由于大陆学界积极挖掘中国古代之逻辑思想，以免西方逻辑专美于前，于是有关中国逻辑史或逻辑思想之论著，如雨后春笋般出现。

此等有关中国逻辑论著之研究对象主要为先秦时期讨论名实辩说之篇章，尤其是公孙龙、墨辩和荀子名学之研究。此外，由于一些国外学者之参与，使得中国逻辑之研究，尤其是关于荀子名学之研究，如今已成一较为普遍之现象。

在荀子名学研究中最基本且最重要的问题是名学本质之厘清。因为，厘清此一问题才能解决由之所衍生的问题，即荀子的名学与墨辩思想的批判和发展关系，并由此确定荀子名学的评价和定位。

2. 研究观点

（1）大陆学界及日本学界大多主张荀子之名学等同于西方亚里士多德之传统逻辑（traditional logic）。

(2) 日本学者加地伸行（Kachi Buyuki）则主张中国古代并无西方之亚氏逻辑。加地伸行指出，有人以为中国没有逻辑学。关于这个问题，首先需要确定逻辑学的含义。今日，逻辑学有广、狭二义。狭义的逻辑学，即形式逻辑；广义的逻辑学，是符号学。实者，现代的符号学可分为三个领域：

①语义学（semantics）：研究符号及其对象之间的关系，即语言意义之指谓应用的理论；

②语用学（pragmatics）：研究符号及其解释者之间的关系，即语言之实际应用的理论；

③语法学（syntactics）：研究符号与符号之间的关系，即语言之逻辑结构的理论。

传统的形式逻辑和符号逻辑等，属于语法学的领域。此是狭义的逻辑学。而作为这种符号学的议论，即广义逻辑学的议论，在春秋战国时代，可说是非常普遍。因此，关于"中国没有逻辑学"之说法，如果是指广义的逻辑学，即符号学意义上的逻辑学，则此一论点是不正确的。若是指狭义的逻辑学，即传统形式逻辑（亚里士多德系统的逻辑学），则在某种程度上是正确的。

(3) 陈汉生（Chad Hansen）认为，中国古代有语意学理论，但并无逻辑，依此，中国古代名学并非逻辑。

(4) 柯雄文（Antonio Cua）也不认为荀子之名学与西方的逻辑是实质之同义语。此外，柯氏指出，荀子之名学具有明显的伦理倾向，因此，柯氏建议，未来荀子之名学研究可着重于道德知识论（moral epistemology）之探究。

（二）荀子名学之本质所衍生之问题：荀子名学之评价或定位

(1) 一般而言，大陆学界大多主张荀子之名学等同于西方亚里士多德之传统逻辑，并以此作为判准（criteria）而主张荀子之名学未能在墨辩逻辑已有之辉煌成就之基础上，将逻辑研究向前推进，因而，仅满足于概念论之研究，未能深入探讨判断、推论之具体形式和规律，在先秦名学研究上有其限制，且是一种倒退。

(2) 加地伸行更明确指出，墨家论理学已由概念论发展为推理论之思想，而荀子在墨家论理学之研究基础上，却又退回概念论，此是一种倒退，是形式论理学之反动。

（三）约定俗成之制名原则

1. 背景

荀子名学之主旨在于正名，其名学专论即以"正名"名篇。正含有订正、正确之义。正名即订正不正确之旧名，制定统一、正确之新名。可知，荀子名学之要务在于制名，荀子之制名理论，除了制名之目的及依据外，当以制名之原则最为具体且最具特色。荀子提出制名之原则有五，其中尤以约定俗成之制名原则，学者之意见最为纷歧，此外，由此一原则所衍生之问题是荀子之哲学立场究竟是唯名论（nominalism）抑或实在论（realism），此一问题乃美国及日本学者所引发，而大陆学界则并未触及，依此，国际视野或系研究中国哲学或中国逻辑史之一新且必然之趋势。

2. 研究观点

荀子："名无固宜，约之以命，约定俗成谓之宜，异于约则谓之不宜。名无固实，约之以命实，约定俗成，谓之实名。"

（1）王力（大陆）：对荀子此一制名原则推崇备至。

（2）陈汉生将荀子约定俗成的语言约定论推到极致，并依此主张荀子之正名学说是一种约定主义（conventionalism），而荀子则是一位约定主义者（conventionalist）。

（3）梅约翰（John Makeham）认同陈汉生之观点。

（4）Bryan W. van Norden 对陈汉生之说提出强烈质疑。Norden 认为，陈汉生使用约定主义一词是有歧义的，且陈汉生并未提供充分之文献证据来支持其论点。

（四）约定俗成之制名原则所衍生之问题：荀子之哲学立场

1. 研究观点

（1）梅约翰：认同陈氏之观点，并进一步透过论证，主张荀子之哲学立场是一种唯名论（nominalism）。梅氏认为，荀子是唯名论之立场主要是根据荀子正名说是约定主义而来。梅氏指出一般之唯名论者仅承认"名目性定义"（nominal definition）之存在，亦即名或概念只是用来区别某一物和他物之标记而已。并且反对有所谓"真实之定义"（real definition）或"本质定义"（definition by essence）之存在。所谓"本质定义"是指名或概念在于反映事物之本质。

（2）加地伸行指出，荀子主张"名"先于"实"，由此而主张荀子是实在论之立场。根据加地之看法，唯名论之立场是认为对象物"实"先于符号"名"；反之，实在论之立场则是主张"名"先于"实"。加地依据荀子《正名篇》中之下列两段文字：

> 王者之制名，名定而实辨。
> 知者为之分别制名以指实。

他据此指出，荀子明确认为，"名"居于优先之地位，由此而主张荀子之哲学立场为实在论。

（3）浅野裕一反对加地伸行使用"实在论与唯名论间对抗"的图式来理解中国古代逻辑学的发展。浅野指出，加地引用正名篇"名定而实辨""制名以指实""名闻而实喻，名之用也"之文句，作为其主张荀子之哲学立场为实在论之依据，于此，浅野亦认为颇值得商榷。盖此段文字表面上似乎是荀子主张"名"先于"实"，实者并不然。依荀子之意，"名"是根据心之"征知"功能，对应现实世界之"实"而产生，"名"之效用系"约定俗成"而来，因之，浅野以为，加地所引用之《正名篇》之内容，并非荀子"名"先于"实"之主张，而只是荀子用来说明"名称制定后的效用"而已。

（五）"共名""别名"之问题

（1）桑木严翼（1874—1946）引用《荀子·正名篇》之内容，论述荀子逻辑学说之内容与意义。桑木以为，"共名"与"别名"可对应于形式逻辑学中之"类概念"（genus）与"种概念"（species）。"大共名"是"最高的类概念"，可对应于亚里士多德十大范畴中之实体（substance）。至于《荀子·正名篇》中之"大别名"所列举之"鸟兽"，桑木则指出其中尚可分出许多"鸟"与"兽"，因之，"鸟兽，未必是名之极"。对此，桑木认为，荀子"其论之粗杂，难辞其咎"。

（2）尹武学认为，所谓"共名"与"别名"分别是"类概念"（普遍）与"种概念"（特殊），"大共名"的"物"是"最高级的类概念"，他认为荀子通过区别"共名"与"别名"树立了名的体系，而荀子思想的论理学之意义正在于此。

（3）李相洙指出，荀子所谓"共名"与"别名"，并非为了建立类、种的等级秩序的概念。对荀子哲学来讲，"个别概念"与"普遍概念"的等级秩序并不重要，反倒是士君子、小人、贾盗、狗彘这些伦类秩序之确立才是重要的。

（4）郑宰相认为，"大共名"是"共名"里最大的。作为"大共名"的"物"，"遍举"所有存在（"万物"）的名。"大别名"也与"大共名"一样，是"遍举"的名。但"别名"的机能在于将某一事物从其他事物中区别出来。

（5）李权指出，"大别名"的"大"是指对于别名"已不能再做划分"之意，"大别名"的指称对象在"别名"中为最小。

四　汉学视野下之荀子名学研究之反思

依上述可知，日本学者在研究中国古代逻辑，尤其是荀子之名学时，常采用比较研究法，将西方逻辑与名学加以比较，从而指出其异同，以探讨名学之本质和特色。在研究过程中，除了运用西方传统形式逻辑（traditional logic；formal logic）之观点和方法外，亦常采用符号学（semiotics）之理论和方法来探讨相关问题。

至于韩国汉学界则对共名和别名等议题较中文学界有更多的关注，且有极为多元而深入之探究。

在荀子名学研究方面，西方（尤其是美国）和日本学者对荀子名学之本质及荀子之哲学立场等议题，以及美国学者在荀子约定俗成之制名原则方面皆有其洞见，而这些议题或观点却是中文学界（可能受限于文化传统）所未能触及或予以发掘的。此由中文学界（主要是大陆学界）之荀子名学研究成果即可明其一二。

在荀子名学研究中最基本且最重要的问题是名学本质之厘清。因为，厘清此一问题才能解决由之所衍生的问题，即荀子的名学与墨辩思想的批判和发展关系，并由此确定荀子名学的评价和定位。目前对于荀子名学本质之探讨，其中最重要之问题是荀子之名学是否即等同于西方亚里士多德（Aristotle，384B.C.－322B.C.）所创之传统逻辑（traditional logic）或形式逻辑（formal logic）。虽然，大陆学界大多主张荀子之名学即等同于西方之逻辑，然而，学者皆未予以明确之说明或证明。兹分述如下：

（1）温公颐指出，荀子之逻辑思想是以孔子之正名主义为宗。正名之任务在于为伦理和政治服务，此即对正名所以正政之儒家逻辑思想之继承。此外，荀子受有名辩派之影响，荀子在墨辩逻辑之成就上，对名言之分析有新的发展，如，对名之划分及共名、别名之区别等，较墨辩又推进一步。且对辞和辩说方面亦有其贡献，依此，荀子逻辑在先秦逻辑之发展中有其重要地位。然而，温氏亦指出，荀子将礼义和名辩加以对立，极力排斥名辩，而削弱其对逻辑思维之具体分析，且对墨辩逻辑未能继续发展，实难辞其咎。

（2）孙中原指出，荀子逻辑学说之核心是关于名即概念之理论。墨家奠定中国古代逻辑之基础，对名即概念之理论亦颇有创获，而荀子关于名即概念之理论，与墨家相比，则又更上一层楼。孙氏以为，荀子之逻辑体系与墨辩之逻辑体系乃中国古代逻辑学之两大代表，然而，荀子之逻辑思想较墨辩之逻辑思想为逊色。盖荀子之逻辑主要服务对象是政治，且荀子对政治压倒一切之兴趣使其将逻辑研究置于从属之地位，限制其逻辑研究之深度和广度，且混淆逻辑与政治、伦理之界限，妨碍其对逻辑学之独立研究。此外，孙氏指出，荀子由于狭隘之政治偏见，排斥名家和辩者之学说，此一偏见压制中国古代逻辑之发展，亦导致中国古代逻辑之不发达和墨家逻辑之中绝。

（3）何应灿以为，荀子之正名逻辑学说是继承并发展孔子之正名逻辑思想，尤其是以儒家之立场批判并综合先秦之逻辑思想，因而，在中国逻辑史上占有极重要之地位。何氏还指出，荀子极为深刻地说明了名、辞、辩说之实质和作用，并说明了其间之逻辑关联，在名学上有其贡献。此外，何氏指出荀子由于受到正名以正政之思想影响，对名辩采取排斥之态度，此对其逻辑思维之具体分析有极大之影响，且妨碍其对中国古代逻辑科学做出更大之贡献。

（4）杨芾荪指出，荀子发展并推进先秦之正名逻辑思想，建立其正名逻辑体系，其目的在于正名，以体现孔子以伦理政治为归趋之社会需求。杨氏以为荀子逻辑之特点是继承孔子之正名思想，以正名为中心，因而，其逻辑学说中掺杂儒家之伦理政治思想，此是荀子逻辑之特点，亦是其局限。由此，荀子在墨家既有之逻辑基础上，未能将先秦逻辑推向纯逻辑阶段，并使先秦逻辑向纯逻辑科学方向发展。

（5）周云之与刘培育以为，荀子是先秦最有成就之逻辑学家之一，其对逻辑之贡献唯有墨辩逻辑可与之相比美。荀子逻辑之目的是为建立统一之中央集权国家提供理论根据和武器，然而，荀子过分夸大逻辑为统治阶级政治服务之作用，由此为逻辑抹上了一层儒家之伦理色彩，以致未能更自觉地从逻辑上去研究名、辞、辩说等思维形式，因而，造成其逻辑研究之限制。在墨辩逻辑已有之辉煌成就之上，荀子未能在墨辩研究之基础上，将逻辑研究向前推进，反而在某些方面较墨辩更为逊色。

（6）廖名春指出，荀子在先秦之名学研究上有极为重要之贡献与成就。荀子在名、辞、辩说之意义上，在名之推演理论和分类理论上，在有关名之约定俗成之原则上，在辨三惑等问题上，皆对墨辩逻辑有进一步之发展，且做出超越前人之贡献。然而，荀子满足于概念论之研究，未能深入探讨判断、推理之具体形式和规律，在先秦名学之研究方面有其限制，此种局限性乃中国古代逻辑学说发端于孔子之正名思想和荀子本人之政治实用主义之倾向所造成。

依此可知，在荀子名学之本质研究方面，大陆学界大多主张荀子之名学即等同于西方之逻辑。

虽然，日本汉学界有关荀子名学之定性方面之研究亦稍显不足，盖大多日本学者皆径指荀子之名学即西方之形式逻辑，且皆未有明确之说明或证明，此即表示学者在荀子名学定性方面之研究仍有未明或不足之处。唯可喜的是，加地伸行已能从符号学之视角来省思此一议题，并指出，荀子之名学并不等同于西方之形式逻辑，而中国古代之名学是在语意学之方向发展。此一见解实足以发人深省，极具启发性，且足供中文学界之研究参考，盖大陆学界之主流看法亦如同多数日本学界之所见，皆主张荀子之名学即等同于西方之传统逻辑，且皆未有任何明确之说明或证明。

至于韩国汉学界之荀子研究虽然起步较晚，迄今仅有约六十年，就荀子名学研究而言，在量的方面实略显不足，然而，韩国学者对"共名""别名"等议题之研究用力颇深，究实而言，最早将"共名""别名"分别理解为"类概念"和"种概念"之学者是日本之桑木严翼。虽然，韩国学界之荀子研究深受日本之影响，然而，对于此一议题之研究，韩国学者并不完全依循日本学界之看法，而有其独到之见解。如，李相洙、郑宰相和李权等三位学者具有一共通之看法：《正名》中之"共名""别名""大共名""大别名"等概念并非西方传统逻辑中的"类、种概念"的包含关系，此一看法明显与桑木或大多日本学者之观点完全相左。

此外，日本学者在研究荀子之名学时，和西方学者一样，能由此衍生出对其哲学立场之探讨，此或是日本在明治维新以降，深受西方文化之影响所致。由于长期以来，浸淫于西方哲学传统，并受其启发，故日本汉学界在研究荀子之名学时，始能衍生出对其哲学立场之探讨，此实是一种洞见（insight），盖此一议题乃国外学者所引发，而中文学界所未能触及或予以发掘者，依此，国外汉学界之研究实可扩大中文学界荀子研究之学术视野，并足为吾人日后在荀子名学研究方面之借镜。

五 结论

虽然两岸是世界上有关荀子思想研究的中心，在荀子思想之研究领域，中文学界之研究成果极为丰硕，然而，受限于自身的学术文化传统，以致研究成果不易累积或突破传统，而只能在自身之文化传统中迂回摸索。相形之下，汉学界可不受中国传统文化的影响与限制，因此，能从不同的视角或切入点来研究荀子的思想，从而获得令人耳目一新且具有启发性的见解。在荀子名学研究方面，美国和日本学者在荀子名学之本质及荀子之哲学立场等议题皆有其洞见，此外，美国汉学界在荀子约定俗成之制名原则此一议题更有其独到之看法，盖美国学者对于荀子名学之研究，主要并不在于对荀子名学所做之定性分析，而在于哲学立场之厘清。亦即荀子之哲学立场究竟是唯名论或实在论。因此，美国学者借由荀子约定俗成制名原则之探讨，并进一步通过论证，而主张荀子之哲学立场是一种唯名论。而这些议题或观点却是中文学界（可能受限于文化传统）所未能触及或予以发掘的。依此，国际视野或学术研究国际化当是目前甚或未来研究中国哲学或中国逻辑史之一新且必然之趋势。

实者，汉学研究在国外有其悠久的历史，其中以欧洲、美国、东亚（日本、韩国为主）等地区最具代表性，其中，尤以美国汉学界之研究成果最为丰硕且最具特色，可谓国际汉学研究之重镇。根据上述汉学界之荀子名学研究之成果看来，可知，汉学界之研究态度较客观，不受中国传统观念之束缚，视野较宽阔，亦较自由。汉学界是以"他者"（other）的身份来研究汉学，由于对中国传统文化的陌生，相对的，亦不受传统文化之影响与限制，从而能以不同的视角或切入点来研究汉学，因此，可获得一些新的、具有启发性的见解。依此，学术研究国际化是中文学界未来研究发展之必然趋势。综言之，在荀子名学研究方面，通过汉学研究成果之再研究（分析、诠释），可提供或发掘新的问题或新的观点，由此扩大学术研究视野，并提供新的学术研究方向或论题。此外，借由彼此之对话或学术交流，可提供中文学界一种国际视野，超越自身文化传统的框架，并提升中文学界荀子名学研究之水平。此即汉学研究对于中文学界之教学与研究所赋予之意义所在。

由于篇幅所限，本文仅能简要而客观地陈述美国（西方）、日本及韩国学者在荀子名学研究方面的一些新的、具有启发性的见解，其中并不包含任何价值判断。

中国逻辑史研究刍议

孙中原[*]

一 见仁见智中逻史

名学辩学与逻辑，见仁见智百家鸣。回顾中国逻辑史研究，由梁启超和胡适开端，取得初步的成就。沈有鼎研究有突破性的进展，奠定现代研究的坚实基础。后人研究大盛，争议多，无定论。

中国古代逻辑学，从墨子开始萌芽，到后期墨家著作《墨经》形成体系。晋鲁胜写《墨辩注序》，把《墨经》称作"墨辩"和"辩经"。"墨辩"在中国逐渐成为固定词组，其含义一是指《墨经》元典，二是指墨家辩学。《墨经》表达的墨家辩学，是中国传统逻辑学（古典逻辑学、经典逻辑学）的典型代表，是新时代的中国亟须深入攻关钻研的重要课题。

清代以前，"名"和"辩"是分别使用的两个单独术语，各代表儒家和墨家两种逻辑学说。"名"的代表作是《荀子·正名》。晋鲁胜《墨辩注序》推崇《墨经》，把《墨经》称为《墨辩》和《辩经》，鲁胜受儒家传统思想影响，把先秦逻辑思想，一概归在"名家"的"名"范畴内。鲁胜《墨辩注序》开宗明义给"名"（意指名学）的功能，定义为"别同异，明是非，道义之门，政化之准绳"（突显其认知和政治伦理功能），接着历数先秦名学的谱系、范畴和作用，末尾归结为"名之至也"，意即名学的极致。

---

[*] 孙中原，中国人民大学哲学院教授。

"辩"的代表作是广义《墨经》,指《墨子》中《经》和《经说》上、下以及《大取》《小取》六篇。狭义《墨经》指《经》和《经说》上、下四篇(以下引《墨子》,只提篇名)。《小取》开宗明义说:"夫辩者,将以明是非之分,审治乱之纪,明同异之处,察名实之理,处利害,决嫌疑焉:摹略万物之然,论求群言之比。"这是给"辩学"制定功能定义。接着分说思维形式各论"以名举实,以辞抒意,以说出故",相当于逻辑学的概念论、判断论、推理论。又列举判断推理形式"或假效譬侔援推"七种。并制定思维规律"以类取,以类予。有诸己不非诸人,无诸己不求诸人",相当于同一律、矛盾律。下面再说"譬侔援推",特别是"侔"式推论(比词类推)的各种谬误。《小取》是中国古代逻辑学的简明教学大纲。

"名"和"辩"两种学说源流,本质一致,但又各有特点。其特点,分别是以"名"统"辩",或以"辩"统"名"。"名"相当于语词概念,把它加以扩张,用其广义,统率一切思维形式,于是把逻辑叫名学。"辩",即辩论,相当于证明反驳,用"辩"统率一切思维形式,囊括名辞说(概念判断推论),于是把逻辑叫辩学。古代"辩""辨"二字通假,辩学、辨学是一个意思。

"名"和"辩",是近代中国学者引进西方逻辑时,把逻辑叫名学、辩学(辨学)的历史渊源,体现了翻译时必然被借用的民族传统和特色。英国穆勒(J. S. Mill, 1806—1873)1843年出版的 *A System of Logic, Ratiocinative and Inductive*,直译《逻辑体系:演绎与归纳》。严复(1854—1921)译为《穆勒名学》,1905年由金陵金粟斋木刻出版。

英国耶芳斯(W. S. Jevons, 1835—1882)1876年在伦敦出版 *Primer of Logic*(直译《逻辑初级读本》《逻辑入门》)。1896年出版英人艾约瑟(1823—1905)中译《辨学启蒙》。严复1909年重译为《名学浅说》,1909年由商务印书馆出版。

英国耶方斯1870年出版 *Elementary Lessons in Logic: Deductive and Inductive*(直译《逻辑基础教程:演绎和归纳》)。王国维(1877—1927)译为《辨学》,1908年北平文化书社出版。内容包括名辞(概念)、命题、推理式、虚妄论、方法论(分析、综合)、归纳法(观察、实验、假说、分类、抽象)。

现代中国学者,超脱儒墨的宗派性和狭隘性,根据名学、辩学本质的一致性,把二者综合起来,叫名辩逻辑。其中名辩是中华民族历史固有的术语,逻辑是跟西方接轨,增加现代色彩,标示学说的学科性质,体现一种逻辑观,即把名辩看作逻辑的特品,把西方逻辑看作全人类共同的知识学科。西方逻辑由于发展的系统性、完整性和典型性,成为全人类共同的逻辑,全世界同一的逻辑。

所谓中国古代逻辑(古典逻辑、经典逻辑、传统逻辑)、"名学""辩学"和"名辩学"等,应该用西方现代逻辑的理论方法,衡量分析,去粗取精,去伪存真,改造转型,不然就没有出路,也没有意义。这是全球化时代,中华民族进入伟大复兴的新时代,顺乎历史潮流,合乎世界大势的必然现象。近代以来,处理中西逻辑关系,正确的做法,应该是铺路搭桥、融会贯通,而不是挖沟筑墙、割裂分离、不相往来。

"名"是中国古代逻辑的重要术语,在《四库全书》中有1071146次出现,涉及典籍79592卷,在《墨子》中有93次出现。"名"这一逻辑术语,最初直接的来源,是孔子率先提出的"正名"。

"正名"就是把"名"即语词和概念搞正确。孔子提出"正名",对中国古代哲学和逻辑有深刻巨大的影响。孔子以后的诸子百家,都喜欢谈论"正名"。"正名"成为古代哲学和逻辑领域争论非常激烈的课题,各学派学者争相发表意见、提出论点。

战国后期,秦始皇统一中国前,诸子百家进入总结概括的学术发展阶段。墨家著作《墨经》、儒学大师荀子《正名》和名家领袖公孙龙《名实论》,不约而同地把这种争论上升为纯逻辑知识,形成中国古代逻辑、古典逻辑、名辩学。荀子《正名》,有以"名"统"辩"的倾向,对名作了系统阐述。荀子详论"制名之枢要",略论辞说辩。辞说辩是荀子名学的具体内容和下位概念。

《墨经》有以"辩"统"名"的倾向,对辩名辞说,有系统学说。《小取》用"夫辩者"云云作墨辩的开头语,而名辞说是墨辩的具体内容和下位概念。公孙龙《名实论》讲物实位正名等逻辑哲学概念,跟墨子荀子一致。公孙龙《名实论》讲正名的逻辑规律,用词造句跟《墨经》一样。墨子、荀子、公孙龙三家的逻辑总结,几乎同时，本质一致，又各有特点。

在墨家看来，"辩"是比"名"更重要的概念。"辩"的第一个意义是辩论。辩论是逻辑学研究的对象，是逻辑学发展的动力，是逻辑学服务的对象。逻辑学从辩论中来，在辩论中发展，回到辩论中去。"辩"的第二个意义是辩学，即逻辑学。《小取》说："夫辩者"云云，从整篇的语境看，是指关于辩的学问，即逻辑学。它是用古汉语表达，有中国和墨家特色的传统逻辑。

中国古代逻辑学大厦的三根支柱，第一是《墨经》，第二是《荀子·正名》，第三是《公孙龙子·名实论》。三足鼎立，构成中国古代逻辑的基础性资料，是中国古代逻辑存在的实证根据。以后所有研究，都是这三大元典的不同诠释和发挥；更满意的研究，是更满意的诠释和发挥。

二 踏入征程奋不止

时代决定人命运，形势终竟比人强。笔者1956年考入中国人民大学哲学系，1960年哲学本科毕业。1958—1961年奉调，就读中共中央直属高级党校自然辩证法和逻辑班，研究生学历。1961—1964年奉调，师从中国科学院哲学社会科学部哲学研究所逻辑组汪奠基、沈有鼎，专攻中国古代文献和中国逻辑史。

个人学术经历，受时代条件、外界环境决定和制约。起因是毛泽东关注中国逻辑史研究。1949年后，毛泽东见章士钊，执意向章氏借阅其著作《逻辑指要》。毛泽东对章氏说："闻子于逻辑有著述，得一阅乎？"章氏犹豫不决，迟疑回答说："此书印于重庆，与叛党（指国民党）有关，吾以此呈上一览，是侮公也，乌乎可？"毛泽东笑着说："此学问之事，庸何伤？"

毛泽东以继承吸取历史上一切有价值思想文化成果的态度看待此事。毛泽东向章氏借阅《逻辑指要》三个多月后，把章氏请到书房。章氏见自己的《逻辑指要》放在毛泽东案头。毛泽东笑着对章氏说："吾于此书已一字不遗者阅一通。多少年来吾览此类述作亦夥矣，然大抵从西籍迻译（同移译，翻译）得来，不足称为专著，独子刺

（采）取古籍资料，排比于逻辑间架之中，在同类书中，为仅见。""吾意此足以为今日参考资料，宜于印行。"①

章氏用西方逻辑框架，充实中国逻辑内容，独辟蹊径，开拓中国逻辑研究新领域，驳斥中国无逻辑的偏见谬说，跟毛泽东的思想相合。毛泽东建议中央政治研究室逻辑组编辑《逻辑丛刊》，收入章士钊《逻辑指要》，由生活·读书·新知三联书店1961年出版。毛泽东一直把亲自设计督编的这套丛书珍藏身边。

1959年6月7日上午8时毛泽东感冒病中，"依枕"为章士钊《逻辑指要》代拟250字出版说明，是一篇精彩的重版序言。章士钊1959年6月14日写《重版说明》，照录毛泽东代拟文字。②

毛泽东病中"依枕"为章士钊《逻辑指要》代拟重版序言，是对章氏罕见的特殊待遇。周谷城曾两次请求毛泽东为其书撰序，都被毛泽东婉言谢绝。③ 章士钊1939年5月12日在重庆写《逻辑指要·自序》说："寻逻辑之名，起于欧洲，而逻辑之理，存乎天壤。其谓欧洲有逻辑，中国无逻辑者，讆言（虚假不足信的话。"讆"wèi 通"鼃""伪"：错误，诈伪）也。""吾曩（nǎng：从前）有志以欧洲逻辑为经，本邦名理为纬，密密比排，蔚成一学，为此科开一生面。"《例言》说："逻辑起于欧洲，而理则吾国所固有。""本编首以墨辩杂治之，例为此土所有者咸先焉。此学谊当融贯中西，特树一帜。""先秦名学与欧洲逻辑，信如车之两轮，相辅而行。"毛泽东一字不漏阅读，此语受关注。

1959年7月28日毛泽东致信康生（时任中央政治局候补委员，理论小组组长，文教小组副组长）说："我有兴趣的，首先是中国近几年和近数十年关于逻辑的文章、小册子和某些专著（不管内容如

---

① 龚育之等：《毛泽东的读书生活》，生活·读书·新知三联书店1986年版，第143—144页。
② 《毛泽东书信选集》，人民出版社1983年版，第559—561页；龚育之等：《毛泽东的读书生活》，生活·读书·新知三联书店1986年版，第145—146页。
③ 《毛泽东书信选集》，人民出版社1983年版，第544页；龚育之等：《毛泽东的读书生活》，生活·读书·新知三联书店1986年版，第141—142页；周谷城：《回忆毛主席的教导》，《毛泽东同志八十五诞辰纪念文选》，人民出版社1979年版，第191页。

何），能早日汇编印出，不胜企望！姜椿芳同志的介绍甚为有益，书目搜编也是用了功的，请你便时代我向他转致谢意。"

姜椿芳（时任中央编译局副局长）的"介绍"和"书目搜编"，指姜负责编辑的《逻辑学论文集》六集，收入中国大陆1953年后发表全部逻辑学论文，1958年8月印。其中第四集收入此间全部中国逻辑思想史论文。汪奠基论文《关于中国逻辑史的对象和范围问题》（《哲学研究》1957年第2期）和《荀子的逻辑思想》（《哲学研究》1958年第1期）等在收入范围。①

笔者时为中共中央直属高级党校逻辑班学员。班主任孙定国借给笔者一套供老年人阅读的大字本《逻辑学论文集》供笔者学习。笔者披览数月，印象颇深。中央党校邀请汪奠基为逻辑班授课，中国科学院逻辑组学术秘书倪鼎夫每次陪同。笔者作为学员，熟知汪奠基中国逻辑史研究。

毛泽东希望更多了解近数十年中国逻辑研究的概况、认识的历史发展和中国传统的逻辑思想。1958年毛泽东跟周谷城说，最好把古今所有的逻辑书都搜集起来，印成一部丛书，还在前面写几句话，作为按语。毛泽东这一构想，是一项宏伟可期的文化工程，意义非凡。

1958—1961年笔者就读中共中央党校自然辩证法和逻辑班期间，中央有关部门指示建立由中共中央党校、北京大学、中国人民大学和北京师范大学负责人组成的机构，轮流主持京津地区逻辑学大讨论。中共中央党校每次都派笔者参加学习研讨。在此背景下，中央有关部门负责人指示中国人民大学领导人胡锡奎："人民大学派人跟汪奠基学习中国逻辑史。"笔者奉中国人民大学校长命，调中国科学院，师从汪奠基、沈有鼎，专攻中国古代文献和中国逻辑史。1961—1964年笔者奉调就读中国科学院三年间，以中华书局《诸子集成》为读本，离章辨句，遍读载籍，撰读书报告，呈导师批改，奠定一生研究基础。笔者毕生学术研究，以此为出发点和起跳点。

---

① 《毛泽东书信选集》，人民出版社1983年版，第564页；龚育之等：《毛泽东的读书生活》，生活·读书·新知三联书店1986年版，第139—140页；《中国社会科学家辞典》现代卷，甘肃人民出版社1986年版，第372—374页。

1980—2016 年，积极肯定和尽力探索中国古代逻辑的内容、体系、性质和发展规律，推动中国古代逻辑大众化、普及化和通俗化的事业，相关著作如下。（1）《中国逻辑史》（先秦），中国人民大学出版社 1987 年版。（2）《中国逻辑学》，水牛出版社 1993 年版。（3）《诡辩和逻辑名篇赏析》，中国人民大学出版社 1992 年版。（4）《诡辩与逻辑名篇赏析》，水牛出版社 1993 年修订版。（5）《诸子百家的逻辑智慧》，机械工业出版社 2004 年版。（6）《中国逻辑研究》，商务印书馆 2006 年版。2015 年列入国家社会科学基金中华学术外译项目，译为英文，在海外出版。（7）《中华先哲的思维艺术》，北京大学出版社 2006 年版。（8）《逻辑哲学讲演录》，广西师范大学出版社"大学名师讲课实录"丛书 2009 年版。附 144 课时演讲录音光盘。（9）《中国逻辑学十讲》，中国人民大学出版社 2014 年版。

1980—2016 年出版了如下著作，主要是包含了中国古代逻辑学的内容。（10）《墨子及其后学》，新华出版社 1991 年版；1993 年修订版；北京中国国际广播出版社 2011 年版；《墨子大全》第 75 册，北京图书馆出版社 2004 年版。（11）《墨学通论》，辽宁教育出版社 1993 年版；《墨子大全》第 75 册，北京图书馆出版社 2004 年版。（12）《墨者的智慧》，生活·读书·新知三联书店 1995 年版；2003 年第 2 次印刷，更名《墨子说粹》；《墨子大全》第 76 册，北京图书馆出版社 2004 年版。（13）主编《墨学与现代文化》，中国广播电视出版社 1998 年版；2007 年修订版；《墨子大全》第 76 册，北京图书馆出版社 2004 年版。（14）《中华大典·哲学典·诸子百家分典》，云南教育出版社 2007 年版。（15）《墨子鉴赏辞典》，上海辞书出版社 2012 年版。（16）《墨子解读》，中国人民大学出版社 2013 年版。（17）《墨学七讲》，中国人民大学出版社 2014 年版。（18）《墨子与墨学》，收入《中国文化经纬》系列丛书，中国书籍出版社 2015 年版。（19）《墨经分类译注》，收入西泠印社 2004 年版《王玉玺书〈墨经〉》。（20）《墨子大辞典》，商务印书馆 2016 年版。（21）《墨学大辞典》，2015 年国家社科基金后期资助项目，商务印书馆 2016 年版。（22）《墨子趣谈》（中华优秀传统文化大众化系列读物），商务印书馆 2016 年版。（23）《中国逻辑学趣谈》，商务印书馆 2016 年版。（24）

《墨学与中国逻辑学趣谈》，商务印书馆 2017 年版。(25)《诸子百家逻辑故事趣谈》，商务印书馆 2017 年版。

三　期待元研创新释

　　蕴当创谓有启示，期待元研超前贤。展望未来中国逻辑史研究的深入，建议从元典的正确诠释入手，端正分析方法，概括科学结论，使中国逻辑史的研究更加理想化和完善化，完成时代赋予的历史使命和社会责任，为民族复兴和文化建设的伟业尽力。

　　期待元研有超越。中国逻辑史经典的诠释研究，借鉴元研究的观点方法。德国数学家希尔伯特把理论研究分为"对象和元"两个层次：将所研究的理论，叫对象理论；将研究对象理论时，所用的工具性理论，叫元理论。美籍波兰裔学者塔尔斯基，把语言区分为"对象和元"：将所讨论的语言，叫对象语言；将讨论对象理论时，所用的工具性语言，叫元语言。

　　美国科学哲学家库恩认为，科学革命是范式转换的进程，范式转换导致理论和方法变革。借鉴库恩科学范式转换论的观点方法，分析中国逻辑研究历程，可知墨辩和墨辩现代研究，是两种不同范式的理论形态，在主体、对象、语言、成果、层次、方法、作用、后果、评价等方面，有不同元性质。墨辩和墨辩现代研究不同范式，见表1。

表 1　　　　　　　　墨辩和墨辩现代研究不同范式

不同元性质	墨辩	墨辩现代研究
1. 主体	战国墨家	现代学人
2. 对象	墨辩	墨辩现代研究
3. 语言	古汉语	现代语
4. 成果	墨辩	墨辩现代研究
5. 层次	第一层次元研究	第二层次元研究
6. 方法	古代逻辑方法	古代逻辑方法现代转型
7. 作用	古人思维工具	古人思维工具现代借鉴
8. 后果	深埋泥中无人知	创转创发待传承
9. 评价	不经诠释转型，不便认知应用	经诠释转型，便于认知应用

《诗经·小雅·鹤鸣》:"他山之石,可以为错。""他山之石,可以攻玉。""攻"是治理。"错"是磨刀石。清郑世元《感怀杂诗》:"他山有砺石,良璧愈晶莹。"砺石是磨刀石。《论语·卫灵公》载孔子语:"工欲善其事,必先利其器。"现代世界逻辑科学方法是研究中国古代逻辑的利器。

杜甫《望岳》诗:"会当凌绝顶,一览众山小。"王之涣《登鹳雀楼》诗:"欲穷千里目,更上一层楼。"苏轼《题西林壁》诗:"横看成岭侧成峰,远近高低各不同。不识庐山真面目,只缘身在此山中。"名诗警句,可比喻用现代世界逻辑科学方法,研究中国古代逻辑的最佳学术境界。

蕴当创谓有启示。借鉴傅伟勋创造性诠释学的五步法:(1)实谓。原典实际上怎么说,原典校勘考证。(2)意谓。原思想家想要表达什么,是"实谓"的意义,是原典训诂和语义分析。(3)蕴谓。原典蕴藏的深层义理,有高低不同的多层蕴涵。(4)当谓。原思想家应当说出的,创造的诠释学者应当如何重新表达,发掘原思想体系表层结构下的深层结构,为原思想家说出应当说出的话。(5)创谓。为解决原思想家未完成的课题,现在必须创新地说什么,从批判继承者,转化为创造发展者,救活原有思想,消解其难题和矛盾,为原思想家完成创新思维课题,促进世界思想传统交流,培养创新力量。

用傅伟勋创造性诠释学的五步法,分析当今学界对中国古代逻辑的研究进程,可知当前学界对中国逻辑史经典的诠释方法,校勘训诂和义理研究,还远未超越傅氏所说前两种境界"实谓、意谓",学界成果还远未达至理想,臻于完满,凝聚共识,更遑论傅氏所说的后三种境界"蕴谓、当谓、创谓"。在后三种境界"蕴谓、当谓、创谓",推出更加理想化和完善化的成果,是时代赋予的历史使命和社会责任,为民族复兴和文化建设的伟业尽力。

中国逻辑史研究与训诂之关系刍议[*]

王克喜[**]

中国逻辑史的研究由来已久，尽管学者们都认为胡适的《先秦名学史》（发表于1917年，原名为《中国古代逻辑方法的发展》）是中国第一部断代逻辑史学著作，其实，西晋的鲁胜（265—317）《墨辩注叙》就对先秦逻辑史学进行了研究。兹后，随着时光斗转星移，作为先秦两大显学的墨学逐渐湮没无闻，墨家辩学也就无人问津。直到近代，"允称巨子"的"侯官严氏"严复的逻辑学译著出，逻辑东渐华夏，直接激活了墨家辩学的研究，大兴中西逻辑比较之风，从而形成了一个全新的研究领域——中国逻辑史，或者叫作中国逻辑比较史。先是梁启超的《墨子之论理学》《墨子学案》《墨经校释》，后是章太炎的《原名》《论式》，当然也包括胡适的《先秦名学史》等，都是对亚里士多德逻辑、印度因明和中国古代的名、辩学进行比较研究的著作。他们进行比较的目的自然是，他人有的我早已经有了，先秦的墨子就是亚里士多德，先秦的名辩学也就是亚里士多德的逻辑。章士钊的《逻辑指要》一书，否定了中国古代没有逻辑的主张，认为"寻逻辑之名，起于欧洲，而逻辑之理，存乎天壤"。"逻辑起于欧洲，而理则吾国所固有。""先秦名学与欧洲逻辑，信如车之两轮，

---

[*] 本文原刊于《河南社会科学》2016年第4期。本文为2013年教育部人文基地重大项目"广义论证视域下的中国逻辑史开放研究"（项目批准号：13JJD720018）、国家社科基金项目"因明与名辩学比较研究"（项目批准号：15BZX082）和国家社科基金重大项目"八卷本《中国逻辑史》"（项目批准号：14ZDB013）子课题的部分成果。

[**] 王克喜，南京大学哲学系教授，中山大学逻辑与认知研究所兼职研究员。

相辅而行。"关于逻辑东渐的研究有很多很优秀的文章和著作,值得我们关注,然而,有一个更加值得人们关注而又一直被忽视的问题,那就是中国逻辑史研究与中国传统小学——训诂学的关系问题。本文拟就此做些浅显的研究,抛砖引玉,以待方家。

一 训诂研究对于中国逻辑史研究的意义

中国逻辑史研究中有一个问题一直不被中国逻辑史研究者所重视,那就是训诂问题。这个问题应该说是中国逻辑史研究必须解决的先决条件。金岳霖先生曾经为冯友兰先生所著的《中国哲学史》写的《审查报告》中就指出:"现在的趋势是把欧洲的论理当作普遍的论理。如果先期诸子有论理,这论理是普遍的呢?还是特别的呢?这也是写中国哲学史的先决条件。"[1] 不仅是金先生看到了中国逻辑史研究中的训诂问题,陈寅恪在冯友兰先生所著的《中国哲学史》写的《审查报告》中也指出:"吾人今日可依据之材料,仅为当时所遗存最小之一部,欲藉此残余断片,以窥其全部结构,必须备艺术家欣赏古代绘画雕刻之眼光及精神,然后古人立说之用意与对象,始可以真了解。……因今日所得见之古代材料,或散佚而仅存,或晦涩而难解,非经过解释及排比之程序,绝无哲学史之可言。然若加以连贯综合之搜集及统系条理之整理,则著者有意无意之间,往往以其自身所遭际之时代,所居处之环境,所熏染之学说,以推测解释古人之意志。由此之故,今日之谈中国古代哲学者,大抵即谈其今日自身之哲学者也。所著之中国哲学史者,即其今日自身之哲学史者也。其言论愈有条理统系,则去古人学说之真相愈远。此弊至今日之谈墨学而极矣。今日之墨学者,任何古书古字,绝无依据,亦可随其一时偶然兴会,而为之改移,几若善博者能呼卢成卢,喝雉成雉之笔。此今日中国号称整理国故之普通状况,诚可为长叹息者也。"[2] "墨家辩学沈

---

[1] 金岳霖:《冯友兰〈中国哲学史〉审查报告》,转引自崔清田《墨家逻辑与亚里士多德逻辑比较研究》,人民出版社2004年版,第50页。
[2] 陈寅恪:《冯友兰〈中国哲学史〉上册审查报告》,载刘梦溪主编《中国现代学术经典·陈寅恪卷》,河北教育出版社2002年版,第838—839页。

霾，二千余载，今欲明其梗概，已如冥中辨色，不知所裁。……今《墨辩》久成绝学，不复旁征曲引。"① 中国古代著作中的哲学研究如此，文学研究如此，逻辑学或者辩学研究也是如此。要从事墨家辩学研究，要从"绝无依据"的墨学中研究中国古代的逻辑学，如果没有训诂的本领实在难以胜任。

　　正是由于中国逻辑史研究必须具备必要的训诂能力，所以，中国逻辑史比较研究的兴盛一方面得益于西学东渐之逻辑学的输入，另一方就得益于清末乾嘉学派考据学的兴起。逻辑东渐给中国学术界送来了"是学为一切学之学，一切法之法"的西方逻辑传统，有了研究中国逻辑史的可能，而真正使中国逻辑史成为学问就只能依靠训诂学的佐助了。可以毫不夸张地说，如果没有乾嘉学派的关于墨学的训诂研究，就没有晚清孙诒让的《墨子间诂》，也就不会有前文所提到的梁启超、章太炎、章士钊、胡适、谭戒甫、伍非百等人的比较逻辑研究，也许就没有中国逻辑史这一学问了。孙诒让在撰写《墨子间诂》之后，曾这样给自己的朋友述说墨学之中也有逻辑的看法："尝谓《墨经》楬举精理，引而不发，为周名家言之宗，窃其必有微言大义，如欧土亚里大得勒之演绎法，培根之归纳法及佛氏之因明论者。惜今书讹缺，不能尽得其条理，而惠施公孙窃其绪余，乃流于儇诡口给，遂别成流派，非墨子之本意也。拙著（指《间诂》）印成后，间用近译西书，复事审校，似有足相证明者。……以执事研综中西，当代魁士，又夙服膺墨学，辄刺一二奉质，觊博一哂耳。"② 从这封书信中，我们似乎看到了孙诒让的启迪对于梁启超中西比较逻辑研究的意义。孙诒让写这封信是在光绪二十三年丁酉，也就是1897年，此后，梁启超于1904年在《新民丛刊》上发表了《子墨子学说》和《墨子之论理学》，颂扬墨家的这些学说是救国的真理，他说："今欲救之，厥惟学墨，惟无学别墨而学真墨。"揭开了近代对《墨辩》逻辑的比较研究的序幕。1921年梁启超又著《墨子学案》一书，对上

---

① 谭戒甫：《墨辩发微》，中华书局1964年版，第453页。
② 孙诒让：《与梁卓如论墨子书》，转引自方授楚《墨学源流》，中华书局1989年版，第219页。

述二书的内容作了进一步全面系统的阐述。"自梁启超发表《墨子之论理学》之后，章太炎于1909年发表《原名》一文，他在进一步深化梁氏开创的西方传统逻辑与《墨辩》的比较研究（尤其是在《墨辩》论式的比较研究上），同时又开创了以因明学与《墨辩》比较研究的先河。……而1919年胡适的《中国哲学史大纲》（卷上）的出版，则标志着对《墨辩》比较研究高潮的兴起。……在梁、胡开创《墨辩》的比较研究之后，章士钊对《墨辩》也作了比较逻辑研究，1920年他发表了《名学他辨》一文，用西方传统逻辑的三段论理论把《墨辩》中的'辩，争彼也'之'彼'诂释为联结另二端词的三段论式的中词（middle term），以试图论证《墨辩》与西方传统逻辑的共同之处。章氏还于1917年写成了《逻辑指要》一书，该书主张'以墨家辩学与逻辑杂为之'，建立'以欧洲逻辑为经，本邦名理为纬'、融贯中西、'密密比排，蔚成一学'的逻辑科学。"[1]

由此可见，对先秦典籍尤其是对墨学典籍的训诂，成就了一个学科——中国逻辑史，它的功劳不比逻辑东渐对于中国逻辑史的贡献弱。胡适就这样说过："至于治古书之法，无论治经治子，要皆当以校勘训诂之法为初步。校勘已审，然后本子可读；本子可读，然后训诂可明；训诂可明，然后义理可定。"[2] 说的更重一点，如果不通训诂就不能从事中国逻辑史研究，也许并不为过。

二　中国逻辑史研究中的训诂问题

训诂工作虽然对中国逻辑史研究功不可没，但是在使用这一方法的时候，往往会有一些不尽如人意的地方。沈有鼎指出："人类思维的逻辑规律和逻辑形式是没有民族性也没有阶级性的。但作为思维的直接现实的有声语言则虽没有阶级性，却是有民族性的。中国语言的特性就制约着人类共同具有的思维规律和形式在中国语言中所取得的表现方式的特质，这又不可避免地影响到逻辑学在中国的发展，使其

---

[1] 张斌峰：《近代〈墨辩〉复兴之路》，山西教育出版社1999年版，第68—69页。
[2] 胡适：《中国哲学史大纲》下册，商务印书馆1987年版，第721页。

在表达方面具有一定的民族形式。"① 古代汉语所具有的独特性质不仅仅是表达方式的问题,还存在着阐释和训诂的问题。诚如尚志英在谈到"假"式推理和"或"式推理时指出的那样:"它们究竟分别是假言命题和选言命题呢还是假言推理和选言推理?晦暗不彰,难以说清。关键性一句话究竟是指命题还是指推理都难以断清的情势在西方逻辑里恐难寻觅。……先秦逻辑这方面的失落每每导致治中国逻辑史者如坠五里雾中不知所向。对于先秦逻辑家的某条语录,后学们往往会提出众说纷纭的讲法和莫衷一是的解释。令人不胜扼腕的是,此类遭际当下存在,今后还将延续下去。"②

第一,"六经注我"还是"我注六经"的问题。研究中国逻辑史的第一大障碍不是逻辑学知识的问题,而是训诂基本素养的问题。没有训诂的基本素养,就无法正确解诂中国古代的相关著作,特别是那些被称作中国逻辑的代表著作,诸如《墨子》《公孙龙子》《荀子》等。对古代这些著作的解诂首先面临的就是"六经注我",还是"我注六经"的问题。"我注六经"就是阅读者去尽量理解六经的本义,根据其他典籍提供的知识来注经书,力求追寻经书的原始意义;而"六经注我"却是阅读者利用六经的话,来解释自己的思想,哪怕是故意误读。是指阅读者用经书里的思想、智慧诠释自己的生命。所以"六经注我",可以理解为在"我注六经"的基础上,做更深入的研究,融会其他领域的知识,打通经文与经文之间的思想壁垒与价值壁垒,对原有的经文加以引申、发挥,提出建设性的学术观点,建立新的思想体系。中国古代典籍中的逻辑思想和理论需要研究者在正确解诂的基础上有所创新,譬如方法的创新、体系的创新、视角的创新等等。就方法创新而言,中国逻辑史研究的方法相对还是比较单一,现代逻辑研究的方法还没有走进中国逻辑史的研究;就体系创新而言,我们对中国逻辑史研究一直采用的还是西方传统逻辑的体系——概念、判断、推理、思维规律,即所谓的名、辞、说、辩,虽然有的学

---

① 沈有鼎:《墨经的逻辑学》,中国社会科学出版社1980年版,第90页。
② 尚志英:《中西逻辑在命题和推理理论方面的学术差异》,《现代逻辑与逻辑比较研究》,开明出版社1992年版,第68页。

者强调了中西思维体现在推理上的共性与个性问题,但是我们对"个性"研究太少,同样具有"推类"性质的"譬""侔""援""推""止""效"等的研究还不够,"六经注我"的力度还不够。就视角的创新而言,我们的中国逻辑史研究视角一直死死盯住亚里士多德《工具论》的《前分析篇》和《后分析篇》的比较研究,极少甚至没有人把视角转向亚里士多德《工具论》的《辩谬篇》《范畴篇》和《论题篇》的比较研究,从非形式逻辑研究的视角就更加寥若晨星。

第二,对中国古代逻辑著作原典的解诂众说纷纭,难以形成权威,更谈不上拥有话语权,而这些研究又往往是那些中国逻辑史研究的核心问题。例如,《墨经》有云:"攸,不可两不可也。"杨俊光的《〈墨经〉研究》对这段《经》的研究可谓是广征博引,几乎把所有的关于这段文字的解诂一一列举出来,然后加以评论。对"攸,不可两不可也"这一段经文,杨俊光列出如下诸家的解诂:(一)有改"攸"字作"彼"的。(1)有读作"彼,不可,两不可也"的。(2)有校作"彼,不可两也"的。(3)有六字连读的。(4)有读作"彼,不可。不两可也"的。(5)有读作"彼,不可两可也"的。(二)有径校移"攸不可"三字,而作"两不可也"的。(三)有校"攸"字作"彼"以为"与'誃'通"、意即"辩论",而以其下之六字作一句读的。(四)有不改"攸"字的。(五)有读作:"假,不可必,两可也"的。我们这里特别引出该书关于逻辑学家沈有鼎先生的解诂:沈有鼎作:"仮,不两可两不可也。"述校增"两"字之理由云:"仅增一字,视诸家旧校为胜。不增'两'字,不但意义不完备,语气亦生涩。"又曰:"对于矛盾命题既适用矛盾律,又适用排中律。矛盾律和排中律就在《墨经》所给'仮'的定义中明确地表示出来了。'仮'是'辩'的对象,'辩'的双方所争论的题目。"想法虽好,唯原文不必达到把两个规律结合在一起的概括高度。杨树厚、张忠义又"据刘培育老师讲"而补充说:"沈先生原来讲过两条理由:1.如果真是'彼不可两不可',两个'可'字意义不同,在墨家这样严密的体系中;不可能这么不严格,而加一个'两'字,使两个'可'字意义同一。2.辩论时不能先说'两不可',而是应先有'两可',再辩论不可。"实亦不确。"两个'可'字意义不同"这样的情况，在《墨经》并非绝无仅有，如"卧，知无知也"即前一个说的是"智能"，后一个则是"知觉"。至于第二条理由，表述十分含糊，原文根本不在说辩论时的具体情况及先后顺序。如果是认为：对于两条逻辑规律，应先说"不两可"再说"不两不可"，亦不然，矛盾、排中二律，都在从反面即两个侧面为同一律作补充规定，而二者又是互为补充的，因此就谈不上一定应该何者为先、何者为后。①我们这里只是罗列出了一个提纲挈领的东西，不对关于这条经文的训诂作任何评价，详细的研究请参考该书。我们这里要强调的是，作为被认为是中国古代逻辑发展的顶峰之作《墨经》尚且如此，其他著作就更加无须讨论了。这种现象是不是就是陈寅恪所说的"呼卢成卢，喝雉成雉"，那我们的中国逻辑史研究到底何所遵从。其他诸如《公孙龙子·指物论》中的"物莫非指而指非指""白马非马""一周一不周"等也是中国逻辑史研究中的训诂难题，百余年来似乎一直没有的诂。

第三，训释逻辑古书缺少文化情愫。逻辑的合理性相对于它所隶属的文化，不存在超越文化差别的普遍合理的逻辑。②"不同的文明可以具有不同的逻辑"，不同的逻辑在其合理性上也是平等的，未来的逻辑研究必须关涉不同文明中的说理活动和说理方式。因此，逻辑可以划分为西方式逻辑和非西方式逻辑，西方式逻辑分为形式逻辑和广义非形式逻辑，形式逻辑又划分为经典逻辑和非经典逻辑，广义非形式逻辑划分为非形式逻辑、归纳逻辑和思辨逻辑；非西方式逻辑可以划分为中国古代逻辑、印度佛教逻辑、伊斯兰逻辑、阿赞德逻辑等等。③ 如果秉持狭隘的逻辑观，就会导致中国逻辑史研究中的比附现象，从而混淆逻辑学研究中的"此者"和"他者"。例如，梁启超在1919年撰写的《〈墨子·小取篇〉新诂》就说道："所谓'一周而一不周'即名学所谓'尽物与不尽物'，亦称'周延不周延'。"此后，

---

① 杨俊光：《墨经研究》，南京大学出版社 2002 年版，第 524—542 页。

② 鞠实儿：《论逻辑的文化相对性——从民族志和历史学的观点看》，《中国社会科学》2010 年第 1 期。

③ 鞠实儿：《〈简明逻辑学〉序》，Graham Priest 著，史正永、韩守利译，译林出版社 2010 年版，

梁启超的《墨子学案》把《墨子·小取》中的这一段话当作西方传统逻辑的周延性理论来处理："此一段是论名词周遍（distribute）的法则"，也同样是在《墨子学案》中把《墨子·经上》的"同异交得放有无"当作探求事物之间因果联系的穆勒五法的"求同法""求异法""求同求异并用法"，等等。这种研究就是忽略了中国文化发展对逻辑发展的影响。正如杜米特留所说的那样，逻辑就是它的历史，而逻辑史就是逻辑本身。不同的逻辑学家心目中都会有他的关于逻辑的不同理解，从未交汇的三大逻辑源流一定会因为文化因素而具有各自特色。数学如此，文学也如此。中西的文学发展不同，中西的数学发展也不同，就是这个道理。

第四，逻辑古书训释中忽视语言之间的差异。胡适先生在他的《先秦名学史》中把西方具有系词的命题，同没有系词的汉语命题进行了简单对比，认为"苏格拉底是一个人"同"苏格拉底，人也"是同样的结构形式，并认为"在西方逻辑中围绕系词发生出来的一切神秘的晕就这样被消除了"[①]。胡适先生还在注中引用了霍布斯的话作为佐证。霍布斯在其《哲学原理》第一篇第三章第二节中指出："但是有些时候，或者说肯定有些民族没有和我们的动词'is'相当的字。但他们只用一个名字放在另一个名字后面来构成命题，比如不说'人是一种有生命的动物'，而说'人，一种有生命的动物'；因为这些名字的这种次序可以充分显示它们的关系；它们在哲学中是这样恰当、有用，就好像它们是用动词'is'联结了一样。"[②] 胡适先生的这种理解，就把两种很不相同的语言现象简单化了，后世很多学者对此进行了更加深刻的研究，也对胡适的研究进行了反思。亚里士多德"对'S是P'这样的命题进行了明确的划分，确定了A、E、I、O四种形式及其对当关系，并在此基础上建立了相应的三段论格与式及其相应规则"[③]。正如张志伟先生所说的那样："而对于逻辑学意义上的逻辑来说，语言中直到出现了系词'是'才可能充当具有形式

[①] 胡适：《先秦名学史》，学林出版社1983年版，第40页。
[②] 同上书，第41页。
[③] 王路：《"是"的逻辑研究》，《哲学研究》1992年第3期。

意义的逻辑联结词，在日常语言中纯形式地使思想通过语言保持抽象同一性。……由此可见，系词'是'对于形式化的逻辑是至关重要的。如果希腊语言中没有系词'是'，亚里士多德逻辑就无从建立。正因为古代汉语中没有系词'是'，所以中国古人始终没能建立起真正具有纯形式性的逻辑体系。"[1] 亚里士多德是直接结合语言、语法来研究命题或判断的，必须通过语言的形式才能发现语言形式所表现的思想方面及其相应的逻辑形式。亚里士多德没有把系词明确地看作判断的一个组成部分，正说明了古代希腊语言中系词仅只具有语法意义，而不具有语义含义。王路先生曾指出："亚里士多德是逻辑的创始人，他针对古希腊辩论中的问题，想提供一套行之有效的方法，以保证推理的必然性，从而形成了四谓词理论，而这个理论是围绕着'是'展开研究的，因此可以说，逻辑学的形成和发展是从'是'的研究开始的。"[2] 而在中国逻辑史研究中具有重要意义的因明研究中，不仅需要具有较好的训诂能力，而且还要具有一定的语言比较研究能力。陈望道认为："其实因明中的所谓'因'，就是逻辑的三段论法中的所谓媒概念。"[3] 这种理解被其他的研究者认为是一种错误，关键就在于"印度的字是由字母构成的。印度文法是没有虚词的。一切虚字全由实字的语尾变化上表示出来"[4]。实际上，因明三支中的因支在印度文法里就是由一个名词担当，印度的字是由字母组成的，印度语法中是没有虚词的，表达因果关系的虚词实际上是通过在实词语尾进行变化而完成的，由于汉语中缺乏这样的语言形式，要使得因支成为一个命题就必须重新创造语言形式才能解决这个问题，所以，玄奘在翻译因明典籍时就出现了一个不汉不印的"……故"的形式，因此，把因支变成一个命题实际上是玄奘在翻译因明典籍时的一种创造性发明。

总而言之，在中国逻辑史研究中存在的训诂问题还很多，一方面

---

[1] 张志伟：《是与在》，中国社会科学出版社2001年版，第39页。
[2] 王路：《"是"的逻辑研究》，《哲学研究》1992年第3期。
[3] 转引自曾祥云《中国近代比较逻辑思想研究》，黑龙江教育出版社1992年版，第178—179页。
[4] 同上书，第179页。

我们要从西方的逻辑理论和思想中汲取营养，学会拿来；另一方面还要学会甄别，中国古代典籍中哪些东西是所谓的西方的逻辑的东西，哪些东西不是所谓的西方的逻辑的"中国逻辑"的东西，哪些东西不是所谓的西方的逻辑的而我们认为是西方逻辑的东西，这些当然需要训诂来说话，而训诂说话不能仅凭逻辑学家说话，似乎更应该让训诂家说话。

三 由中国逻辑史研究中的训诂问题而生的断想

中国逻辑史研究中的训诂问题是一个亟待解决的问题，如果不能把这个问题解决好，中国逻辑史研究就不能走向世界。我们觉得中国逻辑史的研究应该在如下一些方面加强深化研究。

第一，比较对象的问题。由清代训诂考据学大兴而兴起了比较逻辑的研究，也由此成就了中国逻辑史的研究。但是，我们从今天的研究来看，中国逻辑史的比较研究应该建立一个合适的比较对象，以使得"此者"和"他者"具有更多的相同性，尽管比较的目的不是为了求同。中国逻辑史研究的传统是把中国古代的逻辑理论和思想注重与亚里士多德逻辑的《前分析篇》《后分析篇》进行比较研究，一定要在中国古代典籍中挖掘出和亚氏逻辑一样的体系和结构，从传统逻辑的概念组成判断，判断组成推理，对推理的具体应用就是假说和论证这样的架构上来进行研究，从而在先秦典籍中挖掘出"名""辞""说""辩"的逻辑体系来。不管我们的研究如何方法创新（指用现代逻辑等方法来研究中国逻辑史），训诂理念如何更新，似乎都不容易对中国古代的逻辑理论和思想有一个全面而科学的解释。假如我们把先秦典籍中的所谓名辩学与亚氏的《辩谬篇》《论辩篇》进行比较研究，也就是采用非形式逻辑的视角来重新解读中国古代的逻辑理论和思想，也许会收到意想不到的丰硕成果。这既是一种解释学的方法，也是训诂学的方法。

第二，加强对中国特色的所谓"名""辞""说"理论的研究。中国逻辑史研究中的"名"的研究可以说丰富多彩，相比之下，"辞"的研究就很弱，"说"的研究就更弱。"世界逻辑史的发展进程中，出现了三个不同的逻辑传统，即希腊逻辑传统、印度逻辑传统和中国逻辑传统。三个逻辑传统既有共同性的一面，也有特殊性的一面。这些不同的逻辑传统都以推理论证为对象，有共同的基本内容，所以都是逻辑。同时，由于赖以生成并受其制约的历史条件和文化背景不同，也使不同逻辑传统之间显现出差异。就逻辑的特殊性而言，居主导地位推理类型的不同是重要方面。古希腊亚里士多德逻辑的核心是三段论。五支作法及由五支作法发展出的三支作法，是因明的主导推理类型。中国先秦时期的逻辑学说中，主导推理类型是推类。"[1] 对于推类的命题有哪些，如何定义，相互区别，逻辑作用等缺乏深入的研究。一般说来，我们把"譬""侔""援""推""止""效"等都归为推类，也都指出这些推类和西方传统逻辑的类比推理不一样，但是，这些能够称作推类的命题的区别是什么还研究得不够透彻，还是众说纷纭，莫衷一是。而对于"说"的研究几乎不被重视，其实中国古代有很多说理方法很值得我们进一步研究。"中国讲道理的古书很多，所讲的道理已有不少书介绍、评论，但讲的方式不大受到注意。讲的什么，很重要。怎么讲的，同样重要。和别国比较，中国方式中有几点更着重。一是对话，二是寓言，三是反讽（指东话西，正言若反）。《列子》里面三者俱全。这是杂烩，也就是'大路货'。在这方面，它也够得上一部'真经'、一种'样品'。"[2] 金克木在这里只是说了一部分中国古代的说理方法，中国古代的说理方法还有很多，需要我们做更深入的拓宽研究，我们有理由相信，中国古代的说理方法方式研究一定能够拓宽中国逻辑史研究的视野，从而真正为世界的逻辑史研究贡献我们应该贡献的力量。

第三，加强中国古代的定义理论研究。定义理论研究一直是逻辑史研究的薄弱环节，逻辑学研究的关注点一直是有效性的问题。其实，在中国古代的训诂理论中，定义理论异常丰富，只是这些定义理论需要我们研究逻辑的学人做更多的整理工作。本文仅以郭在贻《训诂学》中的部分定义理论作为研究的范例，例如，释义的术语有：

---

[1] 崔清田：《推类：中国逻辑的主导推理类型》，《中州学刊》2004年第3期。
[2] 金克木：《文化卮言》，中国人民大学出版社2006年版，第35页。

曰、为、谓之、谓、貌、犹、之言、之为言等；拟音的术语有：读如、读若等；改字的术语有：读为、读曰等；正误的术语有：当作、当为等；其他术语：互文见义、析言、浑言、读破、反训、递训等。至于声训、形训、义训等训诂条例的解释需要逻辑史研究中的定义理论予以条理化、科学化。至少可以说，训诂的定义理论研究还是一个亟待深入开垦的领域。这一点如果做得好，就是中国逻辑史研究对世界逻辑史研究的贡献，一定会丰富和发展逻辑学的理论和思想。

第四，训诂研究中的论证推理方法或者训诂遵循的原则应该成为中国逻辑史研究的又一个重要领域。中国古代的训诂学虽然具有一定的在我们看来应该是系统的理论，究其实，仍然不过是深入归纳法的一种。关于深入归纳法，罗马尼亚逻辑学家安东·杜米特留的《逻辑史》指出："刘家惠认为，欧洲的汉学家和中国学者所说的类比推理，实际上是深入归纳。这种深入归纳不是从特殊到特殊的过程，而是包含从特殊开始，建立一般原理。下面就是作者给这种归纳下的定义：'深入归纳是一个由类比进行的推理，它在推演之下产生。推理的目的在于深入认识关于特殊族类的规律。但是，它不是建立于 S. 穆勒归纳法基础上的从一个特殊到另一特殊的过程'。刘家惠强调，虽然深入归纳法是中国一切推理的钥匙。"[1] 深入归纳法就是在归纳的基础上再实行演绎的过程，这一点在训诂学的研究中表现得尤为突出，通过"例不十，法不立"的训诂原则，归纳出一个通例，在通例的基础上再进行演绎。古代汉语的很多训释如果从逻辑学的角度看都具有深入归纳法的性质。诸如兼词之"诸＝之于""弗＝不＋之"等；"终风且暴"的"终……且……"是"既……又……"的另一种表述形式。俞樾在《古书疑义举例》一书中列举了88种阅读古书应该注意的事项。实际上，俞樾总结归纳这些"例子"，其他人阅读古书时就要以此为前提，推出该如何阅读古书。而这种深入归纳法如果泛化开来，在我们汉语的很多熟语、歇后语、成语中比比皆是：云往东，一阵风；云往西，关公骑马披蓑衣；八月十五云遮月，正月十五雪打灯；等等，不一而足。

---

[1] ［罗］安东·杜米特留：《逻辑史》（第 1 卷），李廉主译，油印本，第 2—38 页。

此外，训诂学研究中的很多论证方法也是我们中国逻辑史研究中的薄弱环节，值得进行更加深入的探讨和研究。

总之，中国逻辑史的研究和训诂学的研究之间既有相互借鉴的地方，也有相互引申的地方，中国逻辑史研究应该关注和借鉴训诂学的研究成果。如果说西方的哲学研究与语言研究分不开的话，那么，中国逻辑史的研究也一定和训诂学的研究分不开。因此，我们希望中国逻辑史的研究更多地关注训诂学的研究，从而对中国特色逻辑史研究的拓展提供一种全新的研究途径和更加丰富的内容。

中国古代逻辑整体性研究初探

田立刚[*]

一 中国古代逻辑整体性研究的提出

从现有的文献资料看，我国历史上对中国古代逻辑思想的研究，始于晋代鲁胜的《墨辩注序》。在17世纪和20世纪初，随着西方逻辑的两次传入，明末清初和近现代早年的一些学者（李之藻、孙诒让、严复、梁启超、王国维、胡适等）发现了西方传统逻辑和中国古代名学、辩学在所述原理和科学内容方面的共通之处，遂以"名学""辩学""论理学"等来作为"逻辑"一词的别称，即英语"Logic"一词的汉语意译。与此同时，一些研究先秦逻辑典籍和逻辑思想的著作也被冠之以名学、辩学之名，如胡适的博士学位论文《先秦名学史》、郭湛波的《先秦辩学史》等。

到20世纪中后期，中国逻辑史研究出现了新的热潮，具代表性的著作有汪奠基的《中国逻辑思想史》、温公颐的多卷本《中国逻辑史》和《中国逻辑史教程》、沈有鼎的《墨经的逻辑学》和杨沛荪的《中国逻辑思想史教程》，中国逻辑史专业委员会集体编著的多卷本《中国逻辑史》和《中国逻辑史资料选》，等等。此外，还有一大批研究墨子、荀子、惠施、公孙龙等人的逻辑思想，以及对中国古代逻辑和西方亚里士多德逻辑、印度因明做比较研究的学术论文出现。上述研究成果一般取时间顺序人物和学派编年的方法，对先秦诸子或其

---

[*] 田立刚，南开大学哲学院教授。

学派的逻辑思想逐一分析阐释，或者专论某一逻辑思想家及其学派的逻辑思想。尚未出现如西方传统逻辑的内容体系，或者印度因明的佛学逻辑系统，整体总结中国古代逻辑思想发展所形成的全部成果，依照逻辑学的科学观念和科学内容来建构的中国古代逻辑学。

近年来，随着国际学术交流活动的开展和规模的扩大，中国逻辑史研究和中国古代有无逻辑学的问题，日益受到国外学者的关注。据在2013年、2014年于南开大学召开的第二届和第三届中国逻辑史国际会议上讨论的问题，虽有国外学者撰写研究中国古代逻辑的文章，或在论述中国哲学史或中国思想史的著作中论及中国古代逻辑问题，但从世界范围看，对中国古代逻辑的研究大多也仅限于历史性的研究，而缺乏整体性的研究。这里，所谓中国逻辑的"历史性研究"，是指以逻辑思想或理论发展形成的时间顺序为线索，或者说是以某一学派人物思想的继承关系为依据，对逻辑思想发展过程所做的历史性描述和论述。而所谓"整体性研究"，也可叫作整合性研究，是指以逻辑史发展进程中所有思想家的逻辑思想和理论为对象，取其精华的、具有代表性的成果，按照通行的逻辑观念和范畴体系，总结概括出的一定的逻辑学体系。

总体上说，无论是国内近现代较大规模的中国逻辑史研究，还是国外中国古代逻辑研究的部分成果，其研究方法基本上还是参照西方逻辑的内容和原理，对中国古代逻辑，特别是先秦逻辑的人物或学派的思想做出解释阐述，缺少对中国古代逻辑整体性的研究成果，或者说，缺少一部全面总结国内外中国逻辑史研究成果，从科学的逻辑观出发，较为完整系统阐述中国古代逻辑思想，可以称为中国古代逻辑学的著作。

认定某种文化是否孕育了逻辑学说，或者一定的逻辑学理论是否所由出于某种文化，是以一定的逻辑学科学体系的出现，或者由一定文化历史背景下逻辑思想发展的所有成果的精华汇聚而成的逻辑学著作、逻辑教科书为标志的，印度佛学的因明，西方传统逻辑的形成皆为如此。印度因明据传由史前的正理派始祖乔达摩所创立，到公元1世纪古因明论式及其理论才初具规模，及至公元5、6世纪前后陈那著《因明正理门论》提出新因明，以及商羯罗主的《因明入正理论》

的问世才标志着因明学说体系的完成确立。① 西方传统逻辑从古希腊亚里士多德以演绎推理为主的逻辑学说,到近代培根归纳逻辑及求因果联系的理论,以及逻辑规律和逻辑方法内容的加入,也经历了和因明发展形成大致一样的过程,这从西方逻辑在明末清初传入中国的《亚里士多德辩证法概论》,特别是17世纪西方传统逻辑的经典教科书《波尔罗亚尔逻辑》等书中可得到佐证。

在世界逻辑发展史上,古印度的"因明、古希腊的逻辑学和中国古代的名辩学,犹如三颗瑰丽的明珠,交相辉映,大放异彩"②。那么,与世界逻辑学古代源流的另两大分支比较,中国古代逻辑学的研究,仅仅有对某位或某个学派名辩学家的逻辑思想的研究,或者断代的逻辑理论的演进发展的研究,或者某个逻辑概念范畴形成发展过程的研究,或者某个具体逻辑命题的研究,都是远远不够的。将中国古代逻辑思想中最具代表性成果总结荟萃为一体,形成全面反映中国古代逻辑理论和成果的科学体系,是可能的,也是必要的。

二 中国古代逻辑整体性研究的意义

清末学者孙诒让曾指出,中国古代的名辩学说代表作《墨经》"楬举精理,引而不发,为周名家言之宗,窃疑其必有微言大义,如欧士亚里大得勒之演绎法,培根之归纳法,及佛氏者之因明论者"③。近现代学者梁启超《墨子学案》一书认为,《墨辩》中的逻辑"出现在阿里士多德以前一百多年,陈那以前九百多年,倍根、穆勒以前二千多年,他的内容价值大小,诸君把那四位的书拿来比较便知"④。当代的沈有鼎也认为,墨家的逻辑思想"代表了中国古代逻辑学的光

---

① 参见周文英《因明在印度的发生和发展》,《江西师院学报》1979年第1期。
② 刘培育、周云之、董志铁编:《因明论文集》,甘肃人民出版社1980年版,前言,第1页。
③ 孙诒让:《与梁卓如论墨子书》,转引自方授楚《墨学源流》,中华书局1989年版,第219页。
④ 梁启超:《墨子学案》,载《中国逻辑史资料选》(现代卷下),甘肃人民出版社1991年版,第19页。

辉成就","中国古代逻辑学思想的发展,到了《墨经》,就同登上高峰一样。《墨经》不仅在古代,就在现时,也还是逻辑学的宝库"①。

既然众多学者充分肯定中国古代有如西方逻辑和印度因明一样的、可以叫作逻辑学的科学成果,或者说有一个逻辑思想体系,那么,这个成果或体系整体所表现的内容就需做出总结论证。如前所述,尽管可以说中国古代逻辑思想的研究取得了极为丰硕的成果,但仅从历史发展的视角对中国古代出现的逻辑思想、逻辑思想家和逻辑命题做单一的、局部的分析研究,中国古代有逻辑思想但有没有逻辑学的问题仍不能从根本上得以解决,这也凸显了整体性研究中国古代逻辑学的必要,因此该方面的研究具有重大学术价值和理论意义。

1. 通过中国古代逻辑的整体性研究,可以系统地总结中国古代在逻辑思想、理论上做出的成就和贡献,形成完整的而不是零散的,全面的而不是个别的,公认的而不是有争议的中国古代逻辑思想的范畴体系和理论体系。通过该领域方向的系统研究,进一步确立中国古代逻辑在世界逻辑发展史上的地位和价值,扩大其在国际学术界的影响,并消除中国古代只有逻辑思想而没有逻辑学、中国古代没有获得科学认知的推理理论与论证方法的质疑。

2. 中国古代逻辑的整体性研究,有助于充实今天逻辑课程的教学体系和教学内容。逻辑学既是一门具有工具性属性的科学,也是一门具有历史维度的科学。结合西方逻辑思想史、中国名辩逻辑史和印度佛学因明史的发展,充实与完善逻辑基础教学内容,是逻辑学课程教学内容改革之必需。整体性的中国逻辑史研究,可以使逻辑教学不仅以西方逻辑的发展为参照,更借鉴中国古代逻辑特有的内容。特别在当今强调素质教育、通识教育的背景下,使学生了解和掌握我国古代的推理与论证方法,并在日常思维分析解决问题时能够实际运用。

3. 中国古代逻辑学具有偏重语言论说方式和方法的特色,注重在一定语境下通过分析词语成分和语句结构来阐释语言的意义。因此,通过对中国古代逻辑思想的整体性研究,可以结合中国古代逻辑与语言的特点,更为科学准确地分析汉语的语法与语义,为汉语语文

---

① 沈有鼎:《墨经的逻辑学》,中国社会科学出版社1982年版,第2页。

的教学与研习提供辅助手段。同时，解决汉语言环境下的知识表达与认知模式的符号化问题，为汉语的解析与人工智能表达提供借鉴。

4. 通过对中国古代逻辑思想的整体性研究，还可以为认识和发展现代逻辑科学提供有益的历史借鉴。从逻辑学发展的历史看，逻辑学是适应人类科学认知和思维推理的需要而产生的，它基于不同的语言和文化背景，有着不同的表现形式或形态，与不同文化视域和不同逻辑产生的历史条件密切相关。通过对中国古代逻辑的整体性研究，可以丰富与完善现代逻辑研究的内容与方法，如中国古代逻辑中对"矛盾"和"悖"论的讨论，可以为悖论产生原因及解决方案的研究提供参考，墨家关于认识的局限性和理由的有限性的观点，为解释或然性推理的客观基础和主观条件等提供一种解决方案。同时，通过中国古代逻辑与现代逻辑的互动性研究，也可推动运用现代逻辑的理论与方法对中国古代逻辑的内容和问题做出新的阐释使之不断完善。

5. 整体性研究中国古代逻辑学的成果，可以为世界古代逻辑三大源流的理论内容，包括对名称及词项、命题形式与种类、推理的具体形式与规则和论证的方法与原则等方面的理论做客观科学的分析比较，提供必要的学术支撑。学术上的比较型研究是以比较之客体的存在及其完整性认同为基础的，通过建立中国古代逻辑整体性理论框架，可以从逻辑文化学的视角，分析解释不同逻辑学之所以存在理论差异在文化背景上的原因，以及逻辑学主要研究问题不同的可能的学理殊分。

三 中国古代逻辑整体性研究的目标、内容及有关问题

中国古代逻辑整体性研究的目标是完成一部系统全面阐述中国古代逻辑思想的学术专著。在历代中国逻辑史研究，特别是近现代中国逻辑史研究已有成果的基础上，根据中国古代逻辑思想既有的典籍资料和理论内容，以通行的逻辑观念（逻辑是研究推理和论证的学说）为参照，对中国古代逻辑全部成果做出系统的整合。该研究要突破原有的以人物和学派思想为研究对象的叙述模式，力求阐述和论证包括

正名与名实关系、立辞与类推（推理类型）、辩说和论证方法，以及推理论证原则与规律的理论等组成部分，形成相对完整的中国古代逻辑思想的体系内容，并对中国古代逻辑和西方传统逻辑做出比较研究。

中国古代逻辑学整体性研究应涵盖以下内容。

1. 中国古代逻辑学概述。研究中国古代逻辑学，首先要对中国古代逻辑学的研究对象做出明确界定。中国古代逻辑学是我国古代思想家关于推理和论证的学说，具体说是对墨子及其后学、荀子、公孙龙、韩非和王充等人对名辩形式、论证方法、正名立辞的原则规律等做出的理论研究成果的总结与概括。中国古代逻辑学产生于中国古代特定的历史文化，有着重认知、重智慧、重社会政治伦理需求、与语言应用密切结合等特点，这不同于西方传统逻辑和印度因明。要以中国逻辑史的研究与考察为基础，将中国古代逻辑学整合为一个相对完整的科学体系，并阐明其所具有重要理论意义和学术价值。

2. 关于"正名"思想的研究。孔子讲"名不正，则言不顺"，那么"正名"是什么呢？按中国古代逻辑家的看法，"正名"是如实反映客观对象的名称、概念，即"夫名，实谓也"，如墨家所说"以名举实"。正名的方法有以实正名、以名定实和名实相应等三种不同的观点，这些观点无优劣之分，而只是从不同视角对名、正名和名实关系做出的解释分析。正名的原则有荀子提出的"约定俗成"和"稽实定数"，还有墨家和公孙龙提出的"唯乎其彼此"的原则。荀子还提出了"推而共之""推而别之"的名的类属演进过度的方法。名的使用中会出现逻辑错误，有关名的谬误理论，荀子提出了"三惑"说，墨家也提出并分析了"乱名""狂举"等错误形式。

3. 关于"辞"和"立辞"理论的研究。"辞"是什么？墨家认为，辞是表达思想的语言形式，即"以辞抒意"。荀子则从辞的结构上做出规定："辞也者，兼异实之名以论一意也。"中国古代逻辑思想家结合古代语言应用的特点，详细分析了辞的不同形式，包括或、假、效、正、宜、必、且、已等，既有一般的命题或判断的形式，也有时态和规范判断的形式。中国古代逻辑的立辞，不以形式结构是否确当为重点，而是强调立辞必须符合有故、成理、合类，故、理、类是我国古代立辞理论的三个基本的也是最重要的范畴，即强调"辞，以故生，以理长，以类行"。

4. 关于推类（或称"类推"）理论的研究。推类是中国古代逻辑中对推理的统称，它包含了西方逻辑中演绎、归纳和类比三种不同类型的推理。在立辞论说过程中，推理依据的前提和推理结论间，应建立以类为推的关系。墨家认为，由于推理中所使用的概念，其外延范围有大小，所以推理的正确与否就在于推理的结果是否如实反映了概念间的关系。推类有严谨的逻辑类推，像效法式推理和假言前提下的类推，也有"有以同，类同也"的不同类对象由于某特点的相似而做出的类推。关于推类的形式，中国古代逻辑提出了或、假、效、辟、侔、援、推、止等主要形式，这种分类既参照了逻辑的标准，也反映了语言表达结构的不同。

5. 关于辩说（辩论）理论的研究。辩说包括辩论和谈说，是中国古代逻辑的重要内容。墨辩从逻辑角度定义了"辩"的科学内涵，"辩，争彼也。"认为论辩是围绕逻辑矛盾命题之争。荀子也提出，"辩说也者，不异实名以喻动静之道也"的观点。说明我国古代逻辑家对辩说的认识非常明确且科学严谨。辩说过程中既要运用演绎推论的方法，"以类行杂，以一行万"，也要综合运用归纳的方法，"求其统类"。古代逻辑家对辩说的语言认识功能和社会意义作用也做了深刻全面的论述。

6. 关于论说（论证）理论的研究。主要以东汉王充的论证逻辑体系为基础，对中国古代比较成熟的论证理论做出深入的研究。王充认为，论证的作用即在于"明是非，定然否"，包括了证明与反驳两个基本的方面。论证的逻辑要求在于"引效验""立证验"。同时，王充论证逻辑还提出了"方比物类"和"引物事以验其言行"的论证方法，包括了逻辑验证和实践检验两个基本环节。中国古代逻辑家对论说（论证）中的谬误及其反驳也做了深入的研究，并提出了反驳谬误的一些方法。

7. 关于逻辑规律的思想和理论的研究。逻辑规律的思想是逻辑理论学说的必要组成部分，中国古代逻辑中也包含了逻辑规律理论研究的内容，主要有：唯乎其彼此的同一律思想；矛盾之名、辞不可同立的矛盾律思想；对立命题不可两不可的排中律思想；出故尽故的充足理由律思想。当然，中国古代逻辑中的逻辑规律思想不完全同于西方逻辑，这是需要研究阐明的。

8. 中国古代逻辑与西方逻辑、印度因明的比较研究。逻辑比较研究的重点应包括：逻辑观与研究对象的同与异、推理形式和方法的同与异、逻辑目的和作用的同与异，等等。在此基础上，力求在逻辑文化学的视角对逻辑形态与历史文化的关系的问题做出深入的探索研究。

中国古代逻辑学理论框架及其内容结构的选取上，仍存在诸多的理论问题需要研究探讨。这些问题主要有：作为该体系的某一部分或逻辑某一方面理论研究的代表性成果如何选择，选择的依据和原则是什么，以及是否要借助现有的逻辑成果对古代逻辑的内容做出补充完善或者给出新的解释，等等。

中国古代逻辑学某一部分理论的具体内容的选取，应本之于突出典型成果，同时兼顾一般思想的原则。例如，中国古代逻辑中关于"正名"和名实关系的理论，先秦逻辑中比较突出的成果是《墨辩》和荀子关于名的定义、分类和公孙龙提出的正名原则思想，它们都具有明显的逻辑研究与讨论的特征，这些可以作为主要内容来写。对于像孔子提出的"正名"思想，则可以从名的分析研究的实用价值与社会意义的角度来加以介绍，它对后来演化出的先秦后期的刑名观和魏晋时代的人伦品鉴中的名实观都发生过重要的影响。通过后面的这种介绍阐述，使得古代逻辑在实际应用和现实生活中的意义得以凸显。再如，关于中国古代逻辑中有关论证的思想和理论，一般认为以王充《论衡》中的讨论最为翔实，包括了证明与反驳、论证的原则和方法、论证中的谬误等，王充都有明确的思想，可以作为中国古代论证理论的重点来介绍。但古代研讨过论证问题的思想家，不止王充一人，先秦墨家倡导的"谈说""谈辩"，孟子善用的"类推"等也都有论证的含义，应该在古代逻辑论证理论的内容中加以说明。

在介绍和阐述古代逻辑思想、逻辑命题，以及有关逻辑问题的讨论等内容时，是否可借用今天逻辑学的内容和方法，或者用现代逻辑形式化分析的方法作为研究工具，对这个问题的回答应当是肯定的。

这就是说，可以借助现有的逻辑成果对古代逻辑的内容做出新的解释，以充分阐明其逻辑意义和逻辑价值。关于这方面的研究，两岸学者都有过专门的理论探讨，如台湾大学林正弘教授运用现代逻辑对公孙龙"白马非马"辩题所做的分析，大陆多位学者对《墨辩》中"侔"式推论给出的现代逻辑的解释等。许多学者注意并讨论了中国古代逻辑注重故、理、类等范畴对推理和论证的规范而不太关注逻辑推理形式的建构，特别是对推理具体规则的研究讨论内容偏少，这既是中国古代逻辑的特色，也是它的不足。那么，我们在建构中国古代逻辑学时，能否运用现今的逻辑理论对其相关的规则或其他不足做出补充完善，这也是需要深入思考和研讨的问题。

"中国逻辑"的建构问题*

邱建硕**

一 从西方逻辑对中国古代文献的诠释看"中国逻辑"①

"中国逻辑"是西方逻辑引进后才产生的一门研究，这门学问除了将西方逻辑介绍进中国之外，也将中国先秦的名家与墨家的文本

---

* 本文原刊于《逻辑学研究》2017年第4期。

** 邱建硕，辅仁大学哲学系副教授兼系主任。

① 对于"中国逻辑"一词实有不同的理解，姑且以汪奠基先生在《中国逻辑思想史》一书的看法为例，借以对比出笔者在此提出的"以'西方逻辑'和'中国古代文献'二者为'中国逻辑'一词的具体内涵"的用意。汪奠基先生认为："从普通逻辑史的范围看，中国逻辑史同样是以研究逻辑的规律和形式法则等理论发展为对象的。因为逻辑的规律和规则都是普遍性的和全人类性的东西。人们思维过程赖以实现的各种形式……也都是共同的形式，因此它们当然应作为中国逻辑史的主要内容之一。在古代逻辑思想论著中，尽管这些规律、规则和形式法则的东西没有被当时学者们……具体地分析出来；但是在名、墨和荀、韩诸子的论著里，却同样的揭示出思维法则的重要性；认'形名之学'为别同异、明是非的法则的科学。"（汪奠基：《中国逻辑思想史》，明文书局1993年版，第19—20页）汪奠基先生这段话包含了以下几个观点：（1）逻辑学研究的规律和规则是对全人类而言具普遍性的，即不因个人、地域和文化等的差异而有所不同；（2）中国古代逻辑思想研究的是以思想的共同形式为对象，即使当时的学者们并未具体地分析出这些逻辑规律；（3）名、墨、荀、韩等诸子的论著皆包含有与中国逻辑思想相关的论著。即使中国古代论著研究了"思维过程赖以实现的共同形式"，但终究没有具体地分析出逻辑的规律。除非主张"凡是人们思维过程赖以实现的各种形式皆是逻辑形式"，否则，即使中国古代论著进行了这样的研究，甚至有了某些关于思想的共同形式的成果，也不能被视为一种逻辑成果，甚至也不能视为一种逻辑研究。除非中国古代思想家们的研究是以获得逻辑形式为目标的研究。换句话说，将"形名之家"的文本视为一种逻辑论著并不具有确定性。个人以为它们之所以被称为逻辑论著，乃是因为一方面它们有着"思想形式"的研究，另一方面这些思想形式被理解为一种逻辑形式。因此，它们才成为逻辑论著。而这些思想形式之所以能被视为逻

当成最早的逻辑研究的对象,这样的研究就成了以"中国逻辑"为名的研究。可以说,这样的研究不仅是对名家与墨家的文本研究,甚至是将一个文本放入所谓的逻辑范畴内,并以此范畴的概念来理解文本的一个研究。这一方面将中国古代文献中某种原本含混不可解的部分予以澄清,另一方面也将西方逻辑思想具体地在对这些文本的解读中表现出来,这样得到的"中国逻辑"其实是包含着中国古代文献中的思想和西方逻辑思想的一门学问。也就是说,中西思想的紧密相连是"中国逻辑"研究的一个重要特征,但这种紧密相连也使得它们之间的关系显得复杂。西方逻辑对这些文献的解读当然使得这些文献呈现出一定的逻辑面貌,但这样的逻辑面貌究竟只是这些文献所涉及的文字本身的一种可能解读,或者是与这些文字被写下时所承载的思想相吻合的解读。在作为文字的一种可能解读的意义下,它是这个文本的诠释,如果诠释有着说出对文字可能理解的意义。②由于这些文献透过西方逻辑思想解读出的逻辑面貌与文字原意之间的关系并不由诠释所保证,因此仅仅能说,在这些文字的所有诠释中,或许有一种是这些文字的原意,即能够给予这些文字的某个逻辑诠释不等于

辑形式,这就有赖于西方逻辑对于逻辑形式的把握了。当然,并非所有的研究者皆认为中国思想并没有具体的发现逻辑形式,例如陈孟麟先生就主张:"《墨辩》天才地发现了人们思维所采取的逻辑形式,首创地制定了名(概念)、辞(判断)、说(推论)三种思维形式的概念,第一次揭示了逻辑范畴——故、理、类。"(陈孟麟:《墨辩逻辑学新探》,五南图书出版公司1996年版,第147页)换句话说,陈孟麟先生以为在《墨辩》中可以找到与亚里士多德逻辑学相当的逻辑成果,并且有与亚氏逻辑相异的元素。崔清田先生以为这样的方法可以是一种比附或比较,差别在于比附只是同于他者,而比较是两个主体之间的关系。(崔清田:《墨家逻辑与亚里士多德逻辑比较研究》,人民出版社2004年版)但无论如何,这些研究都是推进墨家逻辑研究的重要元素。

② 若将文字视为具有语法、语意和语用三个面向的符号。当仅就其语法层面而言,文字是不具有任何意义的,但文字的语法层面虽不具有意义,但假如语法是优先于语意的,那么文字的语法层面就是文字具有意义的必要条件。若文字的诠释就是给予文字意义,那么,就可以将之视为是在给予原本不具有文字意义的文字一个意义。但文本已是具有意义的文字,而将文字所具有的意义说出来,并不是给予文字意义,因此并非对于文字的诠释。但若从语法和语意的关系来看,说出文字的既有之意义其实是说出文字究竟曾经得到什么样的诠释。按这样的结构来思考文本诠释的问题,就是在思考当文本文字具有的某个语法时,它可能具有什么样的语意;也可以进一步地思考在同一个语法下,两个不同语意之间的关系等相关问题。

中国古代思想已有相对应的逻辑思想。当要求解读出来的逻辑面貌就是中国古代原先就有的逻辑思想时，这就超出诠释的范围了，它还涉及如何确立某种诠释与排除其他诠释的问题。在这样的理解下，无论是诠释或者确立某种诠释，都是以西方逻辑思想对于这些文献所进行的诠释为起点。若这样的诠释是"以西释中"，它就不在一种比附或者对文本原意扭曲的意义下使用，而只是一种文本的解读或诠释方式。而"中国逻辑"基本上就是一门"以西释中"的学问，或者是一门以西方逻辑思想诠释中国古代文献的学问。

但"中国逻辑"不仅只有这样的诠释意义，还要进一步考虑如此得来的诠释是否与文献原本的思想相符合。这就有了正确理解与误解的区分。如前所述，在仅仅是诠释的意义下，"中国逻辑"研究就是指以西方逻辑思想来解读中国古代文献，不必涉及正解或曲解的问题。当考虑到诠释与文献原貌是否吻合的问题时，就得考虑吻合的标准为何。吻合的标准有许多可能，例如，在文献原貌思想已知的情形下，这个解读与原貌思想是否相同是一个标准，或者这个解读是否说出了原貌思想可言但未能言也是一个标准。但若文献原貌思想有部分不清楚时，对这个不清楚部分的解读是否与其他部分相一致，或者是文献原貌思想原本就未有清晰理解时，这个解读与此文献之作者的其他作品的思想是否一致，甚或与同一时代的思想之一致都可以成为判定所进行的解读是否符合思想原貌的标准。但这些标准似乎都表明可以有一个独立于逻辑诠释之外的、关于文本原貌的把握，并可将之与文本的逻辑诠释相比较。但这是有其自身困难的，因为就这些文本获得逻辑诠释的缘由来看，虽不能肯定其自身不具有逻辑，但是仅仅自身并不足以产生逻辑的解读，或许因西方逻辑引进所产生的逻辑诠释仅是一种历史巧合，但若未能提出另一种能够说明这些文本具有逻辑意义的方法之前，它就具有暂时的必要性，而在"中国逻辑"研究的范围内寻求文本原貌，就难以在无视于这些逻辑诠释的情形下进行。

按前所述，我们肯定了"以西释中"是西方逻辑以中国古代文献为研究对象的"中国逻辑"的重要特征，中国古代文献也在这样的诠释中得到它们的逻辑内涵①，而成为"中国逻辑"的文本。因此，任何一种西方逻辑对中国古代文献进行"以西释中"的逻辑诠释时，皆可视为是对丰富"中国逻辑"内涵的贡献。

"中国逻辑"研究的另一个重要关注是文本原意。在"中国逻辑"的研究脉络下，文本原意的问题已不单是对文本的理解，而是须借由文本诠释才能得到回答的问题。因此，文本原意的问题并不只是简单地符合情形，而是一种在已获得逻辑诠释的文本中找出文本原意并以之与逻辑诠释相比对的问题，这就涉及从这样的文本排除因诠释而得的意义的问题。当然，若文本原意与逻辑诠释相符，即可肯定中国古代思想中是有与西方逻辑相同的逻辑；如果不符合，虽不能断言中国古代没有逻辑，但至少被研究的文献中没有与西方逻辑相同的逻辑。这些文献即使包含着逻辑思想，也是与西方逻辑不同的逻辑。如果中国有不同于西方逻辑的逻辑，那么，这个逻辑又是什么呢？这些问题根本上与西方逻辑和"中国逻辑"的同异关系或进一步它们的

---

① 逻辑诠释其实只是对于文本中与逻辑相关的部分进行诠释，也就是将这些部分首先当成是缺乏意义的，然后再赋予意义。至于其他与逻辑无关的部分，它们的意义就不在逻辑诠释的考虑范围之内。对于什么是与逻辑相关的部分也存在着不同的见解。按 G. H. von Wright 在 "Form and Content" 一文所提出的，形式和内容的区分是说明什么是与逻辑相关而什么与逻辑无关的一个方式。形式是与逻辑相关的，而内容是与逻辑无关的。依其所言，在三段论证逻辑中，与形式相关的是"所有""有些""不""是"等语词，其余则与内容相关。在语句逻辑中，与形式相关指的是像"非""和""或"等语句连接词，而其余的是与内容相关的。在逻辑诠释中，无论是语法或语意都是在逻辑的范畴下进行考虑，因此，语法层面就成了逻辑语法层面，语意层面就成逻辑语意层面。以公孙龙的《白马论》为例，公孙龙提出："马者所以命形也，白者所以命色也。命色者非命形也。故曰白马非马。"牟宗三先生对这段话中"白马非马"的主要理解为"'白马'色名与形名合，而'马'则只是形名。故白马异于马、不等于马也。"（牟宗三：《名家与荀子》，台湾学生书局2006年版，第102—103页）又说："故'白马非马'这一语句本身并无逻辑的意义与价值，因为要是'异'，天下无两物相同也。……它的逻辑上之作用是在借之可以引我们去分别概念的不同，辨明'是'字与'非'字各有不同的意义。"（同上书，第124页）但对冯耀明先生而言，虽然"白马非马"的"非"字也被理解为"异"，但除此之外，上述的这一段话还表明了一个论证，而这个论证是否有效或如何才是有效的，这是他所关心的问题，他又进而将之符号化。而符号化的过程表明这段话已从一种具有逻辑系统意义的方式被理解。"白马非马"被符号化为"~(c = a_1)"（其中 c 代表"白马"，a_1 代表"马"）（冯耀明：《公孙龙子》，东大图书公司2000年版，第42—43页）虽然是对同一段话的理解，但对牟宗三先生而言，这段话的逻辑内涵是从概念辨析引申出来，如果仅将"非"和"是"字当成是单义的，而未进一步考虑它的各种意义，那么，公孙龙的话语并无逻辑意义或内涵。但依冯耀明先生的做法，《白马论》是被逻辑解读的，其解读的结果是具有逻辑内涵的。但这样的逻辑内涵仅仅是冯耀明先生使用了一阶谓词逻辑的语言来分析《白马论》逻辑结构所得到的理性重构，至于是否公孙龙的原意就不是他的解析所意图回答的问题了。

同殊关系相关，这会是接下来谈论的问题。在进行下一阶段讨论之前，先以下面几个图示说明"中国逻辑"研究与西方逻辑和中国思想文献的关系。

西方逻辑 －－－－－－－－－诠释－－－－－－－－ 中国思想文献
　　　　　　　　　　　"中国逻辑"
　　　　　　　（被逻辑诠释的中国思想文献）

图1　"中国逻辑"是西方逻辑对中国思想文献的诠释结果

西方逻辑 －－－－－－－－－诠释－－－－－－－－ 中国思想文献
　　　　　　　　　　　"中国逻辑"
　　　　　　　（被逻辑诠释的中国思想文献）
　　　　传统逻辑　　　　　逻辑诠释1
　　　　现代逻辑　　　　　逻辑诠释2
　　　　归纳逻辑　　　　　逻辑诠释3
　　　　……　　　　　　　……

图2　"中国逻辑"可以是任一种特殊的西方逻辑对中国思想文献的诠释结果

西方逻辑 －－－－－－－－－诠释－－－－－－－－ 中国思想文献
　　　　　　　　　　　"中国逻辑"
　　　　　　　（被逻辑诠释的中国思想文献）
　　　　传统逻辑　　　　逻辑诠释1－－－－－符合？－－－－文本原意
　　　　现代逻辑　　　　逻辑诠释2－－－－－符合？－－－－文本原意
　　　　归纳逻辑　　　　逻辑诠释3－－－－－符合？－－－－文本原意
　　　　……　　　　　　……　　　　－－－符合？－－－－文本原意

图3　"中国逻辑"与中国思想文献的符合

西方逻辑 －－－－－－－－－诠释－－－－－－－－ 中国思想文献
　　　　　　　　　　　"中国逻辑"
　　　　　　（被逻辑诠释的中国思想文献）　　具逻辑诠释意义的文本
　　　　传统逻辑　　　　逻辑诠释1－－－－－符合？－－－－文本原意
　　　　现代逻辑　　　　逻辑诠释2－－－－－符合？－－－－文本原意
　　　　归纳逻辑　　　　逻辑诠释3－－－－－符合？－－－－文本原意
　　　　……　　　　　　……　　　　－－－符合？－－－－文本原意

图4　"中国逻辑"脉络下与文本原意的符合问题

二　从逻辑的"普遍义"和"特殊义"看"中国逻辑"①

借由西方逻辑的解读角色以及这样的解读是否符合文献原貌这两点，形成对"中国逻辑"的问题的初步把握，即"中国逻辑"首先是一种透过西方逻辑对中国古代文献的逻辑解读，第二点则是引起了"中国有没有这样的逻辑？""如果没有，那么中国还有没有逻辑？""如果有着不同于西方的逻辑，它又是一个什么样的逻辑？"这一系列的问题。在依据上述两点结果对"中国逻辑"的问题进行进一步的讨论与回答之前，笔者认为先回到西方逻辑本身所遭遇的"逻辑是什么？"问题，对于接下来的讨论是有帮助的。

"逻辑是什么？"对于这个问题的回答当然可以将"逻辑"当成是一个集合名词，所有被称为"逻辑"的研究共同回答了这个问题。但若我们进一步的探问，这些共同被称为"逻辑"的研究有没有什么共同的特征，使得它们与非逻辑的研究区分开来。那么"逻辑是什么？"这个问题的答案，就是这个共同特征。当这个共同特征被当成区分逻辑与非逻辑的界限时，它就是逻辑的普遍义。关于逻辑的普遍义的其中一个回答是：逻辑是一门关于真前提必然地导出真结论的研究。在这个定义下，演绎逻辑可以称为逻辑，但归纳逻辑就不可以称之为逻辑。当然我们也可以修正以上的定义，例如，逻辑是一门关于真前提在什么程度下可以导出真结论的研究。那么，演绎逻辑和归纳

---

① 在中国逻辑的研究中，许多学者都采取"普遍义"和"特殊义"的区分试图说明中国逻辑在逻辑上的位置。例如，孙中原先生采取"世界上的任何事物，都是特殊与普遍的统一"的观点来说明"中国逻辑""西方逻辑"和逻辑之间的关系，他以为无论是中国逻辑或西方逻辑要称之为逻辑都要符合逻辑的普遍意义。（孙中原：《中国逻辑研究》，商务印书馆2006年版，第44页）但符合普遍意义不妨碍存在有不同意义的特殊逻辑。这种说法是跟随着金岳霖先生的。金岳霖先生认为："事实上虽有不同的逻辑系统，理论上没有不同的逻辑。"逻辑的"普遍义"指的是适用于一切逻辑系统的逻辑意涵，而逻辑的"特殊义"是每一个逻辑系统与其他的逻辑系统区分之所在。（《金岳霖文集》第1卷，甘肃人民出版社1995年版，第620页）

逻辑皆可以包含在其中。这两个关于逻辑的定义，后者较前者具有普遍性，而前者可以视为具有某种特殊性的定义。很清楚，这个较具有普遍性的定义并非仅属于演绎逻辑的定义，而是一个普遍义。当"在什么程度下"这个普遍义可被区分为"必然的"和"非必然的"的特殊义时，这个普遍义加上"必然的"这个特殊义才成为演绎逻辑的定义。"在什么程度下"这个定义能作为归纳逻辑的定义吗？如果可以的话，那么演绎逻辑就是归纳逻辑的一种类型。如果归纳逻辑是这个普遍义加上"非必然的"特殊义所构成，演绎逻辑和归纳逻辑就是具有共同义却彼此不相属又互不重叠的两个逻辑。但是在演绎逻辑中又可以区分出诸如语句逻辑、述词逻辑、模态逻辑等，它们之间不仅具有共同义，而且可以有相属或部分重叠的关系。

上述讨论的最主要目的在于说明，在"逻辑是什么？"这个问题的回答上，可以在普遍义和特殊义的区分下得到一种形式上的厘清。即凡称为"某某逻辑"的，皆具有普遍义和特殊义。而普遍义是所有逻辑的共同义，但部分逻辑所共有的"普遍义"，它只是这些逻辑的共同义而已，而非一切逻辑的共同义，在这个意义下，仅属于部分逻辑所共有的"普遍义"相对于一切逻辑所共有之普遍义，它就是一种特殊义。

但所谓的普遍义最重要的意义在于，它不只是所有逻辑所共有之处，它还是"逻辑是什么？"这个问题的回答，这个回答决定了"某某逻辑"是否是逻辑。即唯有符合普遍义的"某某逻辑"才是逻辑，不符合的"某某逻辑"就不是逻辑。当不以普遍义为逻辑的定义，而是以普遍义加上某个特殊义当成逻辑的定义时，那么即使"某某逻辑"是符合普遍义的，它仍可能会被排除在逻辑的范围之外。但就如同之前所说的，逻辑的普遍义是在"逻辑是什么？"的问题下所得到的回答。而普遍义加上特殊义就非这个问题的答案了，它是"某某逻辑是什么？"这个问题的回答。

若西方传统逻辑（或现代符号逻辑、形式逻辑、非形式逻辑等逻辑中的任一个）给予中国古代文献一个逻辑解读，那在普遍义和特殊义的脉络下，西方传统逻辑（或现代符号逻辑、形式逻辑、非形式逻辑等）是否符合中国古代文献的思想原貌的问题，就有以下可能情形：第一种，既符合普遍义，也符合特殊义；第二种，不符合特殊义，但符合普遍义；第三种，虽不符合普遍义，但特殊义相同；第四种，既不符合普遍义，也不符合特殊义。在第一种情形下，中国古代思想就至少是西方逻辑的一部分，因此对"中国逻辑"的研究与西方逻辑的研究可以是重叠的。在第二种情形下，中国古代思想中确实具有逻辑，却是不同于那些被用以解读文本的西方逻辑，但在这种情形下，追究的问题主要在于那与西方逻辑不同的特殊义究竟为何，而这使得"中国逻辑"是一个什么样不同的逻辑。在第三种情形和第四种情形下，由于皆不符合逻辑的普遍义，那么就意味着中国思想中没有逻辑。

但若进一步地考察，当肯定西方逻辑是逻辑时，这确实表示接受了西方逻辑是符合于逻辑的普遍义。但是，要使"西方逻辑是逻辑"这个命题为真，其谓词"逻辑"一词的意义不必然得是这个普遍义，而只要是所有西方逻辑的共同义即可。"所有西方逻辑的共同义"必然包含有逻辑的普遍义，但也可能包含有不同于逻辑普遍义的特殊义。

"中国逻辑是逻辑吗？"要求着一个逻辑的普遍义，但当其谓词"逻辑"的意义被代之以"所有西方逻辑的共同义"时，即使"中国逻辑"符合了逻辑的普遍义，但"中国逻辑是逻辑"这个命题仍可能为假，因为它不具有所有西方逻辑所共同的特殊义。而这个问题的肯定与否定应在于"中国逻辑"符不符合普遍义，而非是否符合某个逻辑的特殊义。若这里所谓的普遍义，只是西方逻辑的共同义而已，那么如果存在一个更高的普遍义，这就不一定可以得出中国思想中没有逻辑的结论。在这种情形下，如果有更高于西方逻辑的共同义的普遍义，那么，"中国有没有逻辑？"这个问题的答案就依然处于开放的状态。

因此，当将某一个范围的逻辑的共同义当成逻辑的普遍义时，就有可能将某些符合逻辑普遍义但却拥有其他特殊义的逻辑排除在逻辑的范围之外。换句话说，若仅从"西方逻辑是逻辑"中的"逻辑"一词的意义来看，"中国逻辑"可能符合也可能不符合这个意义。而从"中国逻辑是逻辑"中的"逻辑"一词的意义来看，西方逻辑也可能符合或不符合。特别是当采取所谓最广义的"逻辑"意义为"中国逻辑"的"逻辑"一词的意义时，西方逻辑看来是包含于"中国逻辑"。也就是说，任何一个具逻辑特殊义的都有可能将某些逻辑的排除之外。由于这样的意义并非逻辑的普遍义，因此被排除在外的就不必然不具有逻辑的普遍义。

让我们对之前所言做一个整理。（1）若"中国逻辑"是逻辑，并且它的定义并无法涵盖一切逻辑，那么，它不仅具有逻辑的普遍义，也具有逻辑的特殊义。它的特殊义可能是西方逻辑中某个逻辑的特殊义，也可能是将之与西方逻辑完全区分开来的特殊义。若是前者，表示某种西方逻辑对中国古代文献的逻辑解读能够确实符合这些文献的思想原貌。若是后者，表示这些解读其实是对这些文本的一种新解。（2）将"中国逻辑"所具有的共同义放在西方逻辑的共同义下考虑时，西方逻辑的共同义是否能够涵盖"中国逻辑"的共同义，是西方逻辑的共同义要成为一切逻辑（包括"中国逻辑"）的普遍义的必要条件。反过来说，"中国逻辑"所具有的共同义也可能是决定一切逻辑是否是逻辑的普遍义。但无论如何，若要将西方逻辑和"中国逻辑"都视为逻辑，那么，唯一可以同时涵盖两者的共同义才可能是逻辑的普遍义，虽然它也不必然是逻辑的普遍义，如果还存在有其他逻辑的可能性。

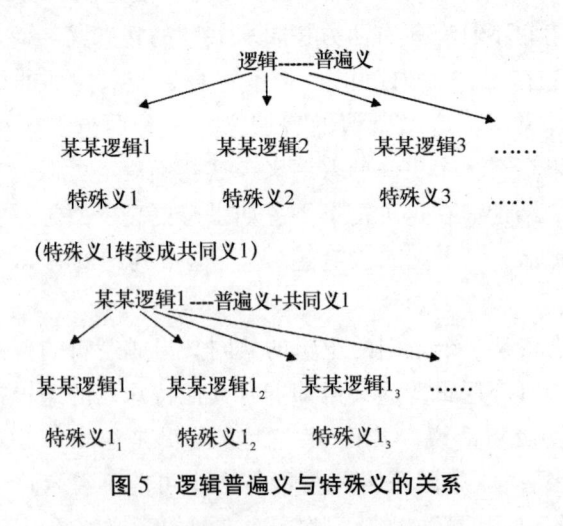

逻辑------普遍义

某某逻辑1　　某某逻辑2　　某某逻辑3　……
特殊义1　　　特殊义2　　　特殊义3　……

（特殊义1转变成共同义1）

某某逻辑1----普遍义+共同义1

某某逻辑1₁　某某逻辑1₂　某某逻辑1₃　……
特殊义1₁　　特殊义1₂　　特殊义1₃

图5　逻辑普遍义与特殊义的关系

可能关系1

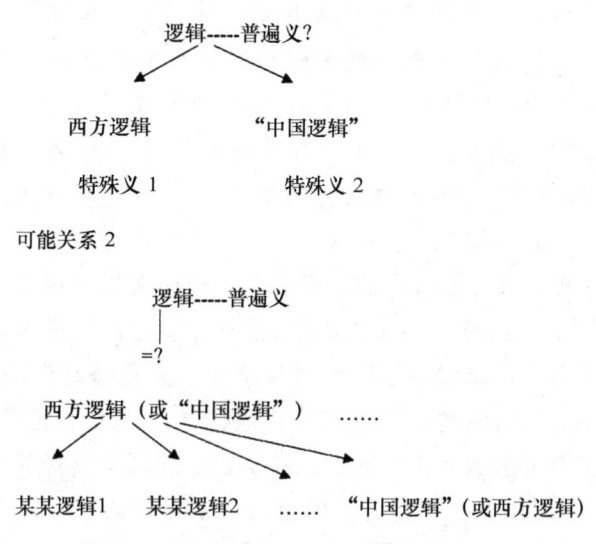

```
       逻辑-----普遍义?
        ↙      ↘
    西方逻辑    "中国逻辑"
    特殊义 1    特殊义 2
```

可能关系 2

```
       逻辑-----普遍义
         |
        =?
    西方逻辑（或"中国逻辑"）……
    ↙    ↓    ↘
某某逻辑1 某某逻辑2 …… "中国逻辑"（或西方逻辑）
```

图 6　西方逻辑与"中国逻辑"的关系

```
    西方逻辑           "中国逻辑"
     普遍义    =?       普遍义
       +                 +
     特殊义    =?       特殊义
```

图 7　"中国逻辑"与西方逻辑的普遍义与特殊义比较

按照以上的论述，在"中国逻辑"和西方逻辑皆是逻辑的前提下，若"中国逻辑"不是西方逻辑的任何一支，那么，它的特殊性就是将它与西方逻辑区分开来的特殊性。其次，逻辑的普遍义应当是"中国逻辑"和西方逻辑的共同特征。

三　"中国逻辑"的建构

对于抱持着所有逻辑可以在一个普遍义成立的学者而言，任何合理性的思考都有共同的逻辑概念为基础，差别在于是否已能自觉地使用这些概念或者已在这些概念下提出一个理论系统而已。若是"中国逻辑"的研究，一方面将西方逻辑范畴当成理解"中国逻辑"文本的基础，另一方面又强调"中国逻辑"有不同于西方逻辑的特殊性时，对"西方逻辑"所包含的逻辑普遍义和特殊义进行区分就成了重要问题。因为普遍性是共有的，而特殊性是用以区分的。但只是指出西方逻辑的特殊性仅能说明"中国逻辑"不是什么。须是中国思想中已有但在西方逻辑中仍未有的特殊义与普遍义的结合，才是对"中国逻辑"概念的完整把握。

对于从文化特殊性着眼的学者而言，即使文化的特殊性不必然蕴涵逻辑的特殊性，因为不同的文化可能存在着相同的逻辑系统。而一旦将逻辑视为文化思想的基础，并且是建立文化特殊性的重要元素，那么将西方的逻辑范畴视之为具有普遍性，并以之来理解中国思想，这就有可能损害中国文化特殊性，甚至主张逻辑不具普遍性意义，而"中国逻辑"研究当回到自身的思想范畴来进行研究，并将概念范畴限制在文本自身所提供的概念。换句话说，"中国逻辑"的内涵仅建立在这些文本本身所具有的概念。但这样的主张排除了任一个逻辑皆是以逻辑普遍义与特殊义为其共同结构，能够允许的仅是以文化特殊性（或逻辑特殊性）为核心的逻辑。至于共同义就非本质上的普遍，而只是一种巧合的相同，并不能成为判断一门学问是否逻辑的标准。

无论是对于赞成或反对逻辑具有普遍性的学者而言，研究"中国逻辑"在文本的选择上或许可以相同，但在理解上有根本差异。究竟要在哪一种意义上来理解"中国逻辑"或者哪一种理解才是正确的或较佳的，这一点并不容易回答。但清楚的是，无论是哪一种研究立场，其实都是在西学进入之后并受西学的影响后才展开的。一方面，这不单因为西学的概念已渗透入这些文本的解读中，并且在某种意义上已成为理解文本的重要元素，并且透过这些元素对文本进行的解读，更像是开启了一扇大门，使能够对这些文本有比起之前更丰富的理解。另一方面，即使要排拒西学的影响，只是简单地回到西学进入前的文本理解也已不足够。因为现在的文本解读者都已受西学影响，西学已成为解读文本的背景。因此，若要主张要与西学划清界限，那势必经过一段排除的工作，区分出仅属于西学而不属于这些文本本身的元素。要进行这种排除，也必须能够认识到在受西学影响下的"中国逻辑"究竟是什么。

依前所言，"中国逻辑"是透过两个不同文化的元素的紧密连接而产生的。因此，"中国逻辑"就先天地包含了两种构成元素：（1）被理解的先秦名家与墨家文本；（2）西方逻辑的解读。仅仅对这些文本进行理解并不保证会有一种逻辑的理解产生，换句话说，仅有对这些文本的理解并不一定会有"中国逻辑"的产生。"中国逻辑"的产生是因为这些文本被置于西方逻辑的范畴内被理解，也因此，一开始"中国逻辑"被称为逻辑可以视为是在西方逻辑的意义下被称为逻辑。因此，从逻辑的观点来看，"中国逻辑"并没有不同于西方逻辑的特殊性，或者它其实符合用以解读它们的西方逻辑或某一种西方逻辑的普遍义和特殊义。若"中国逻辑"没有不同于西方逻辑的特殊性，那么这样的"中国逻辑"就仅仅在文本的特殊性意义上成为有异于西方逻辑的"中国逻辑"，而非在逻辑的特殊性上有别于西方逻辑。换句话说，"中国逻辑"要拥有与西方逻辑不同的逻辑特殊性，它才能在逻辑的意义上有别于西方逻辑。因此，接下来的问题就会是"中国逻辑"是否可以拥有这样的逻辑特殊性？如果可以，那其不同于西方逻辑的逻辑特殊性又从何而来？是来自一个与西方逻辑不同的逻辑吗？还是有别的来源呢？简单来说，"中国逻辑"的建构就是尝试提出"中国逻辑"从其仅具有西方逻辑的意义，反省是否拥有不同于西方逻辑的逻辑特殊性为其特征的发展过程。

在上述分析的基础上，"中国逻辑"的内在结构可视为由两个主要元素所构成：中国思想文献和西方逻辑，并且这两个元素有着一种由诠释与反省构成的动态关系，即西方逻辑对中国思想文本的诠释与"中国逻辑"是否有西方逻辑的特殊性的反省。可以对在这样的动态结构下的"中国逻辑"进行以下的描述：中国思想文本在缺乏逻辑理解的情形下，在西方逻辑范畴中被理解，这个理解给予这些文本一个逻辑面貌。这个新面貌虽属于"中国逻辑"，但从逻辑的向度来看，它也与西方逻辑所共同，因为它是中国思想文本原先所欠缺的。由于这个共同性来自于异文化，因此，一旦考虑到与西方逻辑的差异性问题时，这个共同性就成为一个必须要面对的问题，因为它使得这两个不同的文化在逻辑的面向上成为没有差异性。它虽非属于中国思想文本所原有的,但"中国逻辑"或已被逻辑诠释的中国思想文本,它们所拥有的关于逻辑的一切,无论是共同性或特殊性都是来自它。如此一来,在逻辑方面,所谓中国文化的特殊性,也只是西方文化的诸多特殊性的其中之一。但这并不表示它们自身没有包含逻辑思想甚至逻辑特殊性于其中,而是即使有属于它们自身的逻辑思想,那也是尚未被揭露且尚未得到发展的。在此阶段,这些文本就只是具有西方逻辑诠释下的逻辑意义。

接下来的问题是,什么是文本有其自身的逻辑意义呢?此处的文本并非任意的文本,而是逻辑文本才能具有逻辑意义。在本文的脉络中,就是那些受过逻辑诠释的中国思想文本,唯有它们才有着什么是其逻辑意义的问题。

既然是它们自身的逻辑意义,即非来自西方逻辑的逻辑意义。因此,就须从文本中将来自西方逻辑的逻辑意义先行排除。这种排除的工作所得的结果并非那些未受逻辑诠释的文本。因为那些未曾受过逻辑诠释的文本,无法说明它们为何能接受逻辑诠释并且如何接受逻辑诠释的,也就是说,它们没有任何的逻辑印记——可以表明西方逻辑诠释是文本的可能理解的印记。而那些受过逻辑诠释的文本,即使将那些诠释排除,因接受诠释而产生的相关问题仍与它们紧紧联系在一起。因此,当以这些文本去重新面对西方逻辑时,它们其实在面对的,首先就是那个它曾接受的逻辑诠释——已成为对文本的一种理解。至于其他不同于这个逻辑诠释的理解,其中可能存在有可以成为文本自身异于西方逻辑的逻辑特殊性,但它能成为逻辑特殊性,也必须是将这个理解与其拥有之逻辑诠释进行比较,并阐明它们之间的关系才能够真正显现这个理解的逻辑特殊性。

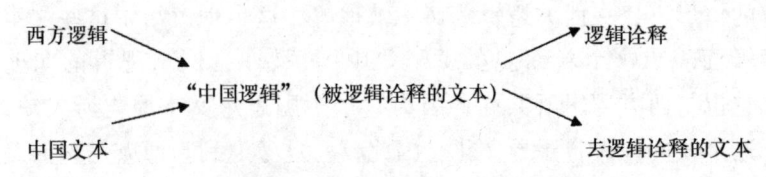

```
西方逻辑 ↘                          ↗ 逻辑诠释
          "中国逻辑"(被逻辑诠释的文本)
中国文本 ↗                          ↘ 去逻辑诠释的文本
```

图 8 从被诠释到去诠释的文本

```
                    → 逻辑诠释        → 理解0-逻辑诠释
   "中国逻辑"                        ↗ 理解1
                    ↘ 去逻辑诠释的文本 → 理解2
                                    ↘ 理解3
                                       ……
```

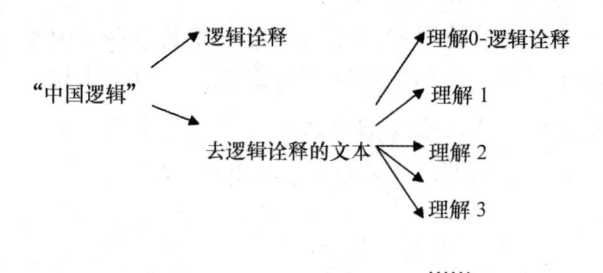

理解0是去逻辑诠释文本的理解，却被视为非文本原意的理解

理解1、2、3……皆是去逻辑诠释文本的可能理解，并且有别于理解0。

图9　去逻辑诠释文本的理解

四　结语

首先，本文尝试说明"中国逻辑"研究涉及多根源，但这些根源的关系却是复杂的。"'中国逻辑'研究是西方逻辑对中国古代文献的诠释"这个想法是期望梳理它们之间复杂关系的一个尝试。

其次，对"中国逻辑"的关注也企图说明以下的问题：在一个多文化相互遭遇的时代，身处于这样时代的我们，该如何说明这样的时代在我们身上究竟留下了什么样的印记，而带着这样印记的我们的未来又是什么。因此，"中国逻辑"建构的问题，其实就是该如何建构自身的问题。说明自身所拥有的多文化之间的关系，以及如何克服这些文化的差异在己身造成的困境。

再次，"中国逻辑"是一门在建构中的学问，它虽是由西方逻辑对中国思想文本的诠释而发生的一门学问，但由于其在诠释上的开放性，它也形成了一个结合中西思想并使它们可于其中对话的场域。在这个场域之中，彼此的思想先借由诠释的方式结合，然后透过自身的特殊性而彼此有别，最后经由对话的方式厘清彼此在"中国逻辑"的建构中所扮演的角色，以及彼此能够有的关系。简而言之，在不断地被诠释与厘清彼此的过程当中，"中国逻辑"得到了它的内容。

最后，这一篇文章只是"中国逻辑"这门学科发展的开端，用之重新解读文本将使得这门学科的内涵更将丰富，这也是本篇文章能够具有意义的必要途径。即，本文的意义不在于其文字的意义，而是透过以其为起点的后续活动的进行才能拥有它的意义。

先秦逻辑史研究方法探析[*]

李贤中[**]

一 先秦逻辑史研究之回顾与方法评析

近数十年来，有关中国名学、辩学、名辩学及中国逻辑史的研究，已有相当之成果，如早期的虞愚、汪奠基、沈有鼎、温公颐，之后的孙中原、崔清田、刘培育、周云之等学者，以及他们所培养出的一批中壮年学者，已在大陆各大学任教，在学术界有一定之影响力，在他们的相关著作中已有相当系统及持续性的研究，并发展出"中国逻辑史"的初步形态。

其中，先秦逻辑史的研究方法，基本上是以家派或典籍为分类范畴，如《周易》的逻辑思想，儒家、名家、墨家的逻辑思想[①]，或加上中国逻辑学的开端、奠基、争鸣的章标题，再以各家的特色思想为节标题，如中国逻辑学的开端：老聃论正言若反、邓析的两可之说、孔丘的正名论等[②]，来展示先秦逻辑的发展。

从以往的研究成果看，研究者必须首先确立研究范围，再透过阅读各家派或某思想家之文献，进行理解、诠释、重构等程序，筛选出与逻辑相关的材料，于筛选的过程中，研究者各自对"逻辑"此一

---

[*] 本文原刊于《哲学与文化》2017年第6期。
[**] 李贤中，台湾大学哲学系教授。
[①] 温公颐、崔清田主编：《中国逻辑史教程》，南开大学出版社2001年版，第1—2页。
[②] 孙中原：《中国逻辑学》，水牛出版社1993年版，目录第1页。

概念内涵、体系有自己的理解与把握，有些学者为区别与西方逻辑的不同而用"名辩思想"或"名辩逻辑"表述，经由材料解读、重构后与其所认定之逻辑内涵的相同性、相似性、兼容性乃至相关性，确立该材料的逻辑内涵。例如《墨经》中论及"彼止于彼""此止于此""或谓之牛，谓之非牛，是争彼也，是不俱当，不俱当必或不当"以及"辩也者或谓之是，或谓之非，当者胜"等理解为类似于西方逻辑的同一律、矛盾律、排中律[1]，因而指出同一律、矛盾律、排中律这几条规律具普世性，不会因为地域、民族、文化的不同而有所区别。[2] 至于兼容性及相关性的材料，以"认知"思想为例，由于"认知"与"名"的产生相关，"名"又与逻辑推理相关，基于这些间接关系，在先秦逻辑史的研究中"认知"的材料也纳入讨论，像荀子《正名》思想中论及制名的认识论基础，及《墨经》逻辑学中有专门一节论知识[3]，也都纳入先秦逻辑史探讨之列。

在理论重构方面，基本上许多学者依循着《墨子·小取》中的名、辞、说、辩结构[4]，或《荀子·正名》其中名、辞、辨说结构[5]，并扩大涵盖范围，于"名"之前探究"认知"与"知识"的相关材料，如《墨经》《荀子》《公孙龙子》等认识论相关思想；在"辩"之后涉及"谬误"的探讨，如《尹文子》《荀子》《墨子》材料中之名实谬误。[6] 因此大体上，整个先秦逻辑的理论是在认知、知识、名、辞、说、辩、谬误的理论架构下，进行逻辑材料的整理、重组与建构。

在形式研究方面有两种类型，一种是语句呈现的形式，如章法结

---

[1] 孙中原：《中国逻辑研究》，商务印书馆2006年版，第40—41页。
[2] 温公颐、崔清田主编：《中国逻辑史教程》，南开大学出版社2001年版，第4页。
[3] 同上书，第46—48页。孙中原：《中国逻辑学》，水牛出版社1993年版，第209—220页。
[4] 《墨子·小取》："夫辩者……以名举实，以辞抒意，以说出故。"
[5] 《荀子·正名》："名也者，所以期累实也。辞也者，兼异实之名以论一意也。辨说也者，不异实名以喻动静之道也。"
[6] 如《尹文子·大道上》"悦名而丧实、违名而得实、得名而失实、同名不同实"，《荀子·正名》"用名以乱名、用实以乱名、用名以乱实"等。

构[1]；一种是逻辑推理形式。如符号逻辑，从词性、语句之间的关系找出文章内部的逻辑结构，用以更深入发现名词、语句的意义及内容的关联性[2]。在符号逻辑的研究方法上，一方面探究如何将原典文献中的语句转换为可符号化的形式，而不错解、曲解或遗漏原文的意义；另一方面，找出先秦逻辑史料中内容与形式间的关系，并设法合宜地运用形式逻辑方法，展示先秦各家思想的推理形式。

先秦逻辑史过往有相当丰硕的研究成果，以往的研究方法也有一定的拓展与成效，但若欲突破现有的研究规模与深度，必须在研究方法上创新；就前述的研究对象考察。在材料的选择上可分为三类。其一，有推理方法意识，且直接论述推理方法的材料，如《墨子》中的三表法、《小取》篇等。其二，有推论方法意识但只是原则提示，而未直接论述该方法规则之内涵，如《荀子》书中的一些内容，虽未直接论及推论方法，但却有明显的方法意识。像《荀子·正名》所谓："辨异而不过，推类而不悖，听则合文，辨则尽故。"其三，某些材料无方法意识，论述的主题不在名辩思想，而在政治、伦理或形上等领域思想，但透过理解、诠释及重构可以呈现该作品的思路、理路与推理方法。如《孟子》《庄子》《韩非子》的某些文本材料。

其中，第一类与部分第二类的材料，在研究方法上，研究者常会采取其他逻辑方法的参照系来进行对比，例如以西方逻辑规则分解《公孙龙子·白马论》"白马非马"的论证形式，分析"三表法"中的演绎法、归纳法与类比法成分，或比较三表法与"因明"之间的异同等，是比较被以往研究者所关注的材料。然而，许多第三类材料中的推理特质往往被忽略掉，需要我们运用新的研究方法加以挖掘探索。

笔者认为，对于先秦史料之"理"须分门别类，首先是因为事态不同会影响所推之"理"的方式不同。其次，在先秦逻辑史的研究

---

[1] 参见陈满铭《论章法结构之方法论系统——归本于〈周易〉与〈老子〉作考察》，《国文学报》2009年第46期。

[2] 参见冯耀明《公孙龙子》，三民书局2000年版；叶锦明《逻辑分析与名辩逻辑》，学生书局2003年版。

方法上，不能仅以"名"或"辞"为推理单元，因为"名""辞"承载的意义不够完整。本文将以"思想单位"为推理之单元，来处理相关的先秦逻辑史料。再次，在推理的"推"方面，依"理"的不同，有"所依之理"与"所据之理"；在推理的目的上可分认知性推理与说服性推理；在推理的方式上则有内推、外推、由内而外推等不同方式。这些都是先秦逻辑史中具有独特性的部分，值得我们进一步探讨。

二　先秦逻辑史料对"理"的分类

"理"原有玉石条纹、纹路之意，治玉须依其纹路、纹理，故"理"之名词有事物之顺序、层次、条理之意。如《荀子·儒效》："井井兮有理也。"此外，"理"之动词有雕琢玉石之意。如《韩非子·和氏》："王乃使玉人理其璞而得宝焉。"《战国策·秦策三》："郑人谓玉，未理者璞。"引申此意在面对事态、现象的失序、混乱时，有：整理、治理、管理等意。《墨子·大取》有："以故生，以理长，以类行也者。立辞而不明于其所生，妄也。"因此"理"在此脉络意义下，有"推理"之意。我们从"理"的字源义、引申义、脉络义考察，在不同的事物中各有其理，如《墨子》有：是非之理、名实之理、治人之理、任官之理、修身之理、处官之理等①；《孟子》有：条理、义理②。《管子》有：得一之理、地理、利害之理、私理等③；

---

① 《墨子·非儒下》有："仁人以其取舍是非之理相告，无故从有故也，弗知从有知也。""大以治人，小以任官，远施周偏，近以修身，不义不处，非理不行。"《墨子·小取》有："察名实之理，处利害，决嫌疑。"《墨子·所染》有："处官得其理矣""处官失其理矣。"

② 《孟子·万章下》："始条理者，智之事也；终条理者，圣之事也。"《孟子·告子上》："心之所同然者，何也？谓理也，义也。"

③ 《管子·内业》："执一不失，能君万物。君子使物，不为物使。得一之理，治心在于中，治言出于口，治事加于人，然则天下治矣。"《管子·五行》："天道以九制，地理以八制，人道以六制。"《管子·宙合》："仁良既明，通于可不利害之理。"《管子·法禁》："君不能审立其法，以为下制，则百姓之立私理而径于利者必众矣。"

《荀子》有：事理、言之理、道贯之理、礼义文理、礼之理、文理等①；《韩非子》有：事理、道理、物理、天理、义理等②；《庄子》有：天地之理、万物之理、天理、人理、民之理等③。可见先秦各家已经意识到"理"的多样性，既然"万物各异理"（《韩非子·解老》）或"万物殊理"（《庄子·则阳》）则当我们要探讨先秦逻辑推理的相关史料，就必须先厘清有哪些不同类型的"理"，所谓的"推理"又是在怎样的"理"中推？

（一）"理"有类型上的不同

"理"可分为推论的"所依之理"，如《墨子·小取》中的辟、侔、援、推等推类方法，是名辞与名辞间的"推论之理"。又如演绎法、归纳法、类比法也是所依之理；此外，还有推论时"所据之理"，亦即名所指之实、辞所抒之意或事态"本身之理"。例如心理、法理、义理、文理等，是事物、事态"所据之理"。综合前述先秦各家之"理"，可概分为：

1. 物理，乃指水往低流，风吹、树摇、叶落，水流湿、火就燥等，物质变化之理。

2. 事理，多指政事中任官治民，典章制度之理。

3. 伦理，乃指人际关系中，父慈子孝、君惠臣忠应然关系之理。

---

① 《荀子·儒效》："凡事行，有益于理者，立之；无益于理者，废之——夫是之谓中事。"《荀子·儒效》："然而其持之有故，其言之成理，足以欺惑愚众。"《荀子·劝学》："辞顺，而后可与言道之理。"《荀子·天论》："百王之无变，足以为道贯。一废一起，应之以贯，理贯不乱。"《荀子·礼论》："礼义文理之所以养情也。""礼之理诚深矣，'坚白''同异'之察入焉而溺；其理诚大矣，擅作典制辟陋之说入焉而丧；其理诚高矣，暴慢恣睢轻俗以为高之属入焉而队。""伪者，文理隆盛也。"

② 《韩非子·解老》："思虑熟则得事理""得事理则必成功""众人离于患，陷于祸，犹未知退，而不服从道理。""理者，成物之文也；道者，万物之所以成也。故曰：道，理之者也。""万物各异理""凡理者，方圆、短长、粗靡、坚脆之分也。故理定而后可得道也。"《韩非子·大体》："不逆天理，不伤情性。"《韩非子·难言》："故度量虽正，未必听也；义虽全，未必用也。"

③ 《庄子·秋水》："是未明天地之理，万物之情者也。""消息盈虚，终则有始。是所以语大义之方，论万物之理也。"《庄子·养生主》："依乎天理，批大郤，导大窾，因其固然。"《庄子·渔父》："其用于人理也，事亲则慈孝，事君则忠贞。"《庄子·天下》："老弱孤寡为意，皆有以养，民之理也。"

4. 利害之理，多指由于人之欲求所生者，一方面是趋利避害之理；另一方面是人心贪欲而导致争乱之理。

5. 道理，可作为物理、事理、伦理、利害之理的根源，形上之天理①。

6. 名理，将道理、物理、事理、伦理、利害之理、道理借由名、辞表达、论辩的名实之理。一方面是名辞表达之所以可能之理，另一方面则为说辩推论之理。

以上各种类型之理，在推论上，仍不出因果关系之从因推果、从果溯因，只是基于其"理"之不同，其"因"的性质也不同。

(二)"理"有层次上的不同

从存在的层次上看，"道理"显然在众理之上，《老子》："道生一，一生二，二生三，三生万物。万物负阴而抱阳，冲气以为和。"道是万物的根源，万物的存在发展都有其所以然的根源；万物各有其类，各类各有其理，以至于个别物之理又各不相同，水下流，鱼能游，鸟能飞，人有情，事有本末；各物皆有其理。《庄子·秋水》对不能分辨者称："是未明天地之理，万物之情者也。"若从指导行为的抉择上看，多数人往往以利害之理凌驾于诸理之上。

(三) 用"理"者有主观的差异性

以《墨子·小取》中："以其所不取之，同于其所取者，予之也"为例，相同的主体在不同的情况下会有不同的取舍，如"止楚攻宋"中的公输般，他在一般人际关系中，他选择了不可杀人的伦理，但在为楚王造云梯上则取利害之理。此外，不同人会依循不同的理，多数人以利害之理为其推理之根据，然而也有少数人会以伦理、义理为推理之根据。因此，"理"在不同的主体上，有其主观的差异性。其中所谓的主体，未必是指单一个体，有时可以是一群体，在群

---

① "天理"，Ontological Foundations: The Structural Order of the Universe。参见 Jana S. Rosker, *Traditional Chinese Philosophy and the Paradigm of Structure* (*Li* 理), Cambridge: Cambridge Scholars Publishing, 2012, p. 47。

体之内,要求每一个体依循伦理、义理进行推理,但在群体与群体之间,则要求以利害之理为推理根据。例如国与国之间往往无所谓道义可言,只有利害关系,国与国之间的互动也只循利害之理进行。

(四)"理"有交互关联性

人本身具有复杂的结构,就人的物质层面,人有躯体四肢,这受物理所影响,人从高处跳出,必朝下落。人有生命的活动,需要食物、饮水、休息、吃喝拉撒,这须遵循生理的变化驱动。人有精神的层面,需要安全感、发展、尊重、被肯定、自我实现等心理需求的转换驱策。人处在饥饿的状态,心情无法愉悦;人强烈求生的意志,也可能突破生理上的限度;可见生理与心理会相互影响。就人际关系上看,人生活在人群中,为求生存发展,群体的意识形态、传统价值观,会影响着他;某一传统的伦理、义理、道理也会制约着他的思想与行为。因此,不同的哲学家在进行推理时,其所依循之"理"就会有不同形态。何种"理"具有基础性、主导性也不完全相同,不过各层次之理相互间会有交互的关联性。如儒家的"孔曰成仁""孟曰取义",就是要人在特殊处境以伦理、义理优先于生理、利害之理;另一方面,儒家也要求君王据事理照顾百姓的生理、心理之需求。由此可见,不同类型的理有交互的关联性,也与当时的时空环境、特殊的人、事、物有关。

从儒墨思想之比较看,儒家伦理是孟子所谓:"君子之于物也,爱之而弗仁;于民也,仁之而弗亲。亲亲而仁民,仁民而爱物。"《孟子·尽心上》其伦理为"亲亲为大"的价值观。此与墨家"兼爱"伦理之普遍性、平等性不同,《墨子·小取》:"有爱人,待周爱人,而后为爱人。不爱人,不待周不爱人,不周爱,因为不爱人矣。"爱人要爱所有的人。墨家伦理要求社会的公义与人际之间的平等关系。因此,儒墨两家在进行伦理上的推理时,所推之"理"就有所不同。

由于"理"在事中显,"事"随时、空、人、物的变化而变化,因而所显之"理"也不尽相同,先秦时代,孔子先于墨子,墨子先于孟子,某些"理"的强弱、显隐与事态的发展历程有关。因此,先秦逻辑史的研究也必须关注历史流变过程中各"理"的相互关联性。

三 思想单位的结构与递演关系

思想单位是思想内容的构成部分，一般认为思想的基本单位是概念，所以在西方传统逻辑中，大词、中词、小词等概念，就是分析推论形式的基本单位。[①] 追溯概念的形成，它来自人的认识及思维作用，认识作用涉及了认知的境域。"认知境域"是指现实经验下的场景，较为客观；客观的认知境遇由于不同个人的观点、立场、感受、取材、评价等因素，而成主观性的思维情境。例如同样经历了某一客观情境，因着不同的思维情境，各自赋予了不同意义；同样阅读了相同的文本，因着不同的思维情境，而各自解读不同。主观的思维情境又经由合理性的要求投射于客观境遇来验证自己的理解，思维情境还不是思想单位，合理的思维情境才可构成思想单位。因此，"概念"未必足以成为思想单位。

现代符号逻辑常以一语句作为思想单位，以英文字母代表一语句，来说明论证的形式或规则，但从中国哲学的内容来看，以一个语句或命题为思想单位也未必恰当，语句与命题虽然是由语词或概念所构成，也能表述某些意义，但是常不足以呈现一相对完整的意义单元。如读者常阅读到一定数量的文字才明白这一些文字在讨论什么问题，进而掌握这段文字的意义，这就不能单用一命题或语句充分说明。倘若思想单位可由某一语句或命题构成，那么对于该命题在理解上，其意义必须能合理的符合其所构作的情境，才可形成一思想单位。简言之，思想单位具有一种联系性、相对性与合理性；联系性是指它是与其他思想内容联系在一起而成为一单位；相对性是指它在建构意义世界的过程中，相对于建构者所构作的情境而成为一单位；合理性是指思维情境中人、事、物的关系、处理是合理的。当然，合什么"理"，下文还须讨论。

---

① 参见张振东《西洋哲学导论》，台湾学生书局1978年版，第47页。

（一）思想单位的性质与作用

从联系性或关系的角度进一步分析，思想单位是指思维情境所含蕴的"然"与"所以然"。它是由思维情境所衍生，但不等同于思维情境。它像一段录像，在其中的某些历程片段为"然"，某些历程片段或对某些片段的解释而得的"所以然"，联系、综合这"然"与"所以然"所构成的可被理解性、可被解释性与可被意义化的这些特质，此"然"与"所以然"就构成一思想单位，只有在可以合理解释所见事物或所构作之事物的思维情境，才能算作"思想单位"[①]。

"单位"此一概念的借用，有两个用意。一则如某一机构或部门，当人们说"出缺"，必须在该单位成立的前提下才有意义，许多的人事编制或业务归属，也是在该单位存在的前提下而被赋予意义，因此"单位"一词是："可以承载许多事物意义的载体。"其二，在数学中，如时间的单位有时、分、秒等，重量的单位有公斤、公两、公克等，长度的单位有公尺、公寸、公分等。此外，面积、容量、速度等也有其计量的单位。如果我们假设思想也可以有类似的单位，在我们尚未设计出量化的单位前，姑且暂称为"思想单位"，就像在自然科学中，我们也会使用"一时间单位"之概念，来描述非约定俗成的某些计量概念一般。[②] 是故，"思想单位"是使意义成为可能，并通过思想的运作，构成意义世界的基础要件，也是在分析过程中可掌握、处理的一种元件。

思想的单位也是在合理性标准范限下的思维情境，而思想单位与单位间又有某些共同的面向，每一思想单位也有可分析的层次。

（二）思想单位的层次

合理的思维情境可构成一初步的思想单位，完整的思想单位结构

[①] 对某些人可以理解的事物，对另一些人未必能够理解，因此，构成各人的思想单位也不相同。就同一个人的知识成长过程来看，在不同知识水平各阶段的思想单位也可能会有所变化，但有其内在的协调性与一致性。

[②] 李贤中：《从"辩者廿一事"论思想的单位结构及应用》，《辅仁学志——人文艺术之部》2001年第28期。

可分为三个层次：(1) 情境构作层；(2) 情境处理层；(3) 情境融合。情境构作层是来自客观认知境域所提供的与件，以及认知者个人的构作方式。情境构作，基本上是根据经验现象或文字呈现经验图像，提供场景，而情境处理则是对图像或场景中的人事物做出描述之外，更进一步说明其所以然，指出其中意义及可能有的做法。情境融合指三方面，第一是指构作层与处理层的融合，第二是指主体各思想单位间的融合，第三是在说服性推理过程中，试图使主客间的思想单位融合。

第一方面的融合例如《庄子·天下》篇中辩者廿一事的第十二事："龟长于蛇"①，有以"长短是相对的"，相较于无限大的空间，龟与蛇的长短可以不必计较。在这种相对性观点的情境构作上，对于"长于"的解释无法顺畅处理（"不必计较"如何解释"长于"）。因此，为使情境融合，则必须重构该情境，转为特定观点的寿命相比，或大龟比小蛇等情境，再予以处理，如此，才能对"长于"做出合宜的解释。② 这就是构作层与处理层的融合。

第二方面的情境融合，是思想单位彼此间的融合，如每一思想单位有阶层上的区分，也有义理上的相通，且可融合在一思想整体之内。如以墨家思想来看，可以"天志"作为兼爱、非攻、尚同、尚贤、节用、节葬、非乐、非命等思想的核心，各篇思想也有理路之间的融合性。这种情境融合是将原先的思想单位，在有所"同"的前提下融合成更大、更复杂的思想单位，而原先较小思想单位中的内容能在较大的思想单位中，得到更完整的情境处理，这是各思想单位间的情境融合。

第三方面的融合，如先秦逻辑史料中许多说服性推理，依对象的特性做出调整。在情境构作上要回应对象的质疑，在情境处理上可延伸情境以设法将主客双方的思想单位相融合。在顾及对象的解释方面，是以各思想单位融合的程度来评断，融合性越佳，则解释力越

---

① 王叔岷：《庄子校诠》（下），中华书局2007年版，第1360页。
② 参见孙中原《诡辩与逻辑名篇赏析》，水牛出版社1993年版，第16页。

强①。思想单位虽然在解释上分析成构作层、处理层与相互融合三个面向加以说明,然而实际的运作是不可分的动态整体。

(三) 思想单位的展现与其内涵要件

思想单位常隐含在文本内容之中,需要经过解读转化的过程才能呈现,思想单位可以不同的方式展现,此处是指对古代文献经过理解、诠释、处理、重构而合理的思维情境,思维情境之所以"有意义",其中包含着六个基本要素:有什么?是什么?如何如此?为什么?怎么样?要怎样?也就是思维情境中的内容或多或少要回应上述这些问题。以下以现代人的思想内容为例,逐一说明。

1. 有什么?

这是指认知主体或作者所观察到的现象以及对于该现象的描述,包含了人、事、物以及其间的关系。如:在政府机关前抗议的一群人和警察产生了冲突。

2. 是什么?

这是指认知主体或作者所把握到现象背后的本质,或对于该现象的思想定位、价值定位。如:那些人是理性的,这件事是不道德的。

3. 如何如此?

这是对于导致该现象的历程把握、将"有什么"的现象做有顺序的排列。如:某一区域的诊所、医院相继发现同样癌症患者增加,有媒体报道此现象与该区域新设工厂排放废气、污水有关,民意代表至地方政府抗议无效……导致今日所见现象等。

4. 为什么?

这是指产生该现象之原因的把握、推论与说明;包含着:为何而有?为何而是?及为何变成如此的探问。此一部分依不同主体或作者的不同意义要求,而有:单一、多重、远近、最后原因等之把握、推论与说明。如:因为政府轻视民意、因官商勾结、因资本主义所建立的游戏规则、因人性的贪婪等。能持之有故的说明,就构成思想单位

---

① 如天鬼中心说、兼爱中心说、义中心说等,参见崔清田《显学重光——近现代的先秦墨家研究》,辽宁教育出版社1997年版,第89—103页。

的成立要件。但是，其所持之"故"的周全性、完整性则各有差异。

5. 怎么样？

这是指此一现象与观察主体或与观察者所属群体的各种关系，因果关系、利害关系、伦理关系、权利义务关系等，会造成正面影响还是负面伤害？如：观察者也住在污染区域附近，若污染扩散也受威胁，或他的亲人是维安的警察，此事件可能带给他亲人的伤害等，都会影响他对后续发展的判断。

6. 要怎样？

是指该现象与观察者之间的关系所构成的问题要如何解决，或所带来的好处要如何增加，也就是针对造成的困境、威胁提出解决的办法，或对于带来福祉、益处的现象，提出支持或继续强化的做法。如：他要加入抗议群众或劝导民众适可而止。若从伦理关系上有价值的判断，也可将"要怎样？"与"应怎样？"相联系。

从思想单位的结构与思想单位中的内涵要件之关系来看，前两问的"有什么？是什么"的答案可划入情境构作层；后四问"如何如此？为什么？怎么样？要怎样"的答案可归入情境处理层。至于情境融合层则为前后问答的一致性与兼容性。思想单位是合理的或有意义的思维情境，其中最重要的要件就是其思维内容可分析出："为什么"的对应内容。而"为什么"预设着：某种有原因的结果，从而有什么、是什么？也可找出相应的思维内容或预设性的潜在内容作为原因。至于如何如此？怎么样？要怎样？皆属于情境处理层，则依不同文献内容或显或隐或无，未必能在思维情境中一一找出明显的对应内容，这需要扩大文本范围搜寻原典文献或现象文本①，其推理的展现，往往可在思想单位的不同层面以问答形式进行。

（四）思想单位间的递演关系

思想单位的递演关系可用思想单位的不同层面来说明，递演的关系在于：情境构作的兼容性，情境处理的合理连续性，以及各思想单位间其"理"的贯通性。以问答形式之思想单位为例，《墨子》在

---

① 现象文本是指具有客观性的认知境遇或对象，是被诠释或赋予意义的现象。

"天下乱象为何？"（有什么？是什么？）"天下为何会乱？"（如何如此？为什么？）及"如何治天下之乱？"（怎么样？要怎样？）①的问题上，其"乱"的情境构作在各思想单位间有兼容性；在情境处理上，相对于"私爱""别爱"提出了"兼爱"，相对于"各人不同义"提出"尚同"，相对于"无能者在位"提出"尚贤"，相对于"不信鬼神赏罚"提出"明鬼"，相对于"不明天之义"，提出了"天志"等思想，在思想单位（一问答）之间，有其合理连续性且各解决方法间也有"天志"的共通之"理"相贯通②，因而呈现了三个思想单位间的递演关系。

为说明不同表达方式之文献的思想递演关系，再举前述第三类材料《庄子》为例：

1. 真人有何表现？

古之真人，不逆寡，不雄成，不谟士。……古之真人，其寝不梦，其觉无忧，其食不甘，其息深深。……古之真人，不知说生，不知恶死。（《大宗师》）

2. 何谓真人？

天与人不相胜也，是之谓真人。（《大宗师》）

3. 如何具备真人的特质？

纯素之道，唯神是守；守而勿失，与神为一；……故素也者，谓其无所与杂也；纯也者，谓其不亏其神也。能体纯素，谓之真人。（《刻意》）

4. 为什么成为真人？

是知之能登假于道者。（《大宗师》）

5. 成为真人怎么样？

有真人而后有真知。（《大宗师》）

---

① 参见李贤中《墨学——理论与方法》，扬智文化公司2003年版，第72—75页。
② 《天志上》："天欲义而恶不义。"《法仪》："天欲人相爱相利，而不欲人相恶相贼也。"《尚同上》："天下之百姓皆上同于天子，而不上同于天，则菑犹未去也。"《尚同上》："是故选天下之贤可者，立以为天子。"《明鬼下》："无惧！帝享女明德，使予锡女寿十年有九，使若国家蕃昌，子孙茂，毋失。"以上引文可见"天"对于其他各思想单位的义理统摄性。

6. 要怎样？

要有真知须成真人，欲成真人必须体道。因此，要有真知，先要成为体道者。

6.1 何谓道？

夫道，有情有信，无为无形；可传而不可受，可得而不可见；自本自根，未有天地，自古以固存。（《大宗师》）

6.2 如何体道？

参日而后能外天下；已外天下矣，吾又守之，七日而后能外物；已外物矣，吾又守之，九日而后能外生；已外生矣，而后能朝彻；朝彻，而后能见独；见独，而后能无古今；无古今，而后能入于不死不生。（《大宗师》）

这些材料一般不会被纳入先秦逻辑史的研究范围，其文本表面上无方法意识，以寓言、故事、对话等非论说方式表达，但经由思想单位之转换，仍可探讨其思路发展、进行的方式。

四 先秦逻辑之"推"的不同类型

"推"可分为认知性推理与说服性推理、外推、内推、由内而外推，依理而推与据理而推等不同的类型。以下分别说明。

（一）认知与说服性推理

认知目的是为了从已有的知识透过推理，以掌握新的知识。如《经上》"知，闻、说、亲"之中的"说"。[1] 就知识获得的方式而言，有亲身经历的经验性知识，有听闻而来的知识，以及借由已知的知识经由推理过程而获得的新知识，"说"就是这种形态的推理。

但是，在先秦文献中的许多推理文字，其目的着重于说服。如说服君王，或者说服王公贵族或士人采行某种学说。如《韩非子》《孟

---

[1] 参见孙中原《中国逻辑学》，水牛出版社1993年版，第213页。依照孙中原教授的注解，"说"是指推论，是以亲知、闻知为基础而推理的间接知识。

子》，以及《墨子》书中的许多内容。① 这种类型的推理形态，并不是为了求取新知，而是为了发挥说服的作用。因此，在推理活动进行时，推论者早有定见。所谓的结论只是导引着推理思路进行的方向。如《孟子·告子下》"轲也请无问其详，愿闻其指。说之将何如？……先生以利说，……先生以仁义说"中，孟子的"说"。

  以认知为目的的推理和以说服为目的的推理，由于是同一主体的理性运作，其思路的发展，虽然有一定的相似之处，但是，也存在着差异，其中最大的不同在于，以说服为目的的推理必须考虑听者的处境、地位与其思维状态。首先，表达者必须考虑对象的所知为何？其次，必须考虑表达者与对象间的关系为何？要用怎样的言语、怎样的表达方式才能打动对方的心。例如《墨子·小取》中所提出的辟、侔、援、推，其推论多为发挥说服作用。

（二）外推、内推、由内而外推

  "外推"是指所推之"理"，是运用在推论者本身之外。如《墨子·鲁问》记载，彭轻生子曰："往者可知，来者不可知。"子墨子曰："籍设而亲在百里之外，则遇难焉，期以一日也，及之则生，不及则死。今有固车良马于此，又有奴马四隅之轮于此，使子择焉，子将何乘？"对曰："乘良马固车，可以速至。"子墨子曰："焉在矣来！"② 此乃固车良马与奴马四隅之轮的物理之推。

  内推是所推之"理"运用在自身之内的"推"。如《孟子·尽心上》有：孟子曰："尽其心者，知其性也。知其性，则知天矣。"尽其心，是尽其仁、义、礼、智之心，从扩充善端而尽心的体证，明其本性源于天理，此乃天理运作于其内的推。又如由内而外的伦理之推。《论语·雍也》：子曰："何事于仁，必也圣乎！尧、舜其犹病诸！夫仁者，己欲立而立人，己欲达而达人。能近取譬，可谓仁之方

---

① 如《韩非子·存韩》韩非子上书秦王、《孟子·梁惠王》孟子说梁惠王、《墨子·公输》墨子与楚王为"止楚攻宋"的谈辩等皆是。
② "焉在矣来"应作"焉在不知来"。参见谭家健、孙中原译注《墨子今注今译》，商务印书馆2009年版，第407页。

也已。"其中"……己欲立"在内,"而立人"在外,又如《礼记·中庸》:"唯天下至诚,为能尽其性;能尽其性,则能尽人之性;能尽人之性,则能尽物之性;能尽物之性,则可以赞天地之化育;可以赞天地之化育,则可以与天地参矣。"其中尽其性为内推,尽人、物之性为外推,透过由内而外的推理实践而参赞天地之化育,此"推"带有实践性。

外在物理之"推"具有可观察的客观性,内在天理之"推"具有可感受的主观性或相对客观的感通性;由内而外的伦理之"推"则是借由内在感受、外在观察,联系起主客感通的推理。

以推类为例,既可用于外推,也可用于内推。推类的方法不仅是"此"与"彼"的类比关系,而是由"此"所显之"理"在"彼"上的应用,而"此"为已知,"彼"为未知,因而有推理之性质,由于"理"有层次性、关联性,若不恰当引用不同层次之"理"则会有推不出之错误产生,须先了解"理"的系统,才能了解"所依""所据"之理为何。万物有道、诸事有理,个别现象与整体联系、整体有理贯穿。

内推与外推有一共同指向,那就是主体的"自我整合",外推在于将其意义世界中的观点、判准、诠释、主张等思想内容,面向新的变化不断验证;内推则将其意义世界中的各思想单位作融贯整合,使之成其为合理之"一"。

(三) 依理而推与据理而推

所谓"依理而推",所依循的是名辩之理或逻辑推理,如演绎法、归纳法、类比法等。所谓"据理而推",所据的"理"则是前述物理、事理、伦理、利害之理或道理等。此两者又有一定的相关性,例如道理、天理之推,常依演绎法;物理、事理之推,常依归纳法;伦理、利害之理常用类比法。推类的过程中不可忽视的是那些未表达出来的成分,由于文字的单线发展限制性,许多所呈现的表达只是其思维情境的一部分,必须还原其原本的思维情境,就情境与情境之间的关系来进行推理的分析。

从思想单位的结构来看，情境构作与情境处理间的关系必须据理融合，因而完整思想单位本身就是一个"理"的系统。不同层次的理相互联系。以简图说明：

```
思想单位"理"的系统：
有什么？→理1→所以有      |
是什么？→理2→所以是      |＞ 怎么样？→理5→要怎样？
如何如此？→理3→变至如此  |＞ 主→客／内推（理6）＼抉择
为什么？→理4→所以如此    |        ＼外推（理7）／行动
```

推理基本上是由已知推未知，从已然推未然，在先秦典籍中，不止于知其然与所以然，还要进展到如何对应与作为的态度、行动层次。其之所以能推出，在于遵循理路的发展。"所依之理"有其必然之规律性。"所据之理"则有其文化传统的应然价值性与相对义理的制约性。这都是先秦逻辑思想需要研究的内容。

结论　先秦逻辑史研究方法之转向

本文回顾了近年来先秦逻辑史的研究类型与成果，在既有的成绩上继续探究先秦逻辑史的研究方法，分析先秦诸子所推之理的类型、层次、关系；在研究方法上提出思想单位作为分析单元，指出思想单位的结构与内涵要件，并说明思想单位在推理过程中的递演关系。

其中，理可分为所依之理的推论形式规则，以及所据之理的含蕴理则；思想单位的层次有情境构作、情境处理与情境融合；先秦逻辑之推可分为认知、说服、内推、外推、由内而外等不同推理方式，各思想单位依理而推，据理而行。基于以上的论述，在先秦逻辑史料的筛选及研究方法上提出以下几点建议。

1. 先秦逻辑史资料的范围宜扩大，在鉴别史料的方法上，可以前述六个思想单位的内涵要件为标准，关注相关史料在理解、诠释之后的转化。其步骤可包括：

（1）将文献内容转化为思想单位。说明情境构作、情境处理与情境融合的情况。

（2）找出思想单位中所蕴涵的各脉络之理。

（3）在某单一脉络下的推理方式。

（4）找出在相关因素互动制约下的推理规则。

2. 从文句表达形式的研究转向实质内容与表达形式的关系研究。"思想单位"是一种带有内涵的关系形式，它不是完全如符号般的纯粹形式，而是带着结构与内容的关系形式。

3. 由于是逻辑史的研究，因此，各家各派及各时代逻辑史料，它们所依之理与所据之理的关联性及其间的规则发展性是研究的重点。在先秦逻辑史研究方法的预设上，所探究的核心问题是：如何展现先秦诸子在推理上的发展性与阶段性，特别是"理"与如何"推理"的方式为研究重点，可将各家思想的传承、相互影响性放在较为次要的地位。亦即先秦逻辑史可尝试以突破家派的分野方式，展现各种推理方式的相关性与发展性，要能呈现阶段性的特色。

4. 研究的着力点需要更精致化思想单位的结构内涵、联结方式、递衍过程，并从文献内容的解读，转换为思想单位的方法、其客观性及可操作性的研究。

当然，上述的建议需要借由团队合作的方式，在相同的方法意识及操作步骤下，大规模地用此方法对先秦诸子的思想文本进行解读、转化、重构，从中找出各自思想单位，进行对比，建立理论关联性，形成系统推理理论，如此，才能有突破性的进展。

传统名辩的视域分殊及方法论反思[*]

郎需瑞　张晓芒[**]

中国古代名辩学作为世界三大逻辑传统之一，经过百多年的争论，对于它究竟是什么，应该怎样界定，如何认识，如今已经有了基本的共识。近来又有中国哲学史学者从视域分析的角度，认为名辩学"是由诸多视域分殊支持的，它们承担着名辩论的指向所在，是名辩论得以运行的基本对象视域"[①]。这无疑也是一种新的研究视角，由此出发，我们或可对中国古代名辩思想有新的认识。

一　中国古代名辩思想的主要视域分殊

视域就是"看视的区域，这个区域囊括和包括了从某个立足点出发所能看到的一切"[②]。从中国古代名辩思想的发展脉络来看，名辩思想包含着诸多对象视域，正是这些分殊视域的支撑，才形成了中国古代名辩思想。中国古代名辩思想大体可以包括"命名辨物"的名实视域，"名分大义"的刑名视域、"才性物理"的名理视域、"言意之辨"的言意视域等。

---

[*] 本文曾发表于《南开学报》（哲学社会科学版）2017年第2期，此处略有修改。另本文系国家社科基金重大项目"八卷本《中国逻辑史》"（14ZDB031）、国家社科基金项目"先秦逻辑思想的特质及其历史文化因素研究"（14BZX077）的阶段性成果。

[**] 郎需瑞，南开大学哲学院助理研究员；张晓芒，南开大学哲学院教授。

[①] 陆建猷：《中国哲学》卷上，生活·读书·新知三联书店2014年版，第283页。

[②] ［德］汉斯-格奥尔格·伽达默尔：《真理与方法——哲学诠释学的基本特征》上，洪汉鼎译，上海译文出版社2004年版，第391页。

1. "命名辨物"的名实视域

从"名"的指称功能来看,它首先是用来辨别区分事物的,"名,明也,名实事以分明也"(《释名·释言语》)。从"名"的发展过程来看,它主要经过了"自命"和"他命"阶段。所谓的"自命"就是"名"仅仅是自我指称,"名,自命也。从口、夕。夕者冥也。冥不相见,故为自名"(《说文解字·口部》)。亦即"名"由口、夕字组成,夕者傍晚昏暗,人与人相互看不见,通过"口"说出自己的名称以免碰撞。后来,"名"的使用范围进一步扩大,成为人们交流沟通的重要媒介,"名"具有了辨别的功能,以实现对于事物的认知,"黄帝正名百物,以明民共财"(《礼记·祭法》)。

应该说,中国古代文献中给物命名最典型的当属《尔雅》,"若乃可以博物而不惑,多识鸟兽草木之名者,莫近于尔雅"(《尔雅·释诂》)。《周易》也提出了"当名辨物,正言断辞"的名学思想,"夫《易》,彰往而察来,而微显阐幽,开而当名辨物,正言断辞,则备矣。其称名也小,其取类也大,其旨远,其辞文,其言曲而中,其事肆而隐。因贰以济民行,以明失得之报"(《周易·系辞下》),强调了"名"的辨别事物的指称功能。

先秦名家重视对于"物"的理解,他们通过对"名"的研究来"辨物","他们的思想都具有一个共同特征,就是注重对'物'进行考察和分析,尹文主'别彼此',惠施行'历物',公孙龙则强调'物、实、位、正'。这一特征与儒、墨、法诸家'治世'的思想取向相反,与道家'避世'的主张相异,而是'治物'以求知,构成了先秦文化的一个有机组成部分"[①]。对"物"的关注是以"名"的探究为出发点和落脚点的,如管子"'物固有形,形固有名',此言不得过实,实不得延名。姑形以形,以形务名,督言正名,故曰:'圣人'。'不言之言',应也。应也者,以其为之人者也。执其名,务其所以成之,此应之道也。'无为之道',因也。因也者,无益无损也。以其形,因为之名,此因之术也。名者,圣人之所以纪万物也"(《管子·心术上》)。亦即,物自体本来有它一定的形体,形体

---

① 翟锦程:《先秦名学研究》,天津古籍出版社2005年版,第12页。

本来有它一定的名称，名称不得超出事物的实际，实际也不得超过事物的名称。从形体的实际出发说明并确定名称，据此考察、规正名称，所以叫作圣人。不由自己亲自去说的理论，为应。所谓应，是因为它的创造者是别的人，抓住每一种名称的事物，研究它自身形成的规律，这就是应的做法。不用自己亲自去做的事业，为因。所谓因，就是不增加也不减少。是什么样，就给它起个什么名，这就是因的做法，名称不过是圣人用来标记万物的。"命名辨物"的名实视域即成为中国传统名辩思想的基本分殊视域，由此而展现出来的对"名实"关系的探讨，成为中国传统名辩思想的重要内容。

2. "名分大义"的刑名视域

自然领域需要"正名百物"，人类社会领域也需要"名"的划分。因为，社会文明的发展是一个从混乱走向了有序的过程。在这个过程中，人与人之间需要一种伦理秩序，需要对于人的社会地位或者身份进行界定。这就形成"名"与"分"的结合，表明人类社会需要"明名分"。"中国思想总是因万物之然而各定以名，因名而见理，因理而有秩序，于是治乱乃得判分。"[①] 因此，中国古代名辩思想中"名分大义"的刑名视域是不可或缺的，即所谓"修名而督实，按实而定名。名实相生，反相为情。名实当则治，不当则乱。名生于实，实生于德，德生于理，理生于智，智生于当"（《管子·九守》）。

春秋战国是一个"名实相怨"（《管子·宙合》）的社会动荡时期，"名实相怨"必然会产生名实问题的讨论，先秦诸子都关注"名实"问题是有其历史原因的。在"思以其道易天下"（章学诚《文史通义·原道中》）的诸子那里，作为社会政治领域的"名实"，其"实"当指社会现实，其"名"则预设了改变社会现实的各种"道"。这种"道"中显然包含了"名分大义"这一层含义。

这一含义下的名学思想在诸子中都有所体现，而儒家尤甚。如孔子看到"八佾舞于庭"，"邦君树塞门，管氏亦树塞门；邦君为两君之好，有反坫，管氏亦有反坫"（《论语·八佾》），怒"君不君、臣

[①] 张东荪：《从中国言语构造看中国哲学》，载张汝伦编《理性与良知——张东荪文选》，上海远东出版社1995年版，第343页。

不臣、父不父、子不子"的贵贱无序,以"是可忍,孰不可忍"的态度,以"管氏而知礼,孰不知礼"的追问,提出"正名以正政"思想,其正名的实质就是以周礼之"名"去匡正社会现实之"实",使社会重归"礼"之有序。孟子提到"臣弑君""子弑父"(《孟子·滕文公下》),"土地荒芜,遗老失贤,掊克在位"(《孟子·告子下》)的情况,以"正人心"的希冀发展了孔子的正名思想。荀子认为"圣王没,天下乱,奸言起,君子无势以临之,无刑以禁之"(《荀子·正名》),"诸侯异政"(《荀子·解蔽》),因此要"制名以指实"。但荀子并不是一味地因循旧名,而是要"有作于新名"(《荀子·正名》)来实现"贵贱之等,长幼之差,知愚、能不能之分,皆使人载其事而各得其宜"(《荀子·荣辱》)的目标,这一点他与孔子有所不同。

"名分大义"的刑名视域作为名辩思想的重要组成部分,为历代思想家所重视,汉代董仲舒的"深察名号"(《春秋繁露·深察名号》),宋代程颢的"名分正则天下定"①等,都属于"名分大义"的刑名视域。

3. "才性物理"的名理视域

汉魏名家与先秦惠施、公孙龙实有不同,汉魏名家谈论的是"名理",而"名理"的原意"乃甄察人物之理"②。"汉代实行用人的荐举制度,自西汉初诏举贤良方正,至东汉时所举名目更其繁多,于是所谓的名实进一步转向了人物品鉴方面,指人物得到的社会称誉或官位与其所具有的伦理道德、品质才能之实,所谓正名即要求这两者能够相符。"③这种以人物品评为内容的"正名",体现在"才性物理"的名理视域,就是在"名理"的意义下探讨如何进行人物的品评。因此,魏晋背景下的《人物志》被列入名家类,其对于人物品行的考察,也构成了中国古代名辩思想的重要分殊视域。

之所以必须如此,是因为汉末在选举用人才方面名实严重脱节,即王符言:"或以顽鲁应茂才,以桀逆应至孝,以贪饕应廉吏,以狡

---

① (宋)程颐、程颢:《二程集·遗书》卷二十一下,中华书局1981年版,第276页。
② 汤用彤编著:《魏晋玄学论稿》,生活·读书·新知三联书店2009年版,第15页。
③ 温公颐、崔清田主编:《中国逻辑史教程》,南开大学出版社2010年版,第175页。

猾应方正,以谀谄应直言,以轻薄应敦厚,以空虚应有道,以闇暗应明经,以残酷应宽博,以怯弱应武猛,以愚顽应治剧,名实不相符,求贡不相称。富者乘其材力,贵者阻其势要,以钱多为贤,以刚强为上。"(《潜夫论·考绩》)针对于此,王符提出:"有号者必称于典,名理者必效于实,则官无废职,位无非人。"(同上)此之谓"名理"其实就是考察人物、建官设职应该遵循的一种名实相符的原则,这是"名理"的原意。刘劭之"夫名非实,用之不效,故曰名由口进,而实从事退,中情之人,名不副实,用之有效,故名由众退,而实从事章"(《效难·人物志》),也以名由众口吹嘘而得,终究会因为经不起事实的考验而退去,经过众人压抑而得不到应有的名,最终会因为事实的表现而显现出来,因此,要做到名副其实的意谓,表达了同样的意蕴。

应该说,对于人物的品评有两种,一种是单纯的人物品评,如品评其美貌、性格等;一种是导向政治目的人物品评,即通过对于人物的道德品质、社会活动能力等考察,以决定其是否符合入仕的标准。前者所涉品评人物的语言能否实现对于人物状态的评价问题,进一步演化为言意关系问题。

4."言意论辩"的言意视域

对于言意关系的考察,也是中国古代名辩思想的重要内容。言意之辩滥觞于《周易·系辞上》中的"书不尽言,言不尽意"。先秦老庄对此有所关注,如《老子·第一章》的"道可道,非常道,名可名,非常名","道常无名","吾不知其名,字之曰道,强为之名曰大";《庄子·外物》中的"言者所以在意,得意而忘言"。老庄所关注的,是"言"能否完全表达"意"?如果不能,哪些"意"能够用"言"来表达,哪些不能用"言"来表达?不能用"言"表达的"意"如何来把握?这些问题在魏晋玄学中得以理论化,以"言不尽意"与"言尽意"的分歧,使言意之辩成为这一时期的中心议题之一。

在言意关系中,王弼认为"言不尽意"是因为"意"本来就是一个多层次的意义系统,其最高的意义是一种无形的东西"道",而"道"为宇宙万物本原的形上性实体,没有恰当的名字能够描述,没有适当的称谓能够极尽。"可道之盛，未足以官天地；有形之极，未足以府万物。是故叹之者不能尽乎斯美，咏之者不能畅乎斯弘；名之不能当，称之不能既。名必有所分，称必有所由；有分则有不兼，有由则有不尽；不兼则大殊其真，不尽则不可以名；此可演而明也。"（《老子指略》）欧阳建持相反态度，认为"言尽意"，因为名称概念之用是区分事物，话语言辞之能在于表达思想。"古今务于正名，圣贤不能去言，何其故也？诚以理得于心，非言不畅；物定于彼，非名不辩。"（《言尽意论》，《艺文类聚·言语》卷十九）由是，名称随事物演变而变化，话语言辞因思维发展而出新，"名逐物而迁，言因理而变，此犹声发响应，形存影附，不得相与为二。苟其不二，则言无不尽矣"（同上）。

关于言意、名实关系的论述，南北朝时期的刘昼有过经典的论述："言以绎理，理为言本；名以订实，实为名源。有理无言，则理不可明；有实无名，则实不可辩。理由言明，而言非理也；实由名辩，而名非实也。今信言以弃理，实非得理者也；信名而略实，非得实者也。故明者，课言以寻理，不遗理而著言；执名以责实，不弃实而存名。然则，言理兼通，而名实俱正。"（《刘子·审名》）亦即，语言是用来表达道理的，道理是语言的根本之所在，如果仅有道理而没有语言，那么道理就不会明朗，道理是通过语言来表达的，但是语言并不是道理，如果仅仅注重言语而忽视义理，那么这不能说是把握了其中的道理。按此之谓，显然刘昼认为人能够通过语言来寻求义理，继而达致"言理兼通"。

概之，中国传统名辩思想有着不同的视域分殊，在这些分殊视域中，逐渐形成一些名辩方法，即在"命名辩物"的名实视域中要"当名辩物"；在"名分大义"的刑名视域中处理名实关系的"循名责实""综核名实"；在"人性物理"的名理视域中强调人物品评要"名效于实"；在"言意论辩"的言意视域中要"校实定名"，如王弼概括为"校实定名，以观绝望，可无惑矣"[1] 等。不同的分殊视域有着不同的名辩方法，这些视域与方法构成了中国传统名辩思想的主要

---

[1] 《王弼集校释》，中华书局1980年版，第198页。

内容。虽然中国传统名辩思想的方法可以有许多，但在上述名辩思想的分殊视域中，中国古代思想家在"正名"过程中还是自觉或不自觉地将之指向"辩名析理"的名辩方法上。

二 "辩名析理"的名辩方法的运用

明确将其作为名辩方法的"辩名析理"，最初是郭象在《庄子·天下注》中对名家思想进行评价时提出的。"昔吾未览《庄子》，尝闻论者争夫尺棰连环之意，而皆云庄生之言，遂以庄生为辩者之流。案此篇较评诸子，至于此章，则曰其道舛驳，其言不中，乃知道听途说之伤实也。吾意亦谓无经国体致，真所谓无用之谈也。然食梁之子，均之戏豫，或倦于典言，而能辩名析理，以宣其气，以系其思，流于后世，使性不邪淫，不优贤于博弈者乎！故存而不论，以贻好事也。"[①] 按郭象理解，名家的辩论"无经国体致"，对于治理国家而言，是"无用之谈"。但于魏晋士人而言，通过"辩名析理"的辩论却能使他们的气力有所宣泄，思想有所寄托，从而提高精神境界使性不邪淫，比下棋要好一些。郭象的"独化论"就是在"辩名析理"方法的运用中形成的，他在对"独化论"进行论证时，将有、无、天、道等概念进行改造，重新界定，并以此为基础进行推理论证，从而辨析出"独化自生"的道理。"这已足以说明其不但对'辩名析理'玄学方法的运用有方法论上的自觉，而且这一方法在其建构独化论玄学体系中起了极为重要的作用。"[②]

"辩名析理"方法的提出与魏晋思想家重视对"玄理"的辨析是分不开的。如刘徽在《九章算术注》序中提到的"析理以辞"，"又所析理以辞，解体用圆，庶亦约而能周，通而不黩"；晋代葛洪被认为是"精辩玄赜，析理入微"（《晋书·葛洪传》）之人；王弼在《老子指略》中指出的"夫不能辨名，则不可言理；不能定名，则不

[①] （晋）郭象注：《庄子注疏》，中华书局2010年版，第575页。
[②] 暴庆刚：《反思与重构——郭象〈庄子注〉研究》，南京大学出版社2013年版，第289页。

可与论实也"等，均说明魏晋思想家对于"玄理"分析的重视，如"魏晋时期最著名的辩名析理的实例莫过于'三理'的论证"①，他们自觉运用了"辩名析理"的方法对《声无哀乐》《养生》《言尽意》这"三理"进行了论证。

虽然作为名辩方法的"辩名析理"是在魏晋时期正式提出的，但这种方法的提出与先秦时期的名辩思想有着密切的联系。有学者就认为，"辩名析理作为一种方法并非魏晋玄学家首创，而是由先秦名家所创，如公孙龙之论'白马非马'，《墨辩》之论名实"②。应该说，自孔子首提"正名"以来，"辩名析理"的精神就一直延续，在其历史化过程中形成的"辩名析理"的方法，也被后来的宋代理学家所承继。他们更以"牛毛茧丝，无不辨晰"（黄宗羲《明儒学案·发凡》）的认知态度，运用"辩名析理"的名辩方法，综合创新，改造原先的概念，给予一些概念以新的界定，并在此基础上建立了各自的理学体系。

理学家的"辩名析理"方法首先体现在他们在语义的层面对于"名理""名义"的重视，即注重"名"的界定。如二程认为，"凡看文字，先须晓其文义，然后可求其意，未有文义不晓而见意者也"③，"若言道不消先立下名义，则茫茫地何处下手？何处着心？"④在重视"名义"的分析上，朱熹与二程思想有密切联系，他在《朱子语类》开篇门目中就强调了明晓"名义"的重要性，认为这是提升自身修养的重要前提。"古人之学必先明夫名义，故为学也易，而求之不差。后世名义不明，故为学也难，盖有终身昧焉而不察者，又安能反而体之于身哉！"⑤受他们的影响，朱熹的高徒陈淳也强调概念要界分明了，条分缕析，明确其差异性与界限；并且要融会贯通，

---

① 王晓毅：《中国文化的清流》，中国社会科学出版社1991年版，第111页。
② 汤一介：《郭象与魏晋玄学》，北京大学出版社2009年版，第262页。
③ （宋）程颐、程颢：《二程集·遗书》卷二十二上，中华书局1981年版，第296页。
④ （宋）程颐、程颢：《二程集·遗书》卷十五，中华书局1981年版，第151页。
⑤ （宋）朱熹：《朱子全书》第14册，朱杰人、严佐之、刘永翔主编，上海古籍出版社、安徽教育出版社2002年版，第107页。下文朱熹原文均引自此书，并标明出处、册数、页码。

从具体的差异性出发，把握概念间的内在联系、联结的线索、条理与脉络。"读书穷理，正要讲究此（字义），令分明，于一本浑然之中，须知得界分不相侵夺处；又于万殊粲然之中，须知得脉络相为流通处，然后见得圆、工夫匝，体无不备而用无不周。"①

其次，为了使"名义"界分明了，理学家们重视"名"与"名"之间的区别和联系。认为"名"与"名"之间也具有相似性，这种相似性的存在很容易造成认识上的混乱。"盖凡物之类，有邪有正，邪之与正，不同而必相害，此必然之理也。然其显然不同者，虽相害而易见，惟其实不同而名相似者，则害而难知。易见之害，众人所能知而避之；难知之害，则非圣智不能察也。是知圣人于此三者，深恶而力言之，其垂戒远矣。"② 因此，需要对事物的"名"进行剖析，不能杂乱重复，支离涣散，"大凡理会义理，须先剖析得名义界分各有归着，然后于中自然有贯通处。虽曰贯通，而浑然之中所谓粲然者，初未尝乱也。今详来示，似于名字界分未尝剖析，而遽欲以一理包之，故其所论既有包揽牵合之势，又有杂乱重复、支离涣散之病"③。因此，宋代理学家"不只是注重单个概念和范畴的抽象定义和运用，而且还重视范畴与范畴之间的联系，也就是说，宋明理学哲学家善于运用不同层次、不同角度的哲学范畴以及通过这些范畴之间的关系的说明来表达一系列相对完整的哲学思想"④。理学家在对"名"的重新界定和区分后提出了自己的思想体系，并以此作为同其他学派进行学术批评、论辩的基础。

通过"辩名"而"析理"，朱熹认为"学问须严密理会，铢分毫析"⑤。并且，"析理当极精微，毫厘不可放过"⑥，"析理则不使有毫厘之差"⑦，通过"反复辩析，以求至当之归"⑧，实现"使事物之

---

① （宋）陈淳：《北溪大全集》，《文渊阁四库全书》影印本，第1168册，第745页。
② 《论语或问》，第6册，第883—884页。
③ 《晦庵先生朱文公文集》卷四十二，第22册，第1918页
④ 彭永捷：《朱陆之辩：朱熹陆九渊哲学比较研究》，人民出版社2002年版，第28页。
⑤ 《朱子语类》卷八，第14册，第293页。
⑥ 《晦庵先生朱文公文集》卷七十三，第24册，第3560页。
⑦ 《中庸章句》，第6册，第53页。
⑧ 《晦庵先生朱文公文集》卷六十九，第23册，第3362页。

名，各得其正而不紊"① 的目的。如此才能通过对"名理"的"斟酌"，"毫发不差"地对概念（名）有着恰当的把握，从而准确把握"名理"。"义理事物，其轻重固有大分，然于其中又各自有轻重之别。圣贤于此，错综斟酌，毫发不差，固不肯枉尺而直寻，亦未尝胶柱而调瑟，所以断之，一视于理之当然而已矣。"②

"辩名析理"的方法也为名辩思想中的"推类"方法奠定了基础。自先秦的"知类"，到两汉唐宋的"求故"、宋至明清的"达理"，其方法论的依据，应该就是宋代理学家所概括明示的"理一分殊"，"万物各具一理，而万理同出一源，此所以可推而无不通也"③。而理学家的贡献就是通过"辩名析理"区分了"理"之"物理"与"性理"，使得作为"物理"的"理"成为"以类而推"的基础。

如朱熹将理看作万物之"所当然"与"所以然"，万事万物莫不有"其当然而不容已，与其所以然而不可易者"，"天下之物，则必各有所以然之故与所当然之则，所谓理也"（《大学或问·卷一》）。这是理的最基本的含义，"所以然"与"所当然"是统一的，"如果把朱熹所谓'理'的意义仅仅局限于道德原则或自然规律中的任何一方面，都是不全面的，它是'所以然'与'所当然'的统一，前者是自然规律，后者是伦理法则，在他看来，'所当然'来源于'所以然'，伦理法则来源于自然规律，二者是完全合一的"④。但我们还认为，朱熹从"所以然"的角度，将"理一分殊"理论拓展到了认识论、逻辑思维领域，把它看作一种思维方法，甚至把它作为逻辑推理的依据，这种意义上的"理一"是事物需要遵循的普遍规律，"分殊"是事物的特殊规律。"指其名者分之殊，推其同者理之一。"⑤

从"所以然"的角度看，朱熹将"理一分殊"理论范围拓展到逻辑思维领域，使其成为"类推"的依据，他运用了"'类型'理

---

① 《论语或问》，第6册，第813页。
② 《孟子集注》，第6册，第412页。
③ 《大学或问》，第6册，第525页。
④ 蒙培元：《理学范畴系统》，人民出版社1989年版，第17页。
⑤ 《朱子语类》卷九十八，第17册，第3320页。

论,说明'理一'与'分殊'的关系"①,自然领域和人类社会领域的各种事物,都可以划分为不同的类型,不同类型的事物遵循着不同的义理,其具有殊性的一面,但是不同类型的事物又具有共性的一面,在某种程度上符合相同的规律。"如这片板,只是一个道理,这一路子恁地去,那一路子恁地去。如一所屋,只是一个道理,有厅,有堂。如草木,只是一个道理,有桃,有李。如这众人,只是一个道理,有张三,有李四;李四不可为张三,张三不可为李四。如阴阳,西铭言理一分殊,亦是如此。"②朱熹在此认识到"理一分殊"中涉及的"类"与个体之间的关系,一块木板,可以按照不同的要求做成不同的物品;一所房屋,按照不同的需求,可以设计成大厅、弄堂;草木作为一般,其具有一般性的道理,表现在桃树、李树上却又是不同的。"世间事虽千头万绪,其实只一个道理,'理一分殊'之谓也。到感通处,自然首尾相应。或自此发出而感于外,或自外来而感于我,皆一理也。"③。由是,理学家通过"辩名析理",对于"理"的认识有了更加广泛的理解,为"以类而推"的推理方法提供了理论的支撑。

总之,"辩名析理"的名辩方法在不同的历史时期显示出不同的特点。先秦名家所用的名辩方法或刑名方法可以称作"辩名析理",但其方法论意义主要围绕"名实"关系而展开。从"命名辨物"和"名分大义"的视域看,其时所辩"名"是指具体的名词概念或改变社会现实的各种"道",其所析"理"是"物理""道理";魏晋时期作为玄学方法的"辩名析理"则是上承先秦名实、名分之学,结合魏晋时代品鉴才性而产生,"向着抽象原理或概念内涵之'应然'方面发展"④,进而进入对玄远之理的辩明剖析,将所析之理拓展到"才性之理"或"玄理",虽仍涉及对具体名实关系的探讨,但对抽象原理的讨论已成为其最为主要的内容了。而宋明时期的名辩思想延续了以往"辩名析理"的名辩方法,其方法的运用与魏晋玄学的

---

① 蒙培元:《朱熹哲学十讲》,中国人民大学出版社 2010 年版,第 52 页。
② 《朱子语类》卷六,第 14 册,第 240 页。
③ 《朱子语类》卷一百三十六,第 18 册,第 4222 页。
④ 汤一介:《郭象与魏晋玄学》,北京大学出版社 2009 年版,第 264 页。

"玄理"解析不同，魏晋玄学的理是"玄理"，以"无"为本，宋明理学的理反对以"无"为本，强调的是"以理为实"。"理者，实也，本也"①。通过这种对于概念范畴的重新诠释，理学家构建了他们的理学体系，这在以直觉和整体的思维为主导的中国古代思想中是难能可贵的。

三 "辩名析理"传统名辩学方法的现代反思

1. "辩名析理"是逻辑分析法吗？

冯友兰是最先从"逻辑"的意义上发掘、评价名辩学方法的"辩名析理"的。但在他的论述中，"辩名析理"方法的内涵是不断变化的，这种变化也带来了很多问题。他在1944年出版的《新原道》的《玄学》一章中首次提到了"辨名析理"②的名辩学方法，认为向秀、郭象是"最能辨名析理底"③。在1946年出版的《新知言》的《论分析命题》一章中，他对"辩名析理"的方法进行了更为系统的介绍，认为"逻辑分析法，就是辨名析理的方法……析理必表示于辨名，而辨名必归极于析理"④。在1948年的《中国哲学简史》中，他将"辩名析理"看作魏晋玄学以后最重要的方法，"在三、四世纪，随着道家的复兴，名家的兴趣也复兴了。新道家研究了惠施、公孙龙，将他们的玄学与他们所谓的名理结合起来，叫做'辨名析理'"⑤。在他晚年著作《中国哲学史新编》魏晋玄学一章中，有专门的"玄学的方法"论述："玄学的方法是'辩名析理'简称'名理'。名就是名词，理就是一个名词的内涵。一个名称代表一个概念，一个概念的对象就是一类事物的规定性，那个规定性就是理……'辩

---

① （宋）程颐、程颢：《二程集·粹言》卷第十，中华书局1981年版，第1171页。
② 关于"辨名析理"与"辩名析理"，冯友兰在《新知言》中论述了"思""辨""辩"之间的关系。参见陈来编校《中国现代学术经典·冯友兰卷》，河北教育出版社1996年版，第886—887页。本文论述采用郭象原文"辩名析理"。
③ 陈来编校：《中国现代学术经典·冯友兰卷》，河北教育出版社1996年版，第765页。
④ 同上书，第887页。
⑤ 冯友兰：《中国哲学简史》，北京大学出版社2013年版，第208页。

名析理'是就一个名词分析它所表示的理,它所表示的理就是它的内涵。"① 从冯友兰对于"辩名析理"方法的观点演变来看,他试图依靠"辩名析理"的方法,来对中国传统哲学中的概念进行分析,从而实现中国传统哲学的现代转型。但是,他试图通过这种方法来构建"新理学",却遭到了很多人的质疑。

首先,冯友兰所做的工作是对"胡适之问"的一种回应。在西学东渐初期,胡适曾问:"我们应怎样才能以最有效的方式吸收现代文化使它能同我们的固有文化相一致、协调和继续发展?"② 在今天看来,中国固有的文化与外来现代文化之间有过比附,有过比较,现在又在寻找着中华文化自身的特性。而冯友兰所处的时代,应该是处在比较的阶段,比较的方法也存在着一定的局限,所以,采取西方的逻辑分析方法对中国传统思想进行解读,难免会使人觉得失去了文化自身的很多特性,亦即,"辩名析理"的方法与西方的"逻辑分析法"之间是否可以视为相同的方法,这一点存在很大的争议。

其次,与第一个问题相关联,冯友兰运用逻辑分析的方法进行分析的是"形而上"的内容,试图改造中国传统的"形而上学",使其更加明晰。"在西洋,近五十年来,逻辑学有极大底进步。但西洋的哲学家,很少能利用新逻辑学的进步,以建立新底形上学。"③ 但是关于"形而上"的内容能否运用逻辑分析的方法进行解读,这一点却遭到了质疑。如卡尔纳普认为:"应用逻辑或认识论的研究,目的在于澄清科学陈述的认识内容,从而澄清这些陈述中的词语的意义,借助于逻辑分析,得到正反两方面的结论。正面结论是在经验科学领域里做出的,澄清了各门科学的各种概念,明确了各种概念之间的形式逻辑联系和认识论联系。在形而上学领域里,包括全部价值哲学和规范理论,逻辑分析得出反面结论:这个领域里的全部断言陈述全都是无意义的。这就做到了彻底清除形而上学。"④ 也就是说,在卡尔

---

① 冯友兰:《中国哲学史新编》下,人民出版社 2007 年版,第 344—346 页。
② 胡适:《先秦名学史》,安徽教育出版社 2006 年第 2 版,第 7 页。
③ 冯友兰:《三松堂全集》第五卷,河南人民出版社 2001 年版,第 126 页。
④ [美] L. 卡尔纳普:《通过语言的逻辑分析清除形而上学》,罗达仁译,载陈波、韩林合主编《逻辑与语言》,东方出版社 2005 年版,第 249 页。

纳普看来,"经验"的与"形而上"的内容是不同的,在"经验科学领域"里,逻辑分析法可以澄清概念,明确联系,而在"形而上"领域,确实无法运用逻辑分析的方法进行解读。在中国传统的名辩学言意视域中,本体是无法用语言和概念来表达的,只能通过体悟来证明它的存在,也就是说,中国古代的概念并不像西方的概念一样,具有属加种差的定义方式,中国古代的概念多是模糊的、多义的,往往是"言有尽而意无穷",造就了中国人的整体思维与体悟式的直觉认知方法。在这种方法中,中国古代形而上的概念多是难以辨析的,更多的是需要去体悟。因此,中国古代思想的概念范畴等论述是否能够通过"辩名析理"的名辩学方法来进行解释,这是冯友兰所运用的方法遭受质疑的重点之一。

应该说,本体论层面的东西或难以运用"辩名析理"的方法进行解析,但因为本体难以用语言来表达而否定语言表达的作用,进而否定名言的做法,显然也是因噎废食。"辩名析理"的方法作为一般层面或者是形而下层面的范畴的描述,这种描述是必要的,是通向本体的重要途径,它并非那种单纯体证而否定语言的方法。"辩名析理"的名辩学方法是把握本体的充分必要条件,也就是说,对于本体的把握必然要经过"辩名析理"这一环节,不经过"辩名析理"这一环节就不能够把握本体。即朱熹所说:"古人之学必先明夫名义,故为学也易,而求之不差。后世名义不明,故为学也难,盖有终身昧焉而不察者,又安能反而体之于身哉!"①"辩名析理"是"体之于身"的前提条件。因此,"辩名析理"的名辩学方法在中国传统名辩思想中占有重要地位。冯友兰提出的"正的方法"与"负的方法",两者不是一种非此即彼的对立关系,而是相辅相成,相互补充的关系。因此,冯友兰所做的工作是有积极意义的,带给我们许多思考,给予我们很多启示。

一方面,我们要"以逻辑和现代逻辑哲学的方法来实现中国哲学形上学的明确化、概念化和系统性,从而赋予中国哲学形上学以更为

---

① 《朱子语类门目》,第14册,第207页。

合理的理性"①；另一方面，"逻辑并不是内在的本体，人所要建构的理想的世界不仅是可信的，而且还必须是可爱的；要在把现代逻辑与逻辑方法应用于中国哲学形上学的新开展的过程中，看到西方后现代的哲学家已经认识到并已解构自己的哲学体系建构中的唯逻辑主义，并致力于寻求非概念的思维符号和突破僵死的概念思维的锁链"②。如何在这种张力中寻求中国哲学的发展，是一个需要思考的现实问题。

再次，中国古代思想中并没有发展出于西方逻辑概念分析的方法，中国传统思维当中对于概念分析是其"短板"，但是，我们并不能以此认为中国没有对于概念的分析。我们习惯用"有"与"无"来论述中国古代逻辑思想，如做进一步分析，"有"与"无"可以进一步分析为"全有/全是、殊有/殊是、全无/全非、殊无/殊非"③ 四个层次。当我们区分了这几种有无的层次以后，会发现我们习惯用的"有"与"无"，其实是用"殊无"来推论"全无"，用"殊有"来推论"全有"，这显然违背了基本的逻辑规则。因此，对于概念的分析在中国传统名辩思想中是具有一席之地的，我们不能够因为这方面资源的相对匮乏而将其"忽略不计"，相反，对这一资源的发掘，我们可以找出传统名辩思想中"辩名析理"方法的特殊性，或可对中国传统思想文化的现代转化具有重要意义。

2. "辩名析理"方法的特殊性

从特殊性的角度来看，首先，所谓"辩名"即辨明名实关系，使名实相符，进而给以正名，此其中有概念的界定部分。"中国哲学家在提出概念时，常常对这一概念的内涵作多方面的解说"④，而对于内涵的解说，并非是西方的那种概念解说，而往往采用体用关系来进行界定，"每一核心概念范畴都是包容多种规定的观念链条，由核心

---

① 张斌峰：《逻辑分析法与中国现代形上学的新开展》，《中国哲学史》2001年第2期。

② 同上。

③ 乔清举：《中国哲学研究反思：超越"以西释中"》，《中国社会科学》2014年第11期。

④ 杨国荣：《作为哲学的中国哲学》，《社会科学》2013年第8期。

内容衍生出来的其他具体规定因抽象程度的不同，在同一系列概念范畴中具有差级主从关系。那些从属于核心概念范畴处于不同层次的具体概念，正是对具体认识对象内在属性或存在状态的规定"[1]。而"语言概念指向的对象因心灵领会的深浅不同，被安置于合乎自然秩序的概念结构序列里，起到了全面客观揭示认识对象的作用，没有将认识的结果归结于语言概念的内涵与外延关系。概念范畴内涵主要不是通过属加种差的定义方式确定，而是借助于同一系列概念范畴，把彼此不同的感性表象予以应有的相互限定，使不同认识侧面得以清晰表达"[2]。此外，"辩名"还体现在"中国哲学家对于名言（概念）的辨析，同时展开于不同学派、人物之间的相互争论之上"[3]。而所谓"析理"，是按照一定的原则进行分析推理，以证明自己的论点，从而提出自己的哲学体系。"真正有创造性的中国哲学家，总是通过提出新的名言（概念）来形成自己的哲学系统，并通过概念之间关联的阐述来展开自己的体系"[4]。

其次，传统名辩思想中的"辩名析理"在求治的历史理性前提下，具有求真和求善两种不同价值取向，它们相辅相成，在"大学之道，在明明德，在亲民，在止于至善"的过程中，既保有孔子因"正名以正政"而"无所苟而已"的求真精神，也希冀了"名正言顺"确保社会正常秩序的求善理想。邓析的"别殊类使不相害，序异端使不相乱。谕志通意，非务相乖也。若饰词以相乱，匿词以相移，非古之辩也"（《邓析子·无厚》），《墨经》的"夫辩者，将以明是非之分，审治乱之纪，明同异之处，察名实之理，处利害，决嫌疑。焉摹略万物之然，论求群言之比，以名举实，以辞抒意，以说出故，以类取，以类予"（《墨经·小取》），董仲舒的"名生于真，非其真弗以为名"（《春秋繁露·深察名号》），鲁胜的"名者，所以别同异，明是非；道义之门，政化之准绳也"（《墨辩注序》），程颢的"名分正则天下定"（《二程集·遗书卷二十一下》），朱熹的"使事

---

[1] 强昱：《成玄英评传》上，南京大学出版社2011年版，第35页。
[2] 同上书，第35—36页。
[3] 杨国荣：《作为哲学的中国哲学》，《社会科学》2013年第8期。
[4] 同上。

物之名,各得其正而不紊"(《论语或问》)等无不体现了"辩名析理"所具有的政治伦理倾向。

最后,传统名辩思想中的"辩名析理"过程中含有辩证的因素。在"辩名析理"的过程中,强调概念、言意之间灵活性与确定性的辩证统一,在新的条件下寻求概念新的确定性,寻求言意之间新的关系,即"名逐物而迁,言因理而变"(《言尽意论》,《艺文类聚·言语》卷十九),在论辩的过程中也强调"取当求胜"①,如《墨子》书中说,"辩也者,或谓之是,或谓之非,当者胜也",王阳明也认为要"辨之也明,而析之也当"②。这些都体现出中国传统"辩名析理"特殊性的一面。

四 余论:新名学如何可能

按上,中国传统名辩思想在内容上有不同的视域分殊,与分殊视域相对应有不同的名辩方法,对这些内容和方法的考察,是正确看待中国传统名辩思想与西方逻辑思想的共同性,深入发掘中国传统名辩思想的特殊性,实现传统名辩思想的现代转换的必经之路。

体现在社会发展快速,新概念迭出的当下,"辩名析理"在当代社会依然能够发挥它的方法论作用,社会呼唤新名学。其如何可能?

其一,这是人文理性的需要,它为当代社会真正人性化的生活提供了意义指南。因为,当代生活是更加需要规范、标准的生活。如何做到名实相符,就涉及"名"的意义问题。只从技术上讲,"名"的意义体现在"指称论"上,意义就是语词所指称的对象;体现在"概念论"上,意义就是词语所表达的概念。而从人文理性上讲,"名"的意义则以价值理性与实践理性体现了对人的生存关怀,即人在社会中的义务,人应该采取什么样的"应然"生存方式,人如何从"应然"生存方式走向"实然"的生存方式等。如名实相淆、名实相乱,这一切都将毫无悬念地变成一种悖论式的空话。因此,"辩

---

① 崔清田:《逻辑与文化》,《崔清田文集》,河南大学出版社2015年版,第137页。
② (明)王守仁:《王阳明全集》上,上海古籍出版社1992年版,第147页。

名析理",名定实辨,导民向善。

其二,这是技术理性的需要,它为真正人性化的生活提供了操作指南。因为,随着社会的发展和人们认识的发展,总有一些旧的不适宜的规范要退出法律、法规,也总有一些新的规范要引入法律、法规中。因此,法律、法规是一个开放的系统,必须不断完善,与时俱进,以适应合时合宜地调整社会秩序、公平、正义的需要,使程序正义和实质正义尽可能完美地得到统一。因为,"法"的不断"正名"过程,就是在人们的生活方式不断更新的过程。这个正名的过程就必须使任何一个"新名"完备界定,既体现社会伦理、法律发展的需要,也体现人类逻辑理性认识发展的需要。因此,"正名"问题不仅应该是逻辑在先的,同时也应该是实际操作在先的。在新时代的反思中,新名学一定可能!

论证实践与中国逻辑史研究[*]

何 杨[**]

作为人类生活中一种常见的社会活动,论证实践广泛存在于政治、学术等领域之中。透过论证实践,既有助于理解和反思有关论证的理论学说(如形式逻辑、语用论辩理论等),也有助于揭示人类的理性思维方式及其特点。然而,在近百来年的中国逻辑史研究中,对中国古代论证实践[①]的研究有欠重视,而且已有研究通常采取自上而下的方法,将其视为某种逻辑理论的应用实例。本文尝试说明上述研究的成因与弊端,进而提出应该转而从中国古代论证实践出发,采取"以中释中"的研究途径,最后再结合中国古代论证实践的丰富实例,讨论这种论证实践研究对于中国古代逻辑、哲学、文学等相关领域的学术价值。[②]

---

[*] 本文原刊于《逻辑学研究》2017年第3期,此处略有修改。另,本文受国家社会科学基金项目"基于广义逻辑的春秋政治论辩研究"(16CZX053)资助。

[**] 何杨,中山大学逻辑与认知研究所暨哲学系副教授。

[①] 在中国逻辑史领域,与论证实践类似的常用术语有逻辑实践、逻辑应用等。然而,由于中国逻辑史研究者对"逻辑"的理解不一,而且在使用逻辑实践、逻辑应用等术语时还涉及一种略显模糊的区分(即自觉的逻辑实践/逻辑应用和不自觉的逻辑实践/逻辑应用),因此,笔者更倾向于采用论证实践。

[②] 近年来,注重中国古代论证实践的研究可参阅李贤中《〈战国纵横家书〉之苏秦思维方法探析》,《哲学论集》2013年第46期;鞠实儿、何杨《基于广义论证的中国古代逻辑研究——以春秋赋诗论证为例》,《哲学研究》2014年第1期;曾昭式《庄子的"寓言"、"重言"、"卮言"论式研究》,《哲学动态》2015年第2期;王克喜《广义论证视域下的中国逻辑史开放研究——以〈战国策〉为例》,《逻辑学研究》2015年第3期;晋荣东《中国近现代名辩学研究》,上海古籍出版社2015年版,第540—544页;晋荣东《应重视对古代逻辑实践的研究》,《中国社会科学报》2016年10月11日。

一　中国古代论证实践研究的回顾与反思

近代国人在向西方学习的过程中，一方面逐渐认识到逻辑学在西方学术文化中的基础地位，将其视为"一切法之法，一切学之学"[①]"科学之科学"[②]"求真理之第一要法"[③]；另一方面也注意到中国文化传统中逻辑学的缺乏对中国发展的影响，例如，梁启超指出先秦学派相较于希腊学派的第一个缺点就是"Logic 思想之缺乏"[④]；胡适亦指出唐宋以来"中国哲学与科学的发展曾极大地受害于没有适当的逻辑方法"[⑤]。虽然梁、胡等人的逻辑观不尽相同，但都意识到输入西方逻辑学为当时要事。而且，为了有效吸收西方逻辑学，使之成为当时中国文化的内在部分，亦需考虑当时国人的自尊、自信，而能满足上述考虑的一条重要途径就是从比西方逻辑文献年代久远的中国古文献中发掘出类似于西方逻辑理论的中国古代逻辑，于是乎，墨家逻辑、荀子逻辑等应运而生。[⑥]

例如，梁启超认为"墨子所谓辩者，即论理学也"，研究墨辩乃"后起国民之责任"和"增长国民爱国心之一法门"，主张采用"以欧西新理比附中国旧学"的研究方法[⑦]，认为虽然墨辩不及西方逻辑完备，但亚里士多德逻辑亦有诸多缺点[⑧]，而且墨子早已提倡近代培根所倡之归纳法[⑨]。胡适亦重墨辩，并认为墨辩虽不及西方逻辑严密，

[①]　严复译述：《穆勒名学》，商务印书馆1931年版，第3页。
[②]　君武：《弥勒约翰之学说》，《新民丛报》1903年第35号，第10页；君武：《论理学之重要及其效用》，《政法学报》1903年第3卷第2期，第71页。
[③]　君武：《论理学之重要及其效用》，《政法学报》1903年第3卷第2期，第71页。
[④]　梁启超：《论中国学术思想变迁之大势》，《饮冰室合集》（第1册），中华书局1989年影印本，第33页。
[⑤]　胡适：《先秦名学史》，《胡适文集》（6），北京大学出版社1998年版，第9页。
[⑥]　参见崔清田《墨家逻辑与亚里士多德逻辑比较研究》，人民出版社2004年版，第7—13、183—188页；何杨《胡适的中国古代逻辑史研究》，《兰州大学学报》（社会科学版）2017年第2期。
[⑦]　梁启超：《子墨子学说》附《墨子之论理学》，《饮冰室合集》（第8册），中华书局1989年影印本，第55—56页。
[⑧]　同上书，第63页。
[⑨]　同上书，第69页。

但亦有所长,"有学理的基本,却没有法式的累赘",并能"把演绎归纳一样看重"①。王国维则注重墨家的推理论和荀子的概念论,对于偏重论证实践的名家不作深究。在其看来,墨子之地位"略近于西洋之芝诺",而《荀子·正名》"实我国名学上空前绝后之作也,岂唯我国,即在西洋古代,除雅里大德勒之《奥尔额诺恩》(Organon)外,孰与之比肩者乎?"②章士钊强调"逻辑起于欧洲,而理则吾国所固有",并"有志以欧洲逻辑为经,本邦名理为纬,密密比排,蔚成一学,为此科开一生面"③,从而挖掘出更多的中国古代逻辑理论文献,进行了更为全面的中西逻辑理论比较研究。此外,一些较有代表性的中国逻辑史著作〔如郭湛波《先秦辩学史》(1932)、虞愚《中国名学》(1937)等〕亦偏重于先秦逻辑理论研究。

综上可见,近代学人在民族自尊心的驱使下,主要以西方传统逻辑理论为标准构建中国古代逻辑,并展开中西逻辑理论比较,从而偏重于逻辑理论研究。虽然当时也对论证实践有所研究,但通常只是将其视作某种西方逻辑理论的例证,例如,梁启超《墨子之论理学》(1904)专设一节"应用"讨论墨子在论证兼爱、天志、非攻等学说时所使用的三段论推理④;胡适《清代学者的治学方法》(1919—1921)则结合音韵学、训诂学、校勘学的具体案例阐述清代学者演绎与归纳并用的科学方法⑤。

虽然其后中国逐渐摆脱了民族存亡困境,在研究方法与研究范围上也有诸多拓展,而且有一些注重论证实践的研究成果〔如周钟灵《韩非子的逻辑》(1958)、钟友联《墨家的哲学方法》(1976)、汪奠基《中国逻辑思想史》(1979)等〕,但是从总体研究情况来看,

---

① 胡适:《中国古代哲学史》,《胡适文集》(6),北京大学出版社1998年版,第306—307页。

② 王国维:《周秦诸子之名学》,《王国维全集》(第14卷),浙江教育出版社2009年版,第18—27页。

③ 章士钊:《逻辑指要》,时代精神社1943年版,第16—17页。

④ 梁启超:《子墨子学说》附《墨子之论理学》,《饮冰室合集》(第8册),中华书局1989年影印本,第63—68页。

⑤ 胡适:《清代学者的治学方法》,《胡适文集》(2),北京大学出版社1998年版,第282—304页。

依然是偏重逻辑理论研究。例如，五卷本《中国逻辑史》（1989）明确指出："中国逻辑史研究应以分析、总结中国历史上逻辑家的逻辑思想，以探索中国逻辑思想的发生发展的规律为其主要任务。……历史上大量纯属逻辑应用的例证，原则上不应成为中国逻辑史总结的范围。"[①] 周云之主编的《中国逻辑史》（2004）亦指出，"中国逻辑史应以发掘、总结逻辑思想（理论）之产生与发展为主要内容"[②]，并研究有助于理解逻辑理论的应用实例，至于"在运用逻辑上非常出色，但并没有提出什么新的逻辑理论问题"的文献，则不应被列为逻辑史必须研究的范围。[③]

逻辑史以逻辑理论之产生、发展为主要内容，本为理所应当之事。然而，由于在中国传统学问之中，并没有逻辑学这门学问，从而研究者多以某种西方逻辑理论为标准判定哪些文献的论述符合或类似于西方逻辑理论。抛开上述做法的合理性不论，根据中国古文献的实际情况，依然没有多少文献的理论论述类似于西方逻辑理论。比如，虞愚指出，"我国学者以人生实际应用为鹄，不暇措意于理论之是非，向无名学专家"，"且自汉武罢斥百家之后，此义（即名学）几成绝响矣"[④]。汪奠基亦指出，中国古代逻辑（包括形式逻辑和辩证逻辑）史料"除了先秦一部分名家著述和《墨经》、《荀子》外，其余主要都表现在具体运用方面"[⑤]。无疑，理论文献的缺乏给中国逻辑理论发展史的建构带来了困难，正如孙中原所言："严格说来，只有先秦的《墨子·小取》篇，是专门研究逻辑的著作。……如果中国逻辑史的对象和取材范围，只限于专门的逻辑学著作，则几乎等于取消这门科学的研究。"[⑥] 因此，从实际的研究成果来看，研究者往往补充了大量有关论证实践方面的文献[⑦]，例如，从《吕氏春秋·离谓》买

---

① 李匡武主编：《中国逻辑史》（先秦卷），甘肃人民出版社1989年版，第2—3页。
② 周云之主编：《中国逻辑史》，山西教育出版社2004年版，第9页。
③ 同上书，第11—12页。
④ 虞愚：《中国名学》，正中书局1937年版，第11—12页。
⑤ 汪奠基：《中国逻辑思想史料分析》（第一辑），中华书局1961年版，第19页。
⑥ 孙中原：《中国逻辑研究》，商务印书馆2006年版，第21页。
⑦ 除了论证实践，还会补充有关哲学理论（如名实关系、言意关系等）的文献，本文对此暂不作讨论。

卖溺亡者尸体的故事总结出邓析的辩证逻辑或弗协调逻辑思想；从《说苑·善说》惠施善譬的故事总结出惠施的演绎推理思想；从《墨经》中的大量定义实例总结出各种定义方法；从《公孙龙子·白马论》中有关白马非马的往复辩论总结出种属概念在内涵与外延上的差异性；从《韩非子》的《难一》与《难势》篇中有关自相矛盾的寓言总结出矛盾律；从《论衡》中的诸多反驳实例总结出王充的谬误思想。

上述做法确实增添了不少史料，而且研究者常常给出如下辩护：这些例证在逻辑上具有重要价值，"反映了过去没有提出过的理论问题"①，"已接近于成为一种逻辑思想"②。然而，论证实践毕竟不是逻辑理论，即便在古人的论证实践中大量应用了各种逻辑理论，如果古人并未从理论层面予以考察，依然不能将例证中体现的逻辑理论当作古人提出的逻辑理论。例如，我们可以借助数理逻辑工具分析自相矛盾的故事，但通常都会承认韩非子并无数理逻辑思想。类似的，我们也可以传统逻辑之对当关系理论分析自相矛盾的故事，但韩非子并没有从理论层面讨论两个命题之间的对当关系，从而也应承认韩非子并无对当关系理论。上述辩护使得一些研究者未能严守理论与实践之分，直接将古人论证实践中运用的逻辑理论当成古人所提出的逻辑理论——比如将从《墨经》诸多定义中总结出来的定义方法当成墨家提出的定义方法——造成逻辑理论与论证实践的层次混淆。③

其次，如果中国逻辑史书籍中的大量篇幅来自这些"已接近于成为一种逻辑思想"的论证实践案例，而只有少数篇幅是直接论述逻辑理论，那么"一部'中国逻辑史'在很大程度上变成了一部'中国用逻辑的历史'"④。实际上，在通读各种中国逻辑史书籍之后，往往会觉得这些书籍中并无多少可以称得上逻辑理论的内容。此外，值得

---

① 周云之主编：《中国逻辑史》，山西教育出版社2004年版，第11页。
② 李匡武主编：《中国逻辑史》（先秦卷），甘肃人民出版社1989年版，第4页。
③ 相关例证及其讨论可参见叶锦明《对研究中国逻辑的两个基本问题的探讨》，《自然辩证法通讯》1996年第1期；俞瑾《中国逻辑史研究之误区》（续编），《逻辑与语言论稿》，江苏教育出版社2000年版，第71—78页；晋荣东《中国近现代名辩学研究》，上海古籍出版社2015年版，第540—544页。
④ 林铭钧、曾祥云：《名辩学新探》，中山大学出版社2000年版，第26页。

一提的是，如果是研究"中国用逻辑的历史"，由于论证实践的广泛性，在假定西方逻辑理论普遍适用的前提之下，研究者可以从一本书（如《左传》《国语》等）中就找出较为完备的中国古代逻辑，而不必专注于《墨子》《荀子》等文本。

最后，也是更为重要的是，由于研究者是以某种西方逻辑理论为标准考察中国古代论证实践，因此只是将该论证实践案例当成验证该逻辑理论的例证，而不考虑该论证实践案例的相关语境。例如，研究者常从《吕氏春秋·离谓》篇中买卖溺亡者尸体的故事提炼出邓析的两可之说，并予以辩证逻辑、弗协调逻辑、悖论等解释。姑且不论该文献能否代表邓析的思想，该故事所隶属的丰富的文本语境大多被研究者所忽略。首先，作者对该故事有直接评论，用以比拟诋毁忠臣之情形（如"夫伤忠臣者有似于此也。夫无功不得民，则以其无功不得民伤之；有功得民，则又以其有功得民伤之"）。其次，《离谓》全篇主旨明确，旨在阐明言辞与思想相违背对治理国家带来的危害（即"言意相离，凶也"）；而且，《离谓》篇中载录的其他故事（如子产诛邓析；淳于髡说魏王等）与该故事亦有关联，共同阐明主旨。最后，《吕氏春秋》并非随意安排篇章，《审应览》含有《审应》《重言》《精谕》《离谓》《淫辞》等八篇，有其共同主旨："此览言人君听说之道，多难名法家之言，以其能变乱是非也；而归结于臣主之务，莫若以诚，可谓得为治之要矣。"① 当研究者将该故事从其所属的各种文本语境中抽离出来时，固然可以从辩证逻辑、弗协调逻辑、悖论等诸多角度予以阐释，但由此揭示出来的逻辑思想实际上都是研究者的主观见解，并非《吕氏春秋》或邓析的逻辑思想。实际上，这种做法类似于逻辑学习题训练，而且在采用现代逻辑工具处理中国古代论证实践的研究之中体现得较为明显，即先将古代文本中的论证（如对"白马非马"的论证）进行符号化处理，然后借助现代逻辑规则将其隐含的论证过程完整地表述出来。这种做法如同做现代逻辑定理证明，对于理解中国古代论证实践并无多大帮助。②

---

① 吕思勉：《经子解题》，商务印书馆1929年版，第179页。
② 参见何杨《论现代逻辑视野下的中国古代逻辑研究》，《哲学与文化》2017年第6期。

综上所述，百余年来，中国逻辑史研究主要是建构类似于某种西方逻辑理论的中国古代逻辑理论，中国古代论证实践的研究价值则主要在于佐证相应的逻辑理论（或视为某种类似于西方逻辑理论的中国古代逻辑理论之例证；或直接提炼出某种西方逻辑理论）。这种研究预设了所用逻辑理论的普遍性，忽视了论证实践发生的各种语境，未能对其进行如实的描述与分析，对于揭示中国古代逻辑的自身特点并无益处。与之相对，以下将引入"以中释中"的中国古代论证实践研究途径。

二 "以中释中"的中国古代论证实践研究及其价值

1. 方法

研究目的往往制约着研究方法的选取。对于中国古代论证实践研究，如果其研究目的是传播和吸收某种西方逻辑理论，那么，直接从西方逻辑理论出发对论证实践实例展开分析，则有其合理之处。然而，如果其研究目的是想由此揭示中国古人的说理智慧，则有必要对论证实践实例予以如实的描述与分析，阐明中国古人说理的实际情形。随着当前中华民族的复兴和中国逻辑史研究的发展，后者显得更为重要。那么，如何达到后者呢？除了今人释古的困难（如今人的主观意见、文献的不足等）[1]，此处的问题还在于对论证实践的理解。

---

[1] 陈寅恪的相关论述甚佳，他说："凡著中国古代哲学史者，其对于古人之学说，应具了解之同情，方可下笔。盖古人著书立说，皆有所为而发。故其所处之环境，所受之背景，非完全明了，则其学说不易评论。而古代哲学家去今数千年，其时代之真相，极难推知。吾人今日可依据之材料，仅为当是所遗存最小之一部，欲藉此残余断片，以窥测其全部结构，必须备艺术家欣赏古代绘画雕刻之眼光及精神，然后古人立说之用意与对象，始可以真了解。所谓真了解者，必神游冥想，与立说之古人，处于同一境界，而对于其持论所以不得不如是之苦心孤诣，表一种之同情，始能批评其学说之是非得失，而无隔阂肤廓之论。否则数千年前之陈言旧说，与今日之情势迥殊，何一不可以可笑可怪目之乎？但此种同情之态度，最易流于穿凿附会之恶习。因今日所见得之古代材料，或散佚而仅存，或晦涩而难解，非经过解释及排比之程序，绝无哲学史之可言。然若加以联贯综合之搜集及统系条理之整理，则著者有意无意之间，往往依其自身所遭际之时代，所居处之环境，所薰染之学说，以推测解释古人之意志。由此之故，今日之谈中国古代哲学者，大抵即谈其今日自身之哲学者也。所著之中国哲学史者，即其今日自身之哲学史者也。其言论愈有条理统系，则去古人学说之真相愈远。"（陈寅恪：《冯友兰中国哲学史上册审查报告》，《金明馆丛稿二编》，生活·读书·新知三联书店2001年版，第279—280页）

形式逻辑的处理方式是剥离论证实践的主体、目的、语境等诸多因素，将论证视为一种具有"前提—结论"式结构的命题序列，仅从形式有效性角度予以考察。这种处理方式考虑的是抽象的论证，并非日常生活中具体的论证实践。如今的现代逻辑也意识到上述问题，尝试更为严格地刻画论证实践现象（如考虑主体、语境、互动等）。与之相对，当代论证理论（包括非形式逻辑、语用论辩理论、新修辞学等）则注意到仅仅从形式有效性角度不足以恰当地分析和评价日常生活中的论证实践，从而尝试引入论辩、修辞等维度（比如，语用论辩理论试图兼顾逻辑学、论辩术和修辞学三大进路研究论证）。

在上述理论的基础上，鞠实儿提出的广义论证理论进一步强调了论证实践的社会文化性质，认为各种不同文化下的广义论证均"受制于相应文化群体所具有的信念、宗教、习俗、制度和法规等"因素，具有"主体性、社会文化性、规则性、目的性、语境依赖性"等特点，并将广义论证界定为："在给定的社会文化情境中，隶属于一个或多个文化群体的若干主体依据（社会）规范或规则使用符号给出理由，促使参与主体接受或拒绝某个观点。"逻辑则是广义论证的规则集合[1]。基于广义论证概念，鞠实儿进一步在现代文化背景下，从事实和理论两个层面论证了逻辑的文化相对性原理：逻辑的合理性相对于它所属的文化[2]。据此观点，如果脱离了论证实践所属的文化背景，将无法予之恰当的理解与评价。因此，对中国古代论证实践的研究应当立足于其所隶属的中国本土文化背景。对于如何研究中国古代的广义论证（包括理论与实践），鞠实儿与笔者主张采用"以中释中"途径（"根据中国本土知识来表述和解释中国本土文化现象"），其具体研究程序可分为五个阶段：

其一，研究广义论证相关的文化背景，包括符号（语言）、

---

[1] 参见鞠实儿《论逻辑的文化相对性——从民族志和历史学的观点看》，《中国社会科学》2010年第1期；鞠实儿、何杨《基于广义论证的中国古代逻辑研究——以春秋赋诗论证为例》，《哲学研究》2014年第1期。

[2] 参见鞠实儿《论逻辑的文化相对性——从民族志和历史学的观点看》，《中国社会科学》2010年第1期。

信念（信仰）、价值、互动形式等。其二，研究广义论证发生的社会语境，包括论证发生的社会场景、社会环境、论证参与者的社会地位、角色、动机和目的等。其三，研究广义论证规范或规则，即刻画控制下列过程的机制：在给定的社会语境下，论证参与者应该如何提出自己的观点，或对其他参与者的观点作出反应。其四，研究具体的广义论证的合规范性，即采用广义论证的规则分析具体论证。……其五，我们还可以将中国古代逻辑与包括西方逻辑在内的其他逻辑进行真正的比较。①

根据上述研究程序，我们对春秋时期的一种表现形式为赋诗的广义论证实践予以研究，从该论证实践所属的文化背景（重礼）、社会语境（如赋诗与春秋贵族礼乐教育的关系、论证发生时的诸侯国形势等）、社会规范与规则（如赋诗礼仪、赋诗断章取义的方法等）等多方面出发，揭示了赋诗论证"以礼为理，以礼服人"的特点②。无须讳言，基于"以中释中"研究程序是否真的能够对中国古代论证实践予以如实的描述与分析，依然需要商榷。无论是对研究者主观偏见的避免，还是对相关文化背景和社会语境的如实描述，皆非易事。不过，这种研究表明了一种致力于研究中国古代论证实践本来面貌的态度与努力，排除了一些牵强附会的解读，有助于揭示中国古人的说理智慧。

2. 价值

从中国古代文献的实际情况来看，相比于逻辑理论文献，论证实践方面的史料更趋丰富。对此，王国维曾从国人特质层面予以考察：

---

① 鞠实儿、何杨：《基于广义论证的中国古代逻辑研究——以春秋赋诗论证为例》，《哲学研究》2014年第1期。与之相似，鞠实儿与张一杰提出了中国算学史文本的本土化研究程式，进一步强调要将文本置于它所在的社会—文化语境（主要包括影响文本生成的社会文化事件和作者所使用的本土概念、方法和学说等）之中，根据当时语境解释文本。（参见鞠实儿、张一杰《中国古代算学史研究新途径——以刘徽割圆术本土化研究为例》，《哲学与文化》2017年第6期）

② 详见鞠实儿、何杨《基于广义论证的中国古代逻辑研究——以春秋赋诗论证为例》，《哲学研究》2014年第1期。

> 我国人之特质，实际的也，通俗的也；西洋人之特质，思辨的也，科学的也，长于抽象而精于分类，……吾国人之所长，宁在于实践之方面，而于理论之方面，则以具体的知识为满足，至分类之事，则除迫于实际之需要外，殆不欲穷究之也。……在中国，则惠施、公孙龙等所谓名家者流，徒骋诡辩耳，其于辩论思想之法则，固彼等之所不论，而亦其所不欲论者也。故我中国有辩论而无名学，有文学而无文法。①

就中国逻辑史而言，如前所述，虞愚、汪奠基、孙中原等学者已指出逻辑理论文献的缺失现象。因此，为了研究中国逻辑史，汪奠基曾主张"从有关名实的政治伦理批判方面取材"，并"把各种科学的以及文艺思想方面的论争形式广泛搜集起来"②。孙中原亦"提倡从中国哲学史、思想史、科学技术史等方面的材料中总结逻辑思想的发展"③。鞠实儿和笔者也曾提出将中国古代的论证实践纳入到中国逻辑史的研究之中，认为"一方面不少文献本身就是在论证某个观点，如大量先秦诸子的著述；另一方面不少历史事件也都是围绕某些观点的论争，如今文经学与古文经学之争、朱陆之争、儒佛之争、道佛之争、中西文化之争等"④。由于中国古代论证实践案例甚多，以下拟略举数例，阐发"以中释中"的中国古代论证实践研究的学术价值。

众所周知，在逻辑理论产生之前，已经存在大量的论证实践。这些论证实践促使了逻辑理论的产生。例如，亚里士多德逻辑的产生与古希腊的论辩之风相关，因明学说的产生则与古印度宗教论辩相关。类似的，亦可通过先秦时人早期的论证实践考察有关论证的理论学说的起源。据此，将可以把以往较少研究的前诸子时期文献（如《尚书》《左传》等）纳入研究视野之中，进而拓展中国逻辑史的研究范

---

① 王国维：《论新学语之输入》，《王国维全集》（第1卷），浙江教育出版社2009年版，第126—127页。
② 汪奠基：《中国逻辑思想史料分析》（第一辑），中华书局1961年版，第14—15页。
③ 孙中原：《中国逻辑研究》，商务印书馆2006年版，第21页。
④ 鞠实儿、何杨：《基于广义论证的中国古代逻辑研究——以春秋赋诗论证为例》，《哲学研究》2014年第1期。

围。以《左传》为例，以往只是考察其中涉及正名思想的几段话，而如果以论证实践为对象，则可以考察其中大量存在的论证实践活动，如咨议、谏诤、游说等。

其次，可以结合论证实践理解相关的逻辑理论。比如，墨子不仅提出了作为立言标准的三表/法，而且据此论述自己的主张。不过墨子对三表/法的论述较为简略，而且在《非命》三篇中的表述并不相同（如《非命》有关"天鬼之志"和"先王之书"的理论表述未见于其他两篇）。因此，若能结合墨子的论证实践，将有助于理解这种表述上的差异，并理解各条标准的确切含义以及相互之间的关联。此外，可以结合韩非子的论证实践理解其矛盾之说，结合荀子的论证实践理解其辩说思想，结合纵横家的游说活动理解捭阖、反覆等纵横之术。当然，在结合论证实践时，不必限于理论提出者的论证实践，如对纵横术的理解亦可考虑春秋时人（如晏子、子产等）的相关活动。值得一提的是，曾昭式结合《庄子》中的论证实践讨论了庄子的"寓言"论式、"重言"论式和"卮言"论式，进而阐发了先秦逻辑的价值特征。① 其后，他对该观点作了进一步深化，认为先秦逻辑的重要问题是"正名""用名"问题，而"用名"则涉及论证实践，"在先秦诸子争鸣中，既有用名、立辞而直接参与论辩的情况，又表现为围绕着'用名'而提出了先秦逻辑论证理论"②。

以上所述皆为中国逻辑史价值，实际上，如果能够给古人的论证实践予以如实的描述与分析，揭示其中常见生效的论证规则、方法或策略，对于其他与中国传统文化相关的研究领域亦有帮助，其想法来源于如下假定：虽然并非每位古人都会从理论层面对论证予以考察，但是在其阐述己见时，为了增强观点的可靠性，通常需要提供论证。诚如梁启超所言："凡一学说之独立也，必排斥他人之谬误，而楬橥一己之心得，若是者必以论理学为之城壁焉。"③ 冯友兰亦谓："各种

---

① 曾昭式：《庄子的"寓言"、"重言"、"卮言"论式研究》，《哲学动态》2015 年第 2 期。
② 曾昭式：《先秦逻辑的价值特征》，《哲学研究》2015 年第 10 期。
③ 梁启超：《子墨子学说》附《墨子之论理学》，《饮冰室合集》（第 8 册），中华书局 1989 年影印本，第 55 页。

学说之目的，皆不在叙述经验，而在成立道理，故其方法，必为逻辑的，科学的。"① 因此，从论证维度切入各种与中国传统文化相关的研究领域，不失为一种值得考虑的研究进路。

实际上，胡适就曾特别注重从论证方法之异同考察学术思想之异同，认为"哲学的发展是决定于逻辑方法的发展的"②，儒、墨两家的根本不同在于逻辑方法的差异③，程朱理学和陆王心学之间的争论源于逻辑方法的差异④，清代学术之成就亦与其逻辑方法相关⑤。虽然胡适的上述观点及其对逻辑的理解常存争议，但从逻辑到思想的进路值得借鉴。试举一例，《孟子》之《公孙丑上》篇有关四端说的论述和《告子上》篇有关孟子与告子的辩论常被视作解读孟子性善论的主要材料。如果仅从形式逻辑角度考虑，上述材料中孟子的论证或有缺失，此时常见的处理方式有二：一是直接揭示孟子论证中的谬误；一是结合孟子的思想与相关语境解释其论证的合理性。与上述考虑不同，笔者以为如果能够先对孟子及其同时代人的论证实践予以全面的考察，揭示其中常用生效的论证规则与方法，而非直接应用形式逻辑予以分析与评价，或许会发掘出孟子论证的合理性，进而有助于对孟子性善论的解读。

作为中国古代一种主要的文体类别，注重论证的论说文（又称论辨文、议论文等）是中国古代文学的重要研究对象。如果能够通过论说文中的具体论证，揭示其中常用生效的论证规则与方法，或有助于探讨论说文的特点，评判论说文的优劣。而且，在中国古代论说文中，有一些文章被奉为经典，这些经典文章被后世所模仿或借鉴，其中的论证规则与方法皆有可能影响到后世论说文的写作。例如，西汉贾谊的《过秦论》历来被奉为论说文经典，虽然其文史价值、"史学

---

① 冯友兰：《中国哲学史》（上），《三松堂全集》（第2卷），河南人民出版社2001年版，第247页。
② 胡适：《先秦名学史》，《胡适文集》(6)，北京大学出版社1998年版，第6页。
③ 胡适：《中国古代哲学史》，《胡适文集》(6)，北京大学出版社1998年版，第260—265页。
④ 胡适：《先秦名学史》，《胡适文集》(6)，北京大学出版社1998年版，第6—9页。
⑤ 参见胡适《清代学者的治学方法》，《胡适文集》(2)，北京大学出版社1998年版。

家与文学批评家的推崇以及后世审美风尚、社会风气等外在因素"对其成为经典皆有重要作用①，但是，文中的论证本身也值得探究。类似的典范作品亦可见古人所编文选，如清人姚鼐编《古文辞类纂》"论辨类"收录自汉至清六十余篇论辨文，除《过秦论》外，还有司马谈《论六家要指》，唐代韩愈《原道》《原性》等篇，柳宗元《封建论》《桐叶封弟辩》等篇，李翱《复性书》，北宋欧阳修《本论》《朋党论》等篇，曾巩《唐论》，苏洵《易论》《乐论》等篇，苏轼《志林》《荀卿论》等篇，苏辙《商论》《六国论》等篇，王安石《原过》《复仇解》，清代刘大櫆《息争》。其中，韩愈、柳宗元、欧阳修和三苏等为论说文大家，皆值得特别关注。而且，由于论说文亦有一个发展演变历程，不同时代的论说文特征并非完全相同。因此，如果能详细考察各时代论说文（如上述各时代范文）中的具体论证，对各时代的典型论证规则与方法予以比较研究，或有助于探讨论说文的发展演变。

值得一提的是明清时期的八股文（又称制义、时文、四书文等）。八股文旨在阐发儒家经书义理，其中多含论证，与论说文相近，而且格式相对严格，因此通过对明清时期的八股文范文的研究，将有助于了解明清时人的论证规则。而在此方面，一些范文选本为我们的研究提供了帮助，例如，清代乾隆初年颁发的《钦定四书文》（方苞编）收录明文486篇（根据时代分为化治文、正嘉文、隆万文、启祯文），清初297篇。而且，在诸多作者中有一些公认的八股大家——如明代的王鏊、钱福、唐顺之、归有光等，清代的刘子壮、熊伯龙、李光地等——其论证值得深入研究。

总之，中国古代论证实践颇为丰富，若能基于"以中释中"途径对其进行如实的描述与分析，对于中国古代逻辑、哲学与文学等相关领域研究皆不无裨益。

---

① 参见吴承学《〈过秦论〉：一个文学经典的形成》，《文学评论》2005年第3期。

结　语

　　综上所述，百余年来，中国逻辑史研究偏重于中西逻辑理论比较，对中国古代论证实践研究尚欠重视，已有研究主要是应用某种西方逻辑理论展开分析和评价。与之相对，本文主张从论证实践出发，根据相关的文化背景与文本语境等因素予以"以中释中"式研究，以描述中国古人论证的实际情形，揭示其中常见生效的论证规则与方法。这种研究不仅有助于理解中国古代逻辑理论，同时也能促进中国古代哲学、文学等相关传统文化研究，进而拓展中国逻辑史研究对于其他学科的影响。有鉴于此，笔者以为中国逻辑史研究领域有必要重视开展中国古代论证实践研究。

　　当然，重视论证实践研究的同时亦不可忽略逻辑理论研究。中国逻辑史研究既需注意理论与实践的结合研究，也需注意两者的区别：一方面不要将从论证实践中提炼的论证规则与方法当成古人已有的逻辑理论；另一方面也要注意逻辑理论的提出、论证实践的发生皆有其特定语境。因此，古人可能并未依其所述理论展开论证，亦可能依其理论进行的论证实践活动并未达到预期效果，司马迁"独悲韩子为《说难》而不能自脱耳"（《史记·老子韩非列传》），即含此意。

　　最后，由于中国古代的论证实践涉及诸多领域，中国逻辑史研究有必要打破学科壁垒，借鉴文史哲等其他学科的研究方法与成果，同时也吸引其他学科的学者参与研究，共同推进中国逻辑史学科和中国传统文化的发展。

A Bridge between Philosophy and Philology: A Methodological Problem in Chinese Classical Studies

Yiu – ming Fung[*]

1. A Methodological Gap between Han Learning and Song Leaning

In Qing(清) Dynasty, there is a controversy on methodology in studying Confucian classics. Yu Ying-shih has given a clear picture of this methodological issue in the following passage:[①]

> In the mid-eighteenth century, a major controversy arose between proponents of the so-called Han Learning(汉学) and adherents of Sung [Song] Learning(宋学) – a controversy which, as will be shown below, characterized much of Chinese intellectual history until the end of the nineteenth century. To begin with, it may be noted that the term Han Learning is actually a name Ch'ing [Qing] scholars applied to their own philological approach to the study of the Confucian classics, an ap-

---

[*] Yiu – ming Fung(冯耀明), Emeritus Professor in Hong Kong University of Science and Technology.

[①] Yu Ying-shih, "Some Preliminary Observations on the Rise of Ch'ing Confucian Intellectualism", *The Tsing Hua Journal of Chinese Studies*, New Series, Vol. 11, No. 1/2, Dec. 1975, pp. 110 – 111. (Similar words in the revised version of this paper in Yu Ying-shih, *Chinese History and Culture: Sixth Century B. C. E. to Seventeenth Century*, Vol. 2, New York: Columbia University Press, 2016, p. 7)

proach which they believed was very much in the exegetical tradition of the Han times. It is also known by the name of *k' ao-cheng* (考证) [*kaozheng*] or *k' ao-chü* (考据) [*kaoju*], meaning literally "evidential investigation". On the other hand, Sung Learning is a reference to the type of metaphysical speculations started by, though not confined to, Sung Neo-Confucianists. In the Ch'ing period, it was also called *i-li* (义理) [*yili*], which may be rendered as "moral principle". So, very imprecisely speaking, Han Learning (*k' ao-cheng*) and Sung Learning (*i-li*) are the Chinese equivalents of the two respective Western terms "philology" and "philosophy".

The controversy described by Yu seems to reflect that the scholars in the Qing philological trend reject the Song Neo-Confucianism as their enemy. However, based on his interpretation of the way of thinking from Dai Zhen (戴震) to Zhang Xuecheng's (章学诚), Yu argues that there is a kind of "inner logic" which can be used to explain the real academic change in Qing intellectual history. Let's see the summary of his explanation in the following long passage:[1]

> Chang's [Zhang Xuecheng's] thesis throws an entirely different light on the Han-Sung controversy in Ch'ing intellectual history. First, it treats the Han-Sung distinction as more apparent than real. For if, as most late Ch'ing controversialists suggested, Han Learning consists essentially of classical philology, then it cannot possibly be antithetical to Sung Neo-Confucianism, and much less so to Chu Hsi's [Zhu Xi's, 朱熹] tradition, which, with its built-in emphasis on inquiry and study, presupposes philology on the methodological level. Secondly, Chang's

---

[1] Yu Ying-shih, "Some Preliminary Observations on the Rise of Ch'ing Confucian Intellectualism", p. 115. (Similar words in the revised version of this paper in Yu Ying-shih, *Chinese History and Culture: Sixth Century B. C. E. to Seventeenth Century*, Vol. 2, p. 12)

thesis stresses continuity between Sung-Ming Neo-Confucianism and Ch'ing learning from a point of view distinctly his own. Both Neo-Confucian schools of Chu and Lu [Lu Xiangshan, 陆象山] extended well into the Ch'ing period. But a *metamorphosis* [my italic] transformed their extension: what had separated the two schools previously in the area of metaphysical speculations now continues to do so in *the realm of classical and historical studies* [my italic]. Thus we find that the previous division into two systems of thought has become a distinction between two approaches to *empirical studies* [my italic]. There was not, therefore, as Fung Yu-lan [Fung Yulan, 冯友兰] defined it, a continuity limited to common philosophical topics and texts. Thirdly, the central problem in Ch'ing intellectual history arose not so much out of the distinction between Han Learning and Sung Learning. Rather it arose from a renewed tension between "erudition" and "essentialism"-a tension, however, which had shifted from moral grounds to intellectual grounds. Particular attention must be called to the fact that Chang placed Han Learning squarely in Chu Hsi's tradition. This is tantamount to saying that Han Learning was more than mere philology (*k'ao-cheng*). In fact, Chang recognized in the Ch'ing philological movement, from Ku Yen-wu [Gu Yanwu, 顾炎武] to Tai Chen [Dai Zhen], a central philosophical point, which derived from Chu Hsi's emphasis on inquiry and study as a starting-point for the quest for the Confucian *Tao* [*Dao*, 道]. According to Chang's thesis, therefore, Han Learning can claim its immediacy to *Tao* only when it rises above philology.

In this passage, Yu's explanation includes at least two points, that is: to rebut the thesis of discontinuity between Han Learning and Song Learning and thus to reinterpret their relation as continuity, on the one hand, and to explain the academic shift from moral grounds to intellectual grounds under this continuity, on the other. So, based on these two points, Han Learning in

Qing intellectual history can be understood as more than philology. It seems that Yu's explanation can help us to understand more clearly and deeply about the academic change in history. As stressed by Yu, the rise of Confucian intellectualism can be signified by the *intellectualization* of some key Confucian moral concepts in the Qing scholarship. For example, Yu thinks, through this change, the concept "*yue*" 约 (essentialism) is no longer meant "moralizing" or "grasping what is morally essential" but came very close to "synthesizing" or "systematizing" of knowledge. That is a concept used in an intellectual rather than a moral context. [1] So, this shift of approach is supposed to be able to explain away the metaphysical speculations in the Song Neo-Confucianism and to turn philosophical studies into empirical ones in the Qing scholarship.

In regard to Yu's view, I think there is a crucial or controversial problem for scholars who either adopt or reject this new intellectual approach. Because it is not only a move to *de-metaphysicalizing*, but also to *de-philosophizing*. This approach was reinforced into a much more radical form of pan-scientism or historical positivism by Hu Shih (胡适) and his followers, [2] but rejected by some other scholars who have the mission of succession to Song-Ming *Lixue* (宋明理学) (Song-Ming Learning of Principle). So, I think, whether this move is a right direction for Confucian studies is still a controversial question.

However, if we look carefully into Song-Ming Confucians' philosophical

---

[1] Yu Ying-shih, "Some Preliminary Observations on the Rise of Ch'ing Confucian Intellectualism", p. 115. (Similar words in the revised version of this paper in Yu Ying-shih, *Chinese History and Culture: Sixth Century B. C. E. to Seventeenth Century*, Vol. 2, p. 3)

[2] In suggesting that Song-Ming *Lixue* be replaced by the *Kaojuxue* (考据学) of Qing dynasty, Hu Shih claims that: "It succeeded in replacing an age of subjective, idealistic, and moralizing philosophy (from the eleventh to the sixteenth century) by making it seem outmoded, 'empty', unfruitful, and also no longer attractive to the best minds of the age. It succeeded in creating a new age of Revival of Learning (1600 – 1900) based on disciplined and dispassionate research." See Hu Shih, "The Scientific Spirit and Method in Chinese Philosophy", *The Chinese Mind: Essentials of Chinese Philosophy and Culture*, edited by Charles Moore, Honolulu: The University of Hawaii Press, 1967, p. 128.

texts, it is obvious that, in addition to making views based on metaphysical speculations, most of their writings are about philosophical arguments based on conceptual analysis with coherent explanation. In other words, philosophical analysis plays a major role in their works. So, it is unlikely to treat the major approach in Song-Ming Confucianism as merely using metaphysical speculations without rational theorization or intellectual thinking. In regard to the thought of Wang Yangming(王阳明) and that of his followers, it is also unlikely for Yu to treat their thought as supra-intellectual or anti-intellectual.[①] I think this kind of recognition is *misleading*. Any philosophical thinkers, including Song-Ming Confucians and Qing scholars, who have views, are required to make clear their concepts. So, conceptual analysis is necessary for them to clarify their views. If they want to persuade other scholars to understand or accept their views, they are also required to provide reasons to support their views. So, philosophical arguments and explanations are also necessary for them to make their views intelligible.

As a matter of fact, we can find more words for doing philosophical analysis than words for making metaphysical speculations in Song-Ming Confucians' writings. Let alone the problem whether the approach of Qing scholars, especially for that of Dai Zhen and Zhang Xuecheng, is empirical without metaphysical speculations. If the empirical approach as described by Yu is desirable in dealing with Confucian thought and the so-called "intellectualism" to supersede the so-called "anti-intellectualism" is a necessity for the academic shift of Confucian studies, I think there would be no philosophy in the future studies of Confucianism. Is it a healthy development of Confucian studies? If, for the sake of argument, we accept this thesis of replacement as a universal claim, it should not be restricted in Chinese philosophical studies and thus can be extended to Western philosophical ones. Nevertheless, as we

---

① Yu Ying-shih, *A Modern Interpretation of Chinese Intellectual Tradition* (*Zhongguo sixiang chuantong de xiandai quanshi*,《中国思想传统的现代诠释》), Nanjing: Jiangsu People's Press(江苏人民出版社), 1989, p. 206.

know, almost all the Western philosophical ideas and theories from Plato to present, including those in contemporary analytic philosophy and phenomenology, are *not empirical studies*. If, for the sake of argument again, we agree that, say, Plato's thought can be or should be studied empirically, should we put Plato's ideas and theories into the context of Greek history, especially into the context of socio-political structure, and use the philological cum historical method to explain the meaning of Plato's thought in terms of the approach of the so-called "intellectualism?" If we recognize Plato's theory as metaphysical, do we have any ground to say that Plato's metaphysics is merely metaphysical speculations without rational theorization or intellectual thinking? Why did A. N. Whitehead say that: "the development of Western philosophy as a series of footnotes to Plato"? I think these questions cannot be answered by scholars of this kind of approach as described by Yu, except that Chinese philosophical studies are understood as exception and as *alien* to all the other philosophical studies in the world, from ancient to present.

Chung-yi Cheng(郑宗义) has demonstrated that the existential approach, in terms of moral practice, to reading the Confucian classics cannot be replaced by the classicist approach, in terms of philological cum historical studies.[①] I agree with Cheng's view. However, in this article, my focus is mainly on the very idea of "intellectualization" of the studies of Confucian truth or *dao*. I will argue that, without philosophical analysis, this kind of philological cum historical approach is not feasible in understanding the message in Confucian classics, especially in the *Analects*(*Lunyu*,《论语》) and the *Mencius*(《孟子》).

2. The Very Idea of "Intellectualization" in Dai's Interpretation of the *Mencius*

According to Yu Ying-shih's view mentioned in last section, the central problem in Qing intellectual history arose not so much out of the distinction

---

① Chung-yi Cheng, "Modern Versus Tradition: Are There Two Different Approaches to Reading of the Confucian Classics?" *Educational Philosophy and Theory*, Vol. 46, No. 1, 2016, pp. 106 – 118.

between Han Learning and Song Learning. Rather it arose from a renewed tension between "erudition" (*bo*, 博) and "essentialism" (*yue*, 约) – a tension, however, which had *shifted from moral grounds to intellectual grounds*. ① He thinks that the conflict is apparent and speculates that there is an "inner logic" which can be used to demonstrate the real academic shift. He argues that Zhang Xuecheng placed Han Learning squarely in Zhu Xi's tradition. This is tantamount to saying that Han Learning was more than mere philology. In fact, Zhang recognized in the Qing philological movement, from Gu Yanwu to Dai Zhen, a central philosophical point, which derived from Zhu Xi's emphasis on inquiry and study as a starting-point for the quest for the Confucian *dao*. According to Yu's understanding of Zhang Xuecheng's view, therefore, Han Learning can claim its immediacy to *dao* only when it rises above philology. ②

I agree with Yu that the relation between Han and Song studies is not totally antagonistic and there is a line of development, if not succession, between them. However, although Yu claims that he describes and explains this academic phenomenon in an objective manner, actually, he seems to take side with the so-called "intellectualism" and thus sometimes to express his *disappointment* with the so-called "anti-intellectualist" approach. Yu is very cautious to express his view and gives us an impression that his description of the academic shift is based on evidence without taking side between Neo-Confucianism and Qing philology. Nevertheless, sometimes he does express with Freudian slip that Neo-Confucian metaphysics is not his favorite. For ex-

---

① Yu Ying-shih, "Some Preliminary Observations on the Rise of Ch'ing Confucian Intellectualism", p. 115. (Similar words in the revised version of this paper in Yu Ying-shih, *Chinese History and Culture: Sixth Century B. C. E. to Seventeenth Century*, Vol. 2, p. 11)

② Yu Ying-shih, "Some Preliminary Observations on the Rise of Ch'ing Confucian Intellectualism", *The Tsing Hua Journal of Chinese Studies*, New Series, Vol. 11, No. 1/2, Dec. 1975, p. 115. (Similar words in the revised version of this paper in Yu Ying-shih, *Chinese History and Culture: Sixth Century B. C. E. to Seventeenth Century*, Vol. 2, New York: Columbia University Press, 2016, p. 11)

ample, he says that:①

> As an intellectual historian, my emphasis will be placed on the latter approach [which includes the thesis of continuity rather than discontinuity], although I wish also to show specifically how Neo-Confucian metaphysical speculation eventually gets itself helplessly involved in a philological argument.

More clearly, he also makes the following judgment:②

> Once textual evidence was introduced into the metaphysical lawsuit, it was practically impossible not to call philology to the stand as an expert witness. Thus philological explication of classical texts gradually replaced moral metaphysical speculation as the chief method for the attainment of Confucian truth(*Tao*).

Nevertheless, whether this kind of academic shift, as interpreted by Yu, is a right direction for the development of Confucianism or Confucian studies is still a question. Here, my questions are: Is it an appropriate way of Confucian studies in the sense that philosophical approach with metaphysical assumptions should be replaced by empirical approach in terms of philological cum historical studies? Is there no metaphysical speculation in Dai and Zhang's thought-the so-called "intellectualist" program as described by Yu?

---

① Yu Ying-shih, "Some Preliminary Observations on the Rise of Ch'ing Confucian Intellectualism", p. 118. (Similar words in the revised version of this paper in Yu Ying-shih, *Chinese History and Culture: Sixth Century B. C. E. to Seventeenth Century*, Vol. 2, p. 22)

② Yu Ying-shih, "Some Preliminary Observations on the Rise of Ch'ing Confucian Intellectualism", p. 126. (Similar words in the revised version of this paper in Yu Ying-shih, *Chinese History and Culture: Sixth Century B. C. E. to Seventeenth Century*, Vol. 2, p. 22) Similar judgments can be found in Yu Ying-shih, *On Dai Zhen and Zhang Xuecheng*(*Lun Dai Zhen yu Zhang Xuecheng* 论戴震与章学诚), Beijing: SDX Joint Publishing Company(三联书店), 2000, p. 9 and Yu Ying-shih, *A Modern Interpretation of Chinese Intellectual Tradition*, pp. 204 – 205.

Although I appreciate very much Yu's effort in historical explanation for the academic change in Qing dynasty, I do not think the contrast as described by him between intellectualism and anti-intellectualism makes any good sense for the difference between the thought of Song-Ming Confucians, including the Cheng-Zhu(程朱) School and the Lu-Wang(陆王) School, and that of Dai Zhen and other Qing philology-oriented or history-oriented Confucians in terms of using or not using metaphysical speculations. Dai Zhen does reject Song-Ming Confucians' metaphysical ideas which involve ontological commitment to transcendent or non-empirical entities, properties or power. But his own theory and Zhang Xuecheng's are also embedded with metaphysical assumptions in terms of a metaphysical naturalism with a *yin-yang* scheme. If Yu is right to claim that Dai's empirical method is successful in explaining Mencius's thought in his interpretative work for the *Mencius*, it would be a great achievement of Dai's scholarship. Nevertheless, I will argue, most of Dai's own ideas and views related to his interpretation of the *Mencius* are not in accordance with the text, on the one hand, and also not supported by any philological and historical evidence, on the other. He is nothing but a metaphysician of the kind of anti-transcendentalism and thus not a hero in Yu's "intellectualist" program. It's just a castle in the air!

One of the salient examples of Dai Zhen's misunderstanding of the *Mencius* is his views on *xing*(性, nature) and *xin*(心, heart/mind) which are clearly not in accordance with the text of the *Mencius*. For example, he says:[①]

(1) The books of *Yi* (*Yi Zhuan*,《易传》, the *Commentary on the Book of Change*), *Analects* and *Mencius* are all about what is allotted/shared from (the *qi* of) *yin-yang*(阴阳) and *wuxing*(五行, five agents/

[①] Hereafter, all the quotations from ancient and later texts, including Dai Zhen's writings, such as *An Evidential Study of the Meaning of Terms in the Mencius*(*Mengzi ziyi shuzheng*《孟子字义疏证》) *and On the Origin of Goodness*(*Yuan shan*《原善》), are coming from the Chinese Text Project, edited by Donald Sturgeon, in the website: http://ctext.org.

elements/powers) to describe the forming of *xing*. If *xing* is formed then there are humans and hundred things. There are differences in terms of partial and complete, thick and thin, light and muddy, or dim and bright to limit their allotting/sharing of *qi*(气, vital force). So, only saying that all are what is created is just to assimilate humans with dogs and cows and thus not to aware their differences. (*Mengzi ziyi shuzheng* II)

易、论语、孟子之书，咸就其分于阴阳五行以成性为言。成则人与百物。偏全、厚薄、轻浊、昏明限于所分者各殊。徒曰生而已矣，适同人于犬牛而不察其殊。(《孟子字义疏证》中)

(2) This is what Mencius swears to say: *xing* is nothing but the *qi* of blood [*xieqi*, 血气] and the cognition of *xin* [*xinzhi*, 心知]. (*Mengzi ziyi shuzheng* II)

是孟子矢口言之，无非血气心知之性。(《孟子字义疏证》中)

(3) The trouble of humans is being selfish and being concealed. Being selfish is coming from *qing*(情, emotions) and *yu*(欲, desires) and being concealed is coming from mental cognition (*xinzhi*). (*Mengzi ziyi shuzheng* III)

人之患，有私有蔽。私出于情欲，蔽出于心知。(《孟子字义疏证》下)

In (A), Dai's view on the difference between humans and animals (or other things) is about their difference in degree, not in essence as claimed by Mencius in terms of what is endowed in humans but not in other animals-the four sprouts (*si duan*, 四端). In (B), he uses the concept of *yin-yang* in the *Commentary on the Book of Change* and the concept of *wuxing* in other non-Confucian classics to explain the concept of *xing* in the *Analects* and the *Mencius*. This is definitely a serious misinterpretation. In (C), he maintains that being drowned or keeping in obscurity (*ni yu bizhang*, 溺于蔽障) is issued from mental cognition. But, according to his definition of *xinzhi* which includes *liangzhi* (良知, innate understanding/knowing) or *liangxin* (良心, innate mind), there is no essential difference between the *xinzhi* of being drowned or keeping in obscurity and the *xinzhi* of *liangzhi*. It is because he thinks that all kinds of *xinzhi* are formed by *yin-yang* and both *liangzhi* and ordinary *xinzhi* are developed by learning. He also thinks that the four sprouts are not endowed or innate but coming from the embracement of life and fear of death (*huaisheng weisi zhi xin*, 怀生畏死之心) (*Mengzi ziyi shuzheng* Ⅱ)(《孟子字义疏证》中). So, he rejects the idea of returning to the original state [of the mind] (*fu qi chu*, 复其初) and maintains that "virtue is enriched by learning" (*dexing zi yu xuewen*, 德性资于学问) (*Mengzi ziyi shuzheng* Ⅰ)(《孟子字义疏证》上). I think this interpretation definitely violates the main thesis in the *Mencius*.

Another example of Dai Zhen's misinterpretation of Mencius's thought is about the idea of *li* (理, principle, property or thought) in the *Mencius*. Although Yu explains that Dai's "redefinition" of *li* in terms of both *qing* and *yu* is a *breakthrough* in Dai's thought, as demonstrated below, the so-called "redefinition" is not Mencius's idea. ① Let alone the trouble problem whether *li* can be interpreted by Dai as *tiandi yi-yin-yi-yang zhi shengsheng*(天地一阴一阳之生生, the creative creativity of one-*yin*-one-*yang* of the heaven and earth) which can be *realized*, *exemplified* or *exhibited* in natural phenomena, social affairs, human behaviors, classical texts and human minds. As a matter of fact, we cannot find any textual evidence to support the validity of this kind of "redefinition. " In the *Mencius*, only two of the seven occurrences of the word " *li* " are used in the context which connects *li* with *yi* 义 (righteousness or appropriateness) or used in the form of seeming compound (*li-yi*) : One used as two single terms (These are called "*li*, *yi*. "谓理也, 义也。) and the other used as a compound term with an ellipsis of the conjunction " and " (" *li-yi*'s [*li* and *yi*'s] being desired in my mind" 理义之悦我心) (*Mencius* Ⅺ:7)(《孟子·告子上》). But they are

---

① The so-called "redefinition" is based on Yu's interpretation. See Yu Ying-shih, " Tai Chen's Choice between Philosophy and Philology" , *Asia Major*, third series, Vol. 2, No. 1, 1989, p. 87. (Similar words in the revised version of this paper in Yu Ying-shih, *Chinese History and Culture: Sixth Century B. C. E. to Seventeenth Century*, Vol. 2, p. 63)

not about *qing* and *yu* though Mencius uses an *analogy*, *not a definition*, about the sameness of perceptual content and feelings in all people's sensation to illustrate the sameness of recognition or apperception of *li-yi* (*li* and *yi*) in all people's mind. ① Besides, most importantly, there are no parallel and related metaphysical concepts, such as *yin* and *yang*, *li* and *qi*, *sheng-sheng*(生生) and *wuxing* in the *Mencius*. Dai's theory about *yin* and *yang*, *li* and *qi*, *sheng-sheng*, and *wuxing* is also based on metaphysical speculations. It is obvious that these ideas are not included in the *Mencius*. How can we follow Yu Ying-shih to claim that Dai Zhen using philology as empirical method in his classical studies is the intellectualization of Confucianism?

Of course, the *yili* as thought or idea expressed in the classics can be known by reading, but, Dai Zhen and other Qing Confucians are so carelessly to confuse *yili* as thought or idea expressed in the books with *yi-li* as *sheng-sheng* realized in the natural and social worlds. *Yili*(义理) or *liyi*(理义) used as a non-conjunctive compound term to refer to thought, ideas or principles expressed in the sage's sayings or in Confucian classics may be known by philological study. Nevertheless, *li-yi* (or *li* and *yi*)(理也，义也。)(*Mencius* XI:7) used as a compound term with a skipped conjunction of two single terms to refer to *sheng-sheng zhi li*(生生之理) and its manifestation, as normative principle(*yi* 义), in natural phenomena and human affairs cannot be known empirically. *Sheng-sheng* as a metaphysical principle, order, pattern or power, which is above form(*xing er shang*, 形而上) or non-empirical, was treated by Dai Zhen as something universally exhibited or exemplified in natural objects and events, social institutions and rites, human affairs and classical texts, and the mind of humans. This *sheng-sheng* cannot be read from the classics of the *Analects* and the *Mencius*. As indicated in the follow-

---

① The analogy is: "The principle and righteousness being desirable in my mind [or anyone's mind], is just like the flesh of grass and grain-fed animals being desirable in my mouth."(理义之悦我心，犹刍豢之悦我口)(*Mencius* XI:7) As indicated by this passage, I think Yu Ying-shih is wrong to treat the analogy as using the concepts of *qing* and *yu* to define *li*.

ing passage, he seems to confuse these two different senses of "*yili*" and "*yi-li*" (or "*li-yi*") :①

> If philological study is done clearly, ancient classics will be known clearly; if ancient classics are known clearly, the thought of the virtuous person and the sage will be understood clearly, and thus what is the same [*li* and *yi*] in my mind [as those in other people's mind] will be understood clearly. The thought of the virtuous person and the sage is nothing but what is exhibited or installed in socio-political institutions. ("Inscription for Mr. Hui Dingyu's Diagram of Teaching Classics")
> 训故明则古经明，古经明则贤人圣人之理义明，而我心之所同然者乃因之而明。贤人圣人之理义非他，存乎典章制度者是也。(题惠定宇先生授经图)

It is obvious from the passage that Dai has made a conceptual shift from what is known in the books to what is obtained in all people's mind and a conceptual shift from what is obtained in all people's mind to what is exhibited, exemplified, embodied or realized in socio-political institutions. The former is the thought expressed in classics which may be made explicit through philological study, while the latter two are about *sheng-sheng zhi ren*(生生之仁, the humanity of creative creativity) or the *sheng-sheng zhi li* (*or yi*)生生之理/义 (the principle/righteousness of *sheng-sheng*). On the one hand, based on his metaphysical speculation, Dai Zhen treats *yili* or *yi-li* as an onto-cosmological entity or property, power or principle of *sheng-sheng*, either embedded in mind or realized in natural and social events. On the other hand, based on his philological confidence, he treats *yili* or *yi-li* as the thought expressed in classics. But, he seems not aware that onto-cosmological entity or property, power or principle cannot be known by philological cum

---

① Zhang Dainian(张岱年)(ed.), *A Completed Collection of Dai Zhen*(*Dai Zhen quanshu*,《戴震全书》) Vol. VI, Hefei: Yellow Mountain Book House(黄山书社), 1995, p. 503.

historical studies. Most importantly, there is no such kind of onto-cosmological entity or property, power or principle expressed in the *Analects* and the *Mencius*. How is it possible that, as described by Yu, "philological explication of classical texts gradually replaced moral metaphysical speculation as the chief method for the attainment of Confucian truth (*Tao*)."? Here, it seems that Yu has a triple ignorance: he is not aware that *dao* as *sheng-sheng* is not an idea in the *Mencius*, that this idea of *dao* cannot be known by philological cum historical studies, and that Dai uses metaphysical speculation rather than empirical method to interpret Mencius's thought. So, in what sense can Yu assert that Dai's classical study is the so-called "intellectualization"?

It is well-known from Dai's writings that his concepts of "*li*" and "*yi*" are defined in terms of *yin-yang* naturalism. To use these metaphysical concepts to interpret the idea of "*yili*" in the *Mencius* is not really Mencius's own thought. For example, he says:

(1) Is *sheng-sheng* ren (仁, humanity/benevolence)? Is the *li* 理 of *sheng-sheng* is *li* (礼, rites) and *yi* (义, righteousness)? (*Yuan Shan* I)

生生者仁乎？生生而理者礼与义乎？(《原善》上)

(2) In one word, the *de* (德, virtue or nature) of *tiandi* (天地, heaven and earth) is nothing but *ren*. (*Yuan Shan* II)

天地之德可以一言尽也，仁而已矣。(《原善》中)

(3) All parallel words of *ren* and *yi* and those of *zhi* (智, wisdom) and *ren* include the meaning in saying *sheng-sheng* and *tiaoli* (条理, orderliness). (*Mengzi ziyi shuzheng* III)

凡仁义对文及智仁对文，皆兼生生、条理而言之者也。(《孟子字义疏证》下)

(4) "One-*yin*-one-*yang*" is to talk about the everlasting change of the heaven and earth. *Dao* means one-*yin*-one-*yang*. That is its *sheng-sheng*! That is *sheng-sheng* with orderliness! … *Sheng-sheng* is

ren. There is no *sheng-sheng* without orderliness. The methodical orderliness is the most revelation of *li* (rites). The tidy orderliness is the most revelation of *yi* (righteousness). (*Mengzi ziyi shuzheng* Ⅰ)

"一阴一阳",盖言天地之化不已也。道也,一阴一阳,其生生乎,其生生而条理乎!……生生,仁也。未有生生而不条理者。条理之秩然,礼至着也。条理之截然,义至着也。(《原善》上)

(5) From the *dao* of humans to trace the *dao* of the heaven and from the virtue of humans to trace the virtue of the heaven, that is the change and flowing of *qi*, that is the everlasting of *sheng-sheng*, and that is *ren*. (*Mengzi ziyi shuzheng* Ⅲ)

自人道溯之天道,自人之德性溯之天德,则气化流行,生生不息,仁也。(《孟子字义疏证》下)

I think, for most Confucians, the objective validity of this kind of metaphysical idea cannot be understood, grasped or confirmed only by reading from the classics though the idea can be known conceptually by reading and we can also answer the question whether the idea can be found in the *Analects* and the *Mencius* or not. Even though most Song-Ming Confucians accept the idea of *sheng-sheng*, they prefer getting its objective reality by enlightenment through moral practice to obtaining its objective reality by understanding through empirical study of intellectual knowledge. For most of them, this is a problem of mental transformation or spiritual transcendence rather than cognitive study or empirical investigation.

If we read carefully into the writings of Qing Confucians, we can know that almost all the philosophical theories constructed by them are not views without metaphysical speculations. For example, Dai Zhen's *yin-yang* naturalism of *li* and Zhang Xuecheng's *yin-yang* naturalism of *da-dao* (大道, the great *dao*), which can be realized, exhibited or exemplified in the natural and social worlds and human minds, are not theories without metaphysical assumptions, and, most obviously, their metaphysical naturalism is no better than most Song-Ming Confucians' transcendentalism which presupposes a kind of transcendent entity or transcendental principle. Just like Aristotle's anti-Platonic Metaphysics, Dai Zhen's Confucian thought is nothing but a kind of anti-transcendent naturalism or non-empirical physicalism. Dai's refutation of the transcendent metaphysics of Song-Ming Confucianism is based on his affirmation of his own naturalistic metaphysics. Hence, he is not really Yu's *hero* who can fight against the so-called [non-existent] "anti-intellectualism." It is one of the reasons why Fung Yu-lan asserts that Dai Zhen continues to do philosophy under the umbrella of *Lixue* though he chooses a road of naturalistic metaphysics. ① Can Dai construct his metaphysics based on the non-metaphysical thought of the *Analects* and the *Mencius*? No! It is just *metaphysical speculation*! It is because we cannot read from the *Analects* and the *Mencius* to know that *tiandi sheng-sheng zhi de*(天地生生之德) is exhibited, exemplified, embodied or realized in humans' mind and behaviors, in objects and events of the natural world, and in decrees and regulations of social institutions as claimed by Dai Zhen and Zhang Xuecheng. ② We also cannot read from other ancient classics and historical facts to know the objec-

---

① Fung Yu-lan, *History of Chinese Philosophy* (*Zhongguo zhexue shi*《中国哲学史》), Shanghai: Commercial Press(商务印书馆), 1947, pp. 990 – 1006.

② Based on the *Yi Chuan*'s idea that "*dao* can be realized in things without exception"(体物而不遗), Dai Zhen claims that *dao* or *sheng-sheng* as above form can be found or known by investigation into things of below form(*xing er xia*, 形而下). So, he says: "Based on things to understand their principle/regulation…. To extend [understanding] on the base, for example, in regard to the heaven and earth, humans and things, human affairs, if we clear our mind we would understand the unchangeable law which is called "*li*." … It is merely to search it out from things."(*Mengzi ziyi shuzheng* III) (因物而通其则是也。…… 因而推之,举凡天地、人物、事为,虚以明夫不易之则曰理。…… 求诸其物而已矣)(《孟子字义疏证》下) I think it is similar to Cheng Yi's(程颐) transcendental argument in saying that "Based on the feeling of commiseration to know that there is *ren* [as *sheng-sheng*]."(因其恻隐知其有仁)(*Er Cheng yulu*《二程语录》) This is not generalization by induction, but transcendental argument or transcendental deduction from the below form to the above form or from the empirical to the non-empirical. For Zhang Xuecheng, "*dao* is exhibited or shown by *qi*(器,material objects)."(道因器而显)(*Wenshi tongyi*: Yuan Dao II)(《文史通义·原道中》) It is also a transcendental argument which is to derive the non-empirical *dao* from the empirical things.

tive validity of this metaphysical idea. If it can be known by philological and historical studies, show me the *evidence* from your evidential studies, please?

Besides, why do I think that Dai Zhen's *yin-yang* naturalism is no better than Song-Ming Confucians' transcendentalism? One of the reasons is that the latter is more sophisticated and more interesting in terms of rational construction or philosophical theorization. The most important reason is that: Dai Zhen's theory has some fatal difficulties that he (and Yu) cannot explain away. For example, *sheng-sheng zhi ren* as normative principle is without causal or logical necessity. How can he treat it as both necessary (*biran*, 必然) and natural (*ziran*, 自然)?[①] Dai's view is just following the *Commentary on the Book of Change* to derive the *ren-yi zhi li* (仁义之理) from the so-called *sheng-sheng zhi de* (生生之德) in nature. This definitely commits the naturalistic fallacy as demonstrated by David Hume and G. E. Moore. According to Hume and Moore, there is a gap between "is" and "ought." To derive from the is-statement (the descriptive statement about the natural fact of *sheng-sheng*) to the ought-statement (the prescriptive statement about the normative principle of *ren-yi*) is logically unsound. In other words, there is a naturalistic fallacy in defining moral goodness in terms of natural fact (or supernatural fact). As we know, this fallacy is subject to challenge from logical arguments, such as the open-question argument.[②]

As we know, some Western philosophers have made effort to bridge the gap between fact and value. For example, Richard Hare gives some examples to explain the supervenience of value on fact; Hilary Putnam argues for the entanglement of fact and value in the thick concept or in Amartya Sen's rich description; Alasdair MacIntyre maintains the functional unity of fact and value, John Searle explains how to derive ought from is in the case of promise

---

[①] Dai's idea of identifying "necessity" with "naturalness" can be found in the sections of *li* (理) and *dao* (道) of *An Evidential Study of the Meaning of Terms in the Mencius* (*Mengzi ziyi shuzheng*, 《孟子字义疏证》): I and III, respectively.

[②] A brief description of the open-question argument can be found in Wikipedia: https://en.wikipedia.org/wiki/Open-question_argument.

and how status function and deontic power can be assigned to physical fact in an institutional fact. All these are about bridging the gap between normative and factual concepts or between prescriptions and descriptions. But, their factual or descriptive content is not about metaphysical property/principle/entity/idea. Let alone the trouble problem for Dai Zhen to explain the immanence/exemplification/exhibition of the same *sheng-sheng* in different objects and events of social and natural worlds. So, for Dai and Zhang, *sheng-sheng* of one-*yin*-one-*yang* as non-empirical fact and *ren* or *yi* as virtue expressed in the *Analects* and the *Mencius* are not the two unseparated components of a thick concept or rich description. *Dao* and *wu* (物, things) are not entangled content of a thick concept or rich description as described by Putnam. Dai's idea of "following *zhi* [*dao*] is being *shan* [good]" (继之者善) or "according to *li*/*dao* [循理/道] is being good" is not about the entanglement in thickness. Just like that "following God's order is being good" is not. Let alone the trouble problem about the non-empirical status of *li*/*dao* or *sheng-sheng* as one-*yin*-one-*yang*.

As we also know, all versions of naturalism in Western philosophy are still in the realm of metaphysics though they are not transcendentalism. Dai's naturalistic philosophy is not an exception. It is obvious from his writings that Dai's naturalistic metaphysics is not grounded on his philological investigation. Moreover, it is not only that Dai's interpretation is not in accordance with the *Analects* and the *Mencius*, but also that his theory, which is embedded with the concepts of *xin*, *xing*, *qing*, *yu*, *li*, *qi*, *dao*, *sheng-sheng*, *yin*, *yang*, *wuxing*, etc., is also full of confusions and fallacies, as indicated by Lao Sze-kwong (劳思光) in next section.

3. A Philosophical Criticism of Dai's Thought

Yu Ying-shih's view on Qing classical studies is based on a historical approach. In contrast, Lao Sze-kwong's philosophical view on the scholarship of Qian Jia School (乾嘉学派) is different in the sense that, for Lao, the so-called "intellectualization" program is not successful in understanding ancient

Confucian classics, especially for the *Analects* and the *Mencius*. Lao thinks that the philological method is useful to interpret the literal meaning and the ordinary use of the language in classical texts. Nevertheless, according to Lao's observation, most of the ancient great thinkers not only use ordinary language to express their thought, but also use special language with technic terms to construct their theory. For example, he says:①

> All the meanings of words, such as the word "*xing*" (性) used by Mencius, the word "*sheng*" 生 used by Laozi and Zhuangzi, and the word "*kong*" (空) used in the translation of Buddhist classics in early time, were not identical with the meanings in ordinary language at that time. If scholars want to understand thoroughly this kind of special language, they are required to have in-depth understanding of the related theoretical problem. Otherwise, only making effort in the investigation of classical philology is eventually difficult to know the original meanings of the predecessors' theory construction.
>
> 如孟子所用之"性"字，老庄所用之"生"字，甚至初译佛教经典时所用之"空"字，皆与当时的日常语言意义不等。学者欲通晓此种特殊语言，则必须对其所涉理论问题作内部之了解；不然，徒致力于古代语文之考察，终难知前人立论之原意也。

As mentioned above, Yu believes that: "Neo-Confucian metaphysical speculation eventually gets itself helplessly involved in a philological argument" and concludes that: "Once textual evidence was introduced into the metaphysical lawsuit, it was practically impossible not to call philology to the stand as an expert witness. Thus philological explication of classical texts gradually replaced moral metaphysical speculation as the chief method for

---

① Lao Sze-kwong, *A History of Chinese Philosophy*, New Edition, Vol. 3B (*Xinbian zhongguo zhexue shi*,《新编中国哲学史》), Taipei: Sanmin Book Company (三民书局), 2003, pp. 763 – 764.

the attainment of Confucian truth(*Tao*)."① But, for Lao, it is nothing but a myth. Here, the question is: why Qing scholars' philological cum historical approach as described by Yu as the chief method for the attainment of Confucian truth(*dao*) is a myth?

In general, as argued by Lao, the main reason to explain the question why this is a "mission impossible" is that: this kind of judgment or view, including Yu's, is based on a historical criterion, not a theoretical one. If we follow this criterion to judge what the right method to attain Confucian truth is, the problems of "certainty" and "validity" in Confucian theories could be confirmed or proved by historic-philological investigation and explication. Nevertheless, according to Dai Zhen and Zhang Xuecheng, Confucian truth or the *dao* in the sage's mind is *tiandi yi-yin-yi-yang zhi sheng-sheng*（天地一阴一阳之生生, the creative creativity of one-*yin*-one-*yang of* the heaven and earth）which is exhibited or realized in natural phenomena, socio-political institutions, human behaviors, ancient texts and human minds. Here, in Dai and Zhang's theories, this kind of realizee is not empirical observable; but known via the observable phenomena as the realizers of this kind of realizee *by interpretation*（together with transcendental deduction or transcendental argument）. So, their conception of *dao* is not really in accordance with Confucius and Mencius's non-metaphysical idea, but a metaphysical conception based on a kind of *qi*-cosmology or a naturalistic metaphysics grounded on a *yin-yang* conceptual scheme. Here, the difficulty is: how can we use the methods of philology cum history to enter into this metaphysical realm?

For Lao, it is obvious that this kind of view about obtaining the non-empirical *dao* by empirical investigation is wrong. By analogy, can we assert that the theoretical certainty and validity of Plato's metaphysical or Aristotle's moral theory can be obtained by historic-philological investigation and explication of the ancient Greek texts and historical facts? If the answer is "no," why we have to accept the historical criterion? Moreover, based on Dai and

---

① See footnote ① in p. 116.

Zhang's metaphysical assumption of *yin-yang* naturalism which treats the *dao* embodied in the sage's mind and realized in things of natural and social worlds as *sheng-sheng zhi ren*, their using the historic-philological investigation as the chief method to attain Confucian truth or the *dao* in the sage's mind is tantamount to treating the empirical study as a tool to grasp the moral truth or metaphysical *dao* which is claimed by Dai and Zhang as above form. But, as demonstrated by Lao, it is impossible to use the empirical approach in terms of historic-philological investigation to replace moral cultivation and its philosophical theory and also impossible to use empirical knowledge to achieve enlightenment of moral truth or inner virtue. ①

In comparison with Yu's positive evaluation on Dai Zhen's thought in terms of its significance in intellectual history, Lao's review is quite negative in its significance both in intellectual history and philosophy. Let's summarize Lao's review in the following points:

(1) Dai Zhen's analysis of "*shan*" (善, goodness) in terms of "*shun*" (顺, conformed/realized) "*xin*" (信, real/substantiated), and "*chang*" (常, permanent/constant) is ambiguous. He uses the terms "*shun*" to express the state of conforming *tiandao* (天道), "*xin*" to express the state of substantiating *mingde* (明德, bright virtue), and "*chang*" to express the state of following *dao* to obtain *fenli* (分理, partial principle), respectively. ② But these three concepts are related to different areas of theory. The first one is about onto-cosmological realization, the second one is about inner morality, and the

---

① Lao Sze-kwong, *A History of Chinese Philosophy*, New Edition, Vol. 3B, pp. 765 – 766.
② Dai Zhen's idea of "goodness" can be found in the following passage: *Shan* (goodness) is called *ren* (仁, humanity/benevolence), *li* (礼, rites) and *yi* (义, righteousness). These three are the great measuring standard in the world. To exhibit *tiandao* from the top (the heaven) is called "*shun*;" to substantiate it clearly as bright virtue is called "*xin*;" to follow it in grasping its partial principle is called "*chang*." "*Dao*" is to talk about the everlasting change; *de* (德) is to talk about what cannot be violated; "*li*" (理) is to talk about its comprehensive and extensive content; "*shan*" (善) is to talk about knowing *chang*, embodying *xin* and arriving *shun*. (*Yuan Shan* I) 善：曰仁，曰礼，曰义，斯三者，天下之大衡也。上之见乎天道，是谓顺；实之昭为明德，是谓信；循之而得其分理，是谓常。道，言乎化之不已也；德，言乎不可渝也；理，言乎其详致也；善，言乎知常、体信、达顺也。(《原善》上)

third one is about the downward relation from ontological principle to moral principle. In other words, Dai Zhen's "goodness" is an idea across onto-cosmology to morality. Let alone Dai Zhen's confusion between *chang* (permanence) as goodness and *zhi chang* (知常, knowing the permanence) as goodness, it is obvious that, Lao argues, this is a naturalistic fallacy. That is: to derive (moral) value from (ontological) being, or to derive "ought" from "is," cannot bridge the gap between them. ① So, Lao concludes that Dai Zhen's idea of "*yi yu chang*" (一于常, only following the permanent [*dao*]) as the ground of moral teaching (*jiao*, 教) is no difference from Han Confucians' idea of "*yi ren he tian*" (以人合天, to treat human [behaviors] as according to *tian* [*dao*]). More importantly, if we follow this view of goodness, we cannot explain the problem of "self-determination". That is: how is the freedom of will possible for human beings? How can this view in coherent with Confucius and Mencius's teaching which stresses on moral autonomy?②

(2) On the one hand, Dai Zhen defines "*xing*" (性, nature) as "*li-yi*" (理义, principle and righteousness), on the other hand, he also defines "*xing*" as "*xieqi xinzhi*" (血气心知, the *qi* of blood [the vital force of blood] and mental cognition). But these two concepts belong to different categories. Usually, we understand "*li-yi*" as normative concept, while "*xieqi xinzhi*" as natural concept. To mix these two together is just to confuse the gap between the normative and the factual. More importantly, the content of Dai Zhen's naturalistic idea of "*xing*" mainly includes instincts, feelings and desires which are formed by and developed from the change of one-*yin*-one yang. So, his idea of "*xing*" is definitely not Mencius's. Mencius's idea of "*xing*" is the moral essence of human beings which is essentially different from the *xing* or inborn nature of other animals. But, Dai Zhen's theory cannot provide this essentially difference between human beings and other animals. Based on the difference of "*xieqi xinzhi*" in degree, he cannot make an

---

① Lao Sze-kwong, *A History of Chinese Philosophy*, New Edition, Vol. 3B, pp. 780 – 781, 787.
② Lao Sze-kwong, *A History of Chinese Philosophy*, New Edition, Vol. 3B, p. 784.

essential difference between them. ①

(3) In regard to the problem of evilness, since Dai Zhen thinks that goodness and virtues are coming from the desire of "*huaisheng weisi*" (怀生畏死, the embracement of life and fear of death) and "*yinshi nannu*" (饮食男女, diet and sex) and being known by the mind of "*xieqi xinzhi*" (*Mengzi ziyi shuzheng* Ⅱ)(《孟子字义疏证》中), but evilness is also coming from this kind of mental capacity and desire, how can we explain the difference between goodness and evilness? According to Lao, if the satisfaction of the desire of self (*suiji zhi yu*, 遂己之欲) and the satisfaction of the desire of others (*suiren zhi yu*, 遂人之欲) are conflict, since both are coming from the same kind of mental capacity and desire, how can Dai Zhen give us an reasonable and acceptable explanation for the problem of evilness? ②

(4) Dai Zhen uses the syntactical difference between sentences with the phrasal structures of "*zhi-wei*" (之谓) and "*wei-zhi*" (谓之), respectively, to analyze the sentences "[we use] that [*zhi*, 之] one-*yin*-one-*yang* to call *dao*" (一阴一阳之谓道) and "[we] call that [*zhi*, 之] above form *dao*" (形而上者谓之道). The first sentence is of the structure of using the former part as comment on the latter part as topic, while the second sentence is of the structure of using the former part as topic with the latter part as comment. Besides, Dai Zhen uses this distinction to support his view that *dao* is nothing but the changing cycle between *yin* and *yang* and both *yin* and *yang* as [two kinds of] *qi* are above form before their forming into physical objects. So, the further step of his argument is that the idea of transcendence of *dao* claimed by Song-Ming Confucians is not supported by these two sentences in the *Commentary on the Book of Change*. But, on the other hand, he believes that it is a textual evidence to support his view of naturalistic metaphysics. As explained by Lao, Dai Zhen's argument is invalid. ③ It is be-

---

① Lao Sze-kwong, *A History of Chinese Philosophy*, New Edition, Vol. 3B, pp. 789 – 790.
② Lao Sze-kwong, *A History of Chinese Philosophy*, New Edition, Vol. 3B, p. 795.
③ Lao Sze-kwong, *A History of Chinese Philosophy*, New Edition, Vol. 3B, pp. 800 – 802.

cause, based on this distinction, we cannot ascertain the onto-cosmological status of *dao*, whether it is transcendent or immanent, or it is factual or normative. Furthermore, in the *Analects* and the *Mencius*, we cannot find any metaphysical ideas which are in the conceptual web constituted of *taiji*(太极), *tiandao*, *li*, *qi*, *yin-yang*, *wuxing* and *sheng-sheng* in the *Commentary on the book of Change* and other classical texts. Dai Zhen's view is based on his own metaphysical construction, rather than ground on philological evidence.

4. Yu's Misunderstanding of Zhu Xi and Wang Yangming's Thought

According to a kind of "inner logic" which is supposed to be supported by historical evidence and can be used to explain the academic shift from the so-called "anti-intellectualism" to the so-called "intellectualism" in Qing Confucian studies, Yu thinks that:[1]

> In the original Neo-Confucian context, however, these two aspects are mutually complementary. *Tsun te-hsing* (*zun dexing*, 尊德性) implies, above all, the awakening of moral faith through the understanding of our true nature which partakes of the moral quality of *Tao*. On the other hand, *tao wen-hsüeh* (*dao wenxue*, 道问学) implies that every advancement in objective knowledge (from the classics and historical facts), which is supposed to possess *a built-in moral quality* (my italic), is a step further toward the awakening of moral faith.

He also explains that:[2]

---

[1] Yu Ying-shih, "Toward an Interpretation of the Intellectual Transition in Seventeenth-Century China", p. 121. (Similar words in the revised version of this paper in Yu Ying-shih, *Chinese History and Culture: Sixth Century B. C. E. to Seventeenth Century*, Vol. 1, p. 366)

[2] Yu Ying-shih, "Toward an Interpretation of the Intellectual Transition in Seventeenth-Century China", p. 121. (Similar words in the revised version of this paper in Yu Ying-shih, *Chinese History and Culture: Sixth Century B. C. E. to Seventeenth Century*, Vol. 1, p. 366)

It is easy to understand why "inquiry and study" (*tao wen-hsüeh*) would give rise to intellectualism. But the inner connection between "honoring moral nature" (*tsun te-hsing*) and anti-intellectualism needs a word of explanation. This is the case because there was a group of Neo-Confucianists, represented mainly by the Lu-Wang school, who held the view that recovery of the moral nature of man comes solely from cultivation of "moral knowledge" (*te-hsing chih chih*) [*dexing zhi zhi*, 德性之知] which deals with *a higher realm beyond the reach of ordinary "intellectual knowledge"* [my italic] (*wen-chien chih chih* [*wenjian zhi zhi*, 闻见之知], lit. "knowledge from hearing and seeing"). Developing this view to its extreme, one would even say that intellectual knowledge is a *hindrance* to moral cultivation of the self. It was mainly on this ground that many of the immediate followers of Wang Yang-ming turned anti-intellectual.

In the first passage, Yu's judgment that "*tao wen-hsüeh* implies that every advancement in objective knowledge [from the classics and historical facts], which is supposed to possess a *built-in moral quality*, is a step further toward the awakening of moral faith." gives me a great surprise. It is because this view about the awakening of moral faith is knowledge-oriented which is contrary to our common understanding that moral faith or enlightenment is not obtained by knowledge in terms of knowing-that or knowing-how. I think both Zhu Xi and Wang Yangming would not accept this kind of knowledge-oriented view. According to Zhu Xi's view, "*dao wenxue*" or "*bowen*" (博文, extensively studying all learning) is not about studying objective knowledge, but about doing *gongfu* (工夫, moral practice) for knowing various *xing-li*s (性理) immanent in different things, including objects and events in natural and social worlds. Since *xing-li* as non-empirical entity or power, property or principle is above form, it is impossible to know it by empirical investigation. In the second passage, Yu accuses the followers of Wang Yangming as anti-intellectualists who regard intellectual knowledge as a *hindrance* to moral cultivation of the self. I think this view is also questionable. It is because Yu misreads Wang Yangming and his followers' words.

Why Yu's reading is questionable? It is because, as claimed by Wang Yangming and his students, *wenjian zhi zhi* as *yong*(用, function) of *dexing zhi zhi* cannot be rejected as a negative factor of moral cultivation. So, as explained by Wang Yangming and his students, knowledge and skill are the function of *liangzhi*(良知, the original governing power) and *liangzhi* as *ti* (体, the original state as the base of function) cannot be functioned without knowledge and skill though Wang Yangming and his students reject the attitude of *merely appealing to* [*zhuan qiu*, 专求] and using knowledge and skill for cultivation. So, intellectual knowledge is not a hindrance to cultivation, but *merely* relying on knowledge and skill is. That is: knowledge-oriented approach is infeasible for moral cultivation. In other words, Wang Yangming and his students do not reject the function of *wenjian zhi zhi*. So he says that:①

> *Liangzhi* is not coming from *jianwen* (见闻, perceptual knowledge), but no *jianwen* is not the function of *liangzhi*. ⋯ There is no *zhi* beyond *liangzhi*. Hence, *zhi liangzhi* (extending *liangzhi*) is the great head of learning, the prime significance of the sage's teaching. Now, if one claims to *merely* search for the incidental of *jianwen*, this would be *without head* and commit to the secondary significance. (*Records of Teaching and Practicing/Chuanxi lu*: Ⅱ)
>
> 良知不由见闻而有，而见闻莫非良知之用。⋯⋯良知之外，

---

① Wang Yangming's student Wang Longxi(王龙溪) has a similar view on the relationship between *liangzhi* and *wenjian zhi zhi*. He says: "*Liangzhi* is not coming from *wenjian*, but no *wenjian* is not the function of *liangzhi*."(*Wang Longxi xiansheng quanji*, Vol. 9)(盖良知不由闻见而有，而闻见莫非良知之用)(《龙溪王先生全集》卷九《与陶念斋》) and "This learning has not abolished *wenjian*, but *wenjian* is of secondary significance. If one can extend *liangzhi*, no *wenjian* is not the function of *liangzhi*. If one bases on *wenjian* to search *liangzhi*, it would be far from *dao*."(*Wang Longxi Xiansheng quanji*, Vol. 11)(此学未尝废闻见，但属第二义。能致良知，则闻见莫非良知之用。若藉闻见而觅良知，则去道远矣!)(《龙溪王先生全集》卷十一《与莫中江》)

别无知矣。故致良知是学问大头脑,是圣人教人第一义;今云专求之见闻之末,则是失却头脑,而已落在第二义矣。(《传习录》中)

He also stresses that:

In later ages, people do not know that the ground of practicing to be a sage is purely on *tianli* 天理. Instead, they *merely* approach to knowledge and skill for the purposes of becoming a sage. (*Chuanxi lu*: Ⅰ)

后世不知作圣之本是纯乎天理,却专去知识才能上求圣人。(《传习录》上)

Unfortunately, Yu's explanation that "*tao wen-hsüeh* implies that every advancement in objective knowledge 〔from the classics and historical facts〕, which is supposed to possess a *built-in moral quality*, is a step further toward the awakening of moral faith." is exactly the view rejected by Zhu Xi, Wang Yangming and his students.

I think all the commitments to transcendent or non-empirical entities or powers, *dao* or truth, just like believing in God, cannot be grasped or confirmed by intellectual knowledge. Both Wang Yangming's idea of *sheng-sheng zhi li*(生生之理) and Dai Zhen's idea of *sheng-sheng zhi ren*(生生之仁) are either transcendent (not transcendental in Kantian sense) or non-empirical which cannot be known empirically. For Wang Yangming, this kind of non-empirical entity, power or truth is not grasped by empirical studies. Just like Mencius's original knowing capacity (*liangzhi*) and original willing capacity (*liangneng*, 良能), which are possessed by people without the exercise of thinking (*bulu er zhi*, 不虑而知) and without having been acquired by learning (*buxue er neng*, 不学而能) (*Mencius* Ⅷ:15)(《孟子·尽心上》) Both Zhu Xi and Wang Yangming's *liangzhi* is also not given by learning and not obtained by thinking in terms of intellectual knowledge though they have different interpretations of the ontological status of *liangzhi*. In sum, it is endowed from the heaven①

Even though Qing Confucians' idea of moral learning or cultivation is different from that of Wang's School, since their ultimate concern is also related to an onto-cosmological entity or power(i. e. , *sheng-sheng zhi li*) , I don't think any empirical approach is a plausible way to the establishment of or commitment to their moral faith. Yu's idea of "intellectualism" that "every advancement in objective knowledge [from the classics and historical facts] , which is supposed to possess a built-in moral quality, is a step further toward the awakening of moral faith" is a *myth* of moral cultivation or moral learning for Confucianism.

In addition to his misinterpreting Wang Yangming and his students' view, Yu also misunderstands Zhu Xi's thought and commits serious mistakes. In order to bridge the gap between *zhi*(知, knowing/knowledge) and *xing*(行, acting/action) from a knowledge-oriented approach, Yu interprets the former as Gilbert Ryle's " knowing-that" and the latter as " knowing-how. "② But, according to Ryle's use of the term "knowing-how," it is not identical with acting or action and it cannot be interpreted as a kind of virtue or *dexing zhi zhi* as well, though it can be understood as a knowing or knowledge which is not based on propositional knowledge. To demonstrate this point, let's see Ryle's view in the following passage:③

[T]o have acquired a virtue, for example, to have learned to be fairly honourable or self-controlled or industrious or considerate, is not a

---

① Wang Yangming's "*liangzhi*" is not an epistemic or cognitive concept, either empirical or transcendental. Detailed arguments can be found in Yiu-ming Fung, "Wang Yangming's Theory of Liangzhi: A New Interpretation of Wang Yangming's Philosophy" , *Tsing Hua Journal of Chinese Studies*, Taiwan: National Tsing Hua University, Vol. 42, No. 2, June 2012, pp. 261 – 300.

② Yu Ying-shih, *A Modern Interpretation of Chinese Intellectual Tradition*, p. 213.

③ Gilbert Ryle, "Can Virtue Be Taught?" in *Education and the Development of Reason*, edited by R. F. Dearden, P. H. Hirst and R. S. Peters, London and New York: Routledge & Kegan Paul, 2010, p. 330.

matter of having become well informed about anything; and it is not a matter of having come to know how to do anything. Indeed, conscientiousness does not very comfortably wear the label of "knowledge" at all, since it is to *be* honourable, and not only or primarily to be knowledgeable about or efficient at anything; or it is to *be* self-controlled and not just to be clear-sighted about anything; or it is to *be* considerate and not merely to recollect from time to time that other people sometimes need help.

He also explains that:①

When I have learned some dictatable things, like the dates of the kings of England, I may in time cease to know these dates, for I may forget them. When I have learned how to do something, e. g. compose correct Latin verses, I may, after a time, gradually lose this capacity, since I may, through lack of practice, get rustier and rustier. But a person who had once learned, say, to be considerate, though he may after a time become inconsiderate, will not naturally be described as having forgotten anything or got rusty at anything. It is not just knowledge that he has lost, whether knowledge *that*, or knowledge *how*. It is considerateness that he has lost; he has ceased to be considerate and not just ceased to know, say, some principles about considerateness. His heart has hardened, so it is not reminders or refresher courses that he needs.

The view illustrated in the passage that "It is considerateness that he has lost; he has ceased to be considerate and not just ceased to know, say, some principles about considerateness" can be expressed as similar to Mencius's idea that: "*she ze shi zhi*" (舍[捨]则失之, If you give up it, you will lose it) (*Mencius* XI:6)(《孟子·告子上》). So, we can use the word "forget" in

---

① Gilbert Ryle, "Can Virtue Be Taught?", p. 331.

the context about knowledge *that* and knowledge *how*, but it is a category mistake to use the word to make a description in the context about virtue or mental power.

Besides, based on this knowledge-oriented mentality, Yu also misinterprets Zhu Xi's "*zhi*" 知 and "*qiantao*" (乾道) in the sentence "*qiaodao zhu zhi*" (乾道主知) as "knowledge" and "active reason," respectively.① As we know, almost all scholars in the field of Chinese studies do not treat the use of the word "*zhi*" in this context as an epistemic or cognitive concept. Here, Zhu Xi's view is not an exception.② He says:

(1) In "*qian zhi dashi, kun zuo cheng wu.*" [*qian zhi* the very beginning and *kun* makes the current things.] "*zhi*" means "manage/dominate." (*The Classified Conversations of Master Zhu/Zhuzi yulei*, Yi:10)

"乾知大始,坤作成物。" 知者,管也。(《朱子语类·易十》)

(2) The word "*zhi*" is interpreted as the word "manage/dominate," it is not right to explicate it as "*zhi*" of "*zhijian*" (know and perceive). (*Zhuzi yulei*, Yi:10)

此"知"字训"管"字,不当解作"知见"之"知"。(《朱子语类·易十》)

(C) In "*qian zhi dashi*" "*zhi*" means "govern/dominate," just like (that in the words) "*zhixian*" (知县, county magistrate/governor/head) and "*zhizhou*" (知州, state magistrate/governor/head). (*Zhuzi yulei*, Yi:10)

---

① Yu Ying-shih, *A Modern Interpretation of Chinese Intellectual Tradition*, p. 204.

② Just like the word "*zhi*" used in the following passage: "Drum does not present in five sounds but acts as the master of five sounds. People with *dao* does not serve the five ministers' work but acts as the master of their management; the monarch dominates/manages *dao* while his subjects dominate/manage public affairs." (*Shenzhi's Lost Book*: the Great Part) (鼓不与于五音,而为五音主;有道者不为五官之事,而为治主。君知其道也;臣知其事也) (《申子佚文·大体》), the word used here by Zhu Xi does not mean "know" but "dominate/manage".

"乾知大始"，"知"，主之意也，如"知县""知州"。(《朱子语类·易十》)

Zhu Xi's "*qiandao*" is definitely not "active reason" as interpreted by Yu. It is an onto-cosmological power or entity which cannot be known empirically. So, Zhu Xi says:

(1) *Qiandao* creates males while *kundao* creates females. So, all the males are the *qi* of *qian* while all the females are the *qi* of *kun*. From here, all the things up and down are one *qi*, penetrating all with this. (*Zhuzi yulei*, The Words of Master Zhang)

乾道成男，坤道成女。则凡天下之男皆乾之气，凡天下之女皆坤之气；从这里便彻上彻下都即是一个气，都透过了。(《朱子语类·张子之书》)

(2) Cycling unceasingly is the changing of *qiandao*. (*Zhuzi yulei*, The Words of Master Zhang)

循环不已者，乾道变化也。(《朱子语类·张子之书》)

Yu's inclined description in his "inner logic" is that one of the reasons for Wang Yangming's School to reject intellectual knowledge is related to their view from metaphysical speculation which is contrary to empirical investigation. But, is empirical investigation a feasible way to get *dexing zhi zhi* or moral knowledge in terms of mental transformation. My answer is "NO." As argued by Ryle mentioned above, virtue (and also, I think, *dexing zhizhi*) cannot be taught or trained because it is not something of knowing-that or knowing-how, but mental capacity embedded with cultivated tastes and preferences. It implies that it cannot be taught or trained though it can be obtained or learned by self-cultivation and moral practice. So, similarly, Confucian virtue or *dexing zhi zhi* cannot be obtained merely by learning from the classics or via teaching from the sage. This is the main reason why Mencius stresses *qiu qi fangxin* (求其放心, search for their lost mind) and Song-Ming

Confucians emphasize on *fanqiu zhu ji*(反求诸己, *reflection in oneself*) and *zhide*(自得, *self-acquisition*) *of cultivation, instead of learning from outside, including from the empirical knowledge of classics and history*.

Yu thinks that Wang Yangming is supra-intellectual, not anti-intellectual, though the development of his idea of *zhi liangzhi*(致良知) has this inclination. ① But, I think, there is no significant difference between Wang Yangming and his followers about their view on the role of knowledge in cultivation. If he is not anti-intellectual, his followers are also not. Nevertheless, according to one of Yu's definitions of "anti-intellectualism", I think not only Wang Yangming and his followers are anti-intellectualists, all Confucians whose thought is based on metaphysical assumptions should also be identified as "anti-intellectualists". One of Yu's definitions related to Song-Ming Confucianism is:②

"Anti-intellectualism" in the context of the present study also refers to an attitude which tends to see *Tao* [*Dao*] as lying in a higher realm than, and therefore beyond the reach of intellectual knowledge.

It is obvious that almost all Song-Ming Confucians have metaphysical assumptions which "see *dao* as lying in a higher realm than, and therefore beyond the reach of intellectual knowledge". So, according to Yu, they are all anti-intellectualists. Q. E. D.

But it is not a true story. Besides their metaphysical assumptions, almost all the writings of Lu-Wang School are about theory-construction in which

---

① Yu Ying-shih, *A Modern Interpretation of Chinese Intellectual Tradition*, p. 206.

② Yu Ying-shih, "Some Preliminary Observations on the Rise of Ch'ing Confucian Intellectualism", p. 137. (Similar words in the revised version of this paper in Yu Ying-shih, *Chinese History and Culture: Sixth Century B. C. E. to Seventeenth Century*, Vol. 2, p. 26) A similar view can be found in Yu Ying-shih, "Toward an Interpretation of the Intellectual Transition in Seventeenth-Century China", p. 121. (Similar words in the revised version of this paper in Yu Ying-shih, *Chinese History and Culture: Sixth Century B. C. E. to Seventeenth Century*, Vol. 1, p. 366) they construct a web of coherent beliefs by conceptual analysis. In other words, they put their theory in the space of rational thinking which is full of intellectual spirit. So, there is no real anti-intellectualism in terms of rejecting rational theorization or intellectual thinking in Lu-Wang School. On the other side, besides using very few philological and historical studies in interpreting the thought in the *Analects* and the *Mencius*, Qing scholars from Dai Zhen to Zhang Xuecheng have to use metaphysical speculations to construct their own theory of metaphysical naturalism in which most of their concepts refer to entities or principles beyond empirical realm. So, most of their views are not in accordance with the *Analects* and the *Mencius*. Based on the same standard, if they can be treated as "intellectualists", Lu-Wang School should also be treated as "intellectualists". On the other hand, if Lu-Wang School can be treated as "anti-intellectualists", they should be treated as "anti-intellectualists" as well. Because, their "study also refers to an attitude which tends to see *dao* as lying in a higher realm than, and therefore beyond the reach of intellectual knowledge". So, I conclude, the shift from "anti-intellectualism" to "intellectualism" is nothing but a pseudo-thesis, period!

5. Historical Scientism versus Transcendental Intuitionism

Since the time of May Fourth Movement in 1919, Chinese philosophical studies has been dominated by two approaches. One of them led by Hu Shih is a kind of historical scientism while the other led by contemporary Confucians is a kind of transcendental intuitionism. ① I think these two different

---

① Although some intellectual historians, such as Yu Ying-shih and his followers, regard the transcendental approach of contemporary Confucians as grounding on metaphysical speculations, they do not think that a mere naturalistic approach can be used to explain the spiritual source of Chinese culture. Instead, they believe that there is a transcendental breakthrough or an axial breakthrough in ancient Chinese culture which sets up a cultural direction of "internal transcendence" or "inward transcendence" in contrast with that of "outer transcendence" or "outward transcendence" in the Western tradition. They think that the medium between *tian*(天, as *tiandao* or the world of transcendence) and *ren*(人, human beings) is *xin*(mind). But they do not give a clear description of the ontological status of *tian* and any explanation about the function of *xin* in bridging the gap between *tian* and *ren*. If they

approaches act as two opposite extremes in the sense that both reject each other's approach, on the one hand, and also reject the methods, including logical analysis and conceptual analysis, in the analytical tradition of the Western philosophy, on the other. I have given a detailed explanation for this strange academic phenomenon, especially for the transcendentalist side, else

---

treat *tian* as a transcendent entity, it would be no significant difference from the idea of *tianli* in Song-Ming *Lixue*, an idea mocked by them as based on metaphysical speculations, and, most importantly, there is no textual evidence from the *Analects* and the *Mencius* to support this view. This may be a Daoist-like *tiandao*(天道) or the *dao* of *sheng-sheng*(生生, the creative creativity or the creativity of creation) in later Confucian texts such as the *Yi Zhuan*(易传, *Commentary on the Book of Change*). If the word "*tian*" used by them does not refer to a transcendent entity like God, Platonic idea or *tianli* or *tiandao* in Song-Ming *Lixue*, but the heaven or natural world in a physical sense, it would be neither a concept with the sense of "transcendent" in ontology nor a concept with the sense of "transcendental" in Kantian epistemology. In other words, it does not have any sense of "transcendent" or "transcendental". If, for the sake of argument, we agree that it is a special kind of transcendence, what is obtained from the mind which is treated as the medium to bridge *tian* and *ren*, no matter whether the knowing function of *xin* is empirical or non-empirical and whether what is known is transcendent or not transcendent, would be nothing but a subjective vision(or mental construction) which is also based on a metaphysical speculations in terms of naturalism or non-naturalism. So, I think the so-called "inner transcendence" or "inward transcendence" is nothing but a mental transcendence in terms of moral transformation from self-centered mind to a mind incorporated with other things of the world in an organic vision of spirituality if it is not the similar concept as that used in Song-Ming *Lixue*. This idea of "*tian-ren he-yi*" (天人合一, the unity of heaven and man) is not about *ontological transcendence*, either "outer transcendence" in Platonic sense or "immanent transcendence" or "transcendent(not transcendental) immanence" in contemporary Confucianism or in the Western and Indian pantheism and mysticism, but about *psychological transcendence*. For the latter, we can translate the concept "transcendence" as "going beyond," just like the sense of the word "*chaoyue*"(超越) in B. F. Skinner's book titled, *Beyond Freedom and Dignity*(超越自由与尊严), while, for the former, we cannot translate in this way. In regard to Yu Ying-shih's view, it is obvious that his "inward transcendence" is not of the kind of ontological thesis as held by most Song-Ming Confucians. For example, Yu claims that: "Clearly, the two worlds, actual and transcendental, are linked together by the purified mind/heart in a way that is 'neither identical nor separate'. In this Chinese version of Buddhism, we find a quintessential expression of inward transcendence." (Yu Ying-shih, *Chinese History and Culture*: *Sixth Century B. C. E. to Seventeenth Century*, Vol. 1, p. 15) I think it is a view treating the mind as a medium to channel the actual world and the so-called "transcendental world". It is essentially different from the ontological thesis of "immanent transcendence" in the thought of most Song-ming Confucians who treat *tian-li* or *tian-dao* and the original mind or *liangzhi* as identical in the sense of pantheism or panpsychism, instead of treating them as "neither identical nor separate".

where and I don't want to repeat here.① In this section, I will focus on the side of historical scientism and disclose its difficulties in Chinese philosophical studies.

According to Yu's explanation, the "*empirical study*" developed by Qing scholars from Dai Zhen to Zhang Xuecheng is in "*the realm of classical and historical studies*". This is about the so-called "objective knowledge" of studying classics and history.② Nevertheless, if this is the only way for the Confucian turn which seems to exclude all non-empirical philosophical studies, including Dai and Zhang's studies, I think there would be no philosophy in its proper sense in this new trend of Confucian studies. As a matter of fact, this empirical inclination or knowledge-oriented approach, as reinforced by Hu Shih and his followers, has led Confucian studies and other Chinese philosophical studies to historical positivism, a kind of pan-scientism.③ It seems to be a move of *de-philosophizing*.④

---

① Yiu-ming Fung, "The Usefulness and Limitations of Analytic method in Chinese Philosophy", *Universitus-Monthly Review of Philosophy and Culture*, March 2015, pp. 19 – 54; "Issues and Methods of Analytic Methods in Chinese Philosophy," *Bloomsbury Methodology in Chinese Philosophy*, edited by Tan Sor-hoon, London: Bloomsbury Publishing Plc., 2016, chapter eleven; and "Methods and Approaches in Contemporary Confucianism", *Dao Companion to Contemporary Confucian Philosophy*, edited by David Elstein, Dordrecht: Springer, 2018, forthcoming.

② Yu Ying-shih's conception of historical studies is different from Hu Shih's in the sense that Hu's is a kind of historical positivism or scientism while Yu's is not. Yu agrees with Clifford Geertz that "the study of culture is not an experimental science in search of law but an interpretive one in search of meaning". But he still believes that "historical objectivity, though difficult, is possible". See Yu Ying-shih, "Clio's New Cultural Turn and the Rediscovery of Tradition in Asia," *Dao: A Journal of Comparative Philosophy*, Vol. 6, No. 1, March 2007, p. 50. (Similar words in the revised version of this paper in Yu Ying-shih, *Chinese History and Culture: Sixth Century B. C. E. to Seventeenth Century*, Vol. 2, p. 382)

③ Hu Shih believes that "a comprehensive survey is the first step toward a systematic and scientific study of Chinese Art in all its branches. It is the only means to lay a scientific foundation for future advancement in our knowledge and understanding of Chinese Art" (See Hu Shih, *English Writings of Hu Shih: Literature and Society* (volume 1), edited by Chih-p'ing Chou, Beijing: Foreign Language Teaching and Research Publishing Co. ,Ltd. and Springer-Verlag Berlin Heidelberg, 2013, p. 152.) It seems that he does not know that there is a gap between fact and value, that the latter cannot be reduced to the former, and that the studies of humanities, including art, cannot be grounded on scientific foundation. Detailed argument and explanation about Hu's scientism can be found in Lin Zheng-hong(林正弘), "Hu Shih's Scientism", in *Hu Shih and Modern China*,《胡适与近代中国》, Taipei: China Times Publishing Company(时报出版公司), 1991, p. 197.

④ Hu Shih believes that philosophy will be replaced by science and eliminated in future. See Hu Shih's Diary(Manuscript) 胡适的日记(手稿本), Vol. 8, 3 June 1929, Taipei: Yuan Liou Publishing Company(远流出版公司), 1991.

As we know, ethics, epistemology and metaphysics are the core areas of philosophy whose concern is not about objective facts and empirical truth. Their assumptions are basically not about descriptive facts but embedded with normative, mental and ontological ideas. Based on their assumptions, philosophers in these fields make logical reasoning and conceptual analysis. It is obvious that these philosophical practices cannot be identified as *empirical studies*. Moreover, not only metaphysical assumptions or non-empirical assumptions are inevitable in philosophy, such as "Platonic idea" in metaphysics, "Cartesian ego" in philosophy of mind, "prior intention and intention-in-action" in action theory, "meaning as entity" in philosophy of language, "class or number as an entity" in philosophy of mathematics, "AI" (artificial intelligence) in cognitive science, they are also inevitable in science, such as "force", "atoms", "field", "electrons" and "black hole". These are theoretical constructs which cannot be identified as empirical in terms of observable facts. If we do not treat Confucian thought in ancient classics as without philosophy and the main ideas in Confucianism are philosophical rather than empirical, it is definitely that the theorization of Confucian thought should not be treated as empirical study.

In ancient Chinese thought, we can find a lot of interesting problems and ideas in the philosophical areas mentioned above. For example, there are a lot of inspiring problems and ideas in the fields of moral psychology, action theory, philosophy of mind and philosophy of language in ancient Chinese texts. Moreover, as demonstrated by Hu Shih's PhD thesis, logical thought in ancient classics, such as that in the *Mohist Canons* (《墨经》) and the *Gongsun Longzi* (《公孙龙子》), is usually recognized by Western philosophers as philosophical rather than empirical study.

Return to the problem of academic or intellectual shift in Qing dynasty. It has been argued that Qing Confucians, based on their philological study of Six Classics, redefine *dao* in terms of its role in "ordering or saving the world", on the one hand, and reject the metaphysical interpretation of *dao*, on the other. They think that the new conception of *dao* is a ground of making a feasible way to the goal of "saving the world". As a philosopher, not a historian like Yu, for the sake of argument, I need not be skeptical of this change as a fact in history because it seems to be a real case as informed by some historians who claim that this is grounded on solid historical study. However, my concern is that: Is this seemingly new direction of Confucianism better than the old one in the sense that the new one is a feasible project for saving the world? As demonstrated above, Qing scholars' views are not really non-metaphysical but naturalistic in terms of *yin-yang* onto-cosmology, their naturalistic moral thought cannot be used or materialized in changing the socio-political order. It is because no metaphysical and moral program either in terms of transcendental and idealistic ground or non-transcendental and naturalistic base can have causal or modal power to change the social and historical reality.

If both programs are infeasible or handicap in making the world in well order, once again, from a philosopher's perspective, not a historian's, I think the old one is much more interesting in rational thinking and suggestive for philosophical curiosity. If we accept Ludwig Wittgenstein's conception of philosophy, philosophy, in comparison with science, is not a system of knowledge which is more real and deeper in understanding reality. Instead, its function is *the bewitchment of the intellect by means of language* (*Philosophical Investigations* § 109). [1] In other words, philosophy is a way of *therapy* for our thinking. In this regard, we can explain why metaphysics is more interesting in terms of reflective thinking. It is because metaphysics provides more puzzles or pitfalls in our thinking and linguistic practice though it is supposed to explain the world beyond empirical evidence in a rational way. Of course, metaphysics cannot make objective truth. Other realms of philosophy, except logic, also fail to finish this job. But, if the aim of philosophy is not to make or discover truth, but to push people from ordinary thinking to the reflection on their ordinary thinking, a way of *philosophizing*, then it is not only interesting, but also

---

[1] Ludwig Wittgenstein, *Philosophical Investigations*, G. E. M. Anscombe and R. Rhees (eds.), G. E. M. Anscombe (trans.), Oxford: Blackwell, 1953.

helpful for building our critical thinking and for boarding the horizon of our rational thinking in a healthy way. In short, I don't buy metaphysics, but, because of its excitement, I like it!

6. Is Philological cum Historical Study in Confucianism Objective?

In regard to the radical development of this trend of study, my question is: How can we use philological cum historical method to replace philosophical explanation and logical analysis in Confucian Studies? Can we use Hu Shih's method of "*zusunfa*" (祖孙法, the method of causal or historical explanation as that of the genetic relation from grandparent to grandchild) or "experimental method," [1] which he borrows from his teacher John Dewey, to replace philosophical method in dealing with the ancient Chinese philosophical thought? More importantly, is philological cum historical study in Confucianism objective?

Hu shih's methodology in Chinese studies can be summarized by his description of Zhu Xi's method. That is, "the method of doubt and resolution of doubt was the method of hypothesis and verification by evidence."[2] In Chinese, it is similar to his slogan: "*dadan jiashe xiaoxin qiuzheng*" (大胆假设, 小心求证, boldness in doubt and hypotheses coupled with meticulous care in seeking verification). He thinks, based on his historical study, he can find a great heritage of scientific spirit and method in Chinese history, i. e. , the philological cum historical studies in Qing dynasty. [3]

I don't think Hu's emphasis on the importance of evidence is wrong; but he seems to put evidence on the boat of foundationalism. He claims that the

---

[1] Hu Shih, "Mr. Dewey and China" (Duwei xiansheng,《杜威先生与中国》) in *Selected Essays of Hu Shih* (*Hu Shih wenxuan*,《胡适文选》), Taipei: Yuan Liou Publishing Company (远流出版公司), 1986, p. 10.

[2] Hu Shih, *English Writings of Hu Shih: Chinese Philosophy and Intellectual History* (volume 2), p. 284.

[3] Hu Shih, *English Writings of Hu Shih: Chinese Philosophy and Intellectual History* (volume 2), p. 294.

establishment or re-establishment of belief is on the "firmer foundation of evidence and sound reasoning. "① He summarizes Dewey's five steps of experimental method into three. But this revision is to put more emphasis on the foundational role of evidence and thus turns Dewey's idea into foundationalism. A radical form of this view was held by Hu's disciple Fu Sinian (傅斯年). He asserts that "historical study is the study of historical data" (*shixue jishi shiliaoxue*, 史学即史料学) and claims, without shyness, that "let the historical data say" (*rang shiliao shuohua*, 让史料说话). Nevertheless, as we know, most modern Western philosophers of science, including logical positivists, most of them are also outstanding scientists, do not buy foundationalism. As argued by Otto Neurath:②

> There is no way to establish fully secured, neat protocol statements as starting points of the sciences. There is no *tabula rasa*. We are like sailors who have to rebuild their ship on the open sea, without ever being able to dismantle it in dry-dock and reconstruct it from its best components.

With a similar tone, W. V. Quine argues that, in the web of belief, observation sentences are able to confirm or disconfirm a hypothesis only in connection with a larger theory. ③ This is Quine's holism.

Besides, how to judge the relevance of evidence in scientific inquiry (let alone the pan-scientific conception of philology and history which is to treat humanities as a kind of science) is still a problem which cannot be solved merely by evidence itself. Based on some solid examples in scientific inquiry

---

① Hu Shih, *English Writings of Hu Shih: Literature and Society* (volume 1), p. 132.
② Otto Neurath, *Philosophical Papers 1913 – 1946*, edited by R. S. Cohen and M. Neurath, Dordrecht: Reidel, 1983, p. 92.
③ W. V. Quine, "Two Dogmas of Empiricism", *The Philosophical Review*, Vol. 60, 1951, pp. 20 – 43.

and law study, Susan Haack argues that: [1]

> Quite generally, a person's judgments of the relevance of evidence, and hence of how comprehensive this evidence is, or of how well this claim explains thosephenomena, and hence of how supportive it is, are bound to depend on his background assumptions.

In sum, if evidence is theory-laden and often subject to interpretation for judging its relevance, then all scientific inquiries and other evidence-based studies, such as history and philology, do not have any solid foundation such as protocol sentences, basic statements of observation or objective historical data. In other words, all reliable facts as evidence of inquiry are bound by theory, that is, a web of belief.

If philosophical investigation cannot be replaced by philological cum historical study though philosophical method is mainly logical and conceptual rather than empirical and historical, there would be no real conflict between philosophy and philology in understanding Confucian classics. They are *supplementary* to each other. But, here, we may have a question, that is: Does philological cum historical study has primacy over philosophy or vice versa? My answer is that: there is no primacy for each side over the other. Why? It is because, on the one hand, philological cum historical study is not working from scratch; it has to do within our common understanding of the language of a text and this understanding must be conceptually related and logically connected. So, some conceptual understanding with logical clarification has to be grasped before doing philological cum historical study. On the other hand, philosophical investigation cannot be done without grasping the literal meaning of the words in a text. So, sometimes, philosophy has to ask assistance from philology and historical study. In other words, beyond the common un-

---

[1] Susan Haack, "Clues to the Puzzle of Scientific Evidence", *Principia*, 5 (1 - 2), 2001, p. 277.

derstanding of our natural language, they have to rely on each other's help.

Moreover, I think, to understand the meaning of a sentence, we have to know the meaning of the words in the sentence in terms of its usage in some textual and historical context. However, to know the meaning of the words in the sentence, we also have to know by conceptual analysis the meaning of the word appearing in some other sentences. Word meaning and sentence meaning are holistically related within our rational space, that is, a logical coherent web of belief. Similarly, to know a monetary system in history, we have to find evidences from history and relevant texts before having a thorough understanding of what is going on in history. Nevertheless, before getting the thorough understanding of the system and its events in history, we have to conceptually clarify the meaning and structure of the institutional facts of money. That is a point stressed by John Searle in his response to a historian's challenge. He says:[1]

> Furthermore, as I am construing the notion of collective intentionality and the other conceptual apparatuses that I use, such as the assignment of function and deontic powers, these concepts do not "erase real history by assuming that institutions are simply created on the spot." I make no such assumption. But I am struck by the fact that institutions with entirely different histories can have similar logical structures. For example, the history of money in the United States is quite different from its history in other parts of the world. All the same, when I go into a bank in a foreign country I can exchange our money for their money. When I go to remote countries I can buy things with money and sell things for money. There appears to be a common logical structure that can be described independently of the peculiarities of the individual histories in question.

---

[1] John Searle, "Reality and Social Construction: Reply to Friedman", *Anthropological Theory*, Vol. 6, No. 1, 2006, pp. 83 – 84.

In response to Friedman's criticism of his erasing "real history" by "assuming that institutions are simply created on the spot," Searle demonstrates clearly that the historical approach and the philosophical one are complementary to each other and, most importantly, that the priority of understanding is given to conceptual analysis:

> Friedman here raises a question that comes up elsewhere in these discussions, and that is that I seem to be neglecting the historical component. I intend no such neglect. I think that, for example, to understand slavery in the United States you have to understand its peculiar history. But I am trying to provide us with the tools within which that history can be intelligibly described. There is no *opposition* between the historical approach and the analytical approach. They are complementary to each other and, indeed, unless we have our analytic categories right to begin with, we cannot hope to give an intelligent account of the histories in question.

Searle is right to give primacy to philosophy over history in this case. I agree with him that before knowing what is going on in history about monetary system, wehave to know, by conceptual analysis and logical analysis, relevant analytical categories in advance. Nevertheless, conceptual analysis and logical analysis cannot be done without grasping the literal meaning of words and sentences in relevant descriptions in historical documents or texts. So, philology(or, sometimes, historical study) is necessary in the sense that conceptual analysis and logical analysis are working on the shoulder of the words' literal meaning which can be grasped by philological study. On the other hand, as mentioned above, to grasp the literal meaning of words and sentences cannot be separated from the conceptual framework of the concerned language. So, in sum, there is a *hermeneutical circle* or *holistic relatedness* in our understanding and interpretation of the text(in a general sense).

Again, philosophy and philology (or, sometimes, historical study) are complementary to each other.

7. Syntax as a Bridge for the Gap between Philosophy and Philology

Traditional Chinese philology (or a field named "sinology" [汉学] in the West) is a study of *kaozhengxue* (考证学) or *kaojuxue* (考据学, evidential study) in Qing dynasty. It includes *wenzixue* (文字学, traditional Chinese etymology or study of characters), *shengyunxue* (声韵学, traditional Chinese phonetics or phonology) and *xunguxue* (训诂学, text-based semantics or historical semantics). These three areas provide important and necessary tools for reading and understanding the literal meaning of words in ancient texts. However, there is no area in the academia of pre-modern China which is similar to that of grammar or syntax in the West. As pointed out by Mei Kuang (梅广), a lot of contemporary scholars in the field of Chinese philology are still skeptical of the necessity of using grammar or syntax for the interpretation or exegesis of ancient Chinese classics. To demonstrate this necessity, he provides some salient examples and argues convincingly that the tool of grammatical or syntactical study is supplement to the traditional methods in the interpretation and understanding of ancient texts. His explanation is:[1]

> In reading classical books, if one does not understand the meaning of a term, does not know the principle of *tongjia* (通假, interchangeable words with similar or related speech sound), or does not examine the linguistic context, or does not have sufficient knowledge of ancient culture, it would lead to misreading. These questions are not related to syntax, so we may leave here. However, if the misreading is related to syntax, there are three kinds of problem, i. e., about sentence reading, pol-

---

[1] Mei Kuang, *An Outline of Syntax of Ancient Chinese Language* (*Shanggu hanyu yufa gangyao*,《上古汉语语法纲要》), Taipei: Sanmin Book Company (三民书局), 2015, p. 16.

ysemy of structure, and (different uses of) function words.

读古书或因不明词义，不知通假之理，不悟音义之变，或于文理不审，或于古代文化知识有所不足，都会造成误读（dú）。这些问题不涉及语法，这里可以不谈。而误读与语法有关的，则是句读（dòu）、结构多义和虚词三种。

The first problem related to sentence reading is about the question how to properly divide each sentence from a series of words without punctuation. One of the examples to demonstrate this problem mentioned by Mei is in the *Analects*. That is:①

(S_A) 子在齐闻韶三月不知肉味。(*Analects* 7：14)

This series of words can be divided into two or three sentences in different ways as follows：

(S_{A1}) 子在齐，闻韶三月，不知肉味。
When the master was in Qi, he heard the Shao for three months, and did not know the taste of flesh.
(S_{A2}) 子在齐闻韶，三月不知肉味。
When the master heard the Shao in Qi, for three months he did not know the taste of flesh.
(S_{A3}) 子在齐，闻韶，三月不知肉味。
When the master was in Qi, he heard the Shao, and for three months he did not know the taste of flesh.

According to Mei's syntactical analysis, words like "*ting*"（听, to hear by ear）, *wen*（闻, to hear by being informed）and *shi*（视, gaze/look）are verbs of "activity" while the word "*jian*"（见, have seen）is a verb of "a-

---

① Mei Kuang, *An Outline of Syntax of Ancient Chinese Language*, pp. 20 – 21.

chievement". I think this distinction in terms of grammatical function is similar to Gilbert Ryle's distinction between the logical force of "task verb" or "action verb" and that of "achievement verb" or "success verb"①. In Chinese language, we sometimes say that "*shi er bu jian*" (视而不见, *to gaze/look at without seeing*) and "*wen er bu zhi*" (闻而不知, to hear without knowing). It means that *shi* or *wen* as an action does not necessarily succeed in perceiving something. So, (S_{A1}) is not an accurate reading in the sense that it is not sensible to have an action of perception for three months. Both (S_{A2}) and (S_{A3}) are grammatical acceptable. But, based on textual evidence, the word "*zai*" 在 in classical Chinese is usually used as a verb rather than preposition. Mei argues that the original compound sentence is expressed in parallelism with the form "VP (,) VP. " So, in comparison with (S_{A2}), (S_{A3}) is a much more reasonable reading. ②

The second problem related to polysemy of structure is about the question how to ascertain the accurate structure of a sentence. One of the examples provided by Mei is in the *Doctrine of Means* (Zhong Yong,《中庸》): ③

(S_B) 忠恕违道不远。(Zhong Yong 13)

Zhu Xi interprets (S_B) as a single sentence which means that the principle of *zhong* (忠, faithfulness) and *shu* (恕, reciprocity) does not seriously violate *dao* (道, a way to the moral end of cultivation) or is not far away from *dao*. But it does not make sense that there is room for the principle to be more or less contrary to or away from *dao*. It is because, in the *Analects*, the principle of *zhong* and *shu* is understood as Confucius's *dao* of an all-perva-

---

① Gilbert Ryle, *The Concept of Mind*, Reprint, Chicago: University of Chicago Press, 1949, pp. 149 – 153.
② Here, Mei's syntactical analysis is supplemented by the conceptual analysis of the Rylian kind. I think there is no syntactical analysis without conceptual analysis. In other words, there is no syntactical analysis without semantical analysis.
③ Mei Kuang, *An Outline of Syntax of Ancient Chinese Language*, p. 23.

ding unity(*yi yi guan zhi*, 一以贯之). So, Mei argues, it is better to read (S_B) as a conditional sentence. It means that, if one acts in accordance with the principle of *zhong* and *shu*, then what they act would not be far from the way.

In regard to the problem of polysemy of structure, I think the story of "three is the morning and four in the evening" in the *Zhuangzi*(《庄子》) is a salient example, better than those provided by Mei. That is:

(S_C) 劳神明为一而不知其同也谓之"朝三"。(*Zhuangzi*, 2: 6)

As I know, almost all scholars, including Guo Xiang(郭象) and Cheng Xuanying(成玄英), interpret the fable as using intellect to seek *for oneness* (*weiyi* 为一, *qiuyi* 求一 or *yaoyi* 要一). Western scholars' translation is also problematic. For example, A. C. Graham's translation is: "To wear out one's wits treating things as one without knowing that they are the same I call 'three every morning'."[1] Burton Watson's translation is: "But to wear out your brain trying to make things into one without realizing that they are all the same-this is called 'three in the morning'."[2] In terms of grammatical structure, this series of words is arranged by the scholars mentioned above as either(S_{C1}) or(S_{C2}):

(S_{C1}) 劳神明为一，而不知其同也，谓之"朝三"。
(S_{C2}) 劳神明为一而不知其同也，谓之"朝三"。

But all these interpretations or translations do not make sense. Because the monkeys in the story want to have much more food in the second time rather than to seek for the sameness or oneness about food offered by the

---

[1] A. C. Graham, "Chuang-tzu's Essay on Seeing Things as Equal", *History of Religions*, Vol. 9, No. 2/3, Nov., 1969 – Feb., 1970, p. 153.

[2] *The Complete Works of Zhuangzi*, translated by Burton Watson, New York Chichester, West Sussex: Columbia University Press, 2013, p. 11.

keeper in two times. They think that the offer of "four in the morning and three in the evening" (in the second time) is more than that of "three in the morning and four in the evening" (in the first time). They do not want to seek for the sameness between the two times, but care for the difference in the second time. It does not make sense to interpret the sentence as saying that the monkeys have the intention to seek for sameness or oneness. So, "*lao shenming wei yi*" (劳神明为一) is not an independent sentence. I think this series of words should be arranged as a conditional sentence, just like the example of Mei's arrangement mentioned above:

(S_{C3}) 劳神明, 为一而不知其同也, 谓之"朝三"。

Based on this grammatical analysis, (S_{C3}) means that: "If one labors their intellect, in regard to things being one, one does not know their sameness." Here, in the sentence "*weiyi er buzhi qi tong ye*" (为一而不知其同也), the word "*qi*" (其) is a demonstrative (pronoun) which is used to refer back to an elliptical subject "*wu*" (物, things). The message of the story as an metaphorical expression is that: the reason why the moneys do not know what is offered "three in the morning and four in the evening" and what is offered "four in the morning and three is the evening" are the same is that: through mental calculation, they cannot know what is going on in reality. In reality, there is no real distinction; all things are being one. Before this passage, Zhuangzi mentions the idea of "being one" in the sentence "the people who reach the ultimate *dao* are able to know how to penetrate all the things into oneness." (*wei dazhe zhi tong wei-yi*, 唯达者知通为一) (*Zhuangzi* 2: 6). Following this passage, he also mentions the idea in the sentence "heaven and earth were born together with me, and the myriad things and I are one." (*tiandi yu wo bingsheng, er wanwu yu wo weiyi.* 天地与我并生, 而万物与我为一) (*Zhuangzi* 2:9) In these sentences, it is obvious that the idea of "*weiyi*" 为一 (being one) is of positive meaning which is not negative as implied in (S_{C1}) and (S_{C2}). Therefore, I conclude that, in contrast to (S_{C1}) and

(S_{C2}), (S_{C3}) makes good sense and is semantically more adequate.

In addition to the semantic adequacy of this grammatical arrangement, this arrangement is also syntactically appropriate. Let's see the following words:

(S_D) 因是已，已而不知其然，谓之"道"。(*Zhuangzi* 2: 6)
If one follows what it is, in regard to things being so, one does not know how it is so, this is called "*dao.*"

In the text, (S_D) is followed by (S_{C3}):

(S_{C3}) 劳神明，为一而不知其同也，谓之"朝三"。
If one labors their intellect, in regard to things being one, one does not know their sameness, this [story] is called "three in the morning."

However, unfortunately, Graham divides these two passages into two sections as without connection. I don't agree with this arrangement. Because they are semantically related and, most importantly, they share the same form in parallelism. That is:

(S_{Form}) If A, then B 而不知 C, 谓之"D"。
If A, then B but does not know C, it is called "D."

So, (S_{C3}) is not only semantically adequate, but also syntactically adequate in terms of the structure of parallelism.

Finally, in regard to the third problem of *zuci* 虚词 (function words or empty words), Mei gives a very detailed and sophisticated grammatical analysis of the word "*yan*" 焉 (a word which can be used as demonstrative pronoun, interrogative pronoun, connective, preposition, modal particle, adjectival and adverbial suffix, etc.).① Here, I don't want to use too much space to introduce his view. However, I would like to discuss one example to illustrate this point which is about the interpretation of the word "*you*" 犹 in the *Xunzi*(《荀子》)22:6:②

When all these have been done, we name things accordingly. If things are the same, then we should give them the same name; if they are different, we should give them different names. When a single name is sufficient to convey our meaning, a single name is used; when it is not, we use a compound name. If the single name and the compound name do not conflict, *then a general name is used* [my italic]. Although it is *the general name* [my italic], it will not create inconsistencies. The idea that to avoid confusion one should give each different reality [object] a different name, because one understands the fact that different realities [objects] have different names, is *no better than* [my italic] assigning all the different objects the same name.

然后随而命之，同则同之，异则异之。单足以喻单，单不足以喻则兼。单与兼无所相避则共，虽共不为害矣。知异实者之异名也，故使异实者莫不异名也，不可乱也；犹使异实者莫不同名也！

Thus, although the myriad things are of multitudinous types, there are occasions when we want to refer to them collectively by name. One thus calls them "thing." "Thing" is the name of greatest generality. By extending the process, one makes terms more general names, and from these generalized names one further generalizes until one reaches the point where there are no further generalizations to be drawn, and only then does one stop. There are other occasions when one wants to refer to

---

① Mei Kuang, *An Outline of Syntax of Ancient Chinese Language*, pp. 25 – 38.
② See the *Xunzi*, Library of Chinese Classics (Chinese-English), translated into English by John Knoblock and translated into Modern Chinese by Zhang Jue 张觉, Changsha: Hunan People's Press and Beijing: Foreign Languages Press(湖南人民出版社与外文出版社), 1999, 22:6, p. 715.

things in part, so one refers to them as "birds" or "animals." "Bird" and "animal" are the names of the largest divisions of things. By extending the process, one draws distinctions within these groups, and within these distinctions one draws further distinctions until there are no further distinctions to be made, and only then does one stop.

故万物虽众，有时而欲无［遍］举之，故谓之物；物也者，大共名也。推而共之，共则有［又］共，至于无共然后止。有时而欲徧［偏］举之，故谓之鸟兽。鸟兽也者，大别名也。推而别之，别则有别，至于无别然后止。

Here, let alone the misinterpretation of the sentence "*dan yu jian wu suo xiang bi ze gong*"（单与兼无所相避则共，if the single name and compound name do not conflict, then a general name is used）from Yang Jing（杨倞）to Wang Xianqian（王先谦）.① The most serious misinterpretation by most scholars is about the last sentence of the first passage. Most scholars follow Yang Jing's commentary to replace "*yi*"（异, different）with "*tong*"（同, same）and interpret the word "*you*"（犹）as "like [the case that]"（*ru* 如）. But this interpretation does not make sense. Let's see Wang Xianqian's commentary:②

Some scholar says that: "*yi shi*"（different objects）should be [replaced by] "*tong shi*"（same object）[in the last sentence]. It says that to give each different object a different name is to prevent the confusion

---

① Here, the conditional sentence is talking about the case that if there is no conflict in terms of reference between a single name and a compound name we can use both names. It is not about the case that if there is no conflict to use a single name to refer to different objects covered by it we can use the single name as a common name and it is also true for the case in using a compound name. Detailed argument about this point can be found in Yiu-ming Fung, *Language, Truth and Logic in Ancient China*, chapter three (forthcoming).

② Wang Xianqian（王先谦）, *An Collected Commentary on the Xunzi*（*Xunzi jijie*,《荀子集解》）, Beijing: Zhonghua Book Company（中华书局）, 1988, p. 419.

between them. Wang Niansun（王念孙）says：What is said by that scholar is right. Its evidence is in the previous sentences："If things are the same, then we should give them the same name; if they are different, we should give them different names."

或曰："异实"当为"同实"。言使异实者异名，其不可相乱，犹如使同实者莫不同名也。王念孙曰：或说是也。上文"同则同之，异则异之。"是其证。

I think it is wrong to treat "*tong ze tong zhi*; *yi ze yi zhi*"（同则同之,异则异之）. as the evidence to support the revision from "*yi shi*"（异实, different objects）to "*tong shi*"（同实, same object）in the last sentence. First, the word "*you*" 犹 used as "*ru*" 如 and occurred between the two revised sentences（"*shi yi shi zhe mo bu yi ming ye*" 使异实者莫不异名也 and "*shi tong shi zhe tong ming ye.*" 使同实者莫不同名也）does not make sense. Because it does make sense to say that "we give different names for different persons, *just like* we give different names for different animals." But it does not make sense to say that "we give different names for different persons, *just like* we give the same name for the same person." In the latter case, we would not use the words "just like"（*youru*, 犹如）, as interpreted by Wang Niansun, to express the relation between these two revised sentences. It is because they are opposite expressions used in parallelism and thus we have no ground to say the latter is *just like* the former.

Second, if Wang's arrangement and reading is right, why Xunzi uses the same name "*wu*"（物）to refer to different *shi*s（实, objects or substances）in the second passage? Even "*niao*"（鸟）and "*shou*"（兽）can also be used respectively as the same name for different objects. So, what Xunzi asserts in the last sentence of the first passage should not be understood as a case similar to that asserted in the previous sentence of that passage.

Third, if the text can be interpreted as using "*you*" in the sense of "*ru*" （like）, it would assign a rigid requirement of naming to Xunzi which is obviously in violation of his principle of "naming by convention." Xunzi does not accept the rigid correspondence between *ming*(名) and *shi*(实) or any idea of one-name-one-thing or one-term-one-meaning. As we know, in addition to accepting the phenomena of using different words, either single or compound name, to express same meaning and reference, Xunzi also accept to use the same word to express different concepts. For example, to criticize the ambiguity in Song Rongzi's 宋荣子(Song Xing, 宋钘) idea of "being bullied is not being insulted" (*jianwu buru*, 见侮不辱), Xunzi has demonstrated that "insult" (*ru*, 辱) and "honor" (*rong*, 荣) can be the same word-type used for different word-tokens: one is related to the external factor (*shi*, 势) while the other is related to the moral righteousness (*yi*, 义). (*Xunzi* XVIII:37)

As a matter of fact, in addition to use the word "*you*" as "*ru*" (like), the word sometimes can be used as "*reng*" (仍) or "*shang*" (尚, still or yet) in ancient texts. For example, "*you*" in the sentence "Yu's standard/law is still retained" (*Yu zhi fa you cun*, 禹之法犹存) (*Xunzi* XII:1) So, there is no need to replace "*yi shi*" by "*tong shi*." It is because, in addition to use different names for different objects, *say*, to use "*niu*" (牛) for cows and "*ma*" (马) for horses, respectively, we still (*you*, 犹) use the same name for different objects, *say*, to use "*shou*" (兽) for different animals. I think the misreading mentioned above is due to misunderstanding the use of the function word "*you*."

8. From Historical Syntax to Logical Syntax

In regard to the status of syntax in the interpretation and understanding of ancient texts, I think, in addition to the supplementary function to traditional Chinese philology as argued by Mei, syntax also has a function of bridging the gap between philosophy and philology. As mentioned above, philology is mainly a study at the word-level. Even though sometimes it deals with problem in sentence-level, it cannot succeed in interpretation without syntax. So, historical syntax is a necessary tool for the interpretation and understanding of ancient texts and, most importantly, logicalsyntax is also necessary. It is because, on the one hand, logic is a tool to disclose the deep structure of a sentence covered by its surface structure exposed in grammar; on the other hand, without the surface structure of language reflected in syntax or grammar, there would be no logical analysis to disclose its deep structure. As we know, logical analysis and conceptual analysis are hand and hand together in philosophical investigation. Although grammatical analysis and philosophical investigation cannot replace philological study in the interpretation and understanding of ancient texts, without grammatical analysis and philosophical investigation, both the surface structure and deep structure of a sentence in classical language cannot be elaborated and disclosed and thus it is difficult, if not impossible, to make an accurate interpretation. So, I think both fields, i. e. , historical syntax (grammar) and formal syntax (logic) are supplementary to each other and both can be used to bridge the gap between philology and philosophy. In sum, I think, grammar or syntax in history (or descriptive or historical syntax) together with logic (pure or formal syntax) can act as a bridge between philosophy and philology, a fact that most scholars in the philological trend, like Hu Shih and his followers, do not know. ①

If grammatical analysis can help us to understand the surface structure of a sentence, logical analysis, based on the surface structure, can help us to disclose the deep structure of the sentence. As we know, sentences with the same grammatical form can be used with different logical functions and, only by logical analysis (and also analysis by speech acts) can we demonstrate their difference in logical functions. For example, "SP ye" ("SP 也"). in classical Chinese is structurally ambiguous. In different contexts, sentences of the same form of "SP ye". can be used to express different meanings. For ex-

---

① Rudolf Carnap makes a distinction between descriptive (or empirical) syntax and pure (or logical) syntax: descriptive syntax is an empirical investigation of the syntactical features of given languages in history; pure syntax is a logical study of syntactical systems. Their relation is just like pure mathematical geometry to physical geometry. See Carnap, *Logical Syntax of Language*, London: Routledge and Kegan Paul, 1967, pp. 6, 7, 15, 53, 168.

ample:

(1) Confucius is a man of Lu. (孔子鲁人也)
(2) Confucius is Zhongni. (孔子仲尼也)
(3) Dog is animal. (狗禽兽也)
(4) Dog is puppy. (狗犬也)
(5) Boat is wood. (船木也)
(6) [This] one horse is horse. (一马马也)
(7) [These] two horses are horse. (二马马也)
....

All these sentences share the same grammatical form. That is:

(Form) SPye. (S is P.)

But their logical forms are different. They can be formulated as follows:

(1_L) Lc [or c $\in$ L]
(2_L) $c_1 = c_2$
(3_L) $(\forall x)(Dx \to Ax)$ [or $D_{set} \subset A_{set}$]
(4_L) $(\forall x)(Dx \leftrightarrow Px)$ [or $D_{set} \equiv P_{set}$]
(5_L) $(\forall x)(\forall y)[(Bx \& Wy) \to xMy]$ [xMy: x is made of y]
(6_L) $(\exists x)[(h = x) \& (x < H)]$ [h is a part of H]
(7_L) $\{(\exists x)[(h_1 = x) \& (x < H)] \& (\exists y)[(h_2 = y) \& (y < H)]\}$
[h_1 and h_2 are parts of H]
....

So, without logical analysis to uncover the deep structure of a sentence, we cannot know the different logical functions of different sentences which share the same grammatical form. To have a correct reading of sentences in ancient texts, I think, analysis of historical syntax has to be hand in hand cooperated with analysis of logical syntax.

Let's turn to a paradigmatic case study which can be used to illustrate how to uncover the deep structure of a sentence and how this project from grammar to logic can contribute to our understanding of language. According to Bertrand Russell, we are often misled by the accidental, imprecise surface structure of natural language in expressing our thought and describing the world. It is the philosopher's job to discover the logical structure of a language that will help us to escape from misleading. Ludwig Wittgenstein even treats philosophy as a form of therapy or disenchantment of language. The paradigmatic example of the disclosure or therapy of natural language is Russell's theory of definite descriptions. Let's consider the following sentences:

(1) The present King of France is bald.
(2) The present King of France is not bald.

According to our understanding in natural language, if (1) is false, (2) would be true, because (2) appears to be the negation of (1). For the same reason, if (2) is false, (1) as its negation would be true. But it is ridiculous to assign any truth-value to either (1) or (2), for it seems nonsense to say something, which does not exist, is such and such. So, it seems that (1) and (2) are not sentences with (cognitive) meaning, i. e. , without truth-values.

Since we usually regard "the present king of France" as a description referring to an individual person and "bald" as a term predicating the person, it seems reasonable to use the following forms to formulate these sentences in our natural language:

(1a) a is B [or Ba]
(2a) a is not B [or ~ Ba]

Nevertheless, there is no king in the present day of France, the (individual) term "a" refers to nothing and the sentence (form) "Ba" cannot be considered as true. If we consider, for the sake of argument, it false, its negation, "~Ba," would be true. For the same reason, if "~Ba" is considered as false, its negation, "Ba," would be true. But, it is senseless to say a nonexistent has or doesn't have some property. It is clear that neither "Ba" nor "~Ba" is true under this interpretation of the original sentences.

According to our linguistic intuition, however, sentences (1) and (2) are saying something and thus making sense, cognitively. If they are not senseless, they should have truth-values, either true or false. To solve this puzzle, Russell offers another interpretation for the original sentences through his logical analysis. He thinks that sentence (1), for example, appears to be a simple *subject-predicate sentence*, referring to an individual (someone who is the present King of France) and predicating something (baldness) of him. But appearances in natural language are deceiving. Notice that the ostensible singular term, "the present King of France," consists of our troublesome word "the" pasted onto the front of a predicative expression, and notice too that the meaning of that expression figures crucially in our ability to recognize or pick out the expression's referent; to find the referent we have to look for someone who is the present King of France. Russell suggests that "the" abbreviates a more complex construction involving what logicians and linguists call *quantifiers*, words that quantify general terms ("*all* teenagers" "*some* bananas" "*six* light bulbs" "*most* police officers" "*no* art students" and the like). Indeed, he thinks that (1) as a whole abbreviates a conjunction of three quantified general statements, none of which makes reference to the individual identified. They are:

(A) At least one person is presently King of France, and
(B) at most one person is presently King of France, and
(C) whoever is presently King of France is bald.

Each of (A) – (C) is individually necessary and they are jointly sufficient for determining the truth-value of (1). These three conditions can be formulated as follows:

(A_L) ($\exists x$) Fx
(B_L) ($\forall x$) [Fx → ($\forall y$) (Fy → y = x)]
(C_L) ($\forall x$) (Fx → Bx)

As we know, (A_L) – (C_L) are conjointly equivalent to

(1b) ($\exists x$) { [Fx & ($\forall y$) (Fy → y = x)] & Bx }

Here, Russell's position is that (1b), instead of (1a), correctly expresses the logical form of (1), as distinct from the *superficial grammatical form* of (1). This distinction can be illustrated by another example. Superficially, the sentence "I saw nobody" has the same grammatical form as "I saw Mary". Yet the two differ sharply in their logical properties. "I saw Mary" entails that I saw someone, while "I saw nobody" entails precisely the opposite; it is equivalent to "It's not the case that I saw anyone" and to "There is no one that I saw". The term "nobody" is not really a singular term, but a quantifier. In logical notation, letting "S" represent "···saw···" and "b" represent "I" "I saw nobody" is expressed as " ~ ($\exists x$) Sbx" or, equivalently, " ($\forall x$) ~ Sbx".

So too, Russell maintained, the apparent singular term in (1), "the present King of France", is not really (that is, at the level of logical form) a singular term at all, but a convenient (if misleading) abbreviation of the more complicated quantificational structure displayed in (A) – (C). As he puts it, the apparent singular term "disappears on analysis". Our puzzles have arisen in fact from applying principles about singular reference to expressions that are not really singular terms at all but only masquerade as such.

According to the analysis mentioned above, (1) and (2) can be formulated as (1b) and (2b), respectively. The latter is:

(2b) $(\exists x)\{[Fx \& (\forall y)(Fy \to y = x)] \& \sim Bx\}$

If we cannot find a person as a value of the variables "x" and "y" fixed by the property "F", all the instances of the first two conjuncts of formula (1b) and (2b) would be false, and thus (1b) and (2b) would be also false. We can see that (1b) and (2b) can be both false, and they are not contradictory to each other. So, the original sentences (1) and (2) are not the negation of each other. Indeed, their negation are (3) and (4), respectively:

(3) It is not the case that the present King of France is bald.
(4) It is not the case that the present King of France is not bald.

The logical forms of (3) and (4) are (3b) and (4b), respectively:

(3b) $\sim (\exists x)\{[Fx \& (\forall y)(Fy \to y = x)] \& Bx\}$
(4b) $\sim (\exists x)\{[Fx \& (\forall y)(Fy \to y = x)] \& \sim Bx\}$

Conclusively, the puzzle about the statement with empty term or non-referring term can be explained away. I think this is the great power of logical analysis which can be used to disclose the deep structure under the surface grammatical structure of our natural language.

In the following sections, I will provide four case studies to demonstrate the mutually supplementary relation between philology and philosophy, especially, in some particular cases, the crucial role of both historical syntax and logical syntax in the interpretation and understanding of ancient texts. These four cases or examples are:

(1) The interpretation based on a skill-model in explaining the Cook Ding story (*paoding jieniu*, 庖丁解牛) in the chapter "Nourishing the Lord of Life" (Yangsheng Zhu,《养生主》) of the *Zhuangzi* can be used to show that, without grounding on solid philological evidence and accurate syntactical

analysis, the interpretation issued from philosophical explanation is not reliable.

(2) The syntactical analysis of the compound sentence with the "*zhi*" (之) construction of anaphora can be used to demonstrate that there is a functional equivalent of that-clause in classical Chinese which can be used to express propositional attitudes and abstract ideas.

(3) The fallacy of the redundancy thesis in the chapter "Of Honor and Disgrace" (Rongru,《荣辱》) of the *Xunzi* can be used to demonstrate that, without philosophical sensibility in terms of conceptual analysis and the requirement of logical consistence, the judgment and explanation only based on philological study is not reliable.

(4) The interpretation of the chapter "Discourse on White-Horse" (Baima Lun,《白马论》) of the *Gongsun Longzi* can be used to demonstrate why logical analysis is necessary for understanding the logical thinking embedded in Gongsun Long's argumentation for the proposition "white-horse is not horse." This is a mission impossible for empirical studies.

9. Case 1: The Cook Ding Story in the *Zhuangzi*

In the Cook Ding story, some of the popular interpretations treat "*guan-zhi*" (官知) and "*shen-yu*" (神欲) as compound terms (meaning *perception and understanding* or *perceptual knowing* for the former and meaning *spirit-desire* for the latter) in the sentence "*guan zhi zhi er shen yu xing*" (官知止而神欲行). But I think this does not make sense. Burton Watson translates "*guan zhi zhi*" (官知止) as "perception and understanding coming to a stop"[①]. Some other philosophers treat the first two words "*guan zhi*" as a compound term meaning a kind of *perceptual knowing* or *cognition of sensory*

---

① Burton Watson, *The Complete Works of Chuang Tzu*, New York: Columbia University Press, 1968, p. 51.

experience.① Besides, some philosophers even use a skill-model to interpret Cook Ding's magic skill in dissecting an ox. They think that Cook Ding's *dao* is a super-skill. So, in dissecting an ox, the perception and cognition would be taken away by his spontaneous, automatic or *wu-wei* (无为) like action. However, I think this is a great mistake. It is unintelligible to interpret Cook Ding's *dao* as a super-skill. The main idea of the chapter three of the *Zhuangzi* is not about skill or super-skill, but about nourishing life with the metaphor "*shan dao er cang zhi*" (善刀而藏之, keep and preserve his knife in a good condition). The main concern of the essay is not about Cook Ding's skill or super-skill which alludes to *dao*, but about the knife as vehicle of the life as tenor. So, *dao* is not a super-skill, but a natural or non-artificial way of preserving life.

In English, according to Oxford Dictionaries, "stop" can be used to mean "cease to perform a specified action or have a specified experience" or "stay somewhere for a short time". Similarly, in classical Chinese, "*zhi*" 止 is sometimes used to mean "stop" in terms of "abolish" or "terminate" and sometimes used to mean "stop" in terms of "stay" or "rest". Here, "*zhi zhi*" in "*guan zhi zhi*" is used just like "*zhi zhi*" in "*zhi zhi qi suo bu zhi zhi yi*" (知止其所不知至矣, One who knows to rest in/stay at what one does not know would attend to the ultimate). (*Zhuangzi* 2:10; 23:7) And, "*shen yu*" in "*shen yu xing*" is used just like "*xin yu*" in "*xin yu xiao er zhi yu da*" (心欲小而志欲大, the heart/mind needs to be small while the will/ideal needs to be large) (*Huainanzi*《淮南子》, Zhushuxun 主术训) Both texts use "*zhi*" and "*yu*" as main verbs. In contrast, as going through the Database of Classical Chinese (古汉语语料库) provided by Academia Sinica, the combination of

---

① For example, Chris Fraser translates the parallel sentences into "perceptual knowing stops, while spirit-desire proceeds". See Fraser's "Wandering the Way: A Eudaimonistic Approach to the *Zhuangzi*," *Dao: A Journal of Comparative Philosophy*, 3 Oct. 2014, p. 18. Fang Wan-chuan (方万全) treats "*guan zhi*" as meaning *a cognition of perceptual experience*. See Fang's "Zhuangzi on Skill and Dao" (*Zhuangzi lun ji yu dao*,《庄子论技与道》), *Journal of Chinese Philosophy and Culture* (volume six), Department of Philosophy, Chinese University of Hong Kong, December 2009, p. 267.

"*guan*" and "*zhi*" and that of "*shen*" and "*yu*" as compound terms (i. e., "*guanzhi*" and "*shenyu*") cannot be found in any ancient text. We can also find some other examples in ancient texts which indicate that sensory organs are able to know or govern what is perceived. For example, "The eyes know to exhaust what one wants to see" (*Zhuangzi* 14:3)(目知穷乎所欲见)(天运). "Even though the body knows its [state of] comfort, the mouth knows its [taste of] sweet, the eye knows [its perception of] beauty, and the ear knows its [state of] enjoyment." (*Mozi* 27:1)(虽身知其安也，口知其甘也，目知其美也，耳知其乐也)(非乐).

More importantly, since "*guan zhi zhi*" is followed by "*shen yu xing*," the two words "*zhi*" (知, know) (sometimes it means the same as "*zhi*" 治 or "*zhu*" 主 master/manage/govern/determine in classical Chinese) and "*yu*" (欲, need/want/try/will) are used in parallel as main verbs. In other words, "*guan zhi*" is not a compound term, just like "*shen yu*" is not a compound term. "*Shen*" means "*xinshen*" (心神, mind-spirit) or "*jingshen*" (精神, spirit with vitality), that is an attentive act or a kind of concentrative spiritual power (*ningshen*, 凝神) which can be used to meet or coincide with the target of dissecting an ox in a natural way. So, I think the above description based on Watson's translation or other interpretations is misleading. The sentence "*guan zhi zhi er shen yu xing*" means that the sensory organs know/determine the focus of the action of dissecting an ox, not the so-called "*guanzhi*" stops working and "*shen*" moves where it wants. I think what the author of chapter three of the *Zhuangzi* really says is that: the sensory organs *know/determine* where to stay/stop; [then] the spirit tries/wants to go [into the place where the organs stay/stop]. Here the question is: where is the place for the organs to stay/stop? My answer is: when one is going to dissect an ox, the first action is to use one's eyes to see where the intervals of the body structure are for smooth or easy dissecting. If he finds the intervals, his eyes will stay or stop there for further action. It is because his eyes cannot enter the intervals. But how to move one's knife into the intervals is the job of his experienced "mental eye", i. e., his spirit. Here in the case of Cook Ding, his experience told him that his knife is without thickness while the ox's intervals are of plenty room for entering. This job is first done with sensory organs and then carried on by the spirit. So, the precedent sentence, "I meet the target [place] with the spirit; I do not see the target [place] with the eyes" (臣以神遇而不以目视) does not really mean that he never used his eyes in dissecting an ox. ① It is because the eyes cannot enter the target place of dissecting; they have to stay or stop at some place before dissecting. Cook Ding said: "Three years later, I no longer saw an ox as a whole." (三年之后未尝见全牛也) It means that he still needs to use his eyes in dissecting an ox though he does not treat the ox as a live animal as a whole. A similar story has been recorded in the *Spring and Autumn of Lu Buwei* (*Lushi Chunqiu*, 《吕氏春秋》). It says that:

> Cook Ding of the state of Song (宋) was interested in dissecting oxen. What he saw was nothing but a dead ox, That is, he never saw a live ox after three years. He had used his knife for nineteen years without sharpening it even once, but it was still as honed as if it had just been whetted. It is because he followed the natural pattern [of the ox] and focused his spirit on the ox. (Jiqiu Ji 季秋纪 Jingtong 精通 4)
>
> 宋之庖丁好解牛，所见无非死牛者，三年而不见生牛。用刀十九年，刃若新硎，顺其理，诚乎牛也。

---

① Hanshan Deqing (憨山德清) is right to interpret "*zhi*" (知) and "*yu*" (欲) as main verbs. He notes that: "'*Guan*' refers to the five organs such as ears and eyes. Merely based on the mind, eyes know where to stay/stop and the spirit immediately follows where to go." (官谓耳目等五官也。但以心，目知其所止，而神即随其所行) Here, the word "*sui*" (随, follow) is very important. It means that the spirit's working follows the eyes' searching. They are in cooperation. In contrast to Guo Xiang 郭象 and Cheng Xuanying's 成玄英 interpretations, Deqing interprets the term "*zhi*" (止) as "stay" rather than "abolish." See his *Commentary on the Inner Chapters of Zhuangzi*(《庄子内篇注》), Hong Kong: HK Buddhist Book Distributor 香港佛经流通处 1997, p. 130. Besides, A. C. Graham's translation is better than Watson's. His translation is: "I am in touch through the daemonic in me, and do not look with the eye. With the senses I know where to stop, the daemonic I desire to run its course." See his *Chuang-tzu: The Seven Inner Chapters and Other Writings from the Book Chuang-tzu*, London: George Allen & Unwin 1981, pp. 63 – 64.

Cook Ding does not use his eyes to see the ox as a live, organic or complete animal. But it does not mean that he doesn't use his eyes to see the object for dissecting; it implies that he still have to use his eyes to see the object with focus on the parts of concern and find the intervals for his knife to enter. It doesn't make sense to interpret Cook Ding as a magician who can close his eyes to make a magic.

Without a correct linguistic or grammatical analysis, I think we cannot give an accurate interpretation for the Cook Ding story. If my analysis is right, the words "zhi" (知) and "yu" (欲) in this parallel compound sentence should be understood as main verbs, and thus cannot be treated as nouns. Besides, "guan" (官) and "zhi" (知) cannot be understood together as a compound term meaning "perceptual knowing" or "cognition of sensory experience." Similarly, "shen" (神) and "yu" (欲) also cannot be combined to mean "spirit-desire." Moreover, "zhi zhi" in the sentence "guan zhi zhi" is an expression of the grammatical construction of "serial verbs," a kind of infinitival structure. It means that the sensory organs know where to stay or stop, i. e., the target place for entering and dissecting. It doesn't mean that "sensory knowledge stops (working)." In addition to the example in the *Zhuangzi* mentioned above, in the *Analects*, we have the sentence "[The old man] kept Zi Lu_i [PRO_i to stay overnight (in his house)]" 止子路宿 (*Analects* 18:7). The word "zhi" in both texts are used to mean "stay at," "rest in" or "keep stay." It is not used to mean "stop" in the sense of "abolish" (*feizhi*, 废止), as interpreted by Guo Xiang and Cheng Xuanying, but in the sense of "stay at" or "rest in" (*zhi yu* 止于 or *tingliu* 停留). If sensory organs play the role of finding intervals and the spirit plays the role of entering the intervals in a way of following the natural course, there would be no problem for Cook Ding to treat his actions as spontaneous or not and intentional or not, even for dissecting the easy part of the ox. If my interpretation is right, then, the Cook Ding story does not mean, as Fraser's interpretation, that "the actions it yields are guided directly by the world, rather than by the agent's intentions, abilities, and dispositions,"① or, as Fang's interpretation, that Cook Ding's skill"involves an embodied capacity. "② Cook Ding is not a magician who can close or cover his eyes, without using his cognition and understanding, to play his magic, period.

10. Case 2: The Anaphoric Function of "*Zhi*" in Compound Sentences

According to Chad Hansen's view, based on his mass-noun hypothesis, classical Chinese does not have the concept of a sentence and, without that-clause or that-belief, it cannot be used to express propositional attitudes or sentence-beliefs which is the carrier of semantic truth. So, he claims:

(1) We find no concepts of *beliefs*, *concepts*, *ideas*, *thoughts*, *meanings*, or *truth*... They [the Mohist thinkers] still do not focus on sentences but on names or longer strings of names (usually character pairs). The deep concern continues to be guidance, not description. ③

(2) No single character or conventional string of ancient Chinese corresponds in a straightforward way to "believes that" or "belief that. " No string or structure is equivalent to the word "believe" or "belief" in the formal sense that it takes sentences or propositions as its object. ④

As we know, one of the indicators of sentential beliefs or propositional attitudes is the device of that-clause. I think it is obvious that ancient Chinese thinkers do express their thought with sentential beliefs or propositional

---

① Chris Fraser's "Wandering the Way: A Eudaimonistic Approach to the *Zhuangzi*", p. 18.

② Fang Wan-chuan, "Moral Perception, Moral Psychology, and Zhuangzi's Sage" (paper presented to the Conference on Chinese Philosophy and Moral psychology, 17 - 18 December 2007, Division of Humanities, Hong Kong University of Science and Technology), p. 6.

③ Chad Hansen, *A Daoist Theory of Chinese Thought: A Philosophical Interpretation*, New York: Oxford University Press, 1992, p. 235.

④ Chad Hansen, "Chinese Language, Chinese Philosophy and 'Truth' ", *The Journal of Asian Studies*, Vol. 44, No. 3, 1985, p. 501.

attitudes. In contrast to Hansen's view, most Chinese grammarians assert that there are sentential beliefs or propositional attitudes expressed in classical Chinese. In the following, I will argue that, in classical Chinese, there are functional equivalents to that-clause or belief-clause in Western language. If we agree with Davidson's paratactic view on that-clause, we can also agree that there are also that-clauses in classical Chinese. According to Davidson's analysis, for example, the sentence, "Galileo said that the earth moves", can be paraphrased as including two parts:

The earth moves.
Galileo said that.

According to the *Oxford English Dictionary*, Davidson quotes: ①

The use of *that* is generally held to have arisen out of the demonstrative pronoun pointing to the clause which it introduces. Cf. (1) He once lived here: we all know *that*; (2) *That* (now *this*) we all know: he once lived here; (3) We all know *that* (or *this*) : he once lived here; (4) We all know *that* he once lived here.

He concludes that: ②

The proposal then is this: sentences in indirect discourse, as it happens, wear their logical form on their sleeves (except for one small point). They consist of an expression referring to a speaker, the two-place predicate " said ", and a demonstrative referring to an utterance, period.

---

① Donald Davidson, *Inquiries into Truth and Interpretation*, second edition, Oxford: Oxford University Press, 2001, p. 106.
② Donald Davidson, *Inquiries into Truth and Interpretation*, second edition, p. 106.

Davidson's paratactic construction is not only theoretically appropriate, but also in accordance with the development of the Present English from the Old English and Middle English. As indicated by many historical linguists of English, there is no clear modern form of that-clause in Old English. The complementizer (or subordinating conjunction) "that" in a that-clause of Present English is derived from the demonstrative "pæt" in Old English through a process of grammaticalization.① In Chinese language, there is also a similar kind of grammaticalization or *xu hua* (虚化, de-substantiation) in history.

In classical Chinese, we can find a lot of examples which fit into Davidson's analysis. According to Fang Wan-chuan's explanation, which is based on Davidson's analysis of indirect discourse, there are clear cases of using that-clause in classical Chinese.② One of the examples mentioned by Fang is a clear case of believing-that sentence in the *Mencius*, that is:

> If we simply take single sentences, there is that in the ode called "The Milky Way": "Of the black-haired people of the remnant of Zhou, There is not half a one left." If we believed that utterance, then not an individual of the people of Zhou was left. (*Mencius* IX:4) (James Legge's translation with my minor modification)
>
> 如以辞而已矣，云汉之诗曰："周有余民，靡有孑遗。"信斯言也，是周无遗民也。

Here, the antecedent clause "we believed that utterance" is embedded with a that-clause in which the demonstrative "*si*" (斯, that/this) refers back to the quoted sentence. So, this referred sentence can be regarded as the object of the belief. In addition to Fang's example about direct speech, there are

---

① Joseph M. Williams, *Origins of the English Language*, New York: The Free Press, 1975, p. 248.

② Fang Wan-chuan, "The Concept of Truth and Pre-Qin Chinese Philosophy: On Chad Hansen's View" (真理概念与先秦哲学), *Journal of Nanjing University* (Philosophy, Humanities and Social Sciences), No. 2, 2006, pp. 97–98.

examples of believing-that in the *Zuo's Commentary on the Spring-Autumn Annals* (*Chunqiu Zuo Zhuan*,《春秋左传》) and the *Book of Rites* (*Li Ji*,《礼记》) which are about indirect speech:

When Chung-ne [Zhong Ni] heard of these words, he said, "Looking at the matter from this, when men say [that] Tsze-ch'an [Zichan] was not benevolent, I do not believe it." (*Zuo Zhuan* 左传 Duke of Xiang 襄公 Year 31)①

仲尼闻是语也,曰: "以是观之,人谓子产不仁,吾不信也。"

The Master said, "In the service of a ruler, if (an officer), after thrice leaving the court (on his advice being rejected), do not cross the borders (of the state), he is remaining for the sake of the profit and emolument. Although men say [that] he is not trying to force (his ruler), I will not believe that." (*Li Ji*, Biao Ji 32)②

子曰:"事君三违而不出竟[境],则利禄也;人虽曰不要,吾弗信也。"

In addition to these examples of the paratactic form of indirect speech, the following one in the *Hanfeizi*(韩非子) is much more interesting:

When Panggong together with the Crown Prince was going to Handan as hostage, he said to the King of Wei: "Now, suppose one person says [that] there is a tiger in the market, will Your Majesty believe it?" [The King] said: "I will not believe it." [Pang said:] "If two persons say [that] there is a tiger in the market, will YourMajesty believe

---

① James Legge, *The Chinese Classics: With a Translation, Critical and Exegetical Notes, prolegomena, and copious indexes*, Taipei: SMC Pub., 1991, Vol. V, p. 566.

② James Legge, *Li Chi: Book of Rites: an encyclopedia of ancient ceremonial usages, religious creeds, and social institutions*, New Hyde Park, N. Y.: University Books, 1967, Vol. II, p. 346. It is quoted from Legge's translation with minor modification.

it?"［The King］said:"I will not believe it."［Pang said:］"If three persons say［that］there is a tiger in the market, will Your Majesty believe it?"The King said:"I［as the sovereign］will believe it."(Inner Congeries of Sayings, Upper Series,《内储说上》27)①

庞恭与太子质于邯郸，谓魏王曰："今一人言市有虎，王信之乎？"曰："不信。""二人言市有虎，王信之乎？"曰："不信。""三人言市有虎，王信之乎？"王曰："寡人信之。"

In the above example, the sentence" one (or two or three) person said the market has a tiger" has the form" one(or two or three) said［that］S". It can be understood as a that-clause with zero from of that. The sentences"… I don't believe［zhi = that/this］"and"… I believe zhi 之［ = that/this］." have the forms"S,I don't believe t"and"S,I believe zhi(= that/this)," respectively. Here, S stands for the sentence(that is: the market has a tiger), t is used to indicate the *trace* in the sentence of not-believing. The zero form of "zhi"in the sentence" one (or two or three) said［that］S". is used as a complementizer to connect the matrix clause("one/two/three person said") and the subordinate clause("the market has a tiger"); while the word"zhi" used in the sentences"S,I don't believe t"and"S,I believe zhi(= that/this)", are demonstrative (pronoun) to refer back to S. It seems that both that-clause with zero form of that and that-clause with paratactic form are used in ancient texts. Both of them can be used to express a propositional attitude of belief.②

---

① W. K. Liao, *The Complete Works of Han Fei Tzu*, Vol. Ⅰ, London: Authur Probsthain, Hertford: Stephen Austin and Sons, Limited,1939, p. 291.

② In addition to this kind of grammaticalization from demonstrative pronoun to subordinate complementizer(i. e. , from substantive word for anaphoric or cataphoric reference to function word for subordinate conjunction), there is another kind of grammaticalization from demonstrative pronoun to conditional complementizer(i. e. , from substantive word for anaphoric or cataphoric reference to function word for conditional conjunction). A detailed argument with concrete examples can be found in Hung Bo 洪波, *A Study of Chinese Historical Syntax*,《汉语历史语法研究》, Beijing: Commercial Press(商务印书馆),2010, pp. 317 - 318.

Some examples in the ancient texts show that a sentence of paratactic structure and a sentence with a that-clause with zero form of that are functionally equivalent. Let's see the following examples:

(A_1) That those who do not fail to keep themselves are able to serve their parents: I have heard that/this." (*Mencius* Ⅶ:19)
不失其身而能事其亲者：吾闻之矣。

(A_2) I have heard that/this: [that] a ruler does not injure his people with that wherewith he nourishes them. (*Mencius* Ⅱ:22).
吾闻之也：君子不以其所以养人者害人。

Here the word "*zhi*" (that/this) is used as a demonstrative, either with the function of anaphora or cataphora, to refer to the sentence, either the previous nominalized sentence or the following one. I think the above paratactic construction can be regarded as a functional equivalent to the following sentences of indirect speech with the empty category of "*zhi*":

(B_1) I have heard [that] the chief of the West knows well how to nourish the old. (*Mencius* Ⅶ:13 and ⅩⅣ:22)
吾闻西伯善养老者。

(B_2) I have heard [that] he [Yi Yin, 伊尹] sought an introduction to Tang by the doctrines of Yao and Shun. I have not heard [that] he did so by his knowledge of cookery. (*Mencius* Ⅸ:7)
吾闻其以尧舜之道要汤，未闻以割烹也。

(B_3) I have heard [that] Qin and Chu are fighting together. (*Mencius* Ⅻ:24)
吾闻秦楚构兵。

As reflected in these examples, I think, both sentences ("I know *zhi*: S *zhe*" or "I know *zhi*: S [*zhe*]" and "S *zhe*: I know *zhi*" or "S [*zhe*]: I know *zhi*") are functionally equivalent to "I know Ø S" and "Ø S I know" respectively. Here, the "*zhi*" either appears in a complex sentence of paratactic construction as a demonstrative (pronoun) to refer to S or as a complementizer in terms of empty category (Ø) to connect the matrix clause and the subordinate clause in an indirect speech.

The word "*zhi*" (that/this) in the first group of sentences [(A_1) and (A_2)] is used to demonstrate the sentence followed. In the second group of sentences [(B_1), (B_2) and (B_3)], there is an ellipsis of "*zhi*" just like the zero form of that in a that-clause in English. Since the sentence form of the first group is functionally equivalent to the sentence form of the second group, both of them can be transformed into each other without changing their expressive power and content. So, the second sentence form "I have heard/known [zero form of *zhi*/that] S" can be transformed into the first sentence form "I have heard/known *zhi*/that: S". In other words, in the following, (1) is functionally equivalent to (2) or (3):

(1) I have heard/known [*zhi*/that] $_{\text{zero form of complementizer}}$ [the chief of the West knows well how to nourish the old]$_\text{S}$ *zhe* 者$_{\text{nominalizer}}$. (吾闻西伯善养老者) [i.e., (B_1) in the *Mencius*]

(2) [The chief of the West knows well how to nourish the old]$_\text{S}$ *zhe* 者$_{\text{nominalizer}}$: I have heard/known *zhi* $_{\text{demonstrative}}$. (西伯善养老者: 吾闻之也)

(3) I have heard/known *zhi* $_{\text{demonstrative}}$: [The chief of the West knows well how to nourish the old]$_\text{S}$ *zhe* $_{\text{nominalizer}}$. (吾闻之也: 西伯善养老者)

Here, the word "*zhi*" (that/this) in the latter two sentences is used to refer back to the antecedent sentence in (2) and refer to the following sentence in (3), respectively. In the former sentence [(1) or (B_1)], there is an ellipsis of "*zhi*". Therefore, the original sentence in the *Mencius* [(1) or (B_1)] mentioned above can be understood as, through a process grammaticalization, transformed from the sentence of paratactic structure in (2) or (3). In (1) or (B_1), the sentence is embedded with the zero form of *zhi*-construction which is functionally equivalent to that-construction in English. That is, the sentence with similar structure of sentence (1) "I have heard/known [zero form of *zhi/that*] S" can be understood as transformed from the sentence with similar structure of the sentence (2) "S:I have heard/known *zhi/that*" or (3) "I have heard *zhi/that*:S". Based on this analysis, (2) and (3) are not only grammatically acceptable, but also have the same meaning as that of (1) in the *Mencius*.

In comparison with English, it seems that, unlike "*zhi*," the grammaticalization of "that" as complementizer cannot preserve the function of demonstrative. But it is not totally right. For example, when A says that "Does Peter know that$_{Complementizer}$ Mary is a philosopher?" and B replies that "Peter knows that $_{[demonstrative]}$", the second token of "that" is clearly used as a demonstrative (pronoun). Moreover, the expression "that I can do" in the subject place of the matrix sentence "That I can do is a minimal work" is a subordinate clause in which "that" plays a role of a nominalizing marker to make the sentence nominalized. This is just like the work "*zhe*" 者 in classical Chinese.

Just like the case that "I heard *zhi*/that $_{demonstrative}$:S" is functionally equivalent to "I heard [zero form of *zhi*/that $_{complementizer}$] S", "S:it never has been *zhi*/that$_{demonstrative}$" can also be understood as functionally equivalent to "It never has been [zero form of *zhi*/that $_{complementizer}$] S". Let's see the following examples:

There never has been [that] one was *ren* but neglected his parents. (*Mencius* Ⅰ:1) (my translation)
未有仁而遗其亲者也。

One did not like to offend against their superiors but was fond of stirring up confusion: there never has been that. (*Analects* 1:2) (my translation)
不好犯上而好作乱者：未之有也。

I think the above first sentence as a that-clause with zero form of that can be transformed into the following sentence of paratactic structure:

One was *ren* but neglected his parents:
There never has been that.
仁而遗其亲者：未之有也。

On the other hand, the above second sentence of paratactic structure can be transformed into the following sentence as a that-clause with zero form of that:

There never has been [that] one did not like to offend against their superiors but was fond of stirring up confusion, (*Analects* 1:2) (my translation)
未有不好犯上而好作乱者也。

Besides, usually, a subordinate clause with zero form of that in a compound sentence is a nominalized sentence; but it is not necessary. For example, in the *Hanfeizi*, we can find a clear case that both nominalized sentence and complete sentence can be used as subordinate clause:

I know [that] officials' being not have done what they should do. (Inner Congeries of Sayings, Upper Series,《内储说》上 63)
吾知吏之不事事也。

I know [that] officials did not do what they should do. (Inner Congeries of Sayings, Upper Series 68) (my translation)
吾知吏不事事也。

In the case of paratactic structure, it is also not necessary to use a nominalizer to nominalize a referred clause. For example:

> That one was not benevolent but has got possession of a single state: there had been that; one was not benevolent but has got possession of the country under the heaven: there had never been that. (*Mencius* XIV:59) (my translation)
> 不仁而得国者：有之矣；不仁而得天下［者］：未之有也。

Here, *zhe* is used as a marker of nominalization. The demonstrative pronoun *zhi* can be used as an anaphora to refer back to an event expressed by the nominalized sentence with the marker *zhe* in the first part of the sentence or to the complete sentence without the marker *zhe* in the second part.

The following example about the "*zhi*-construction" used in a sentence functionally equivalent to a compound sentence with a that-clause is more complicated:

> Formerly, I once heard this/that: Zi Xia, Zi You, and Zi Zhang had each one part of the sage. Ran Niu, the disciple Min, and Yan Yuan had all the parts, but in small proportions. (*Mencius* III:2)
> 昔者窃闻之：子夏、子游、子张皆有圣人之一体，冉牛、闵子、颜渊则具体而微。

This example has the structure that "I heard this/that: S_1 and S_2". Another much more complicated example is:

> Zi Xia said, "If a man withdraws his mind from the love of beauty, and applies it as sincerely to the love of the virtuous; if, in serving his parents, he can exert his utmost strength; if, in serving his prince, he can devote his life; if, in his intercourse with his friends, his words are sincere-although men say that he has not learned, I will certainly say that he has. " (*Analects* 1:7)
> 子夏曰："贤贤易色，事父母能竭其力，事君能致其身，与

朋友交言而有信。虽曰未学，吾必谓之学矣。"

This passage indicates a much more complex sentence structure. Zi Xia's words can be summarized as: "If a man can be described as having good performance in dealing with virtuous behavior related to his parents, the ruler and his friends, although other people say that he has not learned, I will certainly say that he has." It has the structure as follows:

Although other people say [that] the man, who has the virtue of A, B, C and D, has not learned,

I will certainly say [that] he [who has the virtue of A, B, C and D] has [learned].

In contrast to the above case whose clause has zero form of that, some cases explicitly use "*shi*" (是, this/that) in the following:

Aiming at virtue without cultivation; studying without discussion; hearing what is just without being able to move towards it; doing bad thing without being able to change it-that is my worry. (*Analects* 7:4) (my translation)

德之不修，学之不讲，闻义不能徙，不善不能改：是吾忧也。

The structure of this sentence is "A, B, C and D-that is my worry", which can be regarded as the same in D-structure (deep structure) as the sentence that "My worry is that A, B, C and D".

If my linguistic analysis in this section is right, I think, we have to accept that classical Chinese has linguistic construction which is functionally equivalent to the construction of that-clause in the modern Western language and, thus, propositional attitudes and other abstract ideas can be expressed in this old language without difficulty.

11. Case 3: The Redundancy Thesis in the Chapter Rongru of the *Xunzi*

In the chapter Rongru of the *Xunzi*, there is an important textual evidence to support my view that philological cum historical approach without logico-conceptual analysis is not enough to interpret Xunzi's theory of human nature. That is, for Xunzi, there are factors in human nature which are able to activate good behaviors if some external conditions are satisfied and some appropriate practices are produced. However, some of the significant and crucial sentences have been understood by almost all philologists, such as Wang Niansun(王念孙) and Wang Xianqian(王先谦), and other experts of the *Xunzi*, as redundant or superfluous(*yanwen*, 衍文) and suggested to delete from the original text. It is definitely a big mistake which has not yet been rectified by anyone. They did not know that there is a logical inconsistency in their interpretation and arrangement.

Let's look at the following *trio* of Xunzi's idea of human nature:①

All men possess one and the same nature: when hungry, they desire food; when cold, they desire to be warm; when exhausted from toil, they desire rest; and they all desire benefit and hate harm. Such is the nature that men are born possessing; that is the case not dependent on man's working; and that is the same for Yu and Jie.

凡人有所一同：饥而欲食，寒而欲暖，劳而欲息，好利而恶害，是人之所生而有也，是无待而然者也，是禹桀之所同也。

The eye distinguishes white from black, the beautiful from the ug-

---

① See the *Xunzi*, Library of Chinese Classics (Chinese-English), translated into English by John Knoblock and translated into Modern Chinese by Zhang Jue(张觉), 4:11, pp. 83 – 85. The first and the second parts of the trio are based on Knoblock's translation with my modification and the third part is mine. Knoblock's translation of the three occurrences of the two sentences(是无待而然者也，是禹桀之所同也) in each part of the trio (i. e., "They do not have to wait development before they become so. It is the same in the case of a Yu and in that of a Jie") is inaccurate. It is because the demonstrative pronoun "*shi*"(是) refers back to the potential capacities as constituents of human nature, not to the people.

ly. The ear distinguishes sounds and tones as to their shrilliness or sonority. The mouth distinguishes the sour and salty, the sweet and bitter. The bones, flesh, and skin-lines distinguish hot and cold, pain and itching. These, too, are part of the nature that men are born possessing permanently; that is the case not dependent on man's working; and that is the same for Yu and Jie.

目辨白黑美恶，耳辨音声清浊，口辨酸咸甘苦，鼻辨芬芳腥臊，骨体肤理辨寒暑疾养，是又人之所常生而有也，是无待而然者也，是禹桀之所同也。

That a man is capable to become a Yao or Yu, is capable to become a Jie or [Robber] Zhi, is capable to become a workman or artisan, is capable to become a farmer or merchant, lies in *activating* the accumulated effect of individual choice and social convention. These, too, are part of the nature that men are born possessing; that is the case not dependent on man's working; and that is the same for Yu and Jie.

可以为尧禹，可以为桀跖，可以为工匠，可以为农贾，在埶注错习俗之所积耳，是又人之所生而有也，是无待而然者也，是禹桀之所同也。

From this trio, it is obvious that Xunzi is talking about three kinds of constituents of human nature. That is:

(1) Emotions, needs and desires as human nature;
(2) Instincts as human nature;
(3) Potential capacities as human nature.

Both Wang and Wang do not accept the third part of this trio. Wang Xianqian's reason is that:[1]

---

[1] Wang Xianqian 王先谦, *Xunzi Jijie* 荀子集解, p. 63.

A Bridge between Philosophy and Philology   185

The word "*yi*" doesn't have meaning. Based on the evidence in the preceding sentence "the accumulated effect of individual choice and social convention," the word "*yi*" is superfluous.

先谦曰:"埶"字无义。以上文言"注错习俗"证之,则"埶"字为衍文。

Wang Niansun says: "In regard to these twenty-three words, it is superfluous in it relation to preceding sentences. The following sentences 'If you become Yao or Yu, then you will reliably have safety and honor. If you become Jie and Zhi, then you will reliably face danger and disgrace,' et cetera, is closely connected with the preceding sentence 'it lies in the accumulated effect of individual choice and social convention.' If we add these twenty-three words into the text, then it will cut off the connection in the context. So, we know that these are superfluous."

王念孙曰:案此二十三字,涉上文而衍。下文"为尧禹则常安荣,为桀跖则常危辱"云云,与上文"在注错习俗之所积"句紧相承接,若加此二十三字,则隔断上下语脉,故知为衍文。

Here, it seems that they didn't have a comprehensive consideration of the relevant concepts within the chapter and other chapters of the text and thus could not relate them in a coherent web of belief. They just interpreted the passage in accordance with their common sense which is based on the superficial distinction between the inborn nature and the artificial effort (i. e., the distinction between *xing* 性 and *wei* 伪). They just thought that to become a good or any kind of person does not depend on human nature, but on the artifice in behaviors. Based on this prejudice, they delete the twenty-three words and also the word "*yi*" as a mistake of writing (typo).

We know that the word "*yi*" (埶) is normally used as "*yi*" (藝, craft or ability) or "*shi*" (勢, force or condition); but it is also often identified by most philologists as misprint of "*zhi*" (執, hold or activate).[①] I think the former two do not make any sense to the sentence, while the meaning of the latter one is consistent with the last part of the trio. It means that the capacity to hold or activate the accumulated effect of individual choice and social convention is also a component of human nature. Hence, it is part of the nature that men are born possessing, that is the case not dependent on man's working, and that is the same for both Yu(禹) and Jie(桀).

Although my new interpretation and rectification seem coherent, is it sound in argument? Here, I would like to give a knocking down argument against the philologists' redundancy thesis. To do this, let's look at the following passage in the chapter "Man's Nature Is Evil" (Xinge, 性恶):[②]

> Although it has never been incapable for the workman, artisan, farmer, or merchant to practice each other's business, they have not been able to do so. If we consider the implications of these facts, we see that being [potentially] capable to do something does not guarantee being [actually] able to do it. Even though one is [actually] unable to do something, this does not exclude the [potential] capacity of doing it. This being the case, that being able or unable is entirely dissimilar

---

[①] In pre-Qin period, the word "*yi*" 埶(藝) is often confused with the words of similar written form or speech sound, such as "*zhi*" 執 and "*she*" 設. For example, according to Fang Yizhi 方以智, the word "*zhi*" 執 in "*shishu zhili*" 诗书執礼 (*Analects* 7:18) is a typo (*xinge* 形讹 form error in writing) of "*yi*" 埶(藝). (See Fang's *Tongya* 通雅, vol. 3 Shigu 释诂 (Beijing: China Book Company 北京中国书店 1990), p. 36.) Wang Yinzhi's 王引之 (See Wang's *Jingyi shuwen* 经义述闻, the entry of "*xinge*" in http://ctext.org.) and Chen Mengjia 陈梦家 [See Chen's *A General Introduction to the Book of Record* 尚书通论 (Beijing: Zhonghua Book Company 中华书局 1985), p. 12] also have the same kind of philological investigation. This point has been discussed in Li Ling's 李零 *Guodian chujian xiaodu ji* (《郭店楚简校读记》) (Beijing: Peking University Press 北京大学出版社 2002), p. 194. More detailed discussion can be found in Qiu Xigui 裘锡圭, "'*Yi*' Read as '*She*' and the Examples of Its Mutual Confusion with '*Zhi*' in Classical Texts" 古文献中读为"設"的"埶"及其与"執"互讹之例, *Journal of Oriental Studies* (东方文化) (1998) Vol. 36, No. 1–2, pp. 39–45 (The article is published in 2002).

[②] *Xunzi* 23:14. (my translation)

from being capable or incapable. The fact that each one cannot do the other's business is obvious.

夫工匠农贾，未尝不可以相为事也，然而未尝能相为事也。用此观之，然而可以为，未必能也；虽不能，无害可以为。然则能不能之与可不可，其不同远矣，其不可以相为明矣。

It seems that most of the scholars pay much attention to the distinction between "being capable (*ke*, 可) or incapable (不可, *buke*)" and "being able (*neng*, 能) or unable (不能, *buneng*)," but less attention to the important similarity between the point on the four professions (i.e., *gong* 工, *jiang* 匠, *nong* 农 and *gu* 贾) in this paragraph and the point of the last part of the trio mentioned above. However, according to Xunzi's view, there is no difference between each of the four professions to be capable to practice each other's business, and there is also no difference between the sage-king such as Yu and an ordinary man in the street in their potential capacity to be each other. This potential capacity must be given by nature and is not obtained by learning, training or cultivation. This is the reason why Xunzi in the last part of the trio claims that it is part of the nature that men are born possessing, that is the case not dependent on man's working, and that is the same for both Yu and Jie. If we accept, for the sake of argument, that the last part of the trio should be deleted as redundant, then the above distinction between "*ke*" and "*neng*" cannot be significantly maintained. In other words, if we treat the twenty-three words in the trio as redundant and to delete them together with the word "*zhi*," it would be inconsistent with the claim that all people are [potentially] capable to become one of the four professions or to become Yu or Jie. However, if we keep the twenty-three words and the word "*zhi*" in the original text, it would be consistent with the claim that all people are *potentially capable* to become one of the four professions or to become Yu or Jie though they may not have *actual ability* to become one of the four professions or to become Yu or Jie.

Based on the requirement of logical consistency, I can conclude that the natural and potential capacities described as "*ke yi wei*" 可以为 (capable to do) including "*ke yi zhi*" 可以知 (capable to know) (i. e., knowing or thinking power) and "*ke yi neng*" 可以能 (capable to act) (i. e., willing or activating power) in the chapter "Man's Nature Is Evil" and the natural and potential capacities defined as the "*zhi*" 知 of "*suo yi zhi zhi zai ren zhe*" (所以知之在人者, to know by which inside man) and defined as the "*neng*" of "*suo yi neng zhi zai ren zhe*" (所以能之在人者, to do by which inside man) in the chapter "Rectification of Names" (Zhengming, 正名) can be understood as the concept in the first definition of "*wei*" (伪) in the chapter "Rectification of Names"[①].

In the text, Xunzi also stresses that "*zai ren zhe*" (在人者, inside man) is different from "*cheng zhi zai ren zhe*" (成之在人者, produced by man) or "*hou cheng*" (后成, produced outcome) in the sense that the former is given by nature and inside man while the latter is produced by man. In other words, the former belongs to "*sheng er you*" (生而有, what is given by birth) or "*sheng er zi ran*" (生而自然, what is the case by birth) while the latter belongs to the second definition of "*wei*" 伪, i. e., "*jiwei*" 积伪 (accumulation-artifact). What is inside man, the natural and potential capacities, is one of the factors which can be used to activate and produce good behaviors. So, the sense of "*ke yi wei*" or the first sense of "*wei*" (伪) is neither a logical possibility (because other animals also have the logical possibility or have no logical contradiction to be a sage), nor an actual ability of performance, but a potential capacity which is rooted in human nature.

In sum, this new interpretation can be summarized as follows:

(1) If we follow Wang Niansun and Wang Xianqian's philological view and thus delete the twenty-three words together with the word "*zhi*," the four

---

① The two definitions of "*wei*" is: "The mind's [potential capacities of] thinking and activating [or motivating] something is called '*wei*'. When thinking activities are accumulated and one's activating [or motivating] capacities have been practiced so that something is later produced, it is [also] called '*wei*'". (心虑而能为之动，谓之伪；虑积焉能习焉而后成，谓之伪) (*Xunzi* 22:1) (my translation)

tokens of the term "*ke yi wei*" (可以为) in the previous sentences of the third passage of the trio should be revised into "*neng wei*" (能为). Otherwise, it would be logically inconsistent with the distinction between "*ke buke*" (可不可) and "*neng buneng*" (能不能) as stated in *Xunzi* 23:20.

(2) If every man, including sage-kings and ordinary people, has the capacity of *zhi* [i. e., *ke yi zhi*] as indicated in the sentence "*you ke yi zhi ren yi fa zheng zhi zhi*" (有可以知仁义法正之质) and the capacity of *neng* [i. e., *ke yi neng*] as stated in the sentence "*you ke yi neng ren yi fa zheng zhi ju*" (有可以能仁义法正之具), these *zhi* and *neng* must be given by birth, not obtained by learning. (*Xunzi* 23:18)

(3) In contrast with the second sense of "*zhi*" in "*zhi you suo he*" (知有所合, knowing in agreement with what is known) which is produced *a posteriori*, the first sense of "*zhi*" in "*suo yi zhi zhi zai ren zhe*" (所以知之在人者, to know by which inside man), is a capacity given by birth. Similarly, in contrast with the second sense of "*neng*" in "*neng you suo he*" (能有所合, doing in agreement with what is done), the first sense of "*neng*" in "*suo yi neng zhi zai ren zhe*" (所以能之在人者, to do by which inside man) is also a capacity given by nature. (*Xunzi* 22:2)

(4) If *zhilu* (知虑, knowing-thinking) and *caixing* (材性, natural endowment) or *caixing* (材性, natural endowment) and *zhineng* (知能, knowing-capacity) is described as "inborn nature from the heaven" (*tianxing*, 天性) (*Xunzi* 4:9 and 8:25), then, in addition to the inborn instincts, emotions (or feelings) and desires (or needs), *zhineng* must be understood as constituents of human nature.

(5) In addition to the inborn *qingxing* (情性, emotions and other nature of desires and instincts), the concept of *zhi* described in the sentence "*xin sheng er you zhi*" (心生而有知, the mind is born to have knowing [capacity]) (*Xunzi* 21:8) and the concept of *ke yi zhi* described in the sentence "*yi ke yi zhi ren zhi xing*" (以可以知人之性, based on the capacity of knowing as human nature) (*Xunzi* 21:14) should be identified as a constituent of human nature.

(6) Just like the case in the simplified version of *Laozi*(老子) in the Guodian(郭店) Scripts of Chu(楚), the first sense of "wei" should be of the written form composed of the radical "为" (*wei*: doing) above the radical "心" (*xin*: mind). In this version, the written form of the key word "wei" in the sentence "*jue wei qi lu*" 绝 X(*wei*) 弃 Y(*lu*) [to banish *wei* (willing power or the outcome of willing) and to discard *lu* (thinking power or the outcome of thinking)] is not "伪." Here, the word "wei" (X) is composed of the radical "*wei* 为" with "*xin* 心" below and the word "*lu*" (Y) is composed of three parts ("虍" above "且" above "心": that is "慮"). So, the two definitions of "wei" can be distinguished: the first sense of "wei" means the potential capacities of knowing or cognitive power (*ke yi zhi*) and willing or activating power (*ke yi neng*) while the second sense of "wei" refers to the actual abilities of accumulated thinking and doing. (*Xunzi* 22:1)

12. Case 4: The Logical Structure of Baima Lun

As I know, there is no intelligible interpretation in the literature for the proposition "white-horse is not horse" in the Discourse on White-Horse (Baima Lun,《白马论》) in the *Gongsun Longzi* (《公孙龙子》). I think one of the main reasons is that: some interpreters did not make effort in grammatical analysis for understanding the surface structure of the language in the text that they want to interpret and, more importantly, most interpreters did not engage in logical analysis to disclose the deep structure. In this section, I will try to use the first-order predicate logic to analyze the deep structure embedded in the logical reasoning in the Discourse on White Horse.

Chad Hansen is sceptical of the fact that there is logical reasoning in the *Gongsun Longzi* and the *Mohist Canons* (《墨经》). Based on his mass-noun hypothesis, Hansen tries to explain the thesis of "white-horse" in terms of a kind of mass-noun semantics and mass-like ontology. Hansen's mereological explanation does not take care of all the paragraphs in the Baima Lun, on the one hand, and is not coherent with the ideas in other chapters of the book, on the other. Even in some of his selective paragraphs, he has to interpret the text in a peculiar way in order to fix into his mass-noun analysis.

For example, he thinks that Gongsun Long asserts both "white-horse is not horse (or non-horse)" and "white-horse is horse" because, he thinks, white-horse as a mass-sum as ox-horse in the *Mohist Canons* can be understood as including both non-horse (i. e. white) and horse (i. e. , non-white). In order to fit into this speculation, Hansen has to find out some evidence in the text to demonstrate that Gongsun Long does assert that, "white-horse is horse". However, the only evidence he can offer is in the sentences "*baima zhe ma yu bai ye/ma yu bai ma ye*"(白马者马与白也/马与白马也). His translation is problematic. Let's see his translation of the relevant passage:①

The white is not horse. White-horse is white and horse combined. Horse and white is horse, therefore, I say white-horse is non-horse.

故白者非马也。白马者，马与白也；马与白马也，故曰：白马非马也。

However, most of the translations in the literature do not treat the last structural word "*ye*" (也) as a particle with the function of making assertion, but as a word equivalent to "*ye*" (耶/邪), a particle with the function of questioning. ② Most of the translations follow this common philological ar-

---

① Chad Hansen, *Language and Logic in Ancient China*, Ann Arbor: University of Michigan Press, 1983, p. 164.

② The word "*ye*" (也) can be used as a question maker as indicated in the following examples: "For a *ren* man, even if he were told that, 'another *ren* man were at the bottom of a well,' would he go to join him?" (仁者，虽告之曰："井有仁焉。"其从之也?) (*Analects*, 6:26) "Chen Tang humbly asks Zhong Shu: 'Lu uses white animal as sacrifice to Duke Zhou. Is it not in accordance with the ritual?'" (臣汤谨问仲舒："鲁祀周公用白牲，非礼也?") (*The Luxuriant Dew of the Spring and Autumn Annals* 71:1) "Now, one of my cities is besieged. I eat without taste and I sleep without comfort. Now the marquis Yin last his land but said he was without worry, is it the real case?" (今也，寡人一城围，食不甘味，卧不便席，今应侯亡地而言不忧，此其情也?) (A [Historical] Book of the Warring States (*Zhanguo ce*,《战国策》), The book of Qin (*Qince*,《秦策》) 3:1)

rangement and thus translate the last sentence as a question: "A white horse is horse and white combined. Is horse and white combined horse?"① Since saying that "white-horse is horse and white combined" (which implies that "horse is not horse and white combined") is not in accordance with saying that "horse and white (combined) is horse", Hansen has to interpret the arranged sentence "horse and white is horse" as an expression about part-whole relation in the sense that the whole white-horse mass-stuff (the combined horse and white) has horse mass-stuff as its part.

Suppose all the popular translations are wrong and we thus accept Hansen's awkward treatment, it still has a serious problem of making sense of his reading of the passage. We know that the last sentence of the passage is "Therefore I say, 'white-horse is not horse'" (故曰:白马非马也). If we follow Hansen to regard Gongsun Long as asserting both "white-horse is horse" (i. e. , white-horse has horse part) and "white-horse is non horse" (i. e. , white-horse has non-horse part) in the "ox-horse" model, it would be very odd that he puts the word "*therefore*" between these two sentences. It is as odd as saying that "A cup of oily water has oil, *therefore* it has non-oil (i. e. water)", instead of saying that "A cup of oily water has oil, *and* it also has non-oil."

Moreover, the sentence "*baima fei ma*" (白马非马, white-horse is not horse) in almost all of its occurrences in Baima Lun are meaning that "white-horse is *not identical with* horse", especially in the context related to the concept of "*yi*" (异, difference) between white-horse and horse. If we accept Hansen's treatment to interpret the word used above as meaning "non" rather than "not [identical with]," it is obvious that this only token of "*fei ma*" interpreted as "non-horse," in comparison with many other tokens of "*fei ma*" interpreted as "not identical with horse," makes no contribution to the text. Let a-

---

① Du Guoxiang 杜国庠, *Some Studies on the Hundred Schools of Thought in Pre-Qin Period* (*Xianqin zhuzi de ruogan yanjiu*,《先秦诸子的若干研究》), Beijing: SDX Joint Publishing Company (生活·读书·新知三联书店), 1955, p. 49.

lone the problem of inconsistency between these two kinds of "*fei ma.*"

In comparison with Hansen's deconstruction and skepticism, Janusz Chmielewski's interpretation is a rational reconstruction of the logical thinking in the *Gongsun Longzi*. He uses a set-theoretical approach to deal with the thesis of "white-horse is not horse" and rejects the view of treating it as a paradox.

Let's see one of the examples of reasoning in Baima Lun analyzed by Chmielewski:

(1) 马者所以命形也
(2) 白者所以命色也
(3) 命色者非命形也
(4) 故曰白马非马

His translation is:

(1) Horse is what commands shape [and only shape];
(2) White is what commands colour [and only colour];
(3) What commands colour [and only colour] is not what commands shape [and only shape];
(4) White horse is not horse.

In contrast to A. C. Graham, who regards this argument as faulty, Chmielewski argues that it is a valid argument. Its argument form is: ①

---

① Janusz Chmielewski, *Language and Logic in Ancient China*, Warszawa: Komitet Nauk Orientalistycznych PAN, 2009, p. 181. To avoid confusion, I suggest to formulate (3) as $(\hat{X}) \Psi X . (\hat{Y}) \Phi Y = 0$ rather than $(\hat{X}) \Psi X . (\hat{X}) \Phi X = 0$.

(1) ΦA

(2) ΨB

(3) $(\hat{X}) \Psi X .(\hat{X}) \Phi X = 0$

(4) $B . A \neq A$

Chmielewski interprets Gongsun Long's "horse" and "white" not as general terms, whether referring to abstract entities (i. e. horseness and whiteness) or to individual objects within the scope that the concept characterizes, but as names of class or set. He thinks that, from the premises "horse is what commands shape [and only shape]", "white is what commands colour [and only colour]", and "what commands colour [and only colour] is not what commands shape [and only shape]", we cannot derive the conclusion "white horse is not horse" as commonly thought. However, he continues, if we consider Gongsun Long's argument as based on a peculiar kind of theory of classes, "narrow and incomplete" as not admitting class inclusion ($\subset$) and its negation ($\not\subset$), we can infer the conclusion "the class of white objects is not identical with the class of horses." Since "what commands colour [and only colour] is not what commands shape [and only shape]" indicates the intersection ($\cap$) is null, and white horse is an instance of this kind of intersection, we can validly infer the conclusion "white horse is not horse." [From ($B \neq A$) we can have ($B . A) \neq (A . A)$ and ($B . A) \neq A$) if not admitting ($A \subset B$).] From this and from another argument in the Baima Lun, Chmielewski argues that, in the conclusion "white horse is not horse", Gongsun Long uses the negative copula *fei* 非 (not/non) solely to deny identity, and is misunderstood by the attacker who supposes him to be denying class inclusion.

For Chmielewski, one of the reasons why Gongsun Long regards "white-horse" as a name of empty class is that: if the class is not empty, Gongsun Long would have to accept that the class of white horse is included in the class of horse, i. e. the former is a sub-class or sub-set of the latter. He thinks, however, Gongsun Long accepts only the relation of non-identity but not that of class inclusion between them.① If we agree that white horse is an empty class and horse is not, the conclusion "white-horse is not horse" would be naturally deduced.

Although Chmielewski's interpretation seems to be coherent in some sense, it cannot escape from the awkwardness or oddity in understanding Gongsun Long's text. According to the naïve set theory, for example, an empty set can be regarded as a sub-set of any set; it is no evidence to assert that Gongsun Long does not accept the class inclusion between white-horse and horse because the former is empty. To understand Gongsun Long's thought as rejecting class inclusion and as asserting the empty status of the class of white-horse is not in accordance with the text. It is obvious that one of the most plausible interpretations of Gongsun Long's expression, "someone who seeks horse will be just as satisfied with yellow horse or black horse" (求马黄黑马皆可致), is that the class of yellow horses or the class of black horses is included in the class of horses. So, if "yellow horse" and "black horse" are not names of empty classes, "white-horse" cannot be a name of empty class, especially because Gongsun Long agrees with his opponent that "there is white-horse" (*you baima*, 有白马). He says, "Certainly horse has color, which is why one has white-horse." If white-horse is an empty class, so is yellow-horse and black-horse, there would be no difference between them in terms of empty classes. So, how can Gongsun Long assert the difference between white-horse and yellow-horse through the question "If you deem having white-horse having horse, is it admissible to say that having white-horse is to be deemed having yellow-horse?" It is clear from the text that white-horse is not an empty class and Gongsun Long does not reject the possibility of having the relation of class inclusion between white-horse and horse if the relevant terms are really used as class names. Furthermore, most importantly, it is evident from the text that Gongsun Long makes a distinction between

---

① Janusz Chmielewski, *Language and Logic in Ancient China*, pp. 183 – 185.

the fixing white (*ding zuo bai*, 定所白) and the non-fixing white (*bu ding zuo bai*, 不定所白), and their names can both be simplified as "white." If we use the term "white" as a class name, their difference would not be identified except that we could provide two different class names for these two kinds of white.

In regard to the argument of Gongsun Long mentioned above, Chmielewski's translation is quite different from the common one. According to J. W. Hearne's observation, Chmielewski's interpretation is quite different from Graham's. I think at least three points deserve our attention: (1) In the debate of this round, he translates the term "*ming*" (命) in "*ming xing*" (命形) and "*ming se*" (命色) not as "*ming ming*" (命名, to name), but as "*ming ling*" (命令, to command); (2) He does not treat "*bai*" (白, white) and "*ma*" (马, horse) as names mentioned or as names used to refer to itself, but as names used to refer to the class of white objects and to refer to the class of horses respectively; (3) He considers Gongsun Long's reasoning as a class theory in a special narrow sense: a theory which stresses the relation of non-identity and excludes the relation of class inclusion.[①] In this regard, to treat "*ming*" not as "to name", but as "to command", seems to be able for Chmielewski to explain away the complicate problem of interpretation in meta-language, but his translation still makes no sense though "*ming*" used as "to command" could be understood as a metaphor. Furthermore, to add the extra words "and only shape" and "and only colour" into the text is not an acceptable reading; and to treat the original sentence or the common reading of the sentence "to name the color is not to name the shape" (*ming se zhe fei ming xing ye*, 命色者非命形也) as an empty intersection is also not a reasonable interpretation. This interpretation for (3) cannot put the word "*fei*" (not or non) into a readable place in ancient Chinese as meaning the same as in (4).

---

① J. W. Hearne, *Classical Chinese as an Instrument of Deduction* (Dissertation), University of California Riverside, 1980, p. 36.

I think to interpret the so-called special set-theory of Gongsun Long as not allowing both inclusion ($A \subset B$) and its negation ($A \not\subset B$) is unintelligible. For example, if there is no class inclusion and its negation in Baima Lun, it is not only that the intersection of the class of white and the class of horse is null but also that the intersection of the class of white and the class of white itself is empty. In standard set-theory, we can say that the class of white is a(non-proper) sub-class of itself. They are overlapping in the sense that they share the same members.

Chmielewski is right to say that the word "*fei*" in "*baima fei ma*" (white-horse is not horse) means not-identity. Instead of using set theory, I think Gongsun Long's arguments can be elaborated in the first-order predicate logic with a much more coherent interpretation and reasonable analysis for the text. ①

For example, in the topic about "seeking a horse," the opponent raises the following questions:

> Having white-horse cannot be called "lacking horse." What cannot be called "lacking horse" is not having horse? If having white-horse is deemed having horse, why if judged to be white is it not horse?
> 有白马，不可谓无马也。不可谓无马者，非马也 [耶/邪]？有白马为有马，白之非马，何也？

Here, the opponent's first argument is:

$(\exists x)(Wx \& Hx) / \therefore \sim (\forall x) \sim Hx$

---

① In contrast to Chmielewski's elaboration of the reasoning mentioned above, I have provided different formulation which is based on the first-order predicate logic in Yiu-ming Fung, "A Logical Perspective on the 'Discourse on White-Horse'", *Journal of Chinese Philosophy*, Vol. 34, No. 4, 2007, pp. 524 – 525.

The opponent's second argument can be obtained from the first one based on the definition " $\sim (\forall x) \sim Hx =_{df} (\exists x) Hx$ " as follows:

$(\exists x)(Wx \& Hx) / \therefore (\exists x) Hx$

Based on the above two arguments, the opponent provides his third argument to reject the thesis that "white-horse is not horse":

$(\exists x)(Wx \& Hx) / \therefore \sim (\forall x)[(Wx \& Hx) \rightarrow \sim Hx]$

All these arguments are valid and very easy to prove. However, in order to persuade the opponent to accept his thesis, Gongsun Long gives the following response:

> Someone who seeks horse will be just as satisfied with yellow-horse or black-horse; someone who seeks white-horse will not be satisfied with yellow-horse or black-horse. Supposing that white-horse were after all horse, what they seek would be one and the same; that what they seek would be one and the same is because the white-thing would not be different from the horse. If what they seek is not different, why is it that yellow-horse or black-horse is admissible in the former case but not in the latter? Admissible and inadmissible are plainly contradictory. Therefore that yellow-horse and black-horse are one and the same in that they may answer to "having horse" but not to "having white-horse" is conclusive proof that white-horse is not horse.
>
> 求马，黄、黑马皆可致，求白马，黄、黑马不可致。使白马乃马也，是所求一也；所求一者，白者不异马也。所求不异，如〔而〕黄、黑马有可有不可，何也？可与不可，其相非明。如黄、黑马一也，而可以应有马，而不可以应有白马，是白马之非马，审矣。

I think the main premise of Gongsun Long's argument is based on an instance of the Leibniz's Law, i. e. , the Principle of the Indiscernability of Identicals($(\forall x)(\forall y)[(x = y)\rightarrow(Fx \leftrightarrow Fy)]$) ; and the argument is obviously of the form of Modus Tollens which can be expressed as follows:

(1) If white-horse is/were horse, it would be no difference between yellow-horse(or black-horse) in response to seeking white-horse and seeking horse.
(2) There is a difference.
(3) Therefore, white-horse is not horse.

(1)使白马乃马也，则所求一也。
(2)所求不一。
(3)故白马非马。

The argument's form can be elaborated as follows:

$(1_L) [(a = b)\rightarrow(Fa \leftrightarrow Fb)]$
$(2_L) \sim (Fa \leftrightarrow Fb)$
$(3_L) \therefore \sim (a = b)$

Here, "Fa" and "Fb" are abbreviations of "Rac_1c_2" and "Rbc_1c_2" respectively,[①] which represent "Yellow-horse or black-horse is able to satisfy the request of seeking horse. " This argument is not only valid but also sound if both sides agree that there is a difference between "Fa" and "Fb" in seeking

---

① Based on a coherent and comprehensive interpretation of all the chapters of *Gongsun Longzi*, I treat the terms "white-horse" "yellow horse" and "black-horse" as individual terms referring to physical objects while "horse" and "white" as individual terms referring to abstract entities. Both of them are regarded as rigid designators. So, I formulate them as individual constants or variables, instead of logical predicates. See Yiu-ming Fung, *Gongsun Longzi: A Perspective of Analytic Philosophy* (《公孙龙子》), Taipei: Tung Tai Book Company(东大图书公司) ,2000, chapter three.

horse.

As indicated by my discussion elsewhere, all other Gongsun long's arguments are also valid. In comparison, although the opponent argues against Gongsun Long's thesis, all his arguments are also valid. But the formulations of the arguments of both sides are significantly different: the key concepts such as "horse" "white" "white-horse" and "yellow-horse" used in Gongsun Long's arguments can only be formulated as individual constants or variables, while, for the opponent, they can only be formulated as logical predicates or descriptions. If we do not accept these different formulations, the arguments for both sides cannot be justified as valid. The philosophical implication of this difference is that: Gongsun Long uses his key words as rigid designators and his Platonic-like universals can be expressed in his language of individuals. ①

13. **Appendix: A Similar Inner Logic from Anti-Forkism to Forkism**

(A Dialogue between a Philosopher and a Historian: A Thought Experiment)

P: I believe in God and I also have mental transformation through a religious practice, but I don't think we can use historical and philological knowledge, including that in the Bible, to prove my belief and to cultivate my religious mind.

H: You are anti-intellectualist! You should read the Bible and other relevant classics to understand the truth (something like *dao*) of God. You are also required to put your faith into a historical context to know the historical

---

① Strictly speaking, Gongsun Long's idea is not exactly Platonic because it also has a cosmological sense. So, his onto-cosmological idea can only described as Platonic-like but not Platonic in a proper sense. A detailed elaboration of the arguments for both Gongsun Long and his opponent in the Discourse on White-Horse can be found in Yiu-ming Fung, "Logical Thinking in the White horse Dialogue", in my *Language, Truth and Logic in Ancient China*, chapter six, forthcoming.

facts about the truth. As I said before, it is because: "every advancement in objective knowledge [from the classics and historical facts] , which is supposed to possess a built-in moral or faithful quality, is a step further toward the awakening of moral or religious faith. "

P: Oh, my God! If, for the sake of argument, you are right, then, similarly, you are also right to say that: One who uses a spoon, instead of a fork, for drinking coffee is an anti-forkist! Do you want me to be a forkist?

H:...

中国古代算学史研究新途径[*]
——以刘徽割圆术本土化研究为例

鞠实儿　张一杰[**]

导　言

  学界通常认为,从西方传入的现代数学与中国本土的古代算学(以下称中国算学或算学)具有某些相似的功能,如计算物体的体积等。但从形式到内容,两者大不相同,如前者采用公理化方法描述柏拉图式的理想化客体,后者则不是。同时,中国算学是独立于任何一种他文化的数学体系而发展起来的,它从概念框架、理论背景到论述方式皆自成体系、自我完成。尽管如此,由于现代数学在科学技术中的核心地位,当它被广泛接受和大力推崇时,便完全取代了中国算学。问题是,在现代科学处于支配性地位,即从属于它的知识体系成为理解和描述世界的基本框架时,应该如何研究已经逝去的中国算学?

  从中国算学史研究的历程来看,存在两条研究途径:据西释中和据中释中。前一途径采用现代数学为框架,以此描述和解释中国算学。其特点是:刻画了现代数学和中国算学之间的相似性和一致性,帮助人们从前者的角度理解后者。但是,正如本文将要指出的那样,两者在基本假定、基本概念和研究方法方面存在的巨大差异。如果实施前一途

---

  [*]　本文原刊于《哲学与文化》2017年第6期。
  [**]　鞠实儿,中山大学逻辑与认知研究所教授。张一杰,中山大学逻辑与认知研究所博士研究生。

径必然要引入中国算学所没有的假定、概念与方法,这就易于曲解中国算学和遮蔽它的独特性的。正因为如此,吴文俊提出古证复原的研究设想和实现这一设想必须遵循的原则,其核心是:根据史实史料和当时当地算学实际发展水平,来描述当时当地的算学证明,就是说,中国算学史研究要对文本实施据中释中。①

由于文本作为语言游戏是一种社会实践,文本中的表达式在社会—文化语境中获得意义、依据和合理性。因此,我们要追溯文本产生时的社会—文化语境,并在其中考察它的意义、依据和合理性,进行解读和解释。这就是据中释中的理论基础。我们称这种文本研究方式为文本的本土化研究方式。这种本土化研究方式的特点是:拒绝使用任何当时当地不存在的元素来解读和解释文本。据此,我们提出中国算学史本土化研究程序:

1. 根据文献学的研究成果选择合适文本。
2. 根据汉语言文字学解读文本,并将文本用作工作语言的现代汉语表述。
3. 描述文本所在的社会—文化语境,主要包括:影响文本生成的社会文化事件和作者所使用的本土概念、方法和学说等。
4. 将文本置于它所在的社会—文化语境,根据当时语境解释文本:揭示支撑文本的概念框架和预设,阐明文本中结论所依据的理由,使得文本成为当时语境中一个可接受的社会事件。
5. 分析这一事件,从中提取隐含在这一事件中的一般性结构。

本文将按照上述程序解读和解释刘徽在《九章筭术注》给出的割圆术;它的主要结论是:在割圆术中,刘徽处理的对象即圆和方是经验物体而非理想化客体;获得圆田术借助的是有穷可分思想,而非基于极限理论的无穷小方法;生成割圆术文本的方法是广义论证而非演绎推理。

---

① 吴文俊:《出入相补原理》,载吴文俊主编《〈九章算术〉与刘徽》,北京师范大学出版社1982年版,第162页。

一　割圆术的意义与结构

(一) 割圆术的背景和起因

成书于汉代的《九章筭术》(以下称《九章》)的内容分为题目、答案、术三类。其中,术指根据题目操作算筹求得答案的方法。魏景元四年(公元263年)刘徽为《九章筭术》作注,在序中给出此举的目标与方法:

> 徽幼习九章,长再详览,观阴阳之割裂,总算术之根源,探赜之暇,遂悟其意。是以敢竭顽鲁,采其所见,为之作注。事类相推,各有攸归,故枝条虽分而同本干者,发其一端而已。又所析理以辞,解体用图,庶亦约而能周,通而不黩,览之者思过半矣。[①]

其中,他的目标是阐明观点,使读者接受;方法是析理以辞,即用言辞来分析道理;解体用图,即用图来分解形体;它们作为刘徽独特的算学研究方式,贯穿于整个九章算术注之中。

通常人们认为,刘徽注中的圆田术注有两项重要成果:其一,使用极限思想给出圆面积公式;其二,给出当时世界领先的圆周率 π 近似值。它因此而引人注目。本文主要研究第一项成果。至于刘徽是否如人们所认为的那样计算过 π 近似值,我们将另文讨论。

《九章》方田章中圆田术为:

(题)[②]今有圆田,周三十步,径十步。问:为田几何?
(答)答曰:七十五步。
(题)又有圆田,周一百八十一步,径六十步三分步之一。问:为田几何?

[①] 郭书春:《汇校〈九章筭术〉》,辽宁教育出版社2004年增补版,第1—2页。
[②] 括号内文字为笔者所加。除刘徽序外,本文所分析《九章筭术》文本底本为南宋鲍刻本《九章筭经》,部分采郭书春《汇校〈九章筭术〉》增补版校勘(下简称《汇校》本),详见后注。

(答)荅曰:十一亩九十步十二分步之一。
(术)术曰:半周半径相乘得积步。

其中,步是长度的单位;积步是步的累积,引申为形状大小的单位;刘徽另用幂来指形状的大小。①《九章》按其惯例,没有对圆田术的来源和正确性进行说明。刘徽在其圆田术注里评论道:

此以周径,谓至然之数,非周三径一之率也。……然世传此法,莫肯精核,学者踵古,习其谬失。不有明据,辩之斯难。

为了改变这种情况,刘徽作注论述圆田术正确性,我国算学史家称其《九章筭术注》中相关文本为割圆术。(见下文)

(二)刘徽割圆术的文本解读

对圆田术,刘徽先注曰:

按:半周为从,半径为广,故广从相乘为积步也。假令圆径二尺,圆中容六觚之一面,与圆径之半,其数均等。合②径率一而觚周率三也。

其中,从为纵③;广纵相乘为积步,这是《九章》方田章给出的第一个计算幂的方法:方田术。觚字南宋本原作弧,戴震改为觚。弧本义为弓,而觚本义是饮酒的器皿,引申为具棱角的器物,再拓展为方形、角形。戴校指出:六觚来自六角形,而弧是圆周的一部分;"圆中容六弧"文意有误,作六觚恰当。因而,圆中的六觚就是圆中的六角形;觚面是指角形的一边。

从上下文看,这一段文字是刘徽圆田术注的开篇。它交代了圆田术的造术思路和初始条件:其一,以半周作为纵,半径作为广,应用

---

① 积幂辨析参考李继闵《〈九章算术〉导读与译注》,陕西科学技术出版社1998年版,第157—162页。不过李继闵认为幂指平面图形,然古代未必有平面概念,而且亦有例外。见后注。

② 合,原作"令",依《汇校》本(第18页)改。

③ 从,通"纵",广从相乘即广纵相乘。东西方向的长度量度为广,南北方向的长度量度为纵,从实际运用上推断,算家应是对图形正面假设东西南北,再得广纵。

方田术而得圆幂(面积)。这表明刘徽的研究策略:采用先化圆为方①,再采用方田术计算圆面积;其二,给出一个直径二尺的圆,圆中有六角形(六觚),其觚周和圆径正好满足径率一周率三的关系②;它给出了刘徽研究的起点:后续的割圆步骤都将在图1上展开③。

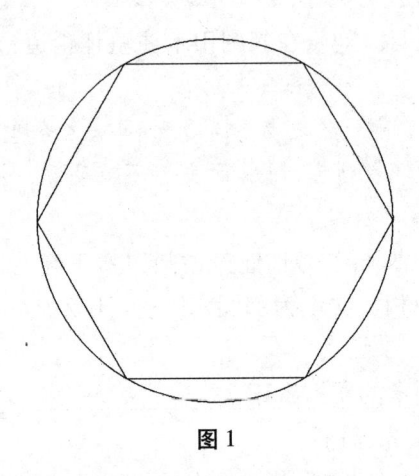

图1

又按:为图。以六觚④之一面乘一弧半径,三之⑤,得十二觚之幂。若又割之,次以十二觚之一面乘一弧之半径,六之,则得二十四觚之幂。割之弥细,所失弥少。割之又割,以至于不可割,则与圆周合体而无所失矣。觚面之外,又有余径。以面乘径,则幂出觚表。若夫觚之细者,与圆合体,则表无余径。表无余径,则幂不外出矣。以一面乘半径,觚而裁之,每辄自倍。故以半周乘半径而为圆幂。

这段文字是本文进行本土解读的主要内容,本文所谓刘徽割圆术。

---

① 古算中方并非指正方形,而可用来指具有矩形形状的对象。
② 这同时澄清了《九章》原术的谬误:所用并非圆周。
③ 此图参考李俨《中国算学史》,辽宁教育出版社1998年版,第20页图;李继闵《〈九章算术〉及其刘徽注研究》,陕西人民教育出版社1990年版,第253页,图4-8,补绘而得。
④ 觚,原为"弧",按《汇校》本(第45页),依戴震改。后文依文意将大部分"弧"改为"觚"。
⑤ "三之""六之"原作"二因而六之","四因而六之",从《汇校》本(第47页)改。

即指这段文字。(下文简称割圆术)[①]

其中,幂本义为覆盖,《说文解字》:"幂,覆也。"又可指覆盖的巾[②]。在实际用法上,此处幂表达某物表面的大小[③]。

割,《说文解字》:"幂,剥也。"指用刀割开。在圆田术注中,割指在圆内原有的觚上做觚面双倍于它的下一个觚的过程。(参见图3)

细指微小,《说文解字》:"细,微也。"此处意谓割的次数越多,觚面就越细小[④]。

体本义是身体。在《九章注》中,体字的运用集中在方田、商功以及勾股章。在与形状计算(如田幂、积步等)相关的注中,它统一地指物体和物体的形状[⑤],如"半圆之体""弧体"等。故此处体应指形状。合有配合,适合的意思,"合体"应当指形状相重合。后文"无所失"一语也说明了这一点。

余径指半径在觚面之外的部分,其长度也就是觚面到圆弧顶的差距。(见下文)

为了表述方便起见,先将组成割圆术的十一个语句按自然次序展开;再将在解题背景下给出完整(中间)结论的一组语句归入一个步骤,称为文本步骤。由此,以上语句可归入九个文本步骤。现用现代汉语表述如下(括号中文字为原文省略部分):

1. 第一句:作图。

2. 第二句:(割六觚,得到十二觚)用六觚的一面乘以半径,再乘三,得到十二觚的幂。

3. 第三句:继续割(十二觚),用十二觚的一面乘以半径,再乘六,

[①] 割圆术一词,笔者早见于李俨《中国算学史》,数学史界早期采用者众,但未见明确其文本范围。郭书春、李继闵都用割圆术指刘徽证明(郭)/论证(李)圆田术所用文字,但所用文本范围不同,李继闵取"圆田术曰"至"谨详其记注焉",郭书春取"又按为图"至"非周三径一之率"。为论述方便,本文仍沿用学界传统的"割圆术"一词。

[②] 《仪礼·公食大夫礼》:"簋有盖幂"。

[③] 一个典型例子是,宛田术中谈到了宛田的幂,而宛田是指类似球冠形状的、丘陵式的田,宛田幂类似球冠的表面积。商功章亦有类似运用,不赘。

[④] 见郭书春《〈九章筭术〉译注》,上海古籍出版社2009年版,第42页。

[⑤] 《九章注》中"体"字的所有用法并不完全限定在形状和物体这两个意思,限于篇幅,本文不详细归纳分析"体"字的不同出现、用法、意义及其关联。

得到二十四觚的幂。

4. 第四句:觚面被割得越小,觚周与圆周相差得越少。

5. 第五句:反复割觚,直到不能再割;此时得到的觚就和圆形状上重合。

6. 第六句和第七句:觚面外有余径,用觚面乘以径,得到超出觚表面的幂。

7. 第八句和第九句:当觚和圆重合时,余径不存在,不会得到超出的幂。

8. 第十句:对这个觚,用它一面乘以半径,按每一面裁开来看,计算得到的都是觚面翻倍(的幂)。

9. 第十一句:所以半周乘以半径即得到圆幂。

以上,我们根据刘徽时代的中国算学解读了文本的字面意义。但是,由于文本本身无法展现它赖以成立的必要背景。所以,对于今人而言,它面临一系列需要进一步解释的问题。

首先,步骤1表明,后继的各步骤应有图相对应。虽图已失传,但问题犹在:图是什么?它们在算学论证中起什么作用?

其次,步骤2、3何以可能,即从觚边乘以半径,再乘觚边数的一半,从而得到觚边翻倍的觚的幂的理由何在?

再次,步骤4何以可能,即为什么继续割觚时,觚边会越来越小,觚周会越来越接近圆周?

进一步,根据戴震的校勘,可知觚是多角形。既然觚是一个多角形,为什么它能与圆重合?即步骤5究竟有何根据断言觚圆合体?

最后,步骤6、7和后续的步骤的关联是什么。步骤5已得觚圆合体,步骤6、7转向讨论余径和幂出觚表与否,它们对推出后续结论起到什么作用?

上述问题的实质就是质疑刘徽割圆术合理性。要解决它们,就要从思想源流和技术细节两个层面,解释和复原用"析理以辞,解体用图"方法给出割圆术的全过程。

二　刘徽割圆术的预设

（一）方圆的经验观

本文试图采用中国算学史研究的本土化程序来解决上述问题。根据此程序，对割圆术文本做解释的先决条件是：阐明刘徽做注时所具有的背景知识，其中包括关于图形性质的观点和算学研究的一般性方法。由于割圆术主要讨论圆幂的计算。因此，要理解割圆术，就要理解刘徽时代中国算学家对图形尤其圆和方的看法。

首先，考虑圆和方的本性：

规者，正圆之器。（《诗经·小雅·沔水》郑玄笺）
不以规矩，不能成方圆。（《孟子·离娄上》）

根据上述引文，规矩作方圆，即圆和方均为运用器具操作的结果。另外，《墨经》中的记载也与此相符：

圆，一中同长也。（《墨经·经上》）
圆，规写交也。（《墨经·经说上》）
方，矩见交也。（《墨经·经说上》）

其中，第二句对第一句做了解释和说明。"规写交也"描述了一个经验可观察的作圆过程：一部具有两个距离固定之端点的器具，使其一端保持不动，移动另一端，刻画一首尾相交的形状；从而具体说明了"一中同长"这一作圆器具和过程所具有的经验特征。第三句刻画了一个经验可观察的作方过程。

因此，作为具有经验可操作性特征的器具在经验世界中的产物，圆和方是实物①。事实上,在《九章》和刘徽注中,圆和方都是有具体尺寸的,而用尺寸来描述事物,预设该事物具有可度量的空间特征,这恰是实物的特点。

其次,考虑圆和方的判定方法:

圆者中规,方者中矩。(《荀子·赋》,亦见《庄子》)
规之以视其圆也,矩之以视其匡也。(《周礼·考工记》)

类似记载告诉我们,根据方和圆的本性,规矩不仅作方和圆,也可用来判定方和圆;其中,"视"表明:用规矩判方圆是一个经验直观的过程。

最后,方和觚与圆之间的转换关系也被建立起来:

圆出于方,方出于矩。(《周髀算经》)
破觚而为圆。(《史记·酷吏列传》)

这就是说:从方可做圆,破觚可为圆;进而承认存在一个对方或觚进行操作的过程,其结果可被规判定为圆。事实上,这正是刘徽在割圆术中所完成的工作。

根据以上所述,刘徽的前辈学者关于圆与方有如下观点:

1. 用规矩可制作方圆,它们是可观察的具体物体;
2. 用规矩可判定方圆,判定的过程是经验直观的;
3. 从方和觚出发可制作圆。

本文将上述三个观点称为方圆的经验观。考虑到上述文献的形成都早于刘徽作注的时间,而刘徽熟读经史,因此这些知识易被刘徽接

---

① 古代文献中方圆也可以指大略的形状,如"天圆地方",这类用法下的圆并非刘徽注所论之圆。另外,《庄子》中载有辩者对方圆的辩题:"矩不方,规不可以为圆。"此见解亦与刘徽相反。见下页。

中国古代算学史研究新途径　211

受。从刘徽注中分析,他确实接受和沿用了前辈关于方与圆的经验观:

  凡物类形象,不圆则方。(《九章》圆田术注)
  割之又割,以至于不可割,则与圆周合体而无所失矣。(《九章》圆田术注)
  周三者,从其六觚之环耳。以推圆规多少之觉(较),乃弓之于弦也。(《九章》圆田术注)
  弧体法当应规。(《九章》弧田术注)
  晋武库中王莽作铜斛,其铭曰:律嘉量斛,内方尺而圆其外,庣旁九厘五毫,幂一百六十二寸,深一尺,积一千六百二十寸,容十斗。以此术求之,得幂一百六十一寸有奇,其数相近矣,此术微少。(《九章》圆田术注)

  其中,引文第一句明确指出方和圆都是物体的形状。第二句给出了破觚为圆的操作程序,同时表明由此得到的圆具有"体",也就是有具体形状的物体。第三句将破觚为圆过程中出现的六觚与圆相比较;其中,圆被视为规的产物。第四句是说:弧的形体应当合规;而弧本是圆的一部分,这说明在刘徽看来,检验圆的标准即为合规。值得注意的是第五句,它表明:刘徽将实物王莽铜斛作为圆,并且采用这一实物的数据来验证他获得的周径率[1]。

(二)觚面有限可分

  用规等器具制作的实物圆到底具有什么性质?根据刘徽割圆术步骤4、5:切割原有的觚,可以得到下一个觚面数目翻倍的觚;继续切割,所得觚与圆日益接近,最终达到觚不可再割的状态,此时觚圆合体。这

---

[1] 值得一提的是,据《隋书·律历志》记载,祖冲之采用王莽铜斛的铭文,用他的圆率计算斛径,并以此批评刘歆"数术不精"。由此可见,将圆看作实物,以实物资料作为依据来验证自己的算学理论,这是刘徽和祖冲之两位伟大的古算家都采用的方法。因此,根据刘徽和祖冲之所遵循的传统,圆、觚、圆周和觚周等都是经验可知的具体事物。即使它们被构造形如图像,用于算学分析(见割圆术第一句),它们也是具体事物的实物模型,而不是当今数学理论所说的理想化的几何图形。

句话承认了以下两个事实:其一,觚面不能无止境的细分,有穷次分割后,存在一个不可分的终点;其二,圆是一种觚面极细的觚。

这种有穷可分思想是割圆术步骤 4、5 的基础。虽然,它与现代数学的极限思想不一致,但为刘徽及其前人所公认。

让我们从惠施和辩者关于尺捶问题的论辩开始。

  一尺之捶,日取其半,万世不竭。(《庄子·天下》)
  至小无内,谓之小一。(《庄子·天下》)

上述引文中的第一句描述了辩者的一个论题:物体可以无限分割[①]。具体地说,一尺长的物体,第一日将它对分成两半,第二日再将其中的一半对分两半,如此这般,次日对分前日对分所得的那一半,这样的取半过程永远不会结束。这一论题的反面同样简单而明确:终有一天,取半过程终止。注意:根据这一过程,不可再分的那一半物体是有大小的。

而引文第二句是惠施的历物十事中的一条,它清楚地蕴涵着惠施对这一论题的否定态度。从文字上直译,它的意思就是:最小的东西没有内部,将其称之为小一。由于没有内部,最小的东西是不可再分的。因此,如果一尺之捶被分解至这些最小的单元时,那么分解过程就会被终止。在《墨经》中也有类似的论述:

  非半弗斱,则不动,说在端。(《墨经·经下》)
  非:斱半,进前取也。前,则中无为半,犹端也。前后取,则端中也。斱必半,毋与非半,不可斱也。(《墨经·经说下》)

其中,斱,即斫。前一句的意思是:当无法按取半的方式再分解一个直条形时,所得到的就是端。后一句更详尽地表达了前一句的思想:对于一个直条形状,如果截取一半,然后取前半部分,再进行截取,到达不可以再取其半的时候,原来直条最前的地方为端;如果从两头开始取

[①] 陈鼓应:《庄子今注今译》,中华书局 2009 年版,第 960 页。

其半，那么端就在原来直条的中间。总结起来，每次斫都截取一半的话，当不能取半的时候，就是不可斫，而这不可分或取半的物体被称为端①。这里的观点同样否定了尺捶论题：持续取半分解物体的过程，最终会停止在不可分的端。这里的端恰对应于小一，这一观点也与惠施的至小论题相吻合。而这也正契合在刘徽割圆术步骤4、5中发生的情况。

犹应注意，《墨经》和《庄子·天下》所谈及的斫半或取半过程只可在有穷步内完成。首先，由于这一过程有开端和终点，即时间段有限，所以，它的操作步骤不可能向未来不断扩展。其次，由于圆是实物，圆的切割是一个具体的操作，不可能在有限时间内进行无穷次经验可实施的操作。实际上，无穷可分等辩者论题从未成为人所公认的主流，如荀子便斥之为"奇辞怪说"。因此，根据先秦诸子对无穷的争鸣，以及刘徽的原始文本：割觚是一个在有限时段内完成的有穷步的过程。割觚所得觚面不能无限制地细，割至不可割时觚面最为细小，所得之觚是一个面数极多、面极细的多角形或不可割觚。

不过，在割圆术中刘徽并未通过可操作的过程，将觚面割至不可割，得到觚面不可割的觚。但是，从本土的角度看，他在先秦以来的方圆观和有穷分解的观点的基础上，借助抽象思维和触类而长方法（见本文第三节），推广已有经验可实施的割觚步骤，进而获得具有经验可能性的觚面不可割的觚。

三 刘徽割圆术的研究方法

（一）出入相补及等量代入

出入相补方法是我国古代算学家给出不同形状物体的幂或面积、体积的计算公式的必要手段。郭书春指出：出入相补法是刘徽同时代

---

① 参见伍非百《墨辩解故·下》，《墨子大全》第27册，北京图书馆出版社2002年影印本，第57页。

甚至更早的算家共同接受的方法①。它的起源至少可以追溯到春秋②，虽然，在已有古代文献中尚未发现它的明确表述。根据其在历史上的用法，吴文俊将出入相补方法概括如下：

> 用现代语言来说，就是指这样的明显事实：一个平面图形从一处移置他处，面积不变。又若把图形分割成若干块，那么各部分面积的和等于原来图形的面积，因而图形移置前后诸面积间的和、差有简单的相等关系。立体的情形也是这样。③

吴文俊的表述在用语上契合现代数学，易于为今人所理解。但是，囿于我国算学家对图形的理解，需要对它做若干补充说明。首先，已有文献表明，刘徽及其前辈并无平面、立体图形等理想化概念。正如我们先前所说，圆和方是具体事物形象或它们的经验模型。其次，出入相补中的图形变换涉及图形切割、平移和翻转等操作，是施于实物及其经验模型的操作④。因此，出入相补法是关于具体事物及其经验模型的操作策略。最后，正是这种经验上的可操作性和操作结果的自明性，使得我国算学家会接受采用出入相补方法构造的图形和图形显示的数量关系。

事实上，利用出入相补法分析图形，可以得到图形变换前后诸图形间的等量关系；进而从这些等量关系出发，进行等量替换或代入操作，最终获取所求之术。这种做法的根据是一个不言自明的事实：将已有的等量关系或术中的某个量用与其相等的量去替换，替换后该等量关系或术依然成立。

以上谈及的操作在《九章》及刘徽注中被大量使用。例如，齐同术，今有术，和方程术中的损益术、正负术，等等。在方田勾股等章的注

---

① 郭书春：《古代世界数学泰斗刘徽》，山东科学技术出版社1992年版，第125页。
② 邹大海：《从先秦文献和〈算数书〉看出入相补原理的早期应用》，《中国文化研究》2004年冬之卷。
③ 吴文俊：《出入相补原理》，载吴文俊主编《〈九章算术〉与刘徽》，北京师范大学出版社1982年版，第58—59页。
④ 在几何中，也会出现类似的用语，但实际上，描述的是一个压缩了的证明。

中,亦有等量代入的实例①。

现以《九章》圭田术注为例,简要说明如何运用出入相补法和等量代入推出圭田术。圭乃上尖下方的玉器,圭田取其上尖的形状,即有三个角的形状②。圭田术为"半广以乘正从"。刘徽在注中说:

半广知,以盈补虚为直田也。

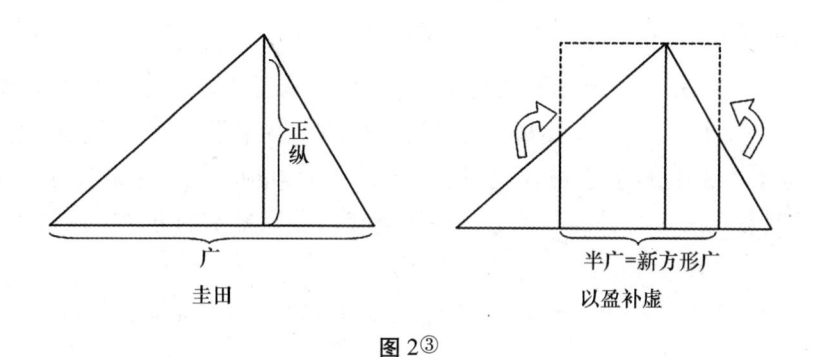

图2③

由此,圭田术的出入相补步骤可表述为:

1. 形状的变换。如图操作,便可得到与圭田大小相同的新直田,即方田。
2. 图形中得到等量关系。如图2,新方田的广等于圭田的半广,它的纵等于圭田的正纵。

事实上,圭田术的案例中,刘徽施出入相补法于圭,将它分解后重新组成一个矩形,使得这一矩形的面积等同于原先的三角形。现代几何学中,这一结论需要写出证明。但是,图形构造、图形判定和图形操作的方法都是经验的。把问题放在经验层面上,则实践验证可以表明

---

① 实际上,前注吴文俊《出入相补原理》中,所用例子亦使用了等量代入。
② 《夏侯阳算经》中圭田注云"三角之田"。注意,此处并非几何中的三角形。
③ 见李继闵《〈九章算术〉及其刘徽注研究》图4-1,陕西人民教育出版社1990年版,第242页。

运用出入相补方法所得结果具有合理性。因此,出入相补法从原始图形出发,可得到具有经验合理性的等量关系。依吴文俊表述,在此例中它们是:

1. 圭田半广等于方田广
2. 圭田正纵等于方田纵
3. 圭田幂等于方田幂

这些量关系本身并不是圭田术,而是获取圭田术的中间结果。要得到圭田术,实际上需要根据方田术:方田广纵相乘得方田幂,把以上三个等量关系的左边物件,替换入方田术的对应物件,由此即得。综上,刘徽在出入相补的基础上运用等量代入获取幂术的方法可概括为:

1. 形变:将图形进行复制/分解等操作,再拼合为新的图形。
2. 等量:根据经验直观,预设图形的质料不因截补而改变,从而得到前后两图形的幂的大小和尺寸之间的等量关系。
3. 代入:根据等量关系,用相等的量取代某些量的位置,得到欲推的术。

值得注意的是,这一套方法不仅能用来获取最后结果,亦能用来获取确立最终结果所需要的中间结论,也就是说它在应用上具有可嵌套性,割圆术即此种情形。

(二) 验方法

刘徽不仅沿用和继承出入相补方法,进一步提出和使用了"验"方法[1],以此来验证和拒斥关于图形的论断。在方亭、阳马术注中,刘徽具体使用了棋验法进行验证,以阳马术注为例:

---

[1] 《说文解字注》:"验:证也,征也,效也。"与刘徽的用法两相对照(参见下文),可知验是证实、有效的意思。

> 阳马居二,鳖臑居一,不易之率也。合两鳖臑成一阳马,合三阳马而成一立方,故三而一。验之以棋,其形露矣。

在此案例中,刘徽用"验"的方法获得阳马和鳖臑"体积"间的数量关系。正如文本描述,验的具体方式是:取用阳马和鳖臑的棋,拼合比较得到两者的量关系,发现结构确实如"阳马居二,鳖臑居一"率所描述,由此即验此率。在这里,棋是一种标准的实物模型;"验之以棋"就是实物模型来验证这种数量关系。

不仅如此,"验"的方法还被用来拒斥某些计算方法。例如,在宛田术注中,刘徽提到了"不验":

> 此术不验,故推方锥以见其形。

其中,刘徽推广了上例中的棋验法,用某个特定形状的实物方锥上来"验"宛田术,得到的结果是:宛田术计算的对象是圆锥而非宛田,并断言"此术不验",即宛田术没有通过采用方锥进行的验证。

根据刘徽本人也接受的我国算学家的看法,图形本身就是可感知的经验事物。因此,在图形的研究中就存在用图对算学论断进行验的可能性。注圆田术时,刘徽指出:

> 凡物类形象,不圆则方。方圆之率,诚著于近,则虽远可知也。由此言之,其用博矣。谨按图验,更造密率。

这清楚地表明:刘徽求方圆密率时乃用图来"验"。但他没有进一步阐述此方法。不过,我们可以在刘徽的弧田术注把握图验的特点:

> 弧田,半圆之幂也。故依半圆之体而为之术。以弦乘矢而半之,则为黄幂,矢自乘而半之,则为二青幂。青、黄相连为弧体,弧体法当应规。今觚面不至外畔,失之于少矣。……指验半圆之幂耳。若不满半圆者,益复疏阔。

此处意为半圆也是弧田,而就半圆施用九章弧田术的结果是"瓠面不至外畔,失之于少矣",所以弧田术不正确。"指验半圆之幂耳。若不满半圆者,益复疏阔。"意思是只用半圆的幂来验(弧田术的不准确),而在不满半圆的时候,就更加粗疏。文中多处描述,如青、黄幂,合为某幂等,是在描述图形的构成、拼合和相关的数量关系(见前一节出入相补),因此此处用半圆验弧田术,是用一个半圆的图形来进行的。所以,此处实际上是用图来验术。对照棋验,它可以看作刘徽图验的案例。

(三)触类而长[①]

根据本文第三节(一),刘徽沿袭了方圆的经验观。因此,根据图形分析做出的结论必然囿于图形的特殊形状。例如,刘徽通过施出入相补法于对某个特殊的圭,得到圭田术;在圆田术注中,用二尺的圆起算,得到的方圆诸率;又例如,本文第四节(一)中基于某个实物的验证。对于这类基于某个特殊图形的结论,它们是否能够真正超越图形本身的特殊性,具有更为一般的意义呢? 对此,刘徽采用了本文所谓的"图形直觉"途径,做出了肯定的回答。他指出:"诚著于近,则虽远可知也。"这就是说:某个特定图形及其分析所隐含的一般性结论可直觉地为人所知。另一方面,从某类事件已知成员都具有某相同的性质,推出其先前未知成员或所有成员也具有这一性质。此法在先秦时就常被诸子百家运用,例如:《墨子》中多次以此来推出结论。在《非命下》中有:

> 昔桀之所乱,汤治之;纣之所乱,武王治之。当此之时,世不渝而民不易,上变政而民改俗。存乎桀纣而天下乱,存乎汤武而天下治。天下之治也,汤武之力也。天下之乱也,桀纣之罪也。若以此观之,夫安危治乱,存乎上之为政也。则夫岂可谓有命哉?

[①] 中国逻辑史家中对类似"触类而长"的案例做过分析,指出,中国古代存在"以类推类"的推理方式,如崔清田等。不过,本文的目标是说明刘徽本人所使用的方法。至于其方法与其他方法之间的关系,如"触类而长"与"以类推类"的异同,有待来日探讨。

其中,以桀纣同样导致乱世为例,推出暴君之罪导致天下乱;以汤武皆改乱为治,推出贤王治世所以天下治;最终,以桀纣和汤武两例推出治乱在于"上之为政"的一般性结论。

刘徽谙熟这一方法,并使用它分析问题。事实上,在评论自己的重差术时,他说:

> 度高者重表,测深者累矩,孤离者三望,离而又旁求者四望。触类而长之,则虽幽遐诡伏,靡所不入。①

在这里,他列举重差术针对不同地势的情形都适用并能求得测量结果的事例,推出结论:即便测量物件所处地势更加复杂,都可以应用重差术解决。此处刘徽本人用"触类而长"来称谓这一方法,本文从之。② 需要指出的是:触类而长在结构上类似现代的归纳论证;但是没有证据表明它们本质上是相同的。众所周知,现代逻辑学家认为:归纳论证是其前提为真时结论可能为真的论证;它的特点是:结论包含前提所没有的内容。上述定义涉及语言的形式结构和形式语义学概念。不过,至今为止,没有证据表明刘徽及其前辈具有这类概念,这就是说,没有证据表明触类而长如同归纳法那样服从逻辑学的形式语义和语法机理。因此,如果将两者等同,就有可能将中国古代本土所不具有的概念引入对中国古代文献的本土分析,这将违背本文的宗旨。

四 割圆术的本土解释及其结构

(一) 文本的本土解释③

1. 为图

---

① 郭书春:《汇校〈九章筭术〉》,辽宁教育出版社2004年增补版,第2页。
② 实际上,赵爽在《周髀算经》的注中亦说,"引而伸之,触类而长之,天下之能事毕矣"。
③ 在下文中,"步骤 n"标记对文本步骤的解释,称为解释步骤;文本步骤用阿拉伯数字标记[见本文第一节(二)]。为了便于对照理解,我们一次列出若干文本步骤,然后依次对这些步骤做解释。

步骤1:刘徽割圆术术文原有附图,已阙。本文据文意补绘①。根据上文分析,图是实物或实物模型;在出入相补、图形直觉和图验等方法中,图提供分析的物件和接受结论的理由;它和文本相结合,共同促使他人接受文本结论。因此,将图作为文本的初始步骤,这是刘徽"析理以辞,解体用图"的研究方法所要求的。

2. 以六觚之一面乘一弧半径,三之,得十二觚之幂。(割六觚,得到十二觚,用六觚的一面乘以半径,再乘三,得到十二觚的幂)

3. 若又割之,次以十二觚之一面乘一弧之半径,六之,则得二十四觚之幂。〔继续割(十二觚),用十二觚的一面乘以半径,再乘六,得到二十四觚的幂〕

步骤2:割圆术起始于圆内六觚,其六个觚面长度相等。如图所示方式割圆,可得十二觚。利用出入相补方法,将十二觚之三分之一变换成方,两者幂相等。该方的幂为六觚之一面乘半径。自然,该方的幂的三倍就是十二觚幂,即六觚周的一半乘圆半径。

步骤3:用类似步骤2的方式割圆,可从圆内十二觚得二十四觚。类似地利用出入相补原理,将二十四觚之六分之一变换成方,两者幂相等。该方的幂为十二觚之一面乘半径,它的六倍就是二十四觚幂,即十二觚周的一半乘圆半径。

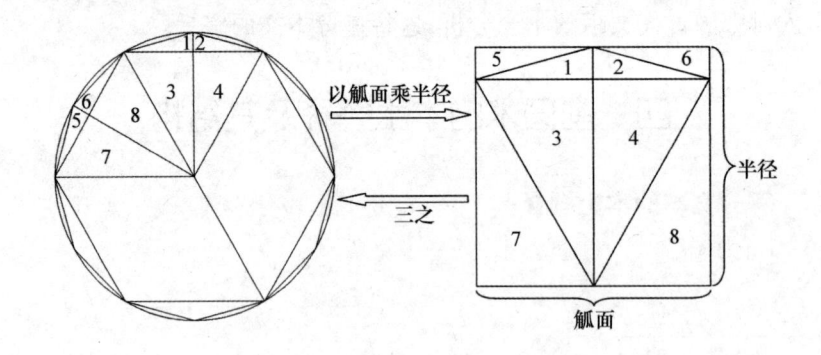

---

① 由于传本《九章筭术》无图,因此,笔者在现代数学史研究的基础上,取其中最符合《九章》原意的图形做参考补绘。图3参考郭书春《古代世界数学泰斗刘徽》,山东科学技术出版社1992年版,第224页,图62;李继闵《〈九章算术〉及其刘徽注研究》,陕西人民教育出版社1990年版,第254页,图4—9,依照文本之意绘成。后图则取其局部而得。

图 3

值得注意的是,"三之""六之"等语表明:刘徽先是将觚穷竭地分解为若干个不相交的部分,计算出所有这些部分的幂之后,再进行求和,进而得到整个觚的幂。计算觚的周长也是同样的思路。实际上,这一思想亦包含在用出入相补法计算图形的幂之中。我们将这一思想称为图形整体等于它的组成部分之和(简称整体等于部分和)。就割圆术文本而言,此思想可表述为:

等式1:对一个觚,它的觚周等于它的觚面之和,它的觚幂等于每一面对应的幂之和。①

步骤2、3包含了图形和计算两个方面。图形上,得到数个圆中觚的图形,此即前文"为图"所作之图;而计算上,得到六觚半周乘半径得十二觚幂,十二觚半周乘半径得二十四觚幂。这两个步骤的结论为运用出入相补的结果,它们的正确性是由出入相补法作为经验性操作方法的自明性所保证的。

4. 割之弥细,所失弥少。(不停地割下去,觚面越来越小,觚周越来越接近圆周)

5. 割之又割,以至于不可割,则与圆周合体而无所失矣。(直到不能再割时,得到的觚就和圆形状上重合)

步骤4、5是基于一系列的图形变换,结合抽象思考,最终得到与圆同幂的觚。

从上下文看,步骤4推广了步骤2、3的割觚方法,不断割觚。继续得到一系列的圆中觚的图形,类似6觚到12觚、12觚到24觚。

于是,刘徽在此基础上触类而长,对不断割觚的结果做出判断:先前随着割圆次数的增加,有趋势:觚面的长度变小,觚周与圆周的距离越近;故以后割觚也具有此趋势。

---

① 为论述方便起见,本文在不改变文本原意的条件下,将作为重要中间结论的等量关系用等式标记,以便行文中引用。

步骤5：一方面，根据有限可分的思想，物体的分割将终止于不可分之部分。因此，割圆必将终止于觚的不可分之部分。当割至不可割时，割圆完成了最后一步，所得到的觚应该是一个由不可分的觚面构成的多角形，我们称之为不可割觚。另一方面，根据步骤4所揭示的趋势，运用触类而长和图形直观，刘徽认为：不断割觚，觚圆两者不断趋近，直至不可割时，圆与不可割觚重合。值得一提的是，根据"破觚为圆"和"圆出自方"的作圆经验、有限可分的思想以及触类而长的推导方法，刘徽从外部割觚将终止于觚面不可再割时，最终得到圆也就是不可割觚的结论（见本文二（二）节末）。本文将它称为经验圆①。

进一步，从"觚圆合体"，即不可割之觚与圆形状重合，不可割觚和圆相关的形状尺寸即满足下式：

等式2：不可割觚的周与圆周相等，不可割觚的幂与圆幂相等。

事实上，正是利用这一等式，刘徽将给出圆田术的任务转化为建立不可割觚的幂术。至此，基于图形直观、有穷分割和触类而长，刘徽得到了觚圆合体，完成了以觚代圆的第一步。

6. 觚面之外，又有余径。以面乘径，则幂出觚表。（觚面外有余径，用觚面乘以径，得到超出觚表面的幂）

7. 若夫觚之细者，与圆合体，则表无余径。表无余径，则幂不外出矣。（当觚和圆重合时，余径不存在，不会得到超出的幂）

步骤6：结合图3和步骤6文本，可知余径乃至径突出觚面外的部分，即觚面与圆弧顶的差距。根据文本可得图4，照此解读文本有：假设从n觚开始继续割觚，根据步骤2、3，步骤6中的"以面乘径"按上下文意指：以n觚面乘以半径，如图4右半部所示。该图形由8个部分（块）组成，其幂由两大部分组成：图4中块3、4、7、8所成的方的幂，以及块1、2、5、6所组成方的幂。前者来自原觚，其中，3和4，7和8，分别来自原觚一面对应的圭形，本文将这个幂称之为n觚一面之幂；后者为

---

① 在不会混淆和不需要特别强调的情况下，以下仍按本文先前用法使用"圆"这一名词。

觚面乘余径所得,如图所示这个幂超出n觚的一面,本文称之为余径增幂。因此,步骤6就描述了:在觚继续可割时,存在余径。此时图4右半部中超出n觚一面之幂的部分,正是余径增幂部分。此步骤依据割觚的图形序列,对各图形在出入相补后,得到关于幂的构成的相似结论,再根据这些结论触类而长,即可得以描述所有可割的n觚的情形,作为一般性的结论。

我们可将上述分析得到的等量关系表达成以下等式:

等式3:n觚之余径增幂等于n觚一面乘以n觚余径。

等式4:n觚面乘半径所得幂等于n觚一面之幂的两倍与n觚余径增幂的和。

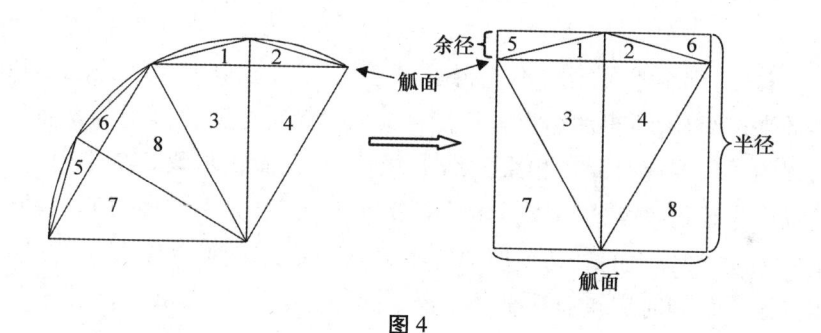

图4

步骤7:根据步骤6,割至不可割时,割觚过程已经结束,觚周和圆周重合;更确切地说:觚面就是圆周的一部分。此时,余径自然消失,余径增幂亦不存在。故步骤7的真意应是:若夫觚之细者,与圆合体,则表无余径。表无余径,则幂不外出矣。今觚圆合体,故表无余径;表无余径,故幂不外出。据此,刘徽的思路或方法是:首先发现"觚圆合体"与"表无余径"这两个事实之间的恒常联系,即其中一个事实出现时,另一个必出现;然后通过发现其中之一已出现,断定另一个也出现。在刘徽注中亦不乏其例,如"凡物自乘,开方除之,复其本数。故开方除之,即得也"①。他例亦多见于刘徽以前时代。本文将这种刘徽及其前辈常用的方法称为根据恒常关系的断言(简称恒常关系)②。例如:

> 是若其色也,若白者,则必白;今也知其色之若白也,故知其白也。(《墨子·经说下》)

在这里,等式 3 则表达了余径和余径增幂具有的恒常关系,所以不可割时觚圆合体,使得余径增幂不存在(幂不外出)。进一步,把这个结论再代入等式 4 中不可割觚的相关项,即有:

> 等式 5:对不可割觚,其一面乘以半径所得之幂等于其一面之幂的两倍。

总之,割至不可割时不能再割,自然亦不存在其两倍觚,那么用其半周乘以半径,所得的结果就不能从前面六觚十二觚等例子触类而长。所以为了确定此时周径相乘的结果,刘徽一方面在步骤 6、7 中通过分析面乘半径所得幂的构成得出等式 3、4 的关系;另一方面对割觚的图形序列通过触类而长,得此时余径不存在的结论③,等量代入等式 3、4,得到了不可割时用觚面乘半径所得幂的计算结果,即等式 5 的关系。

8. 以一面乘半径,觚而裁之,每辄自倍。[对不可割觚,用它一面乘以半径,按每一面裁开来看,计算得到的都是翻番(的幂)]

9. 故以半周乘半径而为圆幂。(所以半周乘以半径即得到圆幂)

按刘徽的"半周为纵,半径为广",目标即得到一个与圆等幂的方,方的广为圆半径,纵为圆半周,等量代入方田术从而得出圆田术。步骤 8、9 将完成这一程序。

---

① 参见郭书春《古代世界数学泰斗刘徽》,山东科学技术出版社 1992 年版,第 290 页。
② 这类规则被中国逻辑史家解释成当今形式逻辑之假言推理等。但是,一方面当时的中国人没有形式语义概念;另一方面,根据恒常关系的断言是否成立,这是根据事件或现象之间的关系是否合乎事实而判定,它根植于事实之间的关系而非形式结构。因此,上述假言推理之说至多是对根据恒常关系的断言的当代理性重构,它与本土化程序不符,故不采用。
③ 用今日的理解,即余径为零,不过刘徽时尚未有此表述。

步骤 8：用一面乘以半径，所计算的幂即不可割觚幂中每一面所对应的部分的两倍，亦即等式 5。再根据等式 1，不可割觚幂即其每一面对应部分的幂之和，所以一个以不可割觚周为纵，半径为广的方田，其幂正是整个不可割觚的幂的两倍，即：

等式 6：不可割觚周乘以半径等于不可割觚幂的两倍。

现在，根据等式 2，用圆的项代替等式 6 中不可割觚的项，即完成割圆术的最后一步：

步骤 9：给出圆田术：圆的半周乘以半径得圆幂。

以上，本文依据本土化研究程序解释割圆术，其结果表明：虽然刘徽的圆田术与现代数学的圆面积公式形式上相同。但是，它们各自的圆概念所指对象大不相同，前者指不可割觚，后者指某种光滑的封闭曲线。由此，它们的构建方式也大不相同，主要区别在于：圆田术基于经验和有穷可分预设，后者基于理想化客体的性质和无穷小分析。

(二) 割圆术中的广义论证

所谓广义论证是指：在给定的社会文化情景中，隶属于一个或多个文化群体的若干主体依据（社会）规范或规则给出语篇，促使参与主体拒绝或接受某个观点。我们称这种具有说理功能的语篇为广义论证，生成语篇的规则就是广义论证规则[①]。根据该定义，一个语篇被称为广义论证只需具备两个条件：其一，它按社会规范或规则给出；其二，具有说理功能，而对规则、语篇的形式和内容没有任何规定。因此，要研究某文化中的广义论证，只需要描述该文化中生成具有说理功能的语篇的规则和语篇生成过程即可，根本不需要引入不属于这个文化的概念框架[②]。这表明，刻画说理语篇中的广义论证符合文本本土化研究的要

[①] 参见鞠实儿《论逻辑的文化相对性——从民族志和历史学的观点看》，《中国社会科学》2010 年 1 期；鞠实儿、何杨《基于广义论证的中国古代逻辑研究——以春秋赋诗论证为例》，《哲学研究》2014 年第 1 期。

[②] 试比较：如果在现代演绎逻辑的框架内描述割圆术，就需要引入形式句法学和形式语义学的规则。而刘徽时代的中国人并未具有这类规则。（参见本文第三节对归纳法的讨论）

求。根据以上所述,一旦我们描述了语篇的广义论证,也就揭示了生成语篇的规则和语篇的结构。

另一方面,刘徽在完成割圆术后指出:

> 此以周径,谓至然之数,非周三径一之率也。……然世传此法,莫肯精核,学者踵古,习其谬失。不有明据,辩之斯难。

其中,刘徽表明,他之所以要为圆田术作注,其目的是使人能明辨是非,拒绝错误观点,把握正确观点。同时,上一节对割圆术的解释表明,它确实是依据被当时学界认可的方法和原则而写成的[①]。因此,该文本构成一个广义论证。

由于一个文本步骤包含若干语句和相对完整的论断,在对应的解释中,该文本步骤的语句之间、语句与图形之间的关系被展现出来,形成若干个论证步骤。为此,我们将按文本生成的自然顺序,先列举广义论证步骤,然后根据上一节的解释,在括号内列举生成这一步骤的规则和理由,进而揭示割圆术中刘徽用"析理以辞,解体用图"的方法所给出的广义论证全过程:

1. 作图,得到从圆内六觚开始,割得十二觚、二十四觚的图形序列。
(解体用图)
2. 六觚的面乘以半径,再乘以三,得十二觚的幂;十二觚的面乘以半径,再乘以六,得二十四觚的幂。
(1,出入相补)
3. 一个觚的周等于它的觚面之和,它的幂等于其每一面对应的幂的和;即等式1。
(1,触类而长,整体等于部分之和)
4. 继续割下去,觚面越来越小,觚数越来越多,觚和圆的差距

[①] 刘徽在圆田术注中提到:"恐空设法,数昧而难譬,故置诸检括,谨详其记注焉。"这表明他明确地运用公认的规则作注,以说服他人。

也越来越小。

(1,图验,触类而长)

5. 割到不可割,觚面小到极点。

(4,有穷分解思想)

6. 不可割觚与圆重合。

(4,5,触类而长,经验圆)

7. 不可割觚的周与圆周相等,不可割觚的幂与圆幂相等;即等式2

(6)

8. 对可割的觚,觚面之外存在余径。

(1,触类而长)

9. 余径即觚面与圆弧的差距。

(1,8,图形直观)

10. 对可割的n觚,其觚面外存在余径,用n觚面乘以半径,得到的幂超出觚面。

(1,出入相补)

11. n觚之余径增幂,等于n觚一面乘以n觚余径;即等式3。

(1,10,出入相补,触类而长)

12. n觚面乘以半径所得之幂,等于n觚一面之幂的两倍,加上n觚之余径增幂;即等式4。

(1,10,出入相补,触类而长)

13. 当觚不可割时,觚面和圆合体,那么觚面外没有余径。

(1,9,触类而长)

14. 不可割觚的余径不存在。

(6,13,恒常关系)

15. 不可割觚的余径增幂不存在。

(11,14,等量代入)

16. 不可割觚一面乘以半径所得之幂等于不可割觚一面之幂的两倍;即等式5。

(12,15,等量代入)

17. 不可割觚周乘以半径等于不可割觚幂的两倍;即等式6。

(3,16,等量代入)

18. 圆的半周乘以半径得到圆幂。

(7,17,等量代入)

由此,通过将文本置于当时当地的社会文化背景之下进行解释,寓于割圆术之中广义论证结构呈现出来了。这种割圆术广义论证在有限可分、经验圆等概念和判断的基础上,主要借助于图形直观、出入相补、触类而长等经验性方法而生成。正如本文先前已经提到的那样,这些经验性方法不能纳入归纳法范畴。不仅如此,在现代数学中既没有这些概念和判断的对应物,也不使用这些经验性方法作为证明手段。因此,它不属于现代数学范畴。最后,整个论证并不依赖于事先给出的公理和形式有效的论证规则。因此,它更不属于演绎推理范畴。一言以蔽之,割圆术广义论证是刘徽使用"析理以辞,解体用图"方法研究圆田术所得文本的内在结构。

总结和展望

1. 本文讨论了中国古代算学史研究中的两条途径:据西释中和据中释中途径。在前人工作的基础上,提出了中国古代算学史本土化研究程序,其特点是:拒绝使用任何当时当地不存在的元素,力图在文本形成的社会—文化语境中解读和解释文本,描述中国算学成果。

2. 根据上述研究程序,以刘徽割圆术为对象,解释和复原给出割圆术的"析理以辞,解体用图"全过程。为此,描述割圆术的文化背景,主要是刘徽时代算学家对图形和图形操作的观点、图形面积的研究程序、研究图形的基本方法。其中,方和圆是可观察、可经验判定和可实际制作的具体物体,而不是当今数学理论所说的抽象的几何图形;物体的分割在有限步之后终止于不可割之部分,而不是无限可分;研究图形使用的是图形直观、图验、出入相补和触类而长等经验方法,而不是公理化演绎方法。

3. 根据上述文化背景解释割圆术,其结果表明:尽管圆田术形式上等同现数学的圆面积公式。但是,两者圆概念的含义和指称不相同,处理它们的方法也不相同。根据有限分割原理和图形直观法,刘徽割圆术构造的圆是其边不可分割的多角形,即经验圆;从经验圆的性质出发给出圆田术的方法是经验方法和经验基础上的抽象思维,而不是某种极限理论的萌芽;整个割圆术文本的结构既不是演绎的也不是归纳的,而是建筑在中国古代传统文化基础上的广义论证。

4. 本文提出中国古代算学史本土化研究程序,并以割圆术为案例检验和展示了这一程序。但是,据西释中的弊端类似地发生在中国古代学术史研究的其他领域;支持这一程序的理由适合于其他领域的本土化研究。[①] 因此,我们期望这一程序能被推广到上述领域,推动中国古代学术史研究的本土化。

---

① 参见鞠实儿、何杨《基于广义论证的中国古代逻辑研究——以春秋赋诗论证为例》,《哲学研究》2014 年第 1 期。

医学人文的思维方法

萧宏恩[*]

绪言:医学,一门不完美的科学?

何谓"医学"(medicine)?基本上,直至目前,并没有一个普遍的定义,甚至可以说,无法有一个"科学式"的定义,即,医学无法作一类别与种差的分判。可是,医学是一门科学(science)却是无可置疑的,只是,在既有的科学范畴(自然、人文、社会)中,医学到底属于哪一范畴之科学?自然科学(natural science)吗?实际上,当今主流医学可称为"医学科学"(medical science),乃自解剖学之父维萨里(Andreas Vesalius,1514—1564)《人体的构造》(*De humani corporis fabrica*, *On the fabric of the human body*,1543)一书问世后,将医学推进以自然科技(自然科学与技术)为典范的"当代医学"(modern medicine),有别于因着不同文化背景而对维护健康以及预防、诊断、改善、治疗身心疾病所特有的解释及其使用之方法的"传统医学"(traditional medicin)。[①]当然,这并不意味着传统医学的没落甚而消失,只是因着文化的隔阂,不如以自然科技为主导之近代医学(科学)之普及。因而,传统医学,尤其是中医,为普及化之考虑,某种程度吸取自然科学方法与技术运用的推展。可是,如此却造成医学与人文分离的吊诡。

---

[*] 萧宏恩,台湾中山医学大学通识教育中心教授。
[①] 参阅"世界卫生组织"(World Health Organization,WHO),中文网页,http://www.who.int/topics/traditional_medicine/definitions/zh/。

无可否认,医学直接关联到人的生命质量,因此,医学就是人文的,医学与人文根本是一体而无法分别的!所谓"人文"(humanity)虽亦无一明确的定义,但是,可以简单地说,关系到人之存在或存有本身的一切联系,也就是说,以人为核心与其周遭的一切关联或关系的存在,如何才是适合于人之存在或符合人之存有的,即为"人文",但是,这并不意味以人为中心的思维。而关于人文的探讨,是关乎身、心、灵的整全,而非仅仅理智(理性)的思索,更有情感上的感性体会。只是,以观察、实验为主导之自然科学方法的量性建构,人俨然成为一"中性"的对象,却将医学作为一门"科学"与"人文"渐行渐远,引发了许多现实医疗上之问题。故而,当代医学界即结合人文学者致力于医学的人文教育(Medical Education for Humanity),试图将医学回归于以人为出发、为人而服务,而非以数据(量化)为出发、人为其服务(人符应于数据之量性结构)之医学。那么,显然以观察、实验为主导之量性建构的自然科学方法对医学人文(medical humanity)的省思却是无能为力。由之,医学作为一门科学与一般所言之科学,应有其不同的内涵,及其在效用上的差异。

就内涵上而言,科学的目的在于获得知识并理解世界和世界中的事物,至于如何使用科学的知识与科学的探讨可以是不相干的,因此,我们没有理由将原子弹的发明归咎于爱因斯坦创发的 $E=mc^2$ 之公式。但是,对医学来说,医学的探究必要基于"通过预防或治疗疾病来增进人们的健康"这样一个目的而作为,就在这一独特的目的上,医学必要在同一行动上同时满全(医学)知识的获取以及疾病的预防或治疗,以增进人们的健康。这是建立于医与(病)人之关系上的满全,也就是说,医学的目的是表现在(病)人身上,只要某人行医,必然与(病)人建立起关系(为人或病人服务),且医疗实践的正当性也就在于是否为了促进(病)人的健康与福祉而行动。故而,不难了解,我们可以"为科学而科学"(纯粹科学知识的探讨),但是,同样一句话套用在医学身上,就难以理解了。

就效用上而言,科学的效用在于获取之知识(理论)对存在世界做出了正确的(合理的)诠释。那么,既然科学的目的是在于获得知识并理解世界和世界中的事物,因此,当一个科学的理论被认为是真的或可能是真的时,我们就有理由说科学的探讨发挥了其效用。而所谓"真的",就是知识(理论)对这个存在的世界提出了正确的或合理的诠释,此即一般所言之"真理"(逻辑真理)。故而,"真理"即科学是否发挥其效用的内在标准。至于外在标准,就在于科学真理如何被使用以达至其所设定之目标或目的。而医学的效用即在于达致"通过预防和治疗疾病以促进健康"之目的。如是,医学的情况并不就这么单纯,因为医学科学借助了(自然)科学的理论与定律,运用这些理论与定律提供对疾病过程的解释,并且作为发展预防和治疗措施的基础,也就是说,当代医学是通过(自然)科学才能有效地达致其目的。然而,当代医学虽然偏爱遵循以科学为基础的律则,却并不表示评量医学之效用的标准即成为认知的真理标准,如同(自然)科学一般,确切地说,当代医学中依于科学的评价标准(以自然科学与技术为典范)仅仅在于工具上的或实用上的效用。

那么,由以上所言,我们可说,当代以自然科学与技术为典范之量性建构之医学是一门科学,却是一门"不完美"的科学,其不完美性即在于医疗实务与其所依据之知识理论之间的鸿沟,一方面,直至目前为止,当代医学的探究仍无法全然因应人本身所显露出来的讯息,而且,当代医学的探究所获取之知识与人本身之间到底尚有多大的差距,却又不得而知!另一方面,每一个人都明白,孰能无过(错),医疗专业人当然也会犯错!只是,医疗专业人的过错是起自其个人的无知、漫不经心、不慎、还是医学科学的不完美?可是,医疗所直接关系到的就是人之生命质量,如果犯错在所难免,那么,使生命受到伤害的过失或错误如何可能受到谅解?然而,一般人总是看到医学的神奇面,无法接受其不完美的一面而要求医学的完美。在如此的吊诡中,医学的不完美自然不被容许。故而,医疗上的过错往往归咎于个人因素,以"成就"医学的完美。如此这般的思维就是医学与人文二分的结果,"人"终究被牺牲,故而,医学人文的思维(甚至我们可以直接说是"医学的思维")需要另一套方法。

一 关于"疾病"的思维

医学的目的既是"预防或治疗疾病以增进健康",因此,"疾病"是医学探讨的核心。简单地说,由"疾病"的英文"dis-ease"我们可以意会,"ease"有舒畅、安逸、自在等意思,那么,"dis-ease"就是不舒畅、不安逸、不自在等意思。在当代医学科学上,疾病指的是身体在生理、解剖或生化方面产生了病理上的变化,或是心理、精神上所导致的行为失序(disorder)。然而,医学的主体和对象是"人"并非"病",由前"绪言"之论述即可了解,这也是当代医学科学致力于全然客观的论述下容易轻忽的面向。疾病既然发生在人的身上,就不能忽略、甚而忽视人(主体,作为"个体")的主观感受。疾病为生病的人(个体)带来疼痛或不舒适的感觉,一般称为"病痛"(illness),但是,疾病与病痛之间并未呈现显然的因果关系。简单地说,就个体的感觉而言,感到不舒服,不见得是生病了,而没什么感觉也不代表是没病、健康的!再者,个体对疾病的感受性(忍受力)有所不同,有人只要有一点小病、不舒适就惊天动地!而有人除非达到高疼痛指数,否则似乎若无其事!当然,这并不意味病痛仅仅在于个体感觉或感受上之意义,一般而言,病痛显象的程度,可以让他人初步评断疾病的轻重而当下采取必要的手段。然而,就前所提及个体感觉以及对病痛的感受因人而异的两个面向,由第一个面向来看,即使是没什么病的感觉不舒适或是罹病而没什么感觉,皆具"预防疾病"上之意义。譬如说,如果不去理会过度劳累而感到的不舒适,就会积劳成疾,甚而过劳、猝死!第二个面向所显示出的个体现象,往往会让他人产生一种惯性认知,总会认为对小病、小痛就惊天动地的人一定没什么大不了,而觉得忍受力强似乎若无其事的人恐怕病情不单纯!除非产生明显的"变化",否则难以打破既有的成见。然而,就人文的思维而言,任何事件都是"一次性"事件,也就是说,我们生活的周遭有不断重复性事件,但无二者同一的"复制"事件,因为"每一"事件皆因着"人、事、时、地、物"五项因素之间关联上的有所不同而成为具体现实的"当下"事件,没有较细心的审视,难以察觉重复性事件之间的差异。当然,这并不意谓病痛无关乎疾病的诊断,虽然相关疾病的诊断主要在于对"症状"(symptoms)的分析,症状即是疾病的显象,而"病痛"在某种程度亦为疾病的显象,重点即在于医者的"观察"了①。多年前,笔者的一名学生扭伤了脚踝,由于其忍受力相当强,即使已肿胀到连穿鞋子都有些勉强了,仍不以为意!直到同学们看不下去,硬拖着她去就诊,医师见状,大吃一惊!责备为何拖延至这般情况才来就医之余,以为她已痛得无法走路,谁知这位同学每天仍自行上下宿舍阶梯,走路到学校。

言及于此,顺道一提的是,本小节虽论及"疾病",但并非对疾病的"概念"②作探讨,而是如何看待、设想疾病,只是,对疾病的看待往往又牵扯到"正常""不正常"的设想!疾病当然是不正常的。那么,什么又是"正常"或"不正常"呢?在某些情况下,以正常、不正常来看待疾病会造成在人文思维上的矛盾、甚至冲突,尤其在心理疾病的诊断上。譬如说,在早期的《精神疾病诊断与统计手册》(*The Diagnostic and Statistical Manual of Mental Disorders*, DSM)③,"同性恋"被视为(甚或可说"被诊断为")疾病,后来又被心理学上认为是"不正常"或"失序"(disorder),但是如今没有人会认为同性恋是疾病,也很难说是不正常。另外,在当今时代有个显然的例子是,海洋性贫血与裘馨氏肌肉萎缩症都是 X 染色体隐性单一基因疾病,不同的是,海洋性贫血是父母为带因者而可能在下一代子女身上出现病状,而在裘馨氏肌肉萎缩症的情况中,仅仅带有此基因缺陷的男性才会发病,女性却会将缺陷代代遗传下去。那么,"基因缺陷"是否就是疾病,需要做治疗?"基因缺陷"如果按照这般对疾病与否是为正常、不正常的看待或设想,那么,是否有不少人在一生下来即应被视为"病人"?!

---

① 由美国哈佛大学医学院首创,在医学院开设医学与艺术相关课程,是为了强化医者的观察力,提升医者的同理心。

② 疾病的概念因社会文化之背景而有所不同,并且因着历史的推演而变化。实际上,在任何时代,即使在当今医学科学的年代,皆无法对疾病有确切的定义。

③ 现已发行第五版,简称"DSM-5"。

二　医者意也：对疾病的述说

　　症状,就医学科学之探讨,有其标准化的一致性,但是,在个体身上并不因此而有其显象上的同一性,也就是说,同一病症显现在每一个人身上是有所差异的,不但如此,不同的疾病往往有相似的症状。因此,如果不加审视,一不小心即会造成误诊。笔者就有两次相关的经验。一次是某个夏天,笔者大腿内侧及胯下红肿,奇痒难耐,某个诊所医师诊断为淋菌感染,笔者拿药回去擦了几天,不但不见效,反而红肿面积有扩大之趋势。至另一诊所看诊,医师诊断为霉菌感染,拿药回去擦了之后,才逐渐好转。另一次就发生在笔者为文的近日,笔者右边嘴角出现伤口,好些天了,一直没好转,即至诊所看诊。医师初看一眼说是口角炎,但经过与笔者一些对话后,医师再仔细观视了一下,结果是疱疹。笔者罹患的毕竟只是无关紧要的小病小伤,即使误诊用错药也伤不了身、更致不了命!可是,往往也就是因为误诊或没注意一些细节,而使得小病成大病、甚而致命,引起医疗纠纷。另外,容易引起医疗纠纷的就是"态度",尤其是对病人病痛不以为意。因此,由方法上来说,一般人经常说要"沟通",而实际上,最主要的不仅是沟通,而是"对话"(dialogue),对话最需要的就是"聆听"(listening,倾听),无论对话或聆听皆是在"叙事"(narrative),医疗场域是以疾病为核心,那么,医疗场域的叙事,基本上就是对疾病的述说。可是,"人"自身作为一"身体(生理)、心理、灵性(spirituality)"之整合(integrated)的"社会"存在,在当代医学科学要求客观化、标准化、普遍性及(相对)必然性之知识系统之建构的发展下,"人"被对象化(客体化)的医疗对待,遗忘其自身的可变性及多变性,无法为客观化、标准化建构下的知识理论之范畴所括限及掌握,而成为一普遍性及(相对)必然性之客体。对话如何可能?如果人是为医学科学所掌握之客体,无须对话,而面对可变及多变的人,又当如何对话?"医者意也"是中国医学的传统观念,重点就在对这个"意"的领会。在中国思想中充满着"意"的论述,但在如今(自然)科学主导下的对知识理论之观念,一般人感受到的仅仅在于"只可意会,不可言传"的神秘感,既然不可言传,大家也就对"意"不那么在意去深究了。然而,"意"并非真的无可言说,而且,笔者以为,医者就在这"意"上适足以弥补当今医学科学在医疗场域内的对话之不足。

(一)"意"者:望、闻、问、切

"医者意也"是由东汉时的名医亦为东汉和帝的太医丞郭玉之言而出:"医之为言意也。腠理至微,随气用巧,针石之间,毫芒即乖。神存于心手之际,可得解而不可得言也。"(《后汉书·郭玉传》)只是,郭玉此言"意"仅仅只是单纯地指"注意力",后世医者由于医疗手法上的转变而赋予了更深的内涵。郭玉之后,南朝的陶弘景首先说出"医者意也"一语:"医者意也。古之所谓良医,盖以其意量而得其节,是知疗病者皆意出当时,不可以旧方医疗。"(《外台秘要》卷18)唐代医家孙思邈也经常在其著作中论及"医者意也"之观点,直至宋代之后,医家们才真正大谈这个观点。总括而言,医家们强调的"意"有几种内涵。首先,是最初郭玉言及的"注意力",此义虽然表面,却是思维专注的首要因素。其次,医者治病不能墨守成规,必须发挥己之所能辨识在每一个人身上的疾病,针对个体找寻适合、恰当的治疗方法,因为疾病虽有其一致性(当代医学科学在其标准化、客观化以及具普遍性、相对必然性的建构下,更为明确的展现),却在每一个体身上不具同一性,这在本文第一小节"关于'疾病'的思维"中笔者已有所论述,当然,在疾病的预防上,中医学的进补,个体性的考虑最为显然。最后,中国医学也就在"意"的体现下,不仅是重构,而且再构中医学之体系[①]。如今,中医学更是借助众所熟悉之自然科技的标准化、客观化的知识系统,在不失其"意"的建构下,逐渐淡化传统言"意"所带来的神秘感。

中国的思维是在实践中完成,因此,医者之"意"就在"望、闻、问、切"中完成。简单地说,"望"就是察言观色,不但对病人的健康状况,而且由病人的言行举止亦可相当掌握其性格及其他相关信息,初步判断其问题所在。如此,"望"就不仅仅是"看",而是在与病人初次接触时即有所互动,尤其是对话。"闻"就是听病人之声音,《黄帝内经》所

---

① 廖育群:《医者意也:认识中国传统医学》,东大图书股份有限公司2003年版,第42—48页。

云"闻其声而言其情",意谓人之发声实为情之表达,情又是由体内而发,故而人之声音本质上即身体五脏六腑的表达。有一句话说"言为心声",表达五脏(肝、心、脾、肺、肾)之声的"呼、笑、歌、哭、呻",基本上也都是在话语(言、语调、声音)中的表达。"问"就是提问,如何提问才能问出真正的问题所在,这是医师看诊需要相当细致的一部分。如何才问得清楚? 如何才能使病人(及/或其家属)描述得清楚? 关键都在医师的提问上,而非寄望于病人(及/或其家属)自身即能描述得清楚。"切"就是切脉(把脉),这是中医特有的一种看诊方法,将手指搭在脉搏上,是由对生命的感悟而认知生命内的一些事件,由此不难明白,把脉是需要悟性的一门技术①。由上可知,无论是望、闻、问、切,"对话"贯穿其间,可说是其中的灵魂,尤其是"问诊",对话更是显露其重要性。《黄帝内经》针对望、闻、问、切而言"望而知之谓之神,闻而知之谓之圣,问而知之谓之工,切而知之谓之巧","工"之意以现在来说即是"专业",一般所称之"工匠",即为专业人中的佼佼者。②仅由望诊或闻诊即可诊得病症之实,是为神、圣之境,神、圣之境不可能一蹴可几,绝大多数医者一辈子皆无法触及,所以,问诊和切诊是必要的诊疗手段,而望诊和闻诊即为问诊和切诊某种程度的信息来源。如此,问题就在中医学的思维方法如何在当今医学科学讲求客观化、标准化知识系统之极度专业化的情况下落实于医疗场域,尤其是"医、病"③之间?

(二)聆听、对话与叙事

如今讲求客观化、标准化且具普遍性、(相对)必然性之知识系统建构之极度专业化的科技思维,乃今时代之思维潮流,在方法上,即个别的对象必须符应于专业知识的论述,个体(主观)化处于客体(客观)之"专业知识相"的临照下。那么,就当今医学科学建构下的医疗而言,医师乃就其专业知识去"寻找"疾病,经过一番症状的询问后,疾病被"列入"或"排除"于对象身上。如此,医师面对的只是一个犹如没有

---

① 曲黎敏:《黄帝内经·生命智慧》,长江文艺出版社 2010 年版,第 18—33 页。
② 同上书,第 28 页。
③ 今之言"医、病",主要仍是指医师与病人,但已扩及指涉"医疗专业人"与"病人及其亲友"。

"感觉"的"客体"(客观对象),对话仅在于医师的"询问",而且这种询问是近乎"审问"式的有没有、是不是之"封闭"的"问答",而非真正的对话,因为医师没有"聆听"病人对自身感觉(feelings)、病痛(illness)或担心(concerns)的"主诉"(chief complaint)①。相对地,医疗需要的是一种主体融入、有个体感觉或担心的"聆听"式的"开放"性对话,以"发现"作为身、心、灵整合之(病)人的真正问题所在与需求。

中国思想本来就建构在一种对个体聆听、开放式的对话上,以发现个人的问题所在与需求,而且是全面性的叙事,因为人体是全身经络联贯五脏六腑与肢体之整合性组织系统,由脉动的显象,导致疼痛或不舒适的问题是方方面面的,而不只是某一方面的问题,譬如说,上楼时小腿肚疼痛,可能是在于膀胱经痛,因为膀胱经贯穿小腿,而下楼时大腿疼痛,可能是胃经痛,因为胃经走大腿前缘②。因此,"问而知之谓之工"的"工",以今之说法虽为"专业",但终究与今之一般专业之概念仍有所差异,这个差异就在切诊(把脉)讲求的"悟性"(对生命的感悟)上。此言"悟性"(对生命的感悟)似乎又将无可思维的神秘性带了出来!当然,笔者并无意贬低"神秘(性)"之价值,"神秘"意谓无可言说之"奥秘",而"无可言说"并不意味真的不能说些什么,在思想上还有神秘主义的学派,却是言之不尽、说之不详,但人们可经由言说中去领会、由实践中去体会人类难以触及的一部分,进而才能发现些什么。所以,医者需要聆听、开放式的对话,由诊疗的实践中去发现病人那未知的部分。关于此,我们可先由当今颇为流行的"去专业化"(de-professionalizing)一词来领会。"去专业化"意谓去除"知识专业相",目的是突显对人的关怀。这个意思是说,"知识"是人所建构、是为人服务的,如今专业化的结果,人反而被知识所圈限,人必须符应于知识而为知识服务。就医疗上来说,本文前已详述,医学的对象是"人"而非疾病,去除医学科学(知识)专业相,医师(医疗专业人)将病人视为一个人而非专业(知识)的对象,不但努力完成诊治疾病的使命,而且关怀病人对

---

① [美]Allen Barbour:《医病关系——生物医学的迷思》,潘咸廷、陈建州、陈三能编译,艺轩图书出版社2002年版,第371—383页。
② 参考曲黎敏《黄帝内经·生命智慧》,长江文艺出版社2010年版;廖育群《医者意也:认识中国传统医学》,东大图书股份有限公司2003年版,第30页。

自己生活与病痛的担心。在具体作为上，是由聆听、开放式的对话开始。

聆听、开放式的对话就是一种"引导"式的对话。首先是要聆听，主要是聆听病人的话语，不但要聆听，而且需要"创造性聆听"（creative listening）。所谓"创造性聆听"，意指"每一刻皆全神贯注于任何可能发生的事实，对每个线索都保持警觉性，把握每个机会去了解更多，并给予适时的回应，将病人（及其家属）想表达的加以厘清。不允许因为没听到、没看到、不了解而错过任何事情"①。聆听才能使得对话针对作为身、心、灵整合之人的个体实在（personal）而进行回应，其实，这样一种方式就是中国传统习惯的思维方法，就像是孔子与弟子的对谈以及针对不同弟子提问的回答。那么，又该如何回应？现今毕竟不同于传统，一般人都具备相当程度之知识，当然也包含了某种程度的医学常识，因此，如今在聆听中的回应之对话亦不若孔子及其弟子之间问答的单纯对话，而是彼此交互间的对话，也就是说，在医疗场域内，历来都是医者为对话的主动方，而聆听中的回应正可引导病人及其亲属的主动性。"回应"可由"是什么意思？"与"有什么根据？"此二面向的思维而适时提问来进行，一方面，医者可让病方感受到其着实在聆听，而且真正想要去了解病方的言说；另一方面，医者可借由此引导病方同样以此二面向之思维而主动了解医者的言说。如此，不难明白，聆听中的回应实际上是开启了对话的可能性。然而，在当今医疗场域，对话不再只是一对一的关系，却可能是一对多（一名医者对病方多人）、多对一（多位医者对一病方）的"多元对话"（polylogue），无论是何种对话关系，皆不离"是什么意思？"与"有什么根据？"此二面向的思维而进行。

聆听、开放式的对话也就是一种"叙事"的对话。简单地说，"叙事"（narrative）不就是说故事，也不仅仅是描述一事件，无论是说故事或是描述一事件，在时间点上，都是过去的发生，而叙事的重点却是在当下时空掌握人、事、物及其周遭环境的相关交织。这在孔子及其弟子的对话中相当显然，例如：孔子对管仲的评论，曾说："管仲之器小哉！"

---

① ［美］Allen Barbour：《医病关系——生物医学的迷思》，潘咸廷、陈建州、陈三能编译，艺轩图书出版社 2002 年版，第 383 页。

(《论语·八佾篇》)却又在他处赞许:"微管仲,吾其披发左衽矣。"(《论语·宪问篇》)重点不在管仲到底是一个怎么样的人,或是发生了什么事件的内容,而是孔子面对当下人、事、物及其所处情境,借由管仲这个人及其在过去不同时空内的事件,让弟子明白甚而进一步领会何为"知礼""诚信"。就对疾病的述说与诊断上而言,叙事乃依于对话而对病人作全面性(尤其是与病人日常生活相关)的观照,尤其在当今的医疗场域,因为最早是医师至病人家中看诊,病人在自家容易放松、情绪容易稳定,医师也容易观视与病人日常生活最有关的环境、状态等,可如今是病人移动至医疗院所看病,这一切即需透过对话的叙事去掌握。曾有个案例是,一个全身发肿的病人至中医看诊,经医师把脉后,病人脉象平和,并无五脏六腑之病,医师百思不得其解!经由病人的叙事后,发现这个病人原来是新婚,家具都上了新漆,中了漆毒,导致全身浮肿①。当今医学界已充分感受到医疗场域的特殊性,也意识到病人主诉对疾病述说的重要性,"叙事医学"(narrative medicine)因应而出。

三　医者意也:疗愈的交谈

对话融洽,才能成为有效的对话,达致对话的目的。众所周知,人与人之间的融洽不是借由理智,而是"情感",没有情感的对话只会成为"掌权"一方的独白;不付诸情感的聆听也只能成为"掌权"一方的自以为是。历来医疗场域在医疗"父权主义"(paternalism)的观念下,医师是唯一"作决定"及"掌握话语权"的人,没有对话的可能性,因为唯独医师是具有医学专业的医疗人,而且是以"理智"(理性)为主导的"知识挂帅",认为情感或情绪是会影响理性判断的负面因素。当代西方思维发现,尤其是女性主义者,强调理智、推理与原则的思维不但使得"实践"无法获得保证,而且容易造成人与人之间隔阂,而情感(情绪)却是一股动力,驱动着判断者的抉择以至行动。就医疗场域内的对

---

① 廖育群:《医者意也:认识中国传统医学》,东大图书股份有限公司2003年版,第33页。

话而言,如何确保"交谈"(discourse)①的可行性,以使得医、病之间对疾病的述说成为可能,而致疾病的诊治?前文已提及,早期是医师前往病人家中看诊,病人在自己家里最能放松、情绪较为稳定,而且医师可以就近观视病人的日常生活周遭、环境。而如今几乎都是病人到医疗相关院所看病,对绝大多数的病人来说,纵有亲友陪伴,但对周遭是陌生的、对环境是生疏的,往往需要一段时间的等待,对心情的调适、体力的负荷都可说是一种煎熬,而且医师更无法就近观视病人的日常生活周遭及环境,"交谈"就成了医、病进入对疾病述说之融洽对话的重要部分。如此,由"医者意也"诉诸"望、闻、问、切"之诊疗的中国医家思维,不难领会,自有"情"的投入,使得交谈成为可能,而进入疾病的对话。如今医学科学当道,纵使西方女性主义思维已然推举"关怀情意"做为人之(道德)行为的内在基础,却并不保证其实践的必然性,也就是说,无法确保现实行为的可行性②。如此,我们需要一种以"情"为核心理念的思维来确保"交谈"的可行性。不难见得,"情"在中国思想内一直有其重要地位,而以"兼爱"为其核心理念的中国墨家,最为重"情",最能合乎如此的思维需求。

当然,笔者并无意全然否定早期以"理智"(理性)为主导,认为情感或情绪是会影响诊断之负面因素的医疗,无可否认,这是一种"专业性"的考虑,只是如此偏重(单方面)的医疗操作,俨然形成一种透过言语操纵以确保病人会在诊疗中采取合作态度的"操纵性医病关系",于知识普及、民智已开、病人已有相当自主性的当今医疗场域会造成更多、更难解的医病矛盾、甚而冲突!况且,前文已有提及,医学不同于一般(自然)科学即在于有其指向预防、治疗疾病之目的的内在道德性,也就是说,医、病之间有其互动(交谈)关系的"伦理性"存在,只是,如果医、病之间的过度亲近,以致病人的过度依赖或是在医疗上做出不适当的偏私判断,造成另一极端不恰当的"偏爱性医病关系"。当今需要的是既具专业性、又有伦理性,且不落于一偏的"疗愈性的医病关系"

---

① 笔者这里用"交谈"一语,表达医疗场域内的对话(尤其是医、病间的对话)已不仅止于、甚而超乎对疾病的述说。

② 方志华:《关怀伦理学与教育》,洪业文化事业公司2004年版,第104—107页。

(therapeutic doctor – patient relationship),落于医、病之间的交谈上,即是"疗愈性的交谈"(therapeutic discourse)①。墨家讲"兼爱"为的就是无所"别"②,意谓"整体、普及的爱",在实践上(义)即是谋求公众的福祉(利),但这并非单方面的付出,而是互动性的"兼相爱,交相利",强调爱的主动性,由己出发而"视人如己,爱人若己",并且意识到并愿意去"先爱"了他人、施予他人福利、造就他人之幸福,才能推扩兼爱于天下③。其实,与其说墨家,不如说是"墨家团体"。墨家团体是墨子将战乱时居于弱势的平民百姓组织起来的团体,大家彼此关照,不但在乱世足以自保,而且俨然也形成一股拨乱反正之力量。墨家团体也可以说是百工技艺的组合,在团体内,百工不但要不断精实、精炼自己本有的技艺,更要彼此学习,熟悉他人的专长,以达至彼此的密切合作④。由之,不难见得,以当今话语来讲,墨家团体展现其"专业性"与"伦理性"的联结,这种联结来自于"情"的联系,因为,前文已论及,"情"是一动力,驱动着人的作为,其联系的根本在于"兼爱"之理念,而不至于滥情或为私情所累。将之落实于当今医疗场域的"交谈",可由墨子的一个事例来做延伸。

  墨子的一位老朋友见墨子如此辛勤、劳苦地行义于天下,而天下人却仍不为义,就劝墨子不如停下来,顾好自己就好了。墨子就打了一个比方跟这位老朋友说道,如果一个人有十个儿子,只有一个儿子辛勤耕作,其他九个儿子却闲散不耕作,那么这个辛勤耕作的儿子是不是就不能不更加努力耕作,才能养活十个人?!如今天下人皆不行义,作为一位老朋友,该当支持、鼓励更加努力行义于天下,怎么反而来阻拦呢?⑤

  前文已有言,理智的主导容易造成人与人之间的鸿沟与对立,情感或情绪却是驱动人之具体实践之动力。人与人之间的鸿沟与对立使得

---

① 林远泽:《关怀伦理与对话疗愈》,五南图书出版公司2015年版,第84—86页。
② 如"兼以易别"(《墨子·兼爱下》)。
③ 李贤中:《墨学:理论与方法》,扬智文化事业股份有限公司2003年版,第125—127页。
④ 吴进安:《墨家哲学》,五南图书出版公司2003年版,第234—237页。
⑤ 子墨子自鲁即齐,过故人,谓子墨子曰:"今天下莫为义,子独自苦而为义,子不若已。"子墨子曰:"今有人于此,有子十人,一人耕而九人处,则耕者不可以不益急矣。何故?则食者众而耕者寡也,今天下莫为义,则子如劝我者也,何故止我?"(《墨子·贵义》)

交谈成为不可能,遑论对话?!唯有"情"的投入,才能使得交谈成为可能,尤其是"掌权"的一方。就理智而论,尤其如今以自然科学为典范之科技挂帅、"量性"思维为主导的时代,墨子的辛勤是徒劳无功的,老朋友如此劝说当然没错。但是,老朋友劝说的言语仍是充满了朋友的情份,仍是顺着墨子的行义而言,并未直接抵触而可能造成冲突的对立,使得对话的进行成为可能。如果老朋友直接否定了墨子的作为,而论行义无用,即已打断了交谈的可能性。墨子的回应不但亲近了老友的情分,而且更加坚定及肯定"兼爱"理念之遂行(行义),因为墨子并未否定老友之所说,亦未硬生生地直接对其兼爱之理念进行论说,犹如对老友说教一般。却是以一个简单的譬喻,顺着老友的话而言,不但没有否定老友之所言,而且最后一句"今天下莫为义,则子如劝我者也,何故止我?"看似有些责备老友,却是珍惜老友之情,更为亲近这位老朋友,甚而有邀请老友一起行义之深情于其中。然而,老友一语"今天下莫为义,子独自苦而为义,子不若已"却将墨子与天下之人对立了起来。如果墨子真的听从了老友之言,虽不能说墨子有过,却阻绝了与天下人"交谈"之可能,兼爱行之于天下更是不可能了。况且,何言"兼爱行之于天下"?难道其评判就只能是一种"量性""固定"的标的吗?难道"一人耕而九人处,则耕者不可以不益急"因为"食者众而耕者寡"就不是"兼爱行之于天下"吗?

当今的医疗,前文已有言,不似早期是由医师前往病人家中进行诊治,而是病人至医疗院所看病,因此,当今的医疗场域为病人来说,是陌生甚而嘈杂、难以让病人如同居家般容易放松、稳定情绪,基本上,病人与医师某种程度是对立的,如果医师只顾及疾病诊治的专业性,仅仅在乎对疾病的问答,无视于病人的感受,当今医疗场域更增添一股冰冷的寒意!如同笔者一位女性友人,当其子五岁时,嘴巴里一度长了像口疮一般的东西,自行买药来擦,两星期都不见好转,就赶紧至某教学医院挂了当时一位名医的诊。待诊的时间很长,母亲又累又担心,小孩因为不舒适又因久等不耐烦而不时吵闹。好不容易等到了看诊,只见医师看了看小孩口腔,埋怨了母亲一句:"怎么拖到这时候才来看!"又看了看之后,突然冒出一句:"可能是口腔癌喔!准备去做切片检验。"吓得母亲当场呆在那边不知所措!医师之所以出此言,其思维即是:当初步诊断无法完全确定病情时,就先说出最严重的情况,确保尔后确诊的无争议性。只是,医师此语却否定了母亲对既累又不舒适小孩的安慰话,因为进了诊疗室,小孩看见陌生的医师、护理师,更是惶惶不安!母亲尽力安抚小孩马上就看完可以回家休息了,结果还要去做切片,又是一番的等待以及面对切片手术的惶恐!虽然后来不致那么严重,小孩也很快复元了,却是增添了几许对医疗场域的不安甚至反感!显然,如果这位名医与病人(小孩)及其母亲是一种具关怀情感的"伦理性"交谈而非简单的问答,顺着母亲安抚小孩的话语进行相关疾病的对话,将使得母亲和小孩皆受到照护(获得福祉),而不仅仅是疾病获得诊治。另一方面,如果医疗只注意疾病诊治的效果,如同墨子的老友只见到墨子一人行义而不见天下人皆行义之效果,而劝墨子"不若已"一般,那么,当面对当今医学科学之无能力之疾病时,如癌症末期、无法痊愈之慢性疾病、植物人、重度精神疾患或智能不足等,是否即当放弃治疗,任其自生自灭甚至施行安乐死!?这虽又是另一番医学(人文)的争议,却是无情的!

结　语

有一则传闻逸事是这么说的,哈佛大学医学院的一位教授医师,刚开始跟一般医师一样,在巡房的时候,总是由于时间的关系,与病人及/或其亲友讲不上几句话即匆匆离去,根本谈不上交谈,遑论对话。有一次,这位教授医师突然意识到病人有话要说,就随手拉了一张椅子坐在病床旁耐心地与病人交谈,尔后每到一个病房都是如此,不止是对病人,对病人亲友也是如此,不再因时间而匆匆来去。刚开始,这位教授医师巡房的时间拉长了,但是,经过他有意地去测量时间,三个月或是半年,巡房的累计时间却减少了许多!

无论这件事是真是假,重点是其思维的可理解性。毋庸置疑,诉诸关怀情感的交谈可增进人与人之间的亲近与信任。刚开始,病人与医师之间难免有所距离、隔阂以及某种程度的对立,经由交谈使得彼此的医病关系越是紧密,在专业性的氛围内,伦理性的交谈进而疾病的对话,普及于每一位病人,不致落于专业的冷酷或过度的亲近任何一偏,却是在越是紧密的医病关系内得以畅所欲言(尤其是病人的一方),越有助于对疾病叙事的领会或体悟,逐渐的,越是能在短时间内领会或体悟疾病的叙事。这样的道理不难了解,而难以用如今以自然科学为典范的医学科学加以建构,却是在于"医者意也"。

易经的思维方式

张丽娟　吴进安[*]

一　前言

　　《易》书由"经"与"传"两部分组合而成,"经"先于"传",自古以来即有"原经"之说。原经包括了六十四卦的卦画、卦辞,以及三百八十四爻。易经最早的功能是卜筮及占断,因此卦爻辞即具有吉凶、悔吝、无咎等占断性的文字进而以此为基础,作为行为准则与价值判断的参考。原经本是卜筮用书,而后《易传》赋予哲学意涵,《传》为后起,又称"十翼",系由乾坤《文言传》、《彖传》上下、《象传》上下、《系辞传》上下、《说卦传》、《序卦传》及《杂卦传》等十个部分所组成。"经"之原文晦涩难懂,后人研易之研究诠解即有不同的解读,盼能由《传》加以批注,以窥蕴含于《经》文中可能的哲学意涵与人生道理。

　　对《易》的研究取向,大传统的知识阶层大部分取其具哲学性之形上原理、自然法则、德行原理、人文意识、社会文化之角度与层面加以论述;至于小传统则秉其象术之则,而取卜筮之用而加以发挥,不一而足且众说纷纭。

　　从思维方法的角度而言,《易》有其思维的对象、范畴、步骤与判断,即它有一套认知与解释的系统,而此系统正好是对于我人身处的生活世界提出描述,从《易·贲卦》之《彖传》曰:"贲,亨,柔来而文刚,故

---

[*] 张丽娟,台湾虎尾科技大学副教授;吴进安,台湾云林科技大学教授兼汉学应用研究所所长。

亨。分刚上而文柔,故小利有攸往,天文也,文明以止,人文也。观乎天文,以察时变。观乎人文,以化成天下也。"由此段彖辞看到两个对立存在的观念,一是"人文",另一是"天文",这两个概念点出了易经所要处理的对象。宋朝叶适《进卷中庸》云:

> 道源于一,而成于两。古之言道者必以两:凡物之形、阴阳、刚柔、逆顺、向背、奇偶、离合、经纬、纪纲,皆两也。非一也。一物无不然,何况万物?万物皆然,而况其相禅之无穷者乎,交错纷纭,若见若闻,是谓人文。虽然,天下不知其为两也久矣,而各执其一以自遂;奇诵秘怪,塞陋而不弘者,皆生于两之不明。是以施于君者失其父之所愿,援乎上者非其下之所欲,乖迕反逆,则天道穷而人文乱也。(《水心别集》卷七)

虽然叶适之论近于从宇宙论之立场论述自然世界与人文世界之组成,系由二元对立且并存之元素所组成,但其中已可看出吾人所认识并且实际存在于此范畴中的"阴阳、刚柔、逆顺、向背、奇偶、离合、经纬"等观念,它不仅是吾人认识宇宙与人生的认知入门,也是解释在二元世界(天文与人文)所存在的基本对应与思维方式。本文之作,即从此角度切入,以探究易经太极所存在的描述理念、对应关系与辩证法则,这也是中国哲学中影响着我人宇宙观、人生观、伦理观的内在法则与外部行事之思维准则,进而形成认知模式与价值判断。

二 《易经》太极的阴阳辩证

何谓易? 东汉许慎著《说文解字》一书,其《序》即言:"古者庖牺氏之王天下也,仰则对象于天,俯则观法于地,观鸟兽之文与地之宜,进取诸身,远取诸物,于是始作《易》八卦,以垂宪象。"此中即有观察、归纳、演绎之法的运用。再从象形之角度而言,许慎从"易"之部首解为"易,蜥易,蝘蜓,守宫也。"但接着他说:"日、月为易,象阴阳也。"东汉魏伯阳《参同契》曰:"日、月为易,刚柔相当。"《系辞传》说:"天垂象见吉、凶,圣人象之。"意指圣人仿效天象的变化而用"易"来表明它的变化的法则。又说:"日、月相推,而明生焉。"所以,"易"就是表示"日、月相推"的法象。"相推"也就是阴、阳两种力量之"矛盾"或"对立"的表现,"推"是有往有来,是一切现象变化的根据。

《系辞传》说:"生生之谓易。"又说:"天地之大德曰生。"又说:"一阴一阳之谓道","阴、阳不测之谓神。"再如:"凡卦阴极阳生,阳极阴生,生生之义,不绝之貌。"荀爽说:"阴、阳相易,转相生也。"《庄子·天下》篇:"易以道阴阳。"孔颖达说:"夫易者,变化之总名,改换之殊称。自天地开辟,阴阳运行,日月更出,孚萌庶类,亭毒群品,新新不停,生生相续,莫非资变化之力,换代之功。"以上很详尽地说明了对易的定义、理解及变化之基本元素即阴与阳。

其实,"生"之概念也包含"死"的概念在内,正如"明"包含"暗","变"包含"化"在内一样。"生"的过程,同时也是"死"的过程。所以《系辞传》说:"知死、生之说。"《庄子·齐物论》篇所说"方生方死,方死方生"也就是"生生"之更具体的说法。这种连续的过程,同时也是辩证往复的运动过程,易的运动和变化有各种不同的复杂形式。严灵峰先生针对易的变化有如下之阐释[①]。

(一)易简的概念

《系辞传》说:"夫乾,确然示人易矣,夫坤,隤然示人简矣;易则易知,简则易从。"此言其"易简"之"法则"也。严灵峰认为:"所谓法则,也就是指万有运动之内在的矛盾与中和公律或形式:即一般的变。"所以"变"即是"易"这个观念的代名词。

《系辞传》云:"易有太极,是生两极。"又说:"一阴一阳之谓道。""太极"是整体的,"易"是由阴、阳两仪构成的。太极和道都是代表整体绝对的宇宙大全。这正和老子所谓"道生一,一生二"的说法相吻合。两仪为二;道就是一;太极也就是易,太极、易和道同体。"—"和"- -"这两个符号就是代表两仪,就是代表"阳"和"阴"。宇宙间的万物、万象都是由这两种相反的力量所构成。

"—"和"- -"在周易中常是代表易简的说法。易简的最单纯的

---

① 严灵峰:《易简原理与辩证法》,正中书局1975年版,第5页。

易经的思维方式　249

说法,如《说卦传》所说:"分阴,分阳,迭用柔、刚。"在《周易》一书里,易简是代表两个正反对立的概念之合成,它并不是一个笼统的概念。故《系辞传》说:"夫乾,天下之至健也,德行恒易以知险;夫坤,天下之至顺也,德行恒简以知阻。"又说:"乾、坤其易之门邪;乾,阳物也;坤,阴物也;阴、阳合德,刚、柔有体,以体天、地之撰。"简就是代表:乾、坤、阳、阴、刚、柔,换言之,就是宇宙间一切"正"和"反"两面的任何事物或力的磁场,在相同的时空情境中所表现出来的不同形式。

邵康节说:"一阴一阳:天地之道也。物由是而生,物由是而成者也。"孔颖达说:"然变化运行,在阴、阳二气;故圣人初画八卦;设刚、柔二画、象二气也。"李光地说:"一阴一阳,兼对立与迭运二义。对立者;天、地、日、月之类是;即所谓刚柔也。迭运者:寒、暑、往、来之类是也;即所谓变化也。"朱熹说:"变为化之渐,化为变之成","对立"就是吸引力与排拒力之相互影响和作用,宇宙间一切事物和现象都能从此发生,"迭运就是循环反复,是一切变化的永恒原理"。①

易与简两个概念也可以用"－"(水平线)和"｜"(纵线)两种符号来表示:"经""纬"和"纵""横"的意义。两者垂直相交即构成坐标,可以决定宇宙间之一切的相互关系。即把整个时间和空间分割为无数相互对立和相反之方向和关系,以产生位置、方向和相对的观念②。六十四卦只是一奇一偶,但因所过之时,所含之位不同,故有无穷之事变,如人只是一动一静,但因时位不同,故有无穷之道理;此所以为易也。

所以,《系辞传》说:"天尊、地卑,乾、坤定矣;卑、高以陈,贵、贱位矣;动、静有常,刚、柔断矣。方以类聚。物以群分,吉、凶生矣;在天成象,在地成形,变化见矣。是故刚、柔相摩,八卦相荡,鼓之以雷、霆,润之以风、雨;日、月运行,一寒一暑。乾道成男,坤道成女,乾知大始,坤作成物,乾以易知,坤以简能;易则易知,简则易从,易知则有亲,易从则有功,有亲则可久,有功则可大,可久则贤人之德,可大则贤人之业。易简而天下之理得矣;天下之理得,而成位乎其中矣。"此处说明了两层关系的相互激荡与对照,是观天下人之象,而得人文之理,由自然世界的

---

① 严灵峰:《易简原理与辩证法》,正中书局1975年版,第6—8页。
② 黄人杰:《方法思维与人文学术》,文景书局2009年版,第112—113页。

"象"进入到人文世界的"理"。

《易》有许多相对的或互相对立的名词和概念,如天、地、尊、卑,乾、坤,贵、贱,动、静,刚、柔,聚、分,吉、凶,变、化,象、形,雷、霆,风、雨,日、月,寒、暑,男、女,易、简,奇、偶等,结果求得"成位乎其中"的"天下之理";这个"中",就是《中庸》所说:"中也者,天下之大本也。"这个"中"概念,就表示把上面许多互相对立、对抗、对待事物或力量"统一"起来的意思。这些个个"相反"或"对立",所以能够"统一",能够归结于"中",就因为在宇宙的运行中存在着"易、简的法则",即本文所认为的易、简的辩证法则。

(二) 变易的概念

《系辞传》说:"其为道也,屡迁,变动不居,周流六虚,上下无常,刚柔相易,不可为典要,唯变所适。"此言顺时"变易",出入移动者也。严灵峰认为:"所谓无常,也就是指机械地简单的移动或无规律的运动;即局部的变。"[1]运动与移动有关系,例如天体、地球、分子、原子、甚至以太的移动。运动之形态愈高,此种移动亦越小。移动虽不能包尽某项运动之本性,但是,两者是不能分开的。这种移动虽然是无规律的单一过程,但也是由阴、阳两种对抗力量所构成的,也可说是吸引力和排拒力相联合的表现。总之,"上下无常"或"进退无恒"就是"易"的"变易"的意义,换言之,"变"是唯一的不变。

(三) 不易的概念

《系辞传》说:"天尊地卑,乾、坤定矣;卑、高以陈,贵、贱位矣:动、静有常,刚、柔断矣。"此言张设布列,"不易"者也。严灵峰认为:"所谓有常,也就是不断的循环运动或恒久不变的条件和抽象原理。"[2]《系辞传》说:"动静有常。"《荀子·天论》篇说:"天行有常,不为尧存,不为桀亡,应之以治则吉,应之以乱则凶。""有常"是宇宙运行之客观的规律性,不依赖于人类的主观意志而存在,亦非人凭一己之力即可改变。

---

[1] 严灵峰:《易简原理与辩证法》,正中书局1975年版,第9页。
[2] 严灵峰:《易简原理与辩证法》,正中书局1975年版,第10页。

此观念的名称,后代研究即视之为"常道",或径称为"道"。老子甚至以"不可道"谓"常"。而儒家所坚持的"人文之道"即"大本大经"亦是"常道"。

《系辞传》云:"变则通"又说:"往来不穷谓之通",就是指一切事物和现象的运动之不断地"重复"或"反复"。有常是一切运动之重复过程,是运动之同样的或类似的形态之再现或不断连续的过程。因此,它必然会表现在循环反复的形式上。道种宇宙永恒的循环运动,便是规律、法则,以及有常。因为"有常",所以说它是"不易"。《韩非子·解志》篇云:"物之一存一亡,乍生乍死,初盛而后衰者,不可谓常;唯夫与天地之剖判也俱生,至天地之消散也不死不衰者,谓常,而常者无攸易。"宇宙间一切皆变,唯变不变,这样整个的"易"的运动便是永恒的反复和循环的运动了,"道"是"不易"的辩证法则。

"易"特别说明运动和变化的法则,并且也举出许多种类的运动或变化的形式。因此,易经的基本目的,即在于深切地去认识和理解这些形式或法则,以作为言行的依据。所以《系辞传》说:"圣人有以见天下之动,而观其会通。"又说:"夫易,圣人之所以极深而研几也。唯深也,故能通天下之志;唯几也,故能成天下之务;惟神也,故不疾而速,不行而至。"再如:"几者,动之微,吉、凶之先见者也。"又说:"神以知来,知以藏往。"又说:"夫易,彰往以察来,而微显阐幽。"《说卦传》说:"数往者顺,知来者逆;是故易,逆数也。"又说:"昔者圣人之作易也,将以顺性命之理。"《系辞传》又说:"易之为书,广大悉备,有天道焉,有人道焉,有地道焉。"又说:"易之为书也,原始要终,以为质也。"又说:"夫易,开物成务,冒天下之道,如斯而已者也。"又说:"易无思也,无为也,寂然不动感而遂通天下之故,非天下之至神,其孰能与于此!"又说:"易与天地准,故能弥纶天地之道,仰以观于天文,俯以察于地理,是故知幽明之故,原始反终,故知死生之说。"由此看出易的功能在于"彰往、察来、防微杜渐以及慎密言形"四者,而知其要者谓之哲人、圣人、至人。于是,经由此种思维方式得出"易"的三项准则与应用之理,即"变易、易简、不易"的认知。

三 易变化的原则

宇宙间万有、万物、万象,都是由"动"产生出来的,而"动"是由"刚"和"柔"两个相反而对立的力量之相摩或相推而成。没有刚、柔两个基本元素,则运动和变化就成为不可能,所以说:"刚、柔者,立本也。"同时,一切对立、变化或往复也必须在"时间"和"空间"的坐标中才能够表现出来,如此而说:"变、通者,趣时也。"又说:"成位乎其中矣。""时"就是"时间";"位"就是"空间"。此外,"动"是一元性的,一切产生于运动,所以说"天下之动,贞夫一者也"。若无"运动",宇宙间一切的存在都成为不可能,《周易》除了指陈、理解客观之运动时间和空间的条件之外,还告诉我们注意一件事,观察者之主观立场和作用,所以《系辞传》说:"神无方而易无体;一阴一阳之谓道,继之者善也,成之者性也。仁者见之谓之仁,知者见之谓之知。"其中隐含着主体对客体观察之后的"得",晓喻客观世界的变化规律,此规律即是道,因此"道"是自然宇宙的大体,也是人文宇宙的"大体",由自然宇宙至人文世界的开发。

严灵峰对易经太极的阴阳辩证法则,归纳为下列三点原则。[①]

(一)"太极"是整一宇宙,是无限的大全,是绝对,是"至大无外"的整体

因此,它的整个运动也是一元性的和绝对性的,除此之外,一切都是相对性的。这"大全宇宙"和"统一的运动"便是"常",是恒久不变,除此之外,一切都是"无常",都是相对的[②]。由此而得"常道"是绝对不变之体,而"无常"乃相对存在,可有可无,并无绝对性,仅具偶然性。

[①] 严灵峰:《易简原理与辩证法》,正中书局1975年版,第8—10页。
[②] 按以知识和逻辑立场观之,"绝对"常指形上哲学的一种假设学说,"相对"常指形下经验界的一种事实现象,其两行之关系,唯有透过"相对"才能认知"绝对",有形上与形下二者相互依存的辩证关系。

(二)"易""简"

太极生"两仪"就是"阴"和"阳"或"刚"和"柔",也就是"易"(—)"简"(- -);这两者是一切运动变化之基本条件,没有"易""简"之相互对立或中和,便不会有运动和变化,也不会有"生生不息"的新陈代谢。儒家的观点即有"继之者善、成之者性"的延伸及提出。

(三)循环和消长

一切的运动和变化,最后归结到终始反复、不断循环,这是"有常""规律"或"法则"。因为"有常",所以其他一切便是"变",便是"无常"。如昼、夜的循环,是往来不穷的,因此是个"常";可是"昼"和"夜"是互相消长的,是个"变";因为昼长则夜短,暑长则寒短。上述三种运动的基本原理或法则,可称作"易简原理"或"易简原则";也可以称为"周易原理",或"易学方法",也就是西方所称的"辩证法"。

此种思维方式是特殊的,但由此三原则的运动状态,而能理解、归纳、演绎出易经是一个"动态性的思维",并非"静态性的思维",此动态性思维亦体现在我人宇宙观与人生观上,因此变化生生的动态思维而有"生生之谓易""天地之大德曰生"的说法。因为这种思维模式是动态的,因此在对人、对事物之处理上,也就显示"变化之理",此理即"常道"所转出的另一形式,即"几",人不能知几即无以预测与防患于未然。

四 结语

(一)从西方哲学之"辩证法"审视《易经》之辩证法

何谓辩证法?邬昆如认为:"辩证法主要是探讨思想的逻辑进程,设法指出思想法则所表现的形式,以及思想与存在之间的关系。尤其是在思想的进程上,表现到人与人之间语言沟通的情事上时,就形成正面的陈述,与反面的辩驳;这一正一反的理论探究,就形成了辩证的表象形式;加上正反辩论所获得的成果,于是构成了辩证的整体。"[1]除上述之观点外,亦有认为辩证法就是"研究人之思想方式与规律的形式逻辑"[2]。

从传统哲学或称作形而上学所指称的"本体论"立场观之。一切都是由"存在"所统摄着,"辩证性"就是存在的一种本质特性。换言之,思想依人而存在,用人的思想去解析存在,本体的存在虽然不依人的思想的存在而存在,但是在不同层次的存在,皆有其共同的辩证性。

《易经》的辩证理念,是透过观察,以观察法为入门,建构及解释自然与人文两重世界中的存在形式,而得出了阴阳、刚柔、逆顺、向背、奇偶、来往、离合、经纬等观念,也符合上述所称思想的逻辑进程,而中国哲学的"正反"运动规律之解释,将"正反"运动用"变化"代之,更能适切地体现辩证法之完整意涵,构成了易经的宇宙论与知识论系统,这样的理念可称之为素朴的辩证法则。

(二)易的"太极"是本体的存在,是终极存在。

易之概念落在作用层上,即是宇宙整体变化的大历程,一切变化历程的最原始处即是太极,朱熹且称太极为"至极无余之谓"[3],并且进一步解释为"原极之所以得名盖取枢极之义。圣人谓之太极者,所以指天地万物之根也"[4]。而"枢极"一语即寓有"动静转运"的本质性意涵,换言之,宇宙万物的生成变化是由太极所发动,朱子对此变化,作层层根源性的探讨,理性思维之后所推得的最后根据。故称"太极"是普遍地存在万物之中的形上存有,也是宇宙万物生成变化的本根与本源。

"太极"与"阴阳"之区分,依朱子之意,太极乃阴阳的所以然,亦即阴阳动静的超越形而上之规范,太极是形上之理,而阴阳则是形下之气,乃构成个个存在物存在的元素。阴阳虽是二元对立,但统一即太极,太极即有常,也就是道。老子发挥其对道的玄思推测,而有"道生一,一生二,二生三,三生万物"之法则。

---

[1] 邬昆如:《理则学》,黎明文化事业股份有限公司1988年版,第134页。
[2] 项退结编译:《西洋哲学译典》,先知出版社1976年版,第119页。
[3] 朱熹:《朱子语类》,卷94。
[4] 同上。

(三)易之辩证法则创发宇宙无穷生命之意涵

易之辩证法则从素朴的辩证认知义,而创发出生生不息的人生论与价值论,中国哲学所关注者不受限于简单的认知义,以完成知识系统为满足,而是经"生生之谓易""天地之大德曰生"的创造发明。宇宙从静态的形式观之,是一种秩序森然,有条理的结构,但从其动态的观点而言之,则又有客观的规律可以依循,虽然变化无穷却能有其理则,此即《系辞》第八章所言"言天下之至赜而不可恶也。言天下之动而不可乱也"。此种认知在中国哲学而言,是回溯到自身内在的价值意识中,是一种内在的本然且应有的价值意识与文化意识的开发。而此价值意识经由"正与反"二元的激荡,产生了"合"的统一,即"易简而天下之理得矣,天下之理得而成位乎其中矣"。乾坤或阴阳在动态的对应、激荡、感合之中,蕴含了最高的统一律,即"中道"。

总之,西方辩证法透过"正""反""合"的观念构作,并没有离开动态演变过程的转化与超越,此种由认识论立场,"研究人类的真实与确实认识之可能性及其范围的一种哲学上的学问"[1],运用理智与思辨以获得确实的认识,如此"辩证性"可以被视为一种认识作用。反观中国哲学讲求"知行合一",在纯粹认知之外,更看重实践的应然性,并且将其知识的效用放到最大,于是文化事业的开创也就形成文化上的标记,《系辞传》所言:"形而上者谓之道,形而下者谓之器,推而行之谓之变,化而裁之谓之通,举而措之天下之民谓之事业。"即成为在知识系统之外的另一发展。由此发现,《易经》经由素朴的辩证性,由正至反,再至"道"的统一,进而阐释此道即"中道",此一动态变化的历程与结果,说明《易经》之法不满足于知识层面的认知系统之建立,它更进一步运用此种辩证法则,提示在知识系统之外尚有另一高层次的"价值系统"(value system)有得吾人追寻与思考,若就思维方法而言,《易经》的思维方法也是一种"哲学的突破"(philosophical breakthrough),象征理性对客观、外在的世界寻找解释,进而开发吾人的价值世界。

---

[1] 柴熙:《认识论》,台湾商务印书馆1980年版,第14页。

中国古代式盘逻辑大义[*]

吴克峰[**]

一 概述

　　式盘的成熟出现是古代易学发展到高级、精致阶段的结果,或者说是易学逻辑发展的形式化阶段。那么,什么是式盘呢?卢央指出:"星占学是借助辅助工具来观测星象……这种用于星占的辅助设备,不是用于观测天体坐标方位的仪器,而是一种模拟天地宇宙格局的'式盘',这种式盘可以进行简单的'天旋地转'的操作,可以大致模拟观测时刻的天象情况,也借助这种式盘进行占测。"[①]"关于式盘,是一所木质的盘,在古代简称为栻或式。"[②]西汉司马迁《史记·日者列传》云:"必法天地……旋式正棊。"[③]所谓"旋式正棊",指的就是式盘。李零认为:"先秦两汉时期,天文学上流行的宇宙模式是'盖天说'。观察者把天穹看作覆碗状,而把大地看作沿'二绳四维'向四面八方延伸的平面。天穹以斗极为中心,四周环布列星。下掩而与地平面相切。二者按投影关系,可视为方圆叠合的两个平面。式就是模仿这种理解而

---

　　[*] 本文系国家社科基金重大项目(14ZDB013)、教育部人文社科重点基地重大项目(15JJD720015)和贵州省哲学社会科学规划国学单列课题项目(17GZGX22)的阶段性成果。
　　[**] 吴克峰,中山大学逻辑与认知研究所、南开大学马克思主义学院教授。
　　[①] 卢央:《中国古代星占学》,中国科学技术出版社2007年版,第446页。
　　[②] 同上书,第452页。
　　[③] (汉)司马迁:《史记》第十册,中华书局1982年点校本,第3218页。

做成。"①

　　式盘发展的历史悠久绵长，目前看到的早期实物式盘代表，大概是1987年在安徽含山县凌家滩出土的玉版，距今5600年到5300年，属新石器时代晚期，与古天象记录或古星占学相关，从易学逻辑发展史上讲，它属于实际观测阶段的产物。卢央在《中国古代星占学》一书中，详细分析了《左传·昭公三十一年》史墨为赵简子占梦的例子，以为服虔、郑玄所论史墨占梦有"八会"遗象应认为是堪舆家阴阳大会为妥，而堪舆家的八会术正是式占的特点。②《周礼·春官宗伯·大史》载"大师，抱天时，与大师同车"，郑玄注："大出师，则大史主抱式，以知天时，处吉凶。"③严敦杰认为这里的"式"就是六壬式盘。④东汉王充《论衡·诘术》中曾有"日廷图"之名称，其曰："'日廷图'，甲乙有位，子丑亦有处，各有部署，列布五方，若王者营卫，常居不动。"⑤"日廷图"是脱离了实物的式盘早期形式，是形式化、符号化的式盘，极具代表性。因此，式盘以及与此相关的式占，一是和早期的实际观测相关，二是式盘的发展后来已经走向符号化、形式化的阶段，并且在汉代已经广为人知。

　　易学中式占的高级形态，主要包括太乙、遁甲、六壬三种，即所谓"三式"。纪晓岚总纂《四库全书·六壬大全提要》中曰："六壬与遁甲、太乙，世谓之三式。而六壬其传尤古。或谓出于黄帝玄女，固属无稽。要其为术，固非后世方技家所能造……考《国语》伶州鸠对七律……《吴越春秋》载伍员及范蠡鸡鸣……《越绝书》载公孙圣亦有今日壬午时加南方之语……其书之见于史者，《隋志》两家、《唐志》六家、《宋志》三十家，而焦竑《经籍志》所列多至八十三家。然多散佚不传。"⑥又在《太乙金镜式经提要》中说："《史记·日者传》术数七家，太乙家居其

---

① 李零：《中国方术考》(修订本)，东方出版社2001年第2版，第129页。
② 卢央：《中国古代星占学》，中国科学技术出版社2007年版，第448—451页。
③ (清)孙诒让：《周礼正义》第八册，中华书局1987年点校本，第2092页。
④ 严敦杰：《关于西汉初期的式盘和占盘》，《考古》1978年第五期(总第158期)。
⑤ (汉)王充：《论衡》，《诸子集成》第七册，上海书店出版社1986年版，第243页。
⑥ (清)纪昀等总纂、四库全书研究所整理：《六壬大全提要》，《钦定四库全书总目》(整理本)上卷，中华书局1997年版，第1436页。

一。《史记·天官书》中宫天极星,其一明者为太乙常居。而《封禅书》亳人谬忌奏祀太一,方名天神贵者太一。郑康成以为北辰神名,又或以为木神,而屈原《九歌》亦称'东皇太乙'。则自战国有此名。《汉志》五行家有《泰壹阴阳》二十三卷,当即太乙家之书。然亦佚不传。惟《周易·乾凿度》有'太乙行九宫之法',而今所传次序,乃特右旋,以乾巽为一九。希明谓太乙知未来,故圣人为之蹉一位,以示先知之意。"①在《遁甲演义提要》中说:"言遁甲者皆祖洛书……考《大戴礼》载明堂古制有二九四七五三六一八之文,此九宫之法所自昉,而《易纬·乾凿度》载《太乙行九宫》尤详。遁甲之法,实从此起……故神其说者,以为出自黄帝风后及九天玄女。其依托,故不待辨。而要于方技之中最有理致。考《汉志》所列惟《风鼓六甲》、《风后孤虚》而已,与奇遁尚无明文。至梁简文帝乐府,始有'三门应遁甲'语。《陈书·武帝纪》,遁甲之名遂见于史。则其学殆盛于南北朝……至宋而传其说者愈多。"②这些都说明式占起源很古远。

作为易学逻辑精致化、形式化的式盘,其原理在于法天地阴阳的格式化、形式化推理。《史记·日者列传》云:"今夫卜者,必法天地,象四时,顺于仁义,分策定卦,旋式正棊,然后言天地之利害,事之成败。"③《史记》司马贞《索隐》云:"按:式即栻也。旋,转也。栻之形上圆象天,下方法地,用之则转天纲加地之辰,故云旋式。"④《汉书·王莽传》云:"天文郎按栻于前,日时加某,莽旋席随斗柄而坐。"⑤这说明古代在进行选则时要用到式或栻,而"栻"字的"木"旁说明它最初是一个实际的操作工具,其形状如《史记·索隐》所讲,上有圆形天盘法天,下有方形地盘象地,"天盘可以旋转,模拟天球的运转"⑥,只是到后来才发展到

---

① (清)纪昀等总纂、四库全书研究所整理:《太乙金镜式经提要》,《钦定四库全书总目》(整理本)上卷,中华书局1997年版,第1444页。
② (清)纪昀等总纂、四库全书研究所整理:《遁甲演义提要》,《钦定四库全书总目》(整理本)上卷,中华书局1997年版,第1445页。
③ (汉)司马迁:《史记》第十册,中华书局1982年点校本,第3218页。
④ 同上。
⑤ (汉)班固撰、(唐)颜师古注:《汉书·艺文志》第十二册,中华书局1962年点校本,第4190页。
⑥ 卢央:《中国古代星占学》,中国科学技术出版社2007年版,第452页。

"式"。这里也指出了"必法天地,象四时,顺于仁义"的性质,以及"转天纲加地之辰""日时加某"的格式化、形式化推理的特征。成书于汉代的《黄帝内经·天元纪大论》云,"臣积考《太始天元册》文曰:太虚寥廓,肇基化元,万物资始,五运终天,布气真灵,惚统坤元,九星悬朗,七曜周旋,曰阴曰阳,曰柔曰刚,幽显既位,寒暑驰张,生生化化,品物咸章"[①],实际上说的也是一种式盘。

二 式盘逻辑的历史

式盘逻辑的发展历史,体现了从实际观测的记录——借助工具栻的推演——形式化的式盘的过程。我们以例说明。

1987年6月安徽含山县凌家滩遗址出土了玉龟和玉板(即含山玉龟玉板,玉板放在玉龟里),这是两件在文化史、科技史上有着特殊意义的文物,考古学测定年代距今5600年到5300年,属于新石器时代晚期,现收藏在北京故宫博物院。(见图1)

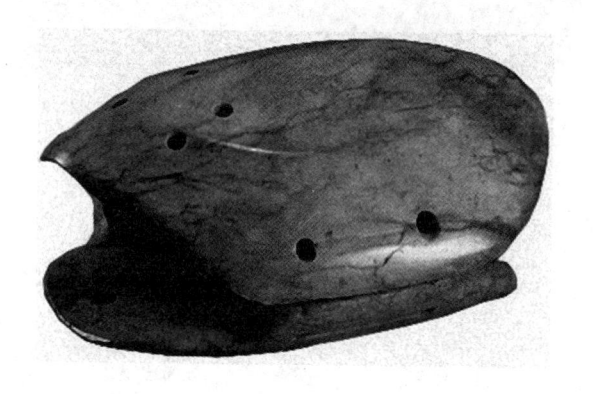

---

① 《黄帝内经素问校释》下册,人民卫生出版社1982年版,第845页。

260　中国逻辑史研究方法论

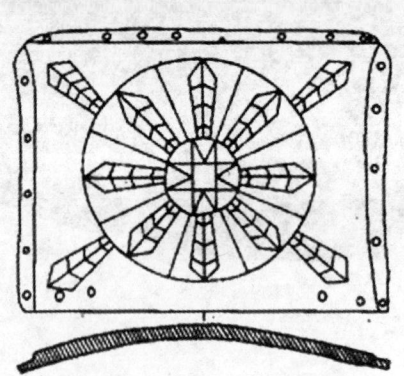

图 1　安徽含山凌家滩玉板

玉龟玉板呈玉灰白色。器圆雕,分龟背甲和腹甲两部分。我国古人用龟作为占卜工具历史悠久,《左传·僖公四年》有"筮短龟长"①之语,因此,玉龟是一种占卜工具。玉板整体呈长方形,中间有大小两个同心圆,小圆和大圆中间有"八方"图标,大圆的外面有"四方"指示图标分别指向玉板的四个角,玉板四周有四、五、九、五钻孔之数。此玉板方圆象征天圆地方的意义明显,符合《史记·日者列传》所记载"必法天地,象四时,顺于仁义,分策定卦,旋式正棊"之义,②与古代天象观测或古代星占学相关,亦属于易学发展的早期形式。玉版上八等分圆的做法可能与二分二至、太阳出落、四时八节有关,这些均是易学的原始基础理论。有学者认为,玉板四周的四、五、九、五钻孔之数,与"太一下行八卦之宫,每四乃还于中央"相合。《易纬·乾凿度》曰:"故太一取其数,以行九宫,四正四维,皆合于十五。"汉代郑玄注对此解释道:"太乙者,北辰之神名也。居其所曰太乙,常行于日辰八卦之间,曰天一或太乙。出入所游,息于紫宫之内外,其星因以为名焉……太乙下行,犹天子出巡狩,省方岳之事,每卒则复。太乙下行八卦之宫,每四乃还于中央,中央者北辰之所居,故因谓之九宫。天数大分,以阳出,以阴入。阳起于子,阴起于午。是以太乙下九宫,从坎宫始。坎,中男,始以言无适也。自此而从于坤宫,坤,母也。又自此而从震宫,震,长男也。又自此而从巽宫,巽,长女也。所行者半矣,还息于中央之宫。既又自此而从乾宫,乾,父也。自此而从兑宫,兑,少女也。又自此从于艮宫,艮,少男也。又自此从于离宫,离,中女也。行则周矣。上游息于太一天一之宫,而反于紫宫。行从坎宫始,终于离宫。数自太一行之,坎为名耳。"③太一行九宫,有顺有逆,此为九宫式盘运算的基本格式与法则。当然,九宫实是洛书,即《易纬·乾凿度》所言"四正四维,皆合于十五",而玉版四周的数字也有初步的类似:上九,左右五,下四。从四开始,无论左旋还是右旋,都是四加五等于九。这种情况,或者是洛书式盘的雏形,或者是其他形式的式盘。

1977 年 7 月安徽阜阳汝阴侯墓进行考古挖掘,该墓是西汉第二代

---

① 杨伯峻编著:《春秋左传注》(修订本)第一册,中华书局 2009 年版,第 295 页。
② (汉)司马迁:《史记》第十册,中华书局 1982 年点校本,第 3218 页。
③ (汉)郑康成注:《易纬·乾凿度》;林忠君:《〈易纬〉导读》,齐鲁书社 2002 年版,第 94 页。

汝阴侯夏侯灶的夫妇合葬墓,下葬年代为西汉文帝十五年(公元前165年)。在出土的众多文物中,有三件开始不知何物暂命名为"不着名漆器""两个圆盘""式盘架"的漆器,后经严敦杰等专家考证分别为汉初"六壬栻盘""太乙九宫占盘""二十八宿圆盘",是与古代天文、历法相关的珍贵占卜工具,也是我国首次发现的西汉早期天文仪器,具有极重要的研究价值,由此证明至迟在汉代式盘式占就相当流行(见图2)。严敦杰指出,汝阴侯六壬式盘有上下两盘,上圆为天盘,下方为地盘。天盘上中部刻有北斗星,周边有两圈篆文,内圈是正、二、三、四、五、六、七、八、九、十、十一、十二。这是月将。十二神中,天罡指北斗一星,从魁指北斗二星,天魁指北斗三星。在天盘上北斗一星总是指向天罡或八月将。这个式盘的天盘上指向八,就是此意。① 这是最具有代表性的实物式盘。此外,20世纪70年代以来,随考古研究的深入,陆续出现了许多古代实物式盘。如上海市博物馆藏"六朝铜质六壬式盘"、甘肃省博物馆藏"东汉初髹漆木胎六壬式盘"(见图3)、安徽省博物馆藏"西汉髹漆木胎六壬式盘"、安徽省博物馆藏"西汉髹漆木胎太乙九宫占盘"、"于省吾藏汉象牙六壬式盘"、"陆心源藏铜质六壬式盘(东汉)"、朝鲜乐浪王盱墓出土"东汉木质六壬式盘"、月浪"西汉末髹漆木胎六壬式盘"等多件。

　　凌家滩玉龟玉板、安徽阜阳汝阴侯墓出土西汉髹漆木胎占盘等为代表的实物式盘,正是卢央所说的处于星占学第二个阶段,即"借助辅助工具来观测星象,并借这种辅助设备入占。这种用于星占的辅助设备……是一种模拟天地宇宙格局的'式盘'。这种式盘可以进行简单的'天旋地转'的操作"②,从逻辑推理来讲它是借助实物进行的,尚未达到易学逻辑发展的形式化阶段。

---

① 严敦杰:《关于西汉初期的式盘和占盘》,《考古》1978年第5期(总第158期)。
② 卢央:《中国古代星占学》,中国科学技术出版社2007年版,第446页。

中国古代式盘逻辑大义 263

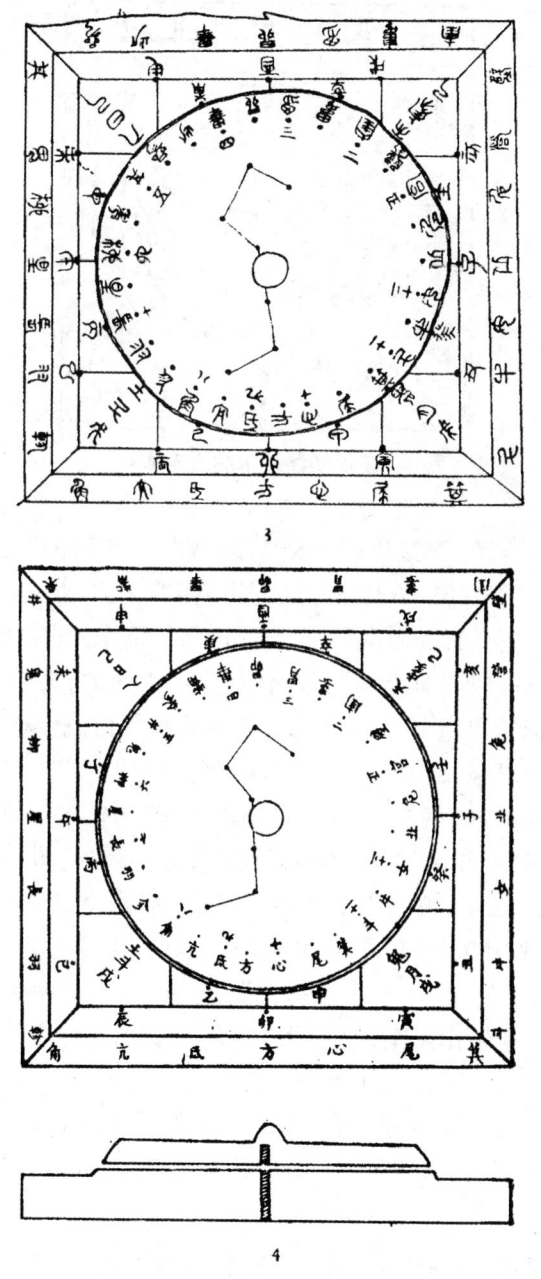

图 2 1977 年安徽阜阳汝阴侯墓出土西汉髹漆木胎占盘

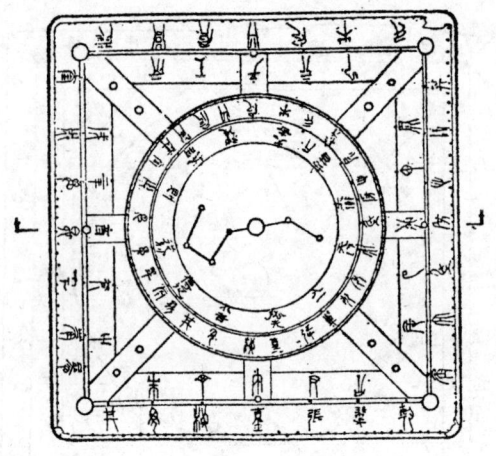

图 3 东汉初髹漆木胎六壬式盘①

前面讲到东汉王充《论衡·诘术》中曾有"日廷图"之名称,其曰:"'日廷图',甲乙有位,子丑亦有处,各有部署,列布五方,若王者营卫,常居不动……何谓言加时乎?"②王充《论衡·诘术》是对当时流行占卜术的诘难,可见这种"日廷图"在汉代是广为人知的,书中虽没见"日廷图"的样子,但是也留下了"日廷图"的某些重要信息,从这些不完整的资料中我们得以窥视当时易学式占情况。20世纪70年代以来,随考古出土的文存整理,发现了与"日廷图"相关的资料。这些资料包括2000年出土于湖北随州的孔家坡汉简《日书》三幅线图,其中一幅线图上有端"日廷"二字,被认为是原有的篇题,应当就是秦汉时期的日廷图。③(见图4)1993年6月,湖北荆门周家台30号墓出土秦简《日书》的五幅"日廷图",一幅"二十八宿占"图(见图5)。1986年6月,甘肃天水放马滩1号墓出土秦简《日书》一幅"日廷图"。据台湾学者黄儒宣研究:"周家台秦简《二十八宿占》是由一幅式图及相应文字组成。文字包括十二月名及各月所值星宿、干支、二十八宿占辞、操作方法等。其操作方法如下。'求斗术曰:以廷子为平旦而左行,数东方平旦以杂

---

① 参见严敦杰《式盘综述》,《考古学报》1985年第4期。
② (汉)王充:《论衡》,《诸子集成》第七册,上海书店出版社1986年版,第243页。
③ 参见董涛《秦汉简牍〈日书〉所见"日廷图"探析》,《鲁东大学学报》(哲学社会科学版)2013年第30卷第5期。

之,得其时宿,即斗所乘也。此正月平旦击申者,此直引也。今此十二月子日皆为平,宿右行。击行。'"①

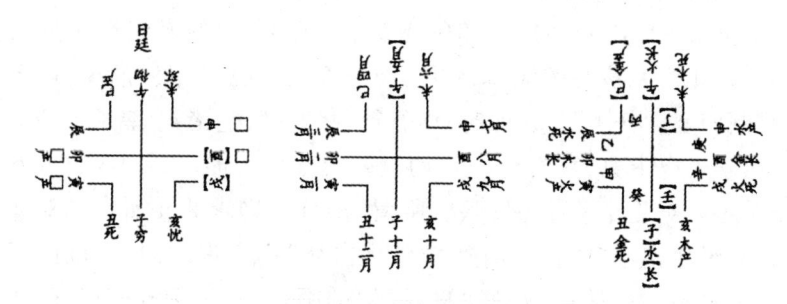

图4 孔家坡出土汉简"日廷图"②

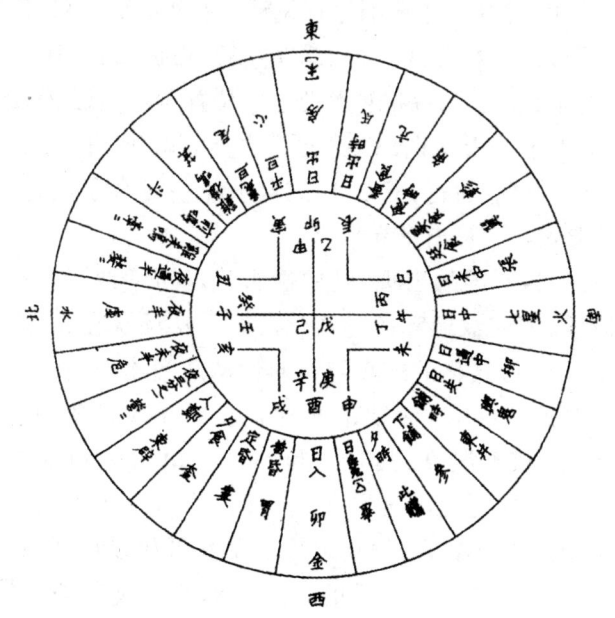

图5 周家台秦简《二十八宿》占盘③

---

① 黄儒宣:《式图与式盘》,《考古》2015年第1期。
② 参见董涛《秦汉简牍〈日书〉所见"日廷图"探析》,《鲁东大学学报》(哲学社会科学版)2013年第30卷第5期。
③ 转引自黄儒宣《式图与式盘》,《考古》2015年第1期。

周家台秦简《二十八宿占》是一个集合孔家坡等秦汉简"日廷图"与二十八宿的式盘,同心圆中间较小的圆圈里面是"日廷图"的"两绳四勾",同心圆的大圆被二十八宿均分,反映了先秦日者有在更为广阔的时空里求占以准确确定吉凶的做法。《求斗》中的操作运算方法反映的是以北斗为核心的演算,《史记·天官书》说:"斗为帝车,运于中央,临制四乡。分阴阳,建四时,均五行,移节度,定诸纪,皆系于斗。"①北斗居于天空中央,具有分、建、均、移、定五大功能,《求斗》的占卜实质正是古人对北斗崇拜的反映。所谓"击行",即求北斗所在之对冲位置,这与汉代流行的"背建向破""背生击死"的道理相同。《淮南子·天文训》亦有一幅附图,也属"日廷图"的图式。(见图6)上面所述周家台《二十八宿占》只是说了北斗左行的情况,《淮南子·天文训》还根据《易传》"一阴一阳之谓道"的原理设计了北斗的假想星,即雌(阴)北斗,认为雌(阴)北斗右行,雄(阳)北斗左行,根据"日廷图"(后世多用九宫)上雄北斗的位置可以推算雌北斗的位置所在,以此作为判断吉凶的依据。《淮南子·天文训》曰:"北斗之神有雌雄,十一月始建于子,月从一辰,雄左行,雌右行,五月合午谋刑,十一月合子谋德。"②这样就使得式盘的形式与运算丰富起来。

总的来说,日廷图的出现,是中国古代星占学或者说是易学发展的第三个阶段,即式盘运算的形式化阶段。从反映在先秦简牍中"日廷图"情况来看,形式化的式盘与实质性的式盘之间有一个从先秦到汉代交叉过渡期,这个过渡期中两种式盘都在大量使用。形式化的式盘更加方便、利于演算,其自身也有一个由简单到复杂的发展过程。"日廷图"总体还是较为简单的,汉代以后逐步发展完善起来的以九宫为基础的式盘演算,就复杂得多了。汉代以后形成了太乙、遁甲、六壬三式,完全进入中国式的形式化演算推理阶段,是易学逻辑发展的最高阶段。

---

① (汉)司马迁:《史记》第四册,中华书局1982年点校本,第1291页。
② 刘文典:《淮南鸿烈集解》上册,中华书局1989年第1版,第124页。

图6 《淮南子·天文训》附图①

三 式盘的演算

　　式盘的演算以"河图""洛书"为基础。《周易·系辞上传》中说:"河出图,洛出书,圣人则之。"所谓九宫,即洛书。《汉书·五行志》引刘歆云:"虙羲氏继天而王,受河图,则而画之,八卦是也;禹治洪水,赐雒书,法而陈之,《洪范》是也。"②是说禹治洪水,天赐洛书,依之作九宫。《四库全书·御定星历考原》引《通书》说九宫的基本格式:"戴九履一,左三右七,二四为肩,六八为足,五数据中。"③(见图七)"关于九宫的本质,可能是最早人们在确定方位时,将观测者自身纳入方位系统的结果。将观测者居于中央,而与周边八方构成九个方位,而后有九宫。"④郑玄注《易纬·乾凿度》云:"太乙者,北辰之神名也。居其所曰太乙,常行于日辰八卦之间,曰天一或太乙。出入所游,息于紫宫之内外,其星因以为名焉⋯⋯太乙下行,犹天子出巡狩,省方岳之事,每卒则复。

---

　　① 何宁撰:《淮南子集释》上册,中华书局1998年版,第285页。
　　② (汉)班固撰,(唐)颜师古注:《汉书》第五册,中华书局1962年版点校本,第1315页。
　　③ (清)李光地等撰:《御定星历考原·卷二》,《四库术数类丛书》第九册,上海古籍出版社1991年版,第811—26页。
　　④ 卢央:《中国古代星占学》,中国科学技术出版社2007年版,第140页。

太乙下行八卦之宫，每四乃还于中央，中央者北辰之所居，故因谓之九宫。天数大分，以阳出，以阴入。阳起于子，阴起于五。是以太乙下九宫，从坎宫始……终于离宫。数自太乙行之。"①太乙星就是北极星，由于其所处地轴所指方向，古人看起来就是永不降落的天区，因而被类比成天的中心、宇宙间最尊贵的天神。孔子《论语·为政》云："为政以德，譬如北辰，居其所而众星共之。"②《史记·天官书》曰："中宫天极星，其一明者，太一常居也；旁三星三公，或曰子属。后句四星，末大星正妃，余三星后宫之属也。环之匡卫十二星，藩臣。皆曰紫宫。"③从式盘的形式上看，有五分的（五行）、六分的（六气）、九宫等。

四	九	二
三	五	七
八	一	六

九宫元旦盘

七	三	五
六	八	一
二	四	九

九宫变盘

四	八	六
五	三	一
九	七	二

九宫变盘

图7

(一) 具体演算路径

1. 九宫基础。顺行从一宫开始到九宫止，逆行从九宫开始到一宫止，即按一 → 二 → 三 → 四 → 五 → 六 → 七 → 八 → 九宫的顺序而行，或按九 → 八 → 七 → 六 → 五 → 四 → 三 → 二 → 一宫的顺序逆行。(见图7)

2. 九宫数运算。如以五宫为一宫顺行，则二宫在六宫，三宫在七宫……九宫在四宫，以五宫为一宫逆行，则二宫在四宫，三宫三宫，四宫在二宫……九宫在六宫。(见图7)

---

① （汉）郑康成注：《易纬·乾凿度》；林忠君：《〈易纬〉导读》，齐鲁书社2002年版，第94页。
② （宋）朱熹撰：《四书章句集注》，中华书局1983年版，第53页。
③ （汉）司马迁撰：《史记》第四册，中华书局1982年点校本，第1289页。

中国古代式盘逻辑大义　269

3. 九宫所纳。

(1) 八卦及运算。

坎一宫、坤二宫、震三宫、巽四宫、中五宫、乾六宫、兑七宫、艮八宫、离九宫,顺逆运行。[见图8(1)]

巽	离	坤
立夏小满芒种	夏至小暑大暑	立秋处暑白露
阴洛	上天	玄委
震		兑
春分清明谷雨	中	秋分寒露霜降
仓门		仓果
艮	坎	乾
立春雨水惊蛰	冬至小寒大寒	立冬小雪大雪
天留	叶蛰	新洛

图8(1)　灵枢九宫与八卦之对应

(2) 八风、十天干、十二地支、十二次、二十四山、二十八宿及运算。

坎一宫壬子癸、坤二宫未坤申、震三宫甲卯乙、巽四宫辰巽巳、黄中五宫、乾六宫戌乾亥、兑七宫庚酉辛、艮八宫丑艮寅、离九宫丙午丁,顺逆运行。[见图8(2)]

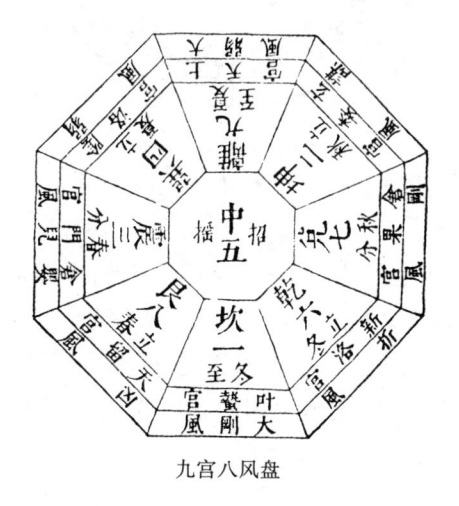

九宫八风盘

二十四山盘

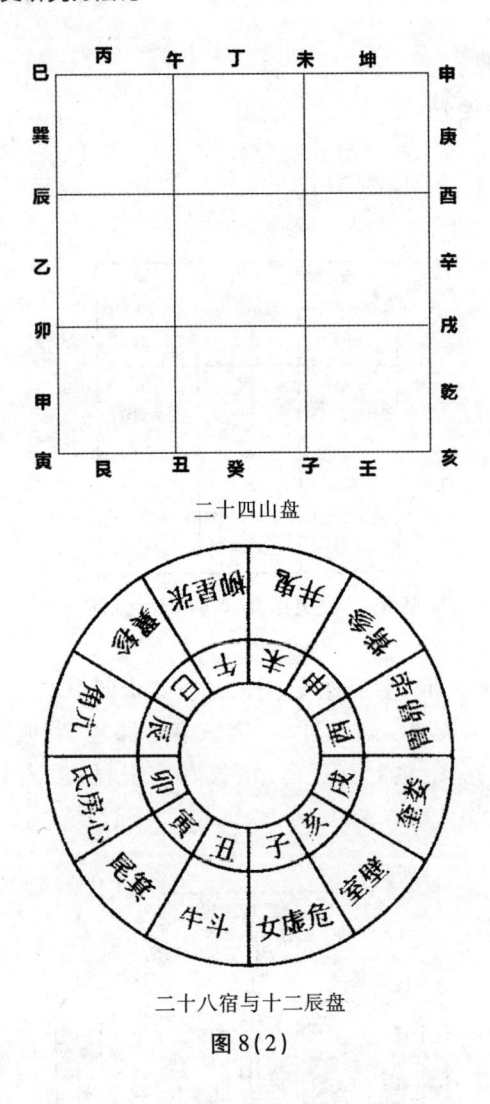

二十八宿与十二辰盘

图8(2)

《黄帝内经·五运行大论》曰："臣览《太始天元册》文,丹天之气,经于牛、女戊分;黅天之气,经于心、尾己分;苍天之气,经于危、室、柳、鬼;素天之气,经于亢、氐、昴、毕;玄天之气,经于张、翼、娄、胃。所谓戊己分者,奎、壁、角、轸,则天地之门户也。夫候之所始,道之所生,不可不通也。"①[见图8(3)]

---

① 《黄帝内经素问校释》下册,人民卫生出版社1982年版,第864页。

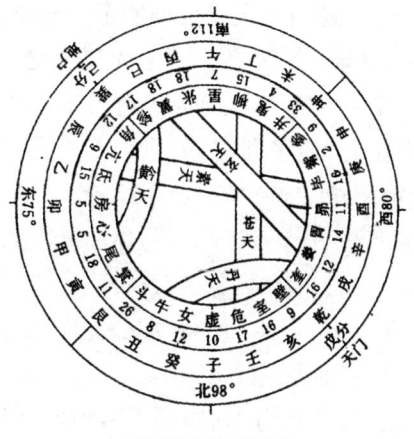

五气经天化五运图

十二辰与十二次

图8(3)

(3) 九星九野。

①遁甲九星。

《中国古代学天文学词典》中讲道:"遁甲术,星占术语。遁甲术为三式之一。世俗用于择日和选吉之方术。遁甲式用九宫、九星、六仪、三奇及八门等随时节之排列而入占。九宫即洛书。九星谓天蓬、天芮、天冲、天辅、天禽、天心、天柱、天任、天英。六仪谓甲子戊、甲戌己、甲申庚、甲午辛、甲辰壬、甲寅癸。三奇即乙、丙、丁。八门,即开、休、生、伤、杜、景、死、惊。此外还有八诈门,即直符、腾蛇、太阴、六合、白虎(勾陈)、玄武(朱雀)九地、九天等。遁甲式先立地盘,分阴阳遁,从冬至至夏至前为阳遁,从夏至至冬至前为阴遁。阳遁从一宫坎位起,顺飞九宫;阴遁自九宫离位起,逆飞九宫,故有阳遁九局、阴遁九局。凡阳遁顺布六仪、逆布三奇;阴遁逆布六仪、顺布三奇。九星天蓬起一宫,顺九宫布芮、冲、辅、禽、心、柱、任、英。八门为休门起一宫,顺时针布生、伤、杜、景、死、惊、开八门。遁甲天盘之立,首看八方、八节,坎宫冬至节,小寒、大寒属之;艮宫立春节,雨水、惊蛰属之;震宫春分节,清明、谷雨属之;巽宫立夏节,小满、芒种属之;离宫夏至节,小暑、大暑属之;坤宫立秋节,处暑、白露属之;兑宫秋分节,寒露、霜降属之;乾宫立冬节,小雪、大雪属之。天盘建立后,就按门、宫、星三者之关系论吉凶;九星各有性格,三奇和三奇门(开、休、生)相遇为吉。其余各有吉凶,分别论占。"[①]这里把遁甲式的基础和运算程序基本都讲清楚了,可以看到,遁甲式较之早期的"日廷图"要复杂得多。遁甲式的运算过程表明,其在中国传统文化的体系内完全摆脱了实质性推理的性质,做到了中国文化体系下的"形式化",充分反映了易学逻辑的发展水平和丰富内容。[见图8(4)]

天辅 4 杜门	天英 9 景门	天芮 2 死门
天冲 3 伤门	天禽 5	天柱 7 惊门
天任 8 生门	天蓬 1 休门	天心 6 开门

遁甲九星

[①] 徐振韬主编:《中国古代天文学词典》,中国科学技术出版社2009年版,第56页。

中国古代式盘逻辑大义　273

水神文曲 杜门	火神廉贞 景门	土神巨门 死门
木神禄存 伤门		金神破军 惊门
土神左辅 生门	水神贪狼 休门	金神武曲 开门

地理九星

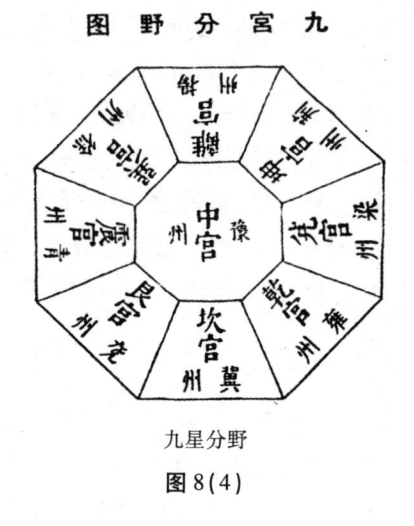

九宫分野图

九星分野

图 8(4)

②地理九星。

《中国古代天文学词典》中说道:"《黄帝内经·素问》引《太始天元册文》云:'九星悬朗,七曜周旋。'①王冰注曰:'九星则天蓬、天芮、天冲、天辅、天禽、天心、天柱、天任、天英。中古道德稍衰,标星藏曜,故星之见者七焉。太古之时斗之九星皆见,圣人始著之典册。'"②这说明九星乃北斗星,并谓古北斗星有九星。星占中又有贪狼、巨门、禄存、文

---

① 《黄帝内经素问校释》下册,人民卫生出版社1982年版,第845页。
② 转引自卢央《中国古代星占学》,中国科学技术出版社2007年版,第646页。

曲、廉贞、武曲、破军、左辅、右弼之九星,此九星亦出于北斗。北斗一为天枢星,二为天璇星,三为天玑星,四为天权星,五为玉衡,六为开阳,七为摇光。一至四为魁,五至七为杓,开阳、摇光之旁有小星,左为辅,右为弼,合为九星,此九星为风水术家多用之。"①[见图8(4)]

③九星分野。

《周礼·天官冢宰·大司徒》云:"以天下土地之图,周知九州之地域、广轮之数、辨其山林川泽丘陵坟衍原隰之名物。"孙诒让云:"九州,扬、荆、豫、青、兖、雍、幽、冀、并也。"②又云:"以土宜之法辨十有二土之名物,以相民宅,而知其利害。"孙诒让云:"十二土分野十二邦,上系十二次各有所宜也。"③《周礼·春官宗伯·冯相氏》云:"冯相氏掌十有二岁,十有云月,十有二辰,二十八宿之位,辨其叙事,以会天位。"④《周礼·春官宗伯·保章氏》又云:"保章氏掌天星,以志星辰日月之变动,以观天下之迁,辨其吉凶。以星土辨九州之地,所封封域,皆有分星,以观妖祥。"⑤卢央认为:"故观星象以察知各地之妖祥、利害由来已久,古代称之为星土,即星所主之土地,后世称之为分野。由于地域之变迁,分野亦随时而异。与各地域相对应之星象亦有数种,有二十八宿分野,有北斗星之分野,有五大行星之分野,十二次分野等……十二支也有分野。"⑥[见图8(4)]

(4)二十四节气入宫。

《烟波钓叟歌》曰:"次将八卦分八节,一气统三为正宗。"

坎一宫纳冬至小寒大寒,艮八宫纳立春雨水惊蛰,震三宫纳春分清明谷雨,巽四宫纳立夏小满芒种,离九宫纳夏至小暑大暑,坤二宫纳立秋处暑白露,兑七宫纳秋分寒露霜降,乾六宫纳立冬小雪大雪。[见图8(5)]

---

① 徐振韬主编:《中国古代天文学词典》,中国科学技术出版社2009年版,第117—118页。
② (清)孙诒让撰:《周礼正义》第三册,中华书局1987年点校本,第689页。
③ 同上书,第710页。
④ (清)孙诒让撰:《周礼正义》第八册,中华书局1987年点校本,第2103页。
⑤ 同上书,第2114—2116页。
⑥ 徐振韬主编:《中国古代天文学词典》,中国科学技术出版社2009年版,第61页。

中国古代式盘逻辑大义　275

图8(5)　二十四节气入宫

（5）纳六十干支对（八门与三元九星）。

《御定星历考原·年神方位·三元年九星》引《黄帝遁甲经》说道："三元者，起于九宫也，以休门为一白，死门为二黑，伤门为三碧，杜门为四绿，中宫为五黄，开门为六白，惊门为七赤，生门为八白，景门为九紫。"又引《通书》云："九宫者，神龟负文于背，禹因以陈九畴，即洛书。戴九履一，左三右七，二四为肩，六八为足，五数据中，纵横斜皆成十五者是也。河图则天一地二，天三地四，天五地六，天七地八，天九地十，而先儒有除十用九之说，所谓河图洛书相为经纬，八卦九章相为表里者也。东汉张衡变九章为九宫，从一白二黑三碧四绿五黄六白七赤八白九紫，分三元六甲以数作方，而一白居坎，二黑居坤，三碧居震，四绿居巽，五黄居中，六白居乾，七赤居兑，八白居艮，九紫居离，是为九宫。静则随方而定，动则依数而行。"[1]［见图8(6)］

―――――

[1] （清）李光地等撰：《御定星历考原·卷二》，《四库术数类丛书》第九册，上海古籍出版社1991年版，第811—26、811—27页。

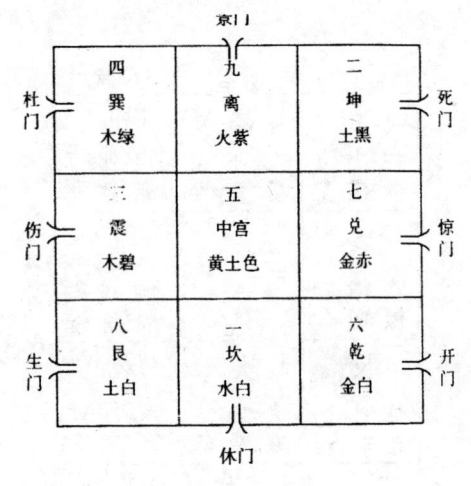

景门		
杜门 ⟶ 四巽木绿	九离火紫	二坤土黑 ⟵ 死门
伤门 ⟶ 三震木碧	五中宫黄土色	七兑金赤 ⟵ 惊门
生门 ⟶ 八艮土白	一坎水白	六乾金白 ⟵ 开门
	休门	

九宫八门图

阳遁三元九星

下元甲子 上元甲午	下元甲寅 中元甲申	中元甲戌 上元甲辰
中元甲寅 上元甲申	下元甲戌 上元甲辰	下元甲午 中元甲子
下元甲辰 中元甲戌	中元甲午 上元甲子	下元甲申 上元甲寅

阳遁三元九星

图8(6)

由于180可以被9通约,所以三个干支对(3×60=180)才可以平均分配九宫,形成所谓上中下三元。一年360天包括六对甲子,分为阴阳两遁,阳阴两遁起于子午冬夏二至,分别顺逆两行。阳遁上元甲子冬至后起坎一宫顺行九宫,即甲子起坎一宫,甲戌起坤二宫,甲申起震三宫,甲午起巽四宫,甲辰起中五宫,甲寅起乾六宫;中元甲子起兑七宫,甲戌起艮八宫,甲申起离九宫,甲午复起坎一宫,甲辰起坤二宫,甲寅起震三宫;下元甲子起巽四宫,甲戌起中五宫,甲申起乾六宫,甲午起兑七宫,甲辰起艮八宫,甲寅起离九宫;阴遁上元甲子其离九宫逆行九宫,即甲子起离九宫,甲戌起艮八宫,甲申起兑七宫,甲午起乾六宫,甲辰起中五宫,甲寅起巽四宫;中元甲子起震三宫,甲戌起坤二宫,甲申起坎一宫,甲午复起离九宫,甲辰起艮八宫,甲寅起兑七宫;下元甲子起乾六宫,甲戌起中五宫,甲申起巽四宫,甲午起震三宫,甲辰起坤二宫,甲寅起坎一宫。[见图8(6)]

(6)太乙十六将与天地十二将。

太乙十六将:地主、阳德、和德、吕申、高丛、太阳、大灵、大神、大威、天道、大武、武德、太簇、阴主、阴德、大义。[见图8(7)]

天地十二将之十二月将:正月亥将登明,二月戌将天魁,三月酉将从魁,四月申将传送,五月未将小吉,六月午将胜光,七月巳将太乙,八月辰将天罡,九月卯将太冲,十月寅将功曹,十一月丑将大吉,十二月子将神后。[见图8(7)]

天地十二将之十二神将:天乙贵人居中,前有五位:一螣蛇、二朱雀、三六合、四勾陈、五青龙;后有六位:一天后、二太阴、三玄武、四太常、五白虎、六天空。[见图8(7)]

太乙式盘(来自严敦杰《式盘综述》)

278　中国逻辑史研究方法论

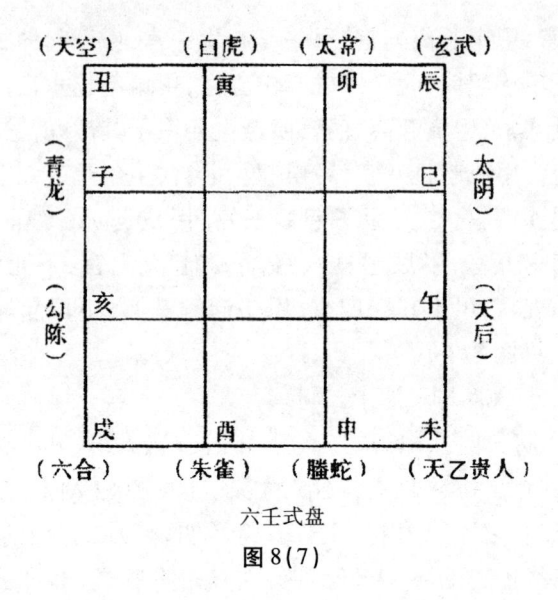

```
       (天空)    (白虎)   (太常)   (玄武)
      ┌─────┬─────┬─────┬─────┐
      │  丑  │  寅  │  卯  │  辰  │
      ├─────┼─────┼─────┼─────┤
 (青龙)│  子  │     │     │  巳  │(太阴)
      ├─────┼─────┼─────┼─────┤
 (勾陈)│  亥  │     │     │  午  │(天后)
      ├─────┼─────┼─────┼─────┤
      │  戌  │  酉  │  申  │  未  │
      └─────┴─────┴─────┴─────┘
       (六合)   (朱雀)  (螣蛇)  (天乙贵人)
```

六壬式盘

图 8(7)

(二)演算举例①

(1) 例一

严敦杰在《关于西汉初期的式盘和占盘》一文中,举一例。其文如下:

假定某年十一月二十八日冬至,太阳在斗二十一度。斗二十一度按三统历成法在斗十二度到女七度之间,十二神属大吉,即丑将。现求该年十一月初七日甲申辰时占。十一月初七日离十一月二十八日十一天,凡十一度,从二十一度退减十一度,即十一月初七日太阳在斗十度,则是在尾十度到斗十一度之间,十二神已属功曹,即寅将。故上即求甲申日,辰时,寅将占……这样便可算得六壬式中的四课和三传。这甲申日,辰时,寅将,求得的四课:第一课是子甲,第二课是戌子,第三课是午申,第四课是辰午。三传是初

---

① 文中两个例子参见周山主编《中国传统类比推理系统研究》"下篇(二)六壬类比推理系统",上海辞书出版社 2011 年版。该部分为作者所撰写,有所增删。

中国古代式盘逻辑大义

传午,再传辰,三传寅。根据这四课和三传,便可判定占日的吉凶。①

根据上文,可推理得到式占形式如下:

甲申日辰时寅将占:

```
三           午 螣
             辰 合
传           寅 龙


             螣 虎
四       辰 午 戌 子
课       午 申 子 甲


             合
天       卯 辰 巳 午 螣
       龙 寅       未 贵
       空 丑       申 后
盘     虎 子 亥 戌 酉
             武
```

上面是一个经典的式占形式,因为吉凶是有意义的,所以该式占在未赋值之前无法断定吉凶,因而六壬式占做到了中国传统文化背景下的"形式化",这一点在中国古代逻辑中也是难能可贵的。当然,我们也可以将上述式占做西方逻辑式的证明。关于此课变形公式的形式推演,根据上述推理大致分为四个步骤,可以大致描述如下:

①前提已知条件:"求该年十一月初七日甲申辰时占,寅将加辰时"。

---

① 严敦杰:《关于西汉初期的式盘和占盘》,《考古》1978 年第 5 期(总第 158 期)。

②根据步骤一:"正月时与正日时",排出地盘与天盘。
③根据步骤二:依规则"乙、2、(1)","十干寄宫",排出四课。
④根据上面2与步骤三确定三传:依规则"乙、2、(4)第二类比用法",即用九宗门中的比用法,取三传。
⑤根据步骤四,依规则"乙、2、(5)",确定天一阴阳贵神之所在和十二神将在天盘上的顺布与逆布情况。甲日辰时用阳贵未,天盘未临于地盘酉,十二神逆布。
⑥证毕。
(2)例二
《晋书·艺术·戴洋》列传第六十五卷。其文如下:

寻传贼当来攻城,洋曰:"十月丁亥夜半时得贼问,干为君,支为臣,丁为征西府,亥为邾城,功曹为贼神,加子时十月水王木相,王相气合,贼必来。寅数七,子数九,贼高可九千人,下可七千人。从魁为贵人加丁,下克上,有空亡之事,不敢进武昌也。"贼果陷邾城而去。①

清代钱大昕在其所著《十驾斋养新录·六壬》第十七中作了分析。其曰:

六壬之占载于正史者,《晋书·戴洋传》。咸康五年,传贼当来攻城。洋曰:十月丁亥夜半时得贼问,干为君,支为臣,丁为征西府,亥为邾城,功曹为贼神,加子时,十月水王木相,王相气合,贼必来。寅数七,子数九,贼高可九千人,下可七千人。从魁为贵人,加丁,下克上,有空亡之象。不敢进武昌也。案:六壬式以月将加所得时,视干支所加神以决休咎。十月月将在寅(日躔之次谓之月将,十月建亥日躔析木,为寅位也)寅为功曹,夜半为子时,以寅加子,故以寅子决贼之众寡。于占例,甲己子午数九,乙庚丑未数八,丙辛寅申数七,丁壬卯酉数六,戊癸辰戌数五,己亥数四。故云寅

---

① (唐)房玄龄等撰:《晋书》第八卷,中华书局1974年点校本,第2475页。

数七,子数九。十干寄位于支,未为丁寄位,酉为从魁加于丁,丁火克酉金,故云下克上。甲申旬空午未,丁在未位,故云有空亡之事也。古法有日辰四课,而无三传。①

钱大昕列出式占形式如下:

```
    天 太 太 天
    空 常 阴 乙
    卯 丑 亥 酉
    丑 亥 酉 丁


    朱 螣 天 天
    雀 蛇 乙 后
    未 申 酉 戌
六合 午     亥 太阴
勾陈 巳     子 元武
    辰 卯 寅 丑
    青 天 白 太
    龙 空 虎 常
```

这个六壬式占,让人注意的是没有三传,这大概是古法六壬的形式。所以钱大昕说道:"古法有日辰四课,而无三传。"另外,《吴越春秋·夫差内传》第五卷,载有伍子胥谏吴王夫差伐齐,陈《金匮》第八以占。《吴越春秋·勾践入臣外传》第七卷,记载夫差将赦勾践,越王勾践闻之心喜,但又恐其生变,于是召范蠡以问。范蠡遂以《玉门》第一占之。此两占例,严敦杰认为皆为六壬式,并考证伍子胥谏夫差所用"《金匮》第八当是《汉书·艺文志》中的《堪舆金匮》十四卷中的第八卷,居上考《金匮》乃是六壬式",范蠡所引用"《玉门》第一为何书不详,

---

① (清)钱大昕:《十驾斋养新录》,上海书店出版社1983年版,第414—415页。

或即《玉钤纪》的前身……此也与六壬式基本相合"①。卢央在其《中国古代星占学》一书中,就《吴越春秋》中的这两占例进行分析,认为清代学者成瓘将之看成"八会法"亦有其道理,并对这两占例进行了八会法与六壬法的两种复盘,其所占结果一样,但比较两者六壬明显要比八会法复杂精确。因为八会法是以《淮南子·天文训》中的雌雄北斗为根据进行推演的,由此考证八会法是六壬的早期形式,推断汉代八会法已经发展出了六壬的形式,只是当时存在这两种方法交替使用的情况。②但是八会法是堪舆大法,结合上文所述清代钱大昕认为晋代戴洋"尚风角而不称六壬"的观点,说明了六壬式占有一个逐步发展精致完善的过程,且在其发展中确实又融入了不同方法。

根据《晋书·戴洋传》与钱大昕的分析,我们可以将之形式化处理,亦可以进一步说明其语义与语用推演系统的内容。大致如下。

对涉及此式占的符号进行赋值。此占正月正日时是"十月丁亥夜半时",故为丁亥日子时寅将。这是系统推理的前提。戴洋的赋值是:①对丁亥日赋值,将丁赋值为君和征西府,支赋值为臣和邾城,十二神将功曹赋值为贼。赋值是语义的关键,它不仅是语义的开始,也与语用相关,语用的目的性决定了语义的选择性。这是戴洋占,如果是于此同时贼占,则对此形式变形公式的赋值正与戴洋相反,这是语用中的主客规律决定的。②对六壬中涉及的干支符号和推演规则进行赋值和解释。即"十月水王木相,王相气合,贼必来"。这是戴洋的赋值和解释。十月斗建在亥,亥立冬,是水旺之季,寅为立春,是水之相,又为水之泄气,亥与寅合,是为王相气合,故贼必来攻。而钱大昕的赋值解释:①解释六壬的基本推演程式。即"六壬式以月将加所得时,视干支所加神以决休咎"。②对十月月将进行了语义解释:"十月月将在寅(日躔之次谓之月将,十月建亥日躔析木,为寅位也),寅为功曹",指出十月斗建亥,日躔在析木寅位。③对判断来贼的多寡人数的方法进行语义解释,"以寅加子,故以寅子决贼之众寡"。并且进行具体数量的赋值,即"甲己子午数九","丙辛寅申数七"。这种数量赋值的根据是"纳音干支起

---

① 严敦杰:《式盘综述》,《考古学报》1985 年第 4 期。
② 参阅卢央《中国古代星占学》第二章、第五章,中国科学技术出版社 2007 年版。

数合五行"①,这种解释是六壬语用主观性的表现,因为从易学发展史上看,对干支符号的数量赋值绝不止此一种,那么戴洋为何选取此数量赋值方法就与他的主观活动与主观判断密切相关了。同上面"王相气合"的语义解释一样,也许戴洋对当时武昌周边贼的情况是了解的,因此可以做出"贼必来"和"贼高可九千人,下可七千人"预设判断。

对此占例的变形公式进行赋值和解释。丁亥日酉为贵人,酉为从魁,加临地盘未上。据钱大昕给出的解释:子时寅将,贵人逆转。对天地盘的语义赋值:"十干寄位于支,未为丁寄位。"列出四课:第一课酉丁,第二课亥酉,第三课丑亥,第四课卯丑。三传没有列出,其语义解释曰"古法有日辰四课,而无三传"。对于四课的语义赋值:"酉为从魁加于丁,丁火克酉金,故云下克上。"这里说的是第一课酉丁,酉为金,丁为火,下火克上金。下克上按六壬九宗门法是"贼克"。我们恢复此占变形公式之三传:初传酉,再传亥,三传丑,确实是贼克法。又丁亥所在甲申旬中午未是空亡,是所谋未遂,所以语义解释"有空亡之事,不敢进武昌也"。又戴洋解释"亥为邾城,功曹为贼神"。关于功曹,《六壬大全·神将释·十二神释》卷二的语义解释:"岁功成就"、"白虎昼主虎豹,夜主猫狸。"②亥为水为邾城,丁为火为第一课下贼上,功曹与白虎相并,功曹加于白虎当然不吉,但是白虎在地盘子位,谓之"白虎溺水",加之贼来袭虽有空亡但亦有不全空,虽不似虎豹之凶,但亦有猫狸险诈,故可取"邾城"。实际发生情况与事实基本符合。

对比这两例的推演形式,从直观上看,式占推演要比西方逻辑式的推演包含的信息量大的多,且十分简练、形式化程度高,而西式的推演丢掉了太多的内容。对此,鞠实儿教授在 2010 年贵阳传统逻辑高峰会议上,对笔者的工作曾经评价道:"此等工作殊为艰辛不易,然对传统文化中的意义则遗漏甚多矣!"因此,逻辑与文化是密切相关的,每一个民族自身的逻辑表现形式只有在自己的传统文化中才有意义,离开了产生它的文化背景的土壤也就失去了它的价值和意义,那么,保持住自己

---

① (清)李光地等撰:《钦定协纪辨方书·卷一》,《四库术数类丛书》第九册,上海古籍出版社 1991 年版,第 811—161 页。

② 《六壬大全》,《四库术数类丛书》第六册,上海古籍出版社 1991 年版,第 808—510—808—511 页。

传统文化中的逻辑特殊性,也就保持了中国古代逻辑自身的原创性和原创价值。这确是一个十分重要的问题。

四　易学式盘逻辑的讨论

（一）易学式盘逻辑的历史发展,由实际观测到模拟实际的"栻盘"运算,由"栻盘"运算再到"式盘"运算,完成了由实质走向形式的过程,表明了中国古代逻辑由实质推理到形式运算的转化。这种转化开始于先秦,完成于汉代,正如《钦定四库全书总目》所言:"《左传》所记诸占,盖犹太卜之遗法。汉儒所言象数,去古未远也。"[①]汉代以后,易学式盘逻辑又逐步深入发展,逐步形成并完善了易学逻辑的各个分支系统。

《四库全书·术数类》云:"术数之兴,多在秦汉以后。其要旨,不出乎阴阳五行,生克制化。"[②]秦汉以降,随着古代天文学、数学、地学等学科的逐步成熟,易学广泛吸收了他们的成果,也逐步成熟起来。作为一种在更为广阔范围里讨论对象,在更抽象的层面上概括对象的抽象理论形态,易学成为那一时期各学科自我完善发展的理论支撑和知识系统的基础,建立了具有推类逻辑性质的易学系统。

从这一时期开始,易学的发展摆脱了自20世纪80年代以来出土文献中看到的商周以来的支离破碎情况,它的最重要的理论框架和内容已经建立起来了。诸如,《周易》基本形成今天我们看到的所谓流行本的样子,在此基础上的所谓"旁支"包含了更为宏大的内容。阴阳和五行这两个易学中的最重要思想被很好地联结起来,星象、气候被抽象后形式化地纳入到易学系统中,干支系统不仅被完善,与八卦系统建立了紧密的联系,并且成为能解释一切的有效的逻辑理论工具。最重要的是所谓"三式"系统(太乙、遁甲、六壬)的建立完成,极大地增强了易学的解释能力和工具性质。而"三式"的核心就是式盘推演。

（二）易学式盘逻辑是易学逻辑系统化、形式化的经典形态,是古

---

① （清）纪昀等总纂、四库全书研究所整理:《易类》,《钦定四库全书总目（整理本）》上卷,中华书局1977年版,第3页。
② 同上书,第1419页。

代易学逻辑发展的最高表现形式,它深刻体现了中国古代逻辑的原创精神和原创价值。李零认为:"式……这种器物虽方不盈尺,但重要性却很大,对理解古人心目中的宇宙模式乃至他们的思维方式和行为方式是一把宝贵的钥匙。"[①]易的本质是所谓"易以道阴阳"(《庄子·天下》)[②],其内容宏大,从理论上讲具有抽象性和广泛的概括性,即"易道广大,无所不包"[③],其功用是"推天道以明人事者也"[④]。易学是中国古人对天人关系的理论反映,体现了中国人的世界观和宇宙观,反映了中国古人对世界的情怀和认知方式,具有深厚的中国历史和文化的背景因素,中国人的很多事理都是从易里推出来的,上至军国大事,小到生活之事都是如此。式盘正是这种易学本质精神的反映。式盘逻辑反映了中国人宏观与微观的逻辑观,从宏观上讲,逻辑离不开产生它的历史与文化因素的制约,式盘逻辑正是其背后的中国古代哲学与文化的底蕴表现形式。从微观上讲,易学式盘逻辑深刻体现着中国古代逻辑的主要推理类型——推类,是推类的形式化。所以,易学式盘逻辑蕴涵了丰富的、独具特色的中国古代逻辑思想与逻辑体系。

(三)易学式盘是中国古代易学推理的形式工具,甚或说是推理计算机。其基本初识符号是:一至九,九至一;基本推理规则是:顺、逆行;一致性原则是:"一阴一阳之谓道"(《周易·系辞上》)或者"阴阳合德而刚柔有体"(《周易·系辞下》)。式盘是易学逻辑中最抽象的形式,由一至九可以带入任意符号系统,如八卦、八风、五行(五分图)、六气(六分图)、十天干十二地支、二十四节气、六十干支对、紫白、九野、遁甲九星、地理九星、太乙十六将、六壬天地十二神将……式盘每代入一套符号,便形成了其下设的子系统符号体系,对应该系统有相应的语义解释,从而形成了丰富多彩的易学逻辑系统,而这个系统的核心就是式盘。

---

① 李零:《中国方术考》(修订本),东方出版社2001年第2版,第89页。
② (清)王先谦注:《庄子集解》,《诸子集成》第三册,上海书店出版社1986年版,第216页。
③ (清)纪昀等总纂、四库全书研究所整理:《易类》,《钦定四库全书总目(整理本)》上卷,中华书局1977年版,第3页。
④ 同上。

经典解释与《墨辩》逻辑研究[*]

曾昭式[**]

经典解释不仅为中国传统思想研究的基本方法,而且诸多先贤对经典解释本身又有深入研究,形成"经典解释学"。前者如《易传》对《易经》的解释,后者如孔子讲的"述而不作",郭象讲的"辩名析理""寄言出意"等。本文研究所使用"经典解释"意义指前者,依此方法分析《墨辩》思想创造性转化何以可能的问题。

一 经典解释

经典解释涵摄经典、解释者、经典解释作品三大对象,简言之,经典为欲解释的文本,经典解释作品为解释者的文本,而解释者是由经典到经典解释作品的桥梁,形成一个什么样的基于经典的新作取决于解释者,所以,解释者的解释方法尤为重要。解释大概有两种方法,一为点石成金(此"石""金"为二物,无贵贱之别),二为砌石为墙,前者由石变金,石已无自性,后者虽为石墙,但有石在。"砌石为墙"方法的使用如《易传》对《易经》的解释,以"大畜"卦辞为例,《易传》从"尚贤畜德"讲"大畜",又没有脱离《易经》"大畜"义理。引文如下:

---

[*] 本文受教育部人文社会科学重点研究基地重大项目"广义论证理论研究"(批准号:16JJD720017)资助。
[**] 曾昭式,中山大学逻辑与认知研究所、哲学系教授。

大畜：利贞。不家食，吉。利涉大川。
初九，有厉利已。
九二，舆说輹。
九三，良马逐，利艰贞，曰：闲舆卫，利有攸往。
六四，童牛之牿，元吉。
六五，豮豕之牙，吉。
上九，何天之衢，亨。

《易传·彖传》释为：

大畜，刚健笃实，辉光日新其德。刚上而尚贤，能止健，大正也。"不家食吉"，养贤也。"利涉大川"，应乎天也。

《易传·象传》释为：

天在山中，大畜。君子以多识前言往行，以畜其德。
"有厉利已"，不犯灾也。
"舆说輹"，中无尤也。
"利有攸往"，上合志也。
六四"元吉"，有喜也。
六五之"吉"，有庆也。
"何天之衢"，道大行也。①

"点石成金"方法的运用，如梁代慧皎所著《高僧传》卷四讲："时依雅门徒，并世典有功，未善佛理。雅乃与康法朗等，以经中事数，拟配外书，为生解之例，谓之格义。及毗浮、昙相等，亦辩格义，以训门徒。"② 此"格义"指借用中国传统思想释佛典，此法运用是便于讲佛经（慧远

---

① 十三经注疏整理委员会整理：《周易正义》，北京大学出版社 2000 年版，第 139—143 页。
② （梁）释慧皎著，朱恒夫等注译：《高僧传》（上），陕西人民出版社 2013 年版，第 203 页。

"年二十四,便就讲说。常有客听讲,难实相义,往复移时,弥增疑昧。远乃引庄子义为连类,于是惑者晓然"。①)

"点石成金"与"砌石为墙"均以"石"为对象,"金""墙"为"石"之转化,前者为新生,后者为新用。就中国传统思想的创造性转化而言,梁启超先生"娶美人以亢我宗"("吾欲我同胞张灯置酒,迓轮俟门,三揖三让,以行亲迎之大典。彼西方美人,必能为我家育宁馨儿以亢我宗也。"②)的做法有似"新生",因为新生儿是另外一个生命,绝不是父亲,如"金"不是"石"。陈寅恪先生"了解之同情"("凡著中国古代哲学史者,其对于古人之学说,应具了解之同情,方可下笔。盖古人著书立说,皆有所为而发;故其所处之环境,所受之背景,非完全明了,则其学说不易评论。……所谓真了解者,必神游冥想,与立说之古人,处于同一境界,而对于其持论所以不得不如是之苦心孤诣,表一种之同情,始能批评其学说之是非得失,而无隔阂肤廓之论。"③)的做法有似"新用",因为"新用"本质未变,如《墨辩》逻辑思想还是《墨辩》的。笔者主张经典解释采用"砌石为墙"的方法,梁启超先生"娶美人以亢我宗"的做法如严复先生讲"盖吾之为书,取足喻人而已,谨合原文与否,所不论也"④。胡适先生讲在非儒学派里"可望找到移植西方哲学和科学最佳成果的合适土壤"⑤一样,目的在于"喻人"与"移植",表现为经典与经典解释作品不相干,即"金"不是"石"。"只是[停留]在名词和概念上对比,不可避免地会引起[思想上的]混乱和曲解,或者如道安所说成了'于理多违'的情况,并从而使哲学家的思想或者宗教家的教义,其深义或者核心仍然难于理解。"⑥

---

① (南朝梁)释慧皎著,朱恒夫等注译:《高僧传》(上),陕西人民出版社2013年版,第281页。
② 梁启超:《论中国学术思想变迁之大势》,上海古籍出版社2006年版,第4页。
③ 陈寅恪:《冯友兰〈中国哲学史〉(上册)的审查报告》,载《三松堂全集》(第2卷),河南人民出版社2000年版,第612页。
④ 王栻:《严复集》(第3册),中华书局1986年版,第265页。
⑤ 胡适:《先秦名学史》,学林出版社1983年版,第9页。
⑥ 《汤用彤全集》,第五卷,第240页。

二 从《墨辩》到《墨辩》逻辑

基于"点石成金"方法的《墨辩》逻辑研究大体有两种形态,即《墨辩》同西方传统逻辑、《墨辩》逻辑等于西方逻辑加中国元素。第一种形态是讲《墨辩》的概念、判断、演绎推理、归纳推理、逻辑学基本规律等理论,代表人物为梁启超、胡适、詹剑峰、李匡武、周云之等先生。如詹剑峰先生《墨家的形式逻辑》一书主要内容包括:名的由来、名的本质、名的种类、名的内涵与外延、定义、分类、辞的本质、辞的构成、辞的分类、说的本质、说的种类、演绎的法则、归纳的法则、归纳与演绎的关系等内容,基本涵盖西方传统逻辑内容。① 与此类似的研究如赵纪彬认为:"名辩即是逻辑,二者是实质上的同义语。"②李匡武先生的《形式逻辑》③研究墨家的辩学,他认为墨家的"以名举实,以辞抒意,以说出故,以类取,以类予"大致相当于西方逻辑的概念、判断、推理;以及李匡武先生主编的集当时中国逻辑史界大部分研究者共同完成的国家"六五"计划重点项目《中国逻辑史》(五卷本),此书强调写作"中国逻辑史"的内容:"本书所指的'逻辑',也仅限于传统逻辑或数理逻辑的形式逻辑。"④此形态忽略《墨辩》整个文本,只取"西方传统逻辑"部分内容。第二种形态视《墨辩》为中国逻辑著作,处理方式为《墨辩》等于西方逻辑加中国名学,代表人物如汪奠基、温公颐等先生。汪奠基先生把中国逻辑分为普通逻辑、辩证的推论方式和社会政治的逻辑,"在我国古代逻辑文献里,保存有许多论述概念、判断、推理之类的科学史料,也有中国的辩证思维形式"和"反映了当时实际生活中科学认识的客观需要"⑤的逻辑。温公颐先生把先秦逻辑分为"正宗的逻辑"和"正名的逻辑"两种。如其言:"先秦逻辑我把它分为两篇,第一篇写辩者的逻辑思想;第二篇写正名的逻辑思想。……辩者的逻辑思想属于正宗的

---

① 参见詹剑峰《墨家的形式逻辑》,湖北人民出版社1956年版。
② 赵纪彬:《名辩与逻辑》,《新中华》1949年第12卷4期。
③ 参见李匡武《形式逻辑》,广东人民出版社1962年版。
④ 李匡武:《中国逻辑史》(先秦卷),甘肃人民出版社1989年版,第1页。
⑤ 汪奠基:《丰富的中国逻辑思想遗产》,《光明日报》1961年5月21日。

逻辑……比较倾向于纯逻辑的研究。至于正名的逻辑却是从政治伦理出发,可以称政治伦理的逻辑。"①他认为,"正宗的逻辑"是"纯逻辑",是西方传统逻辑。"在中国古代虽然没有'逻辑'这个名词,但逻辑这门学问是存在的。"②"正名的逻辑"也叫"政治伦理的逻辑",是一种内涵的逻辑。他所说的内涵逻辑是指一种注重实质内容的逻辑,与生活经验相联系。

基于"砌石为墙"方法的《墨辩》逻辑研究者如栾调甫、张东荪、崔清田等先生。栾调甫先生认为逻辑、因明、墨辩同属一科,它是"谈理辩道"或"论道明理"或"论其思想条理",是纯粹论思理之学,印度称"因明",希腊叫"逻辑",先秦有"辩说",而且三者不同。墨辩之内容分为知识论和辩学两部分。关于墨子辩学,包括名辞说三物。《墨辩》之"名",是指"举谓",所谓"举谓"即因听闻而知实之名;论辞,墨辩没有论辞的明文,但凡论事物的同异,其举必二物;辩说,栾调甫先生讨论墨家的"辩说"以三表说为基础,他把墨子三表本之、原之、用之对应于故、理、类。又把"故"对应于因明之"因",逻辑之"小原"(小前提);"理"对应于因明之"喻体",逻辑之"大原"(大前提);"类"对应于因明之"喻",包括同喻与异喻。③张东荪先生认为逻辑是"一套思想程式":"我以为不但中国人,即中国以外的其他民族,如果其文化与西方不同,自可用一套思想程式。这种另外的一套依然不失为正确的与有效的。"④他提出传统逻辑(逻辑甲)、数理逻辑(逻辑乙)、形而上学的逻辑(逻辑丙)和社会政治思想(逻辑丁)的逻辑四种类型,中国逻辑属于逻辑丁。⑤崔清田先生认为逻辑思维是别于感性的理性认识,基本标志是推理进程;逻辑学是对这一进程的总结。中国逻辑为名学与辩学;"名学是以名为对象,以名实关系为基本问题,以'正名'为核心内容的

---

① 《温公颐文集》,山西高校联合出版社1996年版,第262页。
② 同上书,第263页。
③ 栾调甫:《墨子之辩学》《儒墨之辩》,载《墨学研究》,任继愈《墨子大全》(第51册),北京图书馆出版社2002年版。
④ 张东荪:《不同的逻辑与文化并论中国理学》,载张汝伦编《理性与良知——张东荪文选》,上海远东出版社1995年版,第387页。
⑤ 张东荪:《不同的逻辑与文化并论中国理学》,载张汝伦编《理性与良知——张东荪文选》,上海远东出版社1995年版,第390—393页。

学问。……名学涉及了名的界说、功用、形成、名与实、名的分类、正名、名的谬误、名与辩说等诸多问题。……辩学的对象是谈说辩论,辩学的基本问题是谈说论辩的性质界定与功用分析,辩学的内容包括:谈辩的种类、原则、方法以及谈说论辩语言形式的分析、言与意的关系等。"①他还认为,中国逻辑主导推理类型为推类:"以事物或现象之间的同异为依据的'推类'(或'类推')就成了古代文献中占有重要地位的一种推理。"②

从《墨辩》到《墨辩》逻辑最大的困难在于逻辑的边界。"逻辑学"是当下学科分类的产物,是逻辑学科就不同于非逻辑学科,是《墨辩》逻辑决定其独立性。基于此两种方法的《墨辩》逻辑研究成果都没有解决好逻辑的边界,前者实质上就是基于西方逻辑的普遍性在中国文献里寻找逻辑,进而确立中国逻辑的合法性;后者试图确立适合不同文化的逻辑论域,进而回答《墨辩》逻辑之独立性。但是,"点石成金"的结果必然会随着西方逻辑观的变化而《墨辩》逻辑会如庄子言"注焉而不满";砌石之墙为"石墙"而不是"石柱"等,即《墨辩》逻辑是逻辑,而不是哲学等,有些学者并没有把中国逻辑与中国哲学方法区分开来。孙中原先生讲"应用古今中西比较研究、融会贯通的方法,借助现代逻辑和语言工具,对中国古代逻辑元典进行现代式的元研究,在傅伟勋创造性诠释学'实谓'、'意谓'的基础上,从事'蕴谓'、'当谓'和'创谓'的崭新操作"③。"崭新操作"必先有一个图像,这个图像即为逻辑观,此逻辑观需要比较不同逻辑传统特征而给出适用于不同文化的逻辑论域,这是研究《墨辩》逻辑的先决条件,只有这样才叫《墨辩》思想的创造性转化,才能实现"古代逻辑元典进行现代式的元研究"。本文将逻辑学定义为广义论证之学④,并试图对《墨辩》逻辑给出一种解释。

---

① 崔清田:《墨家辩学研究的回顾与思考》,《广东社会科学》1997 年第 3 期。
② 崔清田:《逻辑的共同性与特殊性》,《社会科学》1999 年第 2 期。
③ 孙中原:《中国逻辑学十讲》,中国人民大学出版社 2014 年版,第 184 页。
④ 鞠实儿:《论逻辑的文化相对性——从民族志和历史学的观点看》,《中国社会科学》2010 年第 1 期。

三 《墨辩》之"正名—用名"论证类型

逻辑是由前提（理由）到结论（主张）的论证。亚里士多德三段论是在论证结构里讨论小项、大项、中项关系，项与项关系取决于直言命题之种类，所以直言命题决定三段论规则；《墨辩》之"正名—用名"论证则不同，在论证结构之外先确立名，在论证结构里正确用名即为规则，所以我们称之为"正名—用名"论证类型。

（一）《墨辩》逻辑"正名"思想

正名是确定名之所指，即《小取》言"以名举实"，在《墨辩》里，"实"包括自然、社会和人各方面内容，这在《经上》《经说上》[①]里最为详尽，如，经3—6论人的认知能力：知、虑、知、恕，经7—20论人的社会性：仁、义、礼、行、实、忠、孝、信、俱、誧、廉、令、任、勇，经21—24论人的自然性：力、生、卧、梦，经25—30论人的主观感受：平、利、害、治、誉、诽，经31—33论人的"名言"表达能力：举、言、且，经34—38论人的社会规范：君、功、赏、罪、罚，经39—41论世界之特征：同、久、宇，经42—51论物性：穷、尽、始、化、损、大益、儇、库、动、止，经52—70论物之关系：必、平、同长、中、厚、日中、圆、方、倍、端、有间、间、𬙊、盈、坚白、撄、仳、次，经71—72人识物的规则：法、佴，经73—75人识物的方式：说、攸、辩，经76—99获得认识的途径或方法、方式：为、已、使、名、谓、知、闻、见、合、权、为、同、异、同异交得、闻、察、言、辩、诺、服、法同、法异、止、正。

《墨辩》逻辑"正名"思想在《经下》《经说下》[②]则表现为在"类"的意义下（此类不是集合类，而是经验类，含条件、语境、语

[①] 毕沅参考卢文弨、孙星衍校注《墨子》的基础上，"遍览唐宋类书、古今传注所引，正其讹谬，又以知闻疏通其惑。自乾隆壬寅八月至癸卯十月，逾一岁而书成"的《墨子》（上海古籍出版社1995年版）中《新考定经上篇》共分"经上"为97条，孙诒让以毕沅考定重新校正，将"经上"也分为97条，今以此为准，略有改动。

[②] 依高亨《墨经校诠》（中华书局1962年版）将"经下"分为82条。

用等方面）区别不同的名,"经、说"1—2 论"类",之后便以名称实,名要根据实的不同而谓之,实际上"经、说"3—33 从"物"（包括自然与社会现象）角度论如何正确"以名举实"。由于实有异,所以在"名"称"实"时必须明确"名"之所指。亦即根据不同之"实",用"名"去正确地反映它们,在用"名"时应把握其内容。如"经、说"3 言"名同实异"的情况（如"马、麋"为四足兽,实不同;爱"色、肝、肺、子",但"爱"的含义不同等）;"经、说"4 言"名谓物之指"则有其对应的"实"（如谓"花美"则反映"花美"之实,如果"美"不与"花"在,则为"花"而无"美",不谓则无"花美"之名）;"经、说"5 言整体与部分关系（如一物体之长宽）;"经、说"6 言物之功能（如能举百钧之重而不能举针,不害其为有力）;"经、说"7 言同"名"而不属于同类不能比较的情况（如"长",就不能依此比较"木"与"夜";"多"就不能依此比较"智"与"粟"）;"经、说"8 从物之属性言物,即物削掉一部分,并没有增减,因其本质所然;"经、说"9 言彼物不同此物,将此物称彼物必假（称"狗"为"霍","狗"不是姓氏"霍"）;"经、说"10 讲物"所以然""所以知之""所以使人知之"不同（如病,有病、见到某人有病和得知某人有病不同）;"经、说"11 言"疑"的"逢、循、遇、过"四种类型;"经、说"12—17 六条言物之属性的差异（如物合、物徣、物多种性质等）;"经、说"18—25 八条言"景"（影）的不同情形,重点讨论影与物、镜、光之关系。"经、说"26 言物承重平衡原理,"经、说"27 言"挈"物的四种不同情形,包括"挈"与"引"、锥刺物、"挈"与"收"、"挈"与"车梯"等;"经、说"28 言因使力使物偏斜而不能正的情况;"经、说"29 言压力原理;"经、说"30 言物价与币值关系;"经、说"31 言买卖理论;"经、说"32 言不说理由而心存恐惧者在于无法确定某事的吉凶情形（如儿子在军中不知道生死不惧怕,但是听到作战而不知道生死便生恐惧）;"经、说"33 言地域之"实"变化,名称谓与之对应问题。以上区分"类"之不同是以物性为对象,就"名"谓"实"之"实"来源于人们的一种经验知识,正是由于这些经验对象的不同,反映此实之名便不同,形成名之同与异。"经、说"34—82

条，墨家站在自己立场，根据自己理解，对于先秦他家之言从名所反映的实的角度开展分析、讨论、阐释不同"名"所含内容，进而明确名之"类"。涉及"知"与"不知"关系（34）、辩胜问题（35）、"无不让"与"有不让"区分（36）、"坚白"性与物多种性质分析（37、38）、"知"与"指"关系（39）、二名一实问题（40、54）、"问"与"答"之"通意后对"的讨论（41）、所存与存者的区别（42）、五行有无常胜（43）、"欲恶"与"损益"关系（44）、"损"与"不害"关系（45）、知与五官、闻知关系（46、47、48）、"无"与"有"关系（49）、"确知"与"不疑"关系（50）、且与必关系（51）、"绝"与"不绝"关系（52）、古与今关系（53）、"使"之不同含义（55）、"有"的不同含义（56）、"意"的不同含义（57）、不同名而用同一作用的讨论（58）、分类的不同标准问题（59）、中间与端点的区分（60）、"尝然"之义（61）、"圆"之义（62）、"敷"与"距离"（63）、"行"与"时间"（64）、物之性质的同与异（65）、"狂举"的两种情况（66）、"牛马""兼名"之特征（67）、"彼此"之关系（68）、"唱"与"和"区分（69）、"亲知"与"说知"关系（70）、驳"言为尽悖"论（71）、称谓问题（72）、"兼爱"问题（73、74、75）、仁与义讨论（76）批评"学之无益"（77）、讨论"诽"与"非诽"（78、79）、论物之"甚不甚"（80）、论高下（81）、论时间上之"是"与"不是"（82）。

《大取》围绕着爱与利、利与害、义与利、厚与薄、人己之爱、知与意、同异等方面从不同角度进行讨论，通过断决利害来解决疑惑，实际上是从墨家自己价值取向出发，明确"名"之所指。《大取》还区分不同语境下"名"的不同意义，如"爱人不外己"，"有有于秦马，有有于马"。比较不同语境下"名"的同与异，这种同与异反映出"名实"之关系："人欲名实，实不必名"。就命名而言，有"以形貌命者""以居运命者"两种；就名与名的同异关系而言，有"重同，具同，连同，同类之同，同名之同，同根之同，丘同，鲋同，是之同，然之同，同根之同。有非之异。有不然之异"，"名"之同与异在不同语境下有四种情况，即"一曰乃是而然，二曰乃是而不然，三曰迁，四曰强"。

（二）《墨辩》逻辑"用名"思想

正名是为了用名，用名表现于"说""辩"中，在先秦诸子中，有日常生活中用名问题（如孔子"觚不觚，觚哉"）、具体论证中用名问题（如公孙龙"白马非马"论证）、在"说""辩"理论中讨论用名问题（如荀子"君子之辩"）等方面以及"用名"之类型研究（如庄子论"寓言、重言、卮言"）等。《墨辩》不仅仅论述"说""辩"中正确用名要求，而且，其重在讨论"说""辩"本身，在研究"说""辩"的结构与类型中分析用名问题。

就"说""辩"中正确用名的要求而言，"说"的作用是"以说出故"（《小取》）。"辩"的作用是"将以明是非之分，审治乱之纪，明同异之处，察名实之理，处利害，决嫌疑。焉摹略万物之然，论求群言之比"（《小取》）。

就"说""辩"的结构而言，在《大取》里讲"立辞"需要"以故生，以理长，以类行"。"立辞而不明于其所生，忘也。今人非道（孙注：'道'与'理'同）无所行，唯（'唯'与'虽'通）有强股肱，而不明于道，其困也，可立而待也。夫辞以类行者也，立辞而不明于其类，则必困矣。"这段话是讲：成立一个命题依赖于"故、理、类"，其中"故"生"辞"，为立辞之理由，没有"故"的"立辞"是"忘"（虚妄）之辞；"理"是"道"，是由"故"到"立辞"之"道"，是立辞之规则；"类"是"立辞"依"道"而分的"同、异"；所以，"立辞"以"故"生，"故"生以"理"为准则，"理"定"类"与"不类"。由此得出：《墨辩》逻辑论证结构是"故—辞"，规则为："理"，"类"是以"故"和"故"之"理"而定，区分"类"实质上是明"故"和明"故"之规则。

所谓"故"，《经上》《经说上》1—2条有所论及：经1：故，所得而后成也。说1：故，小故，有之不必然，无之必不然，体也，若有端。大故，有之必无然（孙诒让："此疑当作'大故，有之必然，无之必不然'。"），若见之成见也。经2：体，分于兼也。说2：体，若二之一，尺之端也。2条是1条的说明，"所得而后成"是讲"故"的特征或来源，在"经上"以下里，就是围绕着"故"而展开研究的，换句话说，如何"所得而后成"是全文讨论的问题。"小故"与"大故"是"故"包含的两种类型，即"立辞"得以成立的"故"包括没有该理由就不能"立辞"的"小故"和有理由必能证成"立辞"的"大故"。从这里所举"体也，若有端"和"若见之成见"两例看，线由点成，点不是线，是说明没有某理由就不能"立辞"，有之则不足以"立辞"之"小故"的；而称"见必之所以为见之理"在说明"大故"之"有之必然"特征。关于"理"，实际上已经融入"故"中，伍非百认为："《大取》三物'故''理''类'并重，而《辩经上篇》首言'故'，《下篇》首言'类'，仅有'类''故'而略理何也？盖'故生'、'理长'、'类行'，'故''类'实兼'引而长之'之作用。为辩立宗，故类二者已足。'理长'之意，即寓于'故生''类行'之中。故'理'之一物，略而不论可也。"① 本文与伍非百理解的不同在于"理"不是"略而不论"，而始终伴随"故生"，并为"类"与"不类"区分的准则。

就"说""辩"类型看，《墨辩》提出了"辟、侔、援、推"四种，如《小取》言："辟也者，举也（孙注：'也'为'他'）物而以明之也。侔也者，比辞而俱行也。援也者，曰：子然，我奚独不可以然也？推也者，以其所不取之，同于其所取者，予之也。是犹谓也者同也，吾岂谓也者异也。"由引文可知，"辟"式论证是借"彼"明"此"的论证，这里的"彼"离不开"物"；"侔"式论证是在一个具体语境下根据"名"的意义进行的推论；"援"式论证是一种引用论证，形如"因为你这样认为，所以我也可以这样认为"的格式（从实际论证看，是以他者观点推出与他者不一样结论）；"推"式论证是比较辩论者对方的"所不取"与"所取"并有自己取舍的论证，同为"是犹谓也"，异为"吾岂谓也"。

问题是，《墨辩》"说""辩"的结构与类型的研究如何体现"用名"？从"立辞—故"结构看，《墨辩》逻辑论证理论不似亚里士多德三段论，在三段论"格"里论"式"，在"式"中论"辞"（命题），在辞中论"名"（词项）。墨辩逻辑则在结构以外"明故"，"明故"实质上是"用名"，"用名"在"正名"，"正名"是讨论

---

① 伍非百：《中国古名家言》，四川大学出版社2009年版，第116—117页。

"名""实"关系，一旦确立正确名，便能立辞，立辞是在"别类"，别类以"正名"为基础，所以《小取》讲"以名举实，以辞抒意，以说出故"中的"名"是确立实的，辞是表达"名"的"类"与"不类"（以实的意义为标准）的，"说"是在论证中"明故"的，明故在"用名"。从四种论式都需要明确"名"之所指，即明"物"之含义（温公颐先生称墨家逻辑为内涵逻辑[①]就在于墨家论证始终不离"物"）。所以，《小取》讲"物"有相同方面和不同方面（"夫物有以同而不，率遂同"），物之"其然也同，其所以然不必同""其取之也同，其所以取之不必同"等情况，所以在运用"侔"式论证应该"有所至而正（孙注：正，疑当作'止'）"。正是因为"辟、侔、援、推"论式都离不开对"物"之实质内容的关注，所以，运用这些论式必须注意"言多方，殊类异故"三种情况，如不认真考察可能会出现"行而异，转而危，远而失，流而离本"错误，以及不能把握物"是而然""是而不然""不是而然""一周而一不周""一是而一非"情形。就"行而异，转而危，远而失，流而离本"的错误，在《墨辩》前五篇中通过"正名"和"用名"已经予以分析和批判，《小取》则以例分析物"是而然""是而不然""不是而然""一周而一不周""一是而一非"特征。

四　简单结语

基于本文的逻辑观，我们得出《墨辩》是关于逻辑的著作，其内容分为两个层次：第一层次为《墨辩》论证理论（如上），第二层次为在《墨辩》论证理论框架下所涉的所谓科学、哲学、伦理等思想，也包括对"名、言、说、辩、同、异、类"等"名"的定义与解释，而这些"名"也构成《墨辩》论证理论的关键词，融入"正名—用

[①] "从逻辑的总的性质来看，西方推论以类属为依据，可以说是外延的逻辑，这与中国的三物逻辑有所不同，我国古代的三物逻辑重在内涵。'类不可必推'、'推类之推，说在名之大小'。'类'，既应作为推论的依据，又不能完全靠。公孙龙曾注重内涵的分析，我姑且名为内涵的逻辑，这是中国逻辑的一个特点。"（《温公颐文集》，山西高校联合出版社1996年版，第264页）

名"论证类型，先秦诸子均为此类型。依此，我们不仅澄清了"中国逻辑学"的对象与范围，而且中国传统逻辑已不能再说"秦汉中绝"了，这种"正名"和"用名"贯穿于整个中国传统思想发展史。由此本文得出中国逻辑史研究的三大板块：中国传统逻辑、因明之中国传播与发展（汉、藏）、西方逻辑之中国传播与发展，其中中国传统逻辑研究最为薄弱，亟待"重新讲"而不是"接着讲"。

墨辩中有关行动规范的逻辑
——以墨子大小取为主的讨论

孙长祥[*]

一 前言

在今本《墨子》一书中,有《大取》《小取》两篇,同样以"取"名篇;一般的研究者认为这两篇是经上下、经说上下四篇的余论,六篇合称"墨辩",是墨家后期的门徒对前期墨子的思想加以修正而发展出来的。[①] 尤其《大取》"是由自己所发明的辩证方术论证自己所主张的兼爱学说"[②],但是,"此篇文多不相属,盖皆简札错乱,今亦无以正之"[③]。因此,除了校注疏解之外,少有人研究。而《小取》则被认为是中国古代最早也最重要而完备的逻辑史料,在近代重视西方化、现代化、科学化的学术趋势下,研究者多从可与西方逻辑思想相互对照的立场,从事广泛而深入的探讨。而一般对大小取二篇关系的看法,则主要的代表意见以为"《大取》言'兼爱之道',以墨家辩术证成墨家之教义,所重在道,其所取者大,故曰大取。《小取》明辩说之术,以辩经之要旨,组成说辩之论文,所重在术,其所取者小,故曰小取"[④]。

---

[*] 孙长祥,台湾元智大学通识教学部教授。
[①] 侯外庐:《中国思想通史》,人民出版社1957年版,第472—485页。
[②] 伍非百:《中国古名家言》序录,中国社会科学出版社1983年版,第14页。
[③] 孙诒让:《墨子间诂》,台湾商务印书馆1971年版,第253页。
[④] 伍非百:《中国古名家言》序录,中国社会科学出版社1983年版,第14页。

换句话说，一般的研究主要着重以逻辑、辩术的观点看待这两篇文献，只不过《大取》旨在利用辩术证成墨家的兼爱之道；《小取》则特别重视说明推理与辩辞的方法，是"在大取、辩经的基础上，概括的完成了对先秦名辩诸子思想批判的逻辑科学总纲的建立"，带有总结墨学的性质。① 不可否认，以这些看法研究大小取的内涵，确实在相当程度上推广了墨家辩学的深度与广度，然而问题是，能否在这些研究的基础上，再往前迈进一步，在更基本的层次上挖掘其中蕴含的深义，探索二取篇的共同基础？究竟大小取为何要运用辩术证成墨学核心的"兼爱之道"？大小取究竟有没有共同特征？二取在整个墨家哲学思想中扮演什么样的角色？发挥怎样的作用？本文即打算以《大取》《小取》二篇的交互关联性，以及二取篇在墨学系统中可能担负贯串全体墨学理论，并作为整合、解决其学说内在问题的立场，从哲学理论追求普遍法则的规范层次，探讨可以通贯《墨子》全部思想的核心理念与原则。大体而言，本文认为墨家哲学的基本特征是强调"思言行"三者一贯的观点，主张理想的"贤良之士，厚乎言行，辩乎言谈，博乎道术"（《尚贤上》），而形成以谈辩、说书、从事三方面作为墨家团体不同成员"从义事成"（《耕柱》）的基本训练，因此，在讨论二取篇时，对谈辩、说书、从事三者不但不该有所偏废，反而必须更加均等地对待，以显现墨学的特色。

其实，若从《墨子》一书所反映的春秋战国时代周文疲弊、礼乐刑政崩坏的历史状况而论，墨子哲学思想的提出主要是鉴于当时政治制度瓦解，法律秩序荡然，社会规范解组，伦理价值系统混淆，才依据各国的重大问题提出自己理想的改革主张，并认为"凡入国，必择务而从事焉。国家昏乱，则语之尚贤尚同；国家贫，则语之节用节葬；国家憙音湛湎，则语之非乐非命；国家淫僻无礼，则语之尊天事鬼；国家务夺侵凌，则语之兼爱非攻；故曰择务而从事焉"（《鲁问》）。墨子斟酌各国当时的情势，选择亟须的改革策略加以推行。当然，墨子并不以为只要个人去做、去实践"义"的行为便足够了，

---

① 引文见汪奠基《中国逻辑思想史料分析》，仰哲出版社1985年版，第386页；参见侯外庐《中国思想通史》，人民出版社1957年版，第484页。

更认为"天下匹夫徒步之士,少知义,而教天下以义者,功亦多,何故弗言也。若得鼓而进于义,则吾义岂不益进哉?""翟以为不若诵先王之道,而求其说;通圣人之言而察其辞,上说王公大人,次匹夫徒步之士。王公大人用吾言,国必治,匹夫徒步之士用吾言,行必修。"(《鲁问》)希望能够宣扬墨学的理念并加教导与推广,让施政者与一般大众都能理解与实践"义"的行为更重要。换句话说,除了墨子本人实际从事改造社会的行动之外,如何在理智上说服其追随者、为政者与一般大众知义、行义,建立以义为本的理想社会,如何在情境中思考、判断,并从事合理行为的选择,便是大、小取篇成立的重要旨意。

二 二取篇中有关行动规范问题的考察

(一)"取"与"法"相关的一个思考线索

1. 二取篇论道德判断与道德行为的双重选取。

至于说《大取》《小取》两篇为何都以"取"名篇?孙诒让认为:"其名大取小取者,与取譬之取同,小取篇云,以类取,以类予,即其义。"[1] 此说颇有可参考之处。不过,若从《墨子》书中有关墨学理念的记载,并参照《墨辩》经、说的解释,以及《大取》《小取》的内容整体重新考察,似乎可以进一步加以说明。二取篇所谓的"取"其实包含了一组相关而复杂的意涵与问题:(1)《大取》所谓的"取",是在区辨了"知与取"两个不同层次的问题意识下,提出人在情境中有关道德认知与道德实践的难题,"今天下之君子之名仁者,虽禹汤无以易之;兼仁与不仁,而使天下之君子取焉,不能知也。故我曰:天下之君子,不知仁者,非以其名也,亦以其取也"。(《贵义》)着重在如何"于所体之中、于事为之中"——在特定时空情境中对特殊事例的理智考虑(名取)、在实际动变发展状态中对动态行为的选取(行取)——权衡其轻重[2],而论知取与行取问题的相

---

[1] 引文见孙诒让《墨子间诂》,台湾商务印书馆1971年版,第253页。
[2] 参见孙长祥《墨子大取篇伦理思想发微》,《华冈文科学报》1995年第20期。

关性；(2)《小取》所谓的"取"，则如其开宗明义所说"夫辩者，将以明是非之分，审治乱之纪，明同异之处，察名实之理"，着重在如何将谈辩立辞命题化，以彰明道德思辨的逻辑是非、审察辨析政治社会的治乱线索、呈现各种概念与形成命题化立辞间的同异之处、督理条析出有关语词与事态等名实之间的种种关系①，更广泛地从认知、逻辑、语言与方法论的角度，经由理智辨析、判别、断定与选取思想上合理、行为上适宜的行为。

总而言之，从以上所述二取篇的内容看来，不论《大取》《小取》或者说知取与行取，都强调如何透过思辨与论辩，决定合乎墨学目的、主张的有效行为选取问题。也就是说，其所谓"取"的共同特征涉及如何在理智上认知、辨别墨学天志、兼爱的理念，并在实际情境中"处利害，决嫌疑"时评价何者当为、何者不当为，从而做出合乎墨学形上理念的正确行为选择。因此，二取所谓的"知"是有关道德判断的"知"，所谓的"取"则是关乎道德行为选择的"取"；"知与取"二者"一要辨析行为的正当性，以助墨者在情境中，做出正确行为的抉择；一则是对行为加以思考，形成道德判断是如何可能的问题。前者关系到行为的选取，后者则关联到理智的辨析与选择；知行二者相互关涉，合成一个选取行为历程的前后阶段，也同样关联到评价与选择行为的标准问题"②。这个立场引发了《墨辩》从语言的陈述、逻辑命题的陈构方面，讨论墨学理论与谈辩论题"立辞命题化"的真确性问题，以及由思维和语言论辩的理论、实质形式，应用在实际情境中的行为与类例上，探索如何依据墨学的逻辑与行为规范，解决现实行为的正确抉择问题。因此，说二取篇都是以墨家所发明的辩证方术证成自己兼爱学说的说法不为无据。

2. 从礼乐刑政的教化治术观点再论二取篇的"取"。

如果回顾墨学成立的历史文化背景再论二取篇"取"的意涵，或许可以采用司马谈《论六家要旨》归纳先秦诸子"夫阴阳儒墨名法

---

① 参见孙长祥《〈墨子·小取〉的名辩思想》，《华冈文科学报》1999年第23期。
② 引文见孙长祥《〈墨子〉中有关科学典范的形构》，《哲学杂志》1999年第28期，第30页。

道德，此务为治者也"的观点加以说明：以"务为治"的看法，征诸《墨子》书中所载尚贤、尚同、兼爱、非攻、节用、节葬、天志、明鬼、非乐、非命等墨学十事的内容，不可讳言，墨学"贵义"的宗旨"将以为万民兴利除害，富贵贫寡，安危治乱也"（《尚同中》）。确实是针对如何"为政国家""刑政之治""一同天下之义"等实际有关政治社会的治术问题而发。① 换言之，墨学十大理念的核心在"遵道利民"、为民兴利除患、拨乱返治。诚如《淮南子·要略》所说："墨子学儒者之业，受孔子之术，以为其礼烦扰而不说，厚葬靡财而贫民，服伤生而害事，故背周道而用夏政。"依据这个评价，墨子与孔子同样是鉴于周文礼乐制度的僵固、瓦解，才提出针砭之道；只不过墨子主张"不侈于后世，不靡于万物，不晖于数度，以绳墨自矫，而备世之急"（《庄子·天下》），因此主张去礼之烦扰而归于俭约。一言以蔽之，墨子所考虑的仍为周文礼乐刑政的种种问题。

事实上，中国传统社会的"礼"包含了一组相关概念，其最重要的意义就是"礼"代表了一种人生的合理安排，以及一套与之相应的伦理、政治、社会的共同理念、规范与可行的制度。所谓"礼者养也"（《荀子·礼论》），礼制的设立，主要是针对所有人生中衣食住行育乐、生老病死等种种必经的历程与活动，加以合理的规划，而周文疲弊则意味着原先周代礼制所作合理人生的规划与建设，因为时过境迁、物换星移，以致造成原先的规范松弛而逐渐解组，所以才有墨子"一之于情性"的提出批判与改造之道。② 从这个角度而言，墨子之所以批判社会动乱现象并提出理想的改革措施，目的在重新擘画新的人生理想、建立一套符合现实社会需求的新礼制；因此，墨子才斟酌实际的状况，将所欲从事改革的重点，放在因应现实并重塑新的社

---

① 职是之故，墨子才有"智者之事，必计国家百姓所以治者而为之，必计国家百姓之所以乱者而辟之"（《尚同下》），"仁人之所以为事者，必兴天下之利，除去天下之害"（《兼爱中》）等主张。

② 参考《荀子·礼论》"孰知夫出死要节之所以养生，孰知夫出费用之所以养财也，孰知夫恭敬辞让之所以养安也，孰知夫礼义文理之所以养情也。故人苟生之为见，若者必死；苟利之为见，若者必害；苟怠惰偷儒之为安，若者必危；苟情说之为乐，若者必灭。故一之于礼义，则两得之矣；一之于情性，则两丧之矣。故儒者将使人两得之者也，墨者将使人两丧之者也，是儒墨之分也"。

会正义与酬偿系统上。再者，墨子认为改革社会的行动必须出诸理智的理想构作，以确立指导从事或行动终极理念的合理性与合法性，所谓"天下从事者，不可以无法仪，无法仪而其事能成者无有也"（《法仪》）。因此，"置立天志，以为仪法"（《天志下》），"上将以度天下之王公大人为刑政也，下将以量天下之万民，为文学出言谈也"（《天志中》）。不论是谈辩也罢，从事也罢，重点都在确立一个普遍衡量、评价理论是非与行为善恶的标准——"法仪"。观诸《墨子》每一篇的论述，可以确定说，大多是围绕着《天志》《兼爱》及"义"等这组中心理念，而展开对当时社会中不合理的礼乐刑政现象批判，并在批判中宣扬与辩护自己理念的优越性与可行性。

从这个观点再论大小取的"取"，或许可以说二取篇所谓的"取"，主要意味着墨学门徒必须依照墨学的思辨与论辩"法仪"作为指导原则，批判社会中不合于墨学之义的礼乐刑政，也必须遵照墨学的行动"法仪"作为实践纲领，当从事改革行动或"处利害，决嫌疑"之际，衡量行为是否合于"义"，而在情境中择取最适宜的行动。"因此墨子'置立天志，以为仪法'以天志度量天下之方圆、不可胜载之书、不可尽计的言语，也可以'上说诸侯，下说列士'，由此可知'天志'这个法仪，在墨子的应用中涵括了可以衡量理念与形诸语言、文字、行事的正不正、义不义及中不中的标准尺度。"① 总而言之，这种以"法仪"作为衡量行为选取标准的看法，遍布所有《墨子》的文献中；从《墨子》全书包含经、说解释整体考察，几乎可以断言墨子大小取的"取"字其实是与"法"的意义密切关联。或许正是因为墨子对春秋战国时代的礼乐刑政所产生的流弊有十分深刻的理解，才有这种"取法"的观念。

3. "取"与"法"相关意涵的几点说明。

若参照上文自礼乐刑政皆"务为治者也"的治术观点，进一步考察二取篇所谓"取"的意涵，大体而言，"取"与"法"在《墨子》理论中是一组相互关联的概念，其中包含了几个重要意义。第一，依"法仪"论"取"的首要意义即在遵循一个普遍性规范、标准，以理

---

① 引文见孙长祥《〈墨子〉中有关科学典范的形构》，《哲学杂志》1999 年第 28 期。

智对谈辩"是非治乱"的命题做同异分析,并对实际礼乐刑政施行的效益加以决断,而从事义行的选取。因此《墨经》才从这个立场,对"法"下定义说"法,所若而然也。""法。意,规,员。三也俱可以为法。"(《经上70》与〔说〕)"《经上70》的说明表明了一个'法仪'的成立必须包含意、规、圆——概念、操作工具与实际效用(或目的、工具、结果),三者都具备,成为大家都可依此重复操作使用的标准程序、能由理智依此评价是非真假,并加以检验"的度量衡[1],才能据法从事,实践墨学的理念。在依法取择的要求下,《墨经》更深入的区分了法同、法异的状况:《经上94》谓"法同则观其同;巧转则求其故。"〔说〕"法。法取同;观巧传。"以及《经上95》谓"法异则观其宜止,因以别道。"〔说〕"法。取此择彼,问故观宜。以人之有黑者,有不黑者,止黑人;与以有爱于人,有不爱于人,止爱于人,是孰宜止。"[2] 意谓即使他人的言行合乎墨家兼爱、贵义的总体理念与目的——"法同"的条件下,仍必须检验并明辨其中可能的微小差异与转变,以知其所以致此的理由[3];若是"法异"则必须再三问明理由,审察厘清其中的可疑之处,以至毫无疑惑为止,从而分辨出彼我之道的差别[4]。不论法同或法异,墨子强调在现实情境中的行为应该依法"取此择彼,问故观宜",辨析事态与衡量各种条件之后[5],以墨学之"法"作为规约性原则,不断自我调整,"欲正,权利;恶正,权害"(《经上84》),然后选取最合于义的行为,而不是因循传统的礼乐故事、固执僵化不变的教条、一厢情愿的盲动。换句话说,《墨子》希望一个正确的礼制改革行动,应该是在

---

[1] 孙长祥:《〈墨子〉中有关科学典范的形构》,《哲学杂志》1999年第28期。

[2] 本文引用墨经及经说的条目编号、内文主要依据谭作民《墨辩发微》(世界书局1979年版)中的校释,若有不同意见,另注说明。

[3] 本句的解释参考 Graham, A. C., *Later Mohist Logic, Ethics and Science*, HK: The Chinese University Press, 1978, pp. 345 – 346。

[4] 此说法参考《经下1》"止类以行人。说在同"。〔说〕"止。彼以此其然也,说是其然也;我以此其不然也,疑是其然也。此然是必然则俱。"

[5] 本文以"故"字主要代表充分、必要与充要条件的意义,参考《经上1》"故,所得而后成也。"〔说〕"故。小故,有之不必然,无之必不然。体也。若有端。大故,有之必然。若见之成见也"。

理智衡平准则思辨下"识利辩故",秉持"万事莫贵于义"(《贵义》)的墨学理念,基于道德情感去做伦理的选择。

第二,《说文》以为"取,捕取,从又耳。周礼获者取左耳。司马法曰载献聝,聝者耳也"。至于"法"字《说文》则解释说:"法,刑也,平之如水,从水,廌所以触不直者去之,从廌去。"段注曰:"法之正人如廌之去恶也。"段注"刑"字则说:"刑,罚罪也。易曰利用刑人以正法也,引申为凡模范之偁……"从《说文》以捕取、罚罪的观点对"取、法"的字义解释可知,取与法都与人世间依循衡平准则、摘发偏邪而去之的活动有关。如果依《说文》"遵照法律追逋罪刑"的解释观点,全面检讨《墨子》一书的记载,则随处可见墨子一再以"古者为政于国家者,情欲誉之审,赏罚之当,刑政之不过失"(《非攻中》)为理想,标榜"(故)古者圣王之为刑政赏誉也,甚明察以审信"(《尚同中》)的态度,而所审察的事例则大多如"桀纣幽厉焉所从事,曰从事别,不从事兼。别者,处大国则攻小国,处大家则乱小家,强劫弱,众暴寡,诈谋愚,贵傲贱;观其事,上不利乎天,中不利乎鬼,下不利乎人,三不利无所利,是谓天贼"(《天志中》)的行为事证看来,也都是依照"置立天志,以为仪法"并以此"量度天下之王公大人卿大夫之仁与不仁,譬之犹分黑白也"与《说文》的解释相合。不过墨子的"取、法"观念,不是针对一般人民违反法律而加追逋的活动而言,而是更广泛地运用,向上追究到"刑不上大夫"的为政者所做出不义的"发政施教"措施。也就是说墨子按照其所揭橥的"天志"为法仪,在检讨了周文礼乐刑政的流弊,以及当时各国的暴虐行径之后,认为应该追究为这些政治、社会中残暴不义现象担负政治责任的人,并举出为政者不合于义而应该被唾弃、处罚的行为加以挞伐。① 在义与不义的对照下,墨子才提出了"能择人而敬为刑"的尚贤主张,并举《吕刑》之书所载:"王曰:有国有土,告女讼刑,在今而安百姓,女何择言人,何敬不刑,

---

① 在《墨经》也有相似的解释,如《经上36》:"赏,上报下之功也。"《经上37》:"罪,犯禁也。"《经上38》:"罚,上报下之罪也。"

何度不及。"(《尚贤下》)① 总之，就《说文》由追逋罪刑的角度解释"取、法"的意义而言，墨子对社会现象的批判，基本上也具有依法捕取不义行为、刑政等罪刑的意义。

第三，至于说大小取篇所重视的"辩"字，《说文》解释道："辡，罪人相与讼也，从二辛，凡辡之属皆从辡。辩，治也。从言在辡之间。"段注以为"治者理也，俗多与辨不别，辨者判也，谓治狱也。……"按照《说文》的解释，所谓的"辩"原意为两个罪人相互兴讼时，从双方的说辞言辩中判治其理，决疑论断，也与"刑、法"的意义有关。而由《墨子》文献的记载可知，墨子之所以重视谈辩，主要目的之一在"知义不义之辩""辩义与不义之乱也"(《非攻上》)：墨学重辩不仅重视经由理智在认知上剖判义不义的分际；还强调要在自我思辨或与他人论辩时，透过言语谈辩"理乱"——如同在相与讼时的辩治活动一般，从立辞辩术上厘清义与不义的混淆。换句话说，二取的"辩"意味着依"法"论知、辩，旨在一以遵法"理辜"——辨析为政者的义与不义，理出罪刑深浅；再以论辩、分析各种学说、言辞的中不中"法"；三以辩治各种行为加以判别其当与不当。三者的重点都在"以辩明恶"，分判出思言行中不合义、不合理、不合法的部分，由此而导出合于"义"，合于规范的善言、善行②。换句话说，在"辩"中的"取、法"，意谓着必须经由思辨与言辩法仪，察名实、明同异、辨是非，而选取合宜的立辞与行辞之道。

总而言之，以上从思言行合一与"务为治"的观点，参照春秋战国时代的礼乐崩坏的状况，检讨《墨子》中所载的墨学十事、经、说、《大取》、《小取》等篇，大致上可分辨出三种"取"与"法"相关的意义：（1）依法仪、规范作为选取行动的标准；（2）依法刑

---

① 类似的说法见《尚同中》"昔者圣王制为五刑，以治天下；逮至有之制五刑，以乱天下。则岂刑不善哉？用刑则不善也。是以先王之书，吕刑之道，曰：苗民否用练，折则刑，唯作五杀之刑曰法。"

② 甚至于所谓"之辞抒意、辞以类行者也"的"辞"也与罪罚刑政的解释有关，《说文》关于"辞"有两个解释"辞，不受也，从受辛，受辛宜辞之也"。"辭，说也。从辭辛，辭辛犹理辜也。"二者俱属辛部，在《说文》的分类与解释中都与犯法罪罚的活动相关。

的意义捕取、批判不义；(3) 以言辩法仪，识"天下之情伪"、辨知是非利害①。事实上"取"与"法"相关的三种意涵，都与墨子训练其弟子由"说书、从事、谈辩"三方面实践"义"的要求互相呼应；大体而论，"这种基于工匠从事制作，必须有度量衡以为测量标准工具的概念，不只限于从事制作，更应用到墨学思想的全部领域中，要求建构一套衡量、批判社会现象、理念实践的准则。……在谈辩方面，则明显的从技术操作、实践行动跨越到谈辩与思辨领域，企图探索思维概念与言辞命题的'法仪'，以建立理智普遍衡量的典范性'法仪'"②。换言之，在《墨子》思想中，思辨、谈辩、行动是具有共同依循的普遍性"法仪"。或以为"先秦诸子对'法'的认识，均强调了一种普遍的规定、规范、常理，他们将这种规范、标准引入了思维领域，使之成为一种思维领域中的人为的绝对，使'法'具有了思维程序的作用"，也具有"一种正确指导思维顺利进行的逻辑含义"，"'法'由此具有了辩学范畴的意义"③。也有学者认为，从墨子使用的基本语言理论考察，墨子思想其实是受到道家和儒家学说四个默认的影响——语言功能、语言与世界相联系方式、语言起源与现状、语言与心理的或抽象对象间关系等假定，因此，墨子"虽然较倾向于讨论那些包含描述性而非评价性的词项的例子，诸如黑和白、牛或狗，但他却独特地利用这些例子来支持评价性结论，例如，在这种情况下，他的观点是，需要在伦理推理过程中进行概括，成为一致的或进行普遍化"。因此，墨子所关心的"是跟以语言为基础的评价判断的基础有关。他确切表明的推理标准，几乎全是伦理标准"④。

---

① 参考《非命中》"子墨子言曰：凡出言谈，由文学之为道也，则不可而不先立义法。若言而无义，譬犹立朝夕于员钩之上，则虽有巧工，必不能得正焉。然今天下之情伪，未可得而识也，故使言有三法"。《非命上》"言而毋仪，譬犹运钧之上，而立朝夕者也，是非利害之辨，不可得而明知也，故言必有三表"。
② 孙长祥：《〈墨子〉中有关科学典范的形构》，《哲学杂志》1999 年第 28 期。
③ 张晓芒：《先秦辩学法则史论》，中国人民大学出版社 1996 年版，第 17 页。
④ 陈汉生：《中国古代的语言和逻辑》，周云之等译，社会科学文献出版社 1998 年版，第 101 页。另可参考本书第三章《中国古代语言的背景理论》，以为三表法的三表"这三个标准并不检验语句或判断之真假，而是检验言（语言）的使用。问题并非什么为真，而是什么为谈话、描述、辨识和命名（简言之，使用语言）的合适方式"。

(二) 有关思言行"法仪"的共同规范性意义

1. 墨学行动规范与道德认识的基础说明。

经过以上对《墨子》中"取"与"法"相互关联意涵的说明,或许可以说,二取篇所代表的《墨辩》观点,大致上已由墨子批评与实际行动的经验性操作,发展到谈辩方式与思维方式的理论性层次讨论,"因此,在墨辩之中并不偏重墨学理念的实际宣扬,也不以墨子理念批评、议论实际的社会现实或其他诸子;转而着眼于墨学理论、思维与表述、论辩方式的进一步辨析,澄清概念,再予以界说,探索如何由思维与语言论辩的理论、实质形式上,摧陷廓清,以便在思想中彻底解决现实问题的疑难"[①]。这个发展在大、小取篇中呈现出三点重要的共同特征:一是重视理性认识工具的运作,从知识上、逻辑上探讨合乎墨学目的行动的真实性;二是从墨学道德实践的行动规范上,论证墨学行动规范的正确性;三是考虑在现实具体的情境中,如何依墨学的价值标准去从事合宜的评价。换句话说,以上的特征是墨子及其门徒在长期与学派内外的争论与辩护中,不断调整自我的认知、评价与实践系统,而逐渐发展形成的。毕竟,二取篇所关注的还是有关墨学知行的伦理知识,着重在探索与"思辨的合理性、行为的合法性与选择的合宜性"的相关问题上,而此三者的焦点终究还是汇集在,如何于现实社会中贯彻墨学理念并有效地执行。从哲学的观点而言,或许可以简单地归纳为二取或墨学的核心问题便是关于墨学行动规范与行动逻辑的伦理学问题。

二取篇这种既具理论又兼具实践性质的取向,固然呈现了墨家伦理思想的特色,但另一方面也因此使得墨辩逻辑变得暧昧隐晦、难以理解,招致不少非议。事实上,墨辩逻辑重视的是能在语言与行动实践中应用的实用逻辑,而非全然作为纯粹理性思维工具的逻辑。这种将理论规范与实际行动的操作规则在道德实践中合而为一的观点,大体上是受到墨子基本价值理念与终极目的的节制,在这层限制之下,墨辩逻辑也就顺理成章地成为合理化墨学的手段。但是,换个角度来

[①] 孙长祥:《〈墨子〉中有关科学典范的形构》,《哲学杂志》1999 年第 28 期。

看，或许可以说二取篇的这些特征牵涉到一种"规范化"的概念。所谓"规范化"的概念意谓在墨学理念目的的主导下，墨家门徒志愿服从，或认为"应当"秉持墨学理念作为一种道德义务，并责无旁贷地从思想、言行各方面去实践与此目的相应的行为。因此，才依规范法仪"志功为辩"（《大取》）、"志行，为也"（《经上说80》）去解释意志、行为与功效之间的关系。在《墨子》中规范化概念具体呈现为对"法仪"的重视，所以才说"天下从事者，不可以无法仪；无法仪而其事能成者无有也"（《法仪》），主张依据一定的目的与法度来判定是非、调整人的行动，"效者，为之法；所效者，所以为之法。故中效则是也，不中效则非也"（《小取》）。至于说墨子的这个规范究竟是一种先天的规则，或先操作后产生的规则，或在操作中同步发展的规则，则仍有待进一步厘清。或以为"给逻辑学设定一个目的，尔后却又把属于这个目的的各种规范和规范性研究排除在逻辑学之外，这种做法是背谬的"[1]。显然，墨子的做法似乎并不构成一种悖谬，却也未能进一步探究逻辑与规范问题的关系，反而造成墨辩逻辑与认识、语言、伦理概念相互纠葛，以致无法形成纯粹形式的逻辑。

而依一个能满足合理思辨、合法行为与合宜选择的规范化"法仪"，去从事墨家道德行为实践的评价活动，由认识论的观点而言，这个评价活动基本上是评价者按照学派主张或个人心理的主观意向、标准去评价一个在评价者之外的对象或一个在己之外的行为，并且必须对规范所涵盖范围内的所有对象，在最大程度上都能符合肯定性的价值，也都具有普遍适用的一致性时，才构成为一个规范的条件[2]，因此，《经下65》说："一法者之相与兑尽（若方之相合也）。说在方。"〔说〕"一。方貌尽。或木或石，不害其方之相合也。俱有法而异，尽貌犹方也。物俱然"。为了更清楚地厘清墨家"法仪"的规范性的意义，以下即依认识论的观点对一个规范活动所涵摄的包含：

---

[1] [德] 胡塞尔：《逻辑研究》第一卷，倪梁康译，上海译文出版社1994年版，第30页。

[2] 参见 [德] 胡塞尔《逻辑研究》，倪梁康译，上海译文出版社1994年版，第33—39页。

（1）评价对象或客体，（2）评价者的心理活动，（3）规范的解释与应用——范例与类推等三方面的区分，进一步阐述墨家伦理行动"法仪"的规范性意涵。

2. 规范性"法仪"评价对象的说明。

或以为"如果一个规范定律对这个范围内的客体提出一个一般性的要求，即要求它们在最大程度上符合肯定性价值谓语的基本特征，那么这个定律就会在每一组相属的规范中获得显要的位置并且可以被称为是基本规范"[①]。贯穿在墨家哲学中，也有一组包含"义、利、兼、爱"等正性的道德价值意涵，能行广无私、施德不厚、明久不衰，可以应用在相关规范中，具有普遍、恒常、有效性意义的基本规范——"天志"，墨家门徒即秉此既是终极目的又是评价衡量准则的基本规范，衡量一切言行事物，规范自我也规范外物。当以"天志"这个基本规范，实际去评价从事、实践的行为时，基本上评价的活动必定涉及一个被评价的客体、对象或外在行为；从哲学认识论的立场而言，这个被评价的对象也关系到评价者对评价对象的思维认知与语言表达问题。因此，理解《墨子》规范化思想的关键之一，应该是先区辨清楚究竟《墨子》是如何看待这个评价的对象？

（1）规范对象与事物的说明。

就认识论的观点而言，在评价活动中有关评价对象、事物的讨论，关系到人对事物的认知，或是所谓人在认知时的认识内容、认识对象是什么的问题。总体说来，在《墨子》中并没有直接对"物"是什么的相关定义说明，反倒是以很大的篇幅说明"物是如何被人认知的"以及"如何以语言去表述物"。换句话说，《墨子》基本上是由认知与语言的观点去规定评价对象与事物，因此着重的并非超越人的主观认知活动去说"物是什么"，而是就人在对外物的认知并形构认识的对象过程中，"人所认知的物是什么"去说明评价对象与事物。

[①] ［德］胡塞尔：《逻辑研究》，倪梁康译，上海译文出版社1994年版，第38页。《墨子·天志》三篇中一贯地以为，凡能从事兼爱利民的"义正"，"若事上利天，中利鬼，下利人，三利而无所不利，是谓天德。故凡从事此者，圣知也，仁义也，忠惠也，慈孝也。是故'聚敛天下之善名'而加之。是其故何也，则顺天之意"（《天志下》）。此先有善行后有善名的说法，以善恶之名为价值谓语的主张，至堪注意。

①理智直接认知的认识对象。

大体而论,《墨子》认为,在理智认识中的对象"物",原则上是外在的事物与人的感知官能相接触之后,转换为一种在思维中存在的内在事态而被人认知的,所以《经上5》说:"知,接也。"〔说〕"知也者以其知过物而能貌之。若见。"这种经由感知将外物的形貌转换成思维内在的事物,"刑(形)与知处"(《经上22》)①,经常与"知"的活动并存共生,然后人才能"焉摹略万物之然"——以理智去模式化这个"与知处"的内在事物(实);且知的活动也不仅只掌握外物的形貌而已,理智还会进一步地论列内在事物——"以其知论物而其知之也着"(《经说上6》),以概念的方式掌握外物的思想性本质特征,以便对外物能更清晰地理解。因此经过理智的辨析之后,再"以名举实"(《小取》)——由人对此内在事态模拟以制名,才形构成可以用语言表述与传达的符号,去指称、代表内、外在的事物。总之,理智所认识的对象是人经由感知而概念化、符号化,将外在事物转变成内在事物,再经由人为的制名,赋予内在事物可以用语言表述的外显符号,而形成对物的认知。换句话说,理智认知的对象,或是说人所认知的事物或评价对象,是由人透过"知"的活动,在主观的认知过程中被建构形成的。

②语言认知的认识对象。

以上的说法,大致上是采取理智直接认知的观点,从人主观直接认知事物到转换为语言表述的过程,去说明一个认识内容或评价对象的形成。除此之外,《墨辩》也考虑到间接认知一个认识对象或外在事物的可能,因此才更从人被动、接受者的角度考虑间接认知的认识对象:《经上80》说"知,闻,说,亲;名,实,合,为"。〔说〕"传受之,闻也。方不㢓,说也。身观焉,亲也。所以谓,名也。所谓,实也。名实耦,合也。志行,为也。"大意是说,认知对象的形成,除了亲身经验的直接认知,还包括了经由他人的传授告知、推理与实际行动的间接认知,都能形成认识对象。而依《墨辩》的说明,间接认知又可以简单的归为两类:一是语言的认知,二是行动中的认

---

① 孙诒让注《经上22》"生,刑与知处也"说:"案此言形体与知识合并同居则生。"

知。从语言认知的观点来看，不论是他人的传授、告知、"说书"，甚至于推理的活动都必须借诸语言符号的运作才能完成，所以，《小取》才强调"以说出故"，即以语言令他人理解、推理与开悟，从而认识事物①。在这状况下，人所认识的内容主要为"名实"——"所以谓，名也。所谓，实也"，二者都是传达者以人为制作的语言符号，代替传达者内心所意想的内在事物或传达者所欲传达、指称的外在事物，以唤起接受者自己的意想，而在传达过程中，接受者必须与传达者"通意后对"（《经下41》），在不断的相互沟通性的交谈中印证、澄清，而在理智中完成与传达者相应一致的认识内容。这种以语言的"所谓（实）与所以谓（名）"关系建构的"命题化立辞"，"由墨经及《小取》对'说、谓、故'的相互解说可知，其中所涉及的层面，几乎涵盖了言说表述命题的各种可能发生的状态"②。这种以语言关系为主所形构的认识对象，或可谓是由人的理智所创制的理想认识对象，对于墨辩逻辑以及墨家思想知识化的建构与研究而言，具有相当重要的意义，也成为讨论墨家规范与评价知识理论问题的重要准据。

③行动中认知的认识对象。

其次，是有关行动中的认知问题。整体说来，墨学"以行为本"，特别重视"言可复"的行动表现，并认为"言足以复行者常之，不足以举行者勿常"（《耕柱》）。就本文以规范化问题为核心的讨论而言，在行动中认知的认识内容或评价对象，虽然也以前述的认知与语言活动为基础，但相较于前二者，则显然比较重要且复杂了许多。因为在行动中所认知到的认识内容或评价对象，不能只简化为前述理智认知与语言表述的一般状况。理由是"智与意异"，理智的认知主要基于外物形貌的建构，凡"以形貌命者，必智是之某也，焉智某也；不可以形貌命者，唯不智是之某也，智某可也"（《大取》）。基于以"意"为主的行动认知，则是"不可以形貌命者"，相较于理智认知的稳定性，则具有某些开放性、任意性，也容易让人产生性质相近事

---

① 详细的说明请参见孙长祥《〈墨子·小取〉的名辩思想》，《华冈文科学报》1999年第23期。

② 孙长祥：《〈墨子·小取〉的名辩思想》，《华冈文科学报》1999年第23期。另参见同文（4）"辞以类行"。

物的联想。毕竟"志行，为也"，行动中的认知牵涉到行动者主观的意志、意向、臆想、目的，与行为实现当时的特殊语境、情境等状况。行动者在因应外在情境，并由内在的意志转换成外在的行为时，往往会遇到许多不能预期，也不能客观化、知识化、语言正确表述化的困难。此外，当实践行动牵涉到另一个行为主体，或是说和其他行为主体互动时，又可能发生和其他行为者在主观认知上的差异、传达者与接受者之间语言沟通的不相应、人我彼此间传知表意上的不同、认知意向与心中陈执目的相出入等种种问题。

一言以蔽之，由于行动中的认知加入了人的"意、志"的活动，而"意未可知"（《经下58》），"其于意也，不易先智。意，相也。若楹轻于秋，其于意也洋（茫）然"（《经说下57》）。意谓在人的意、志活动中，往往掺入了个人主观"虑求"的活动——"虑也者以其知有求，而不必得之"（《经上4》），致使对行动者意向的认知、判断出现了许多不可预想的变量，譬如说，"'以'槛'为'扸。于'以为'无知也。说在意"（《经下57》）。当接受者不知道在传达者的主观意想中"以……为……"的意指究竟是什么时，则无法与传达者产生相应而一致的认识与理解，也就无法判定并选取正确的行为。或可谓墨子认为行动中认知的对象，基本上是伴随着行动表达者的主观意向以及情境的不同，而呈现出一种不定的、具有可能性的动态，也因此使得理智对此行动中认知的认识对象执行判断时，成了不必然的判断。总之，在行动中认知的认识或规范对象，原则上不脱理智、语言认识对象的特征，但又有别于具一般性、普遍性意义的理智、语言认识对象，而是具有个别性、特殊性的认识对象。换句话说，在行动中或者说在情境中认知的对象，是"智与意"——思维与意向——合成的特殊认识对象。当依基本规范从事评价活动时，这个特殊的评价对象，是受到墨家的基本价值认定所制约，这也意味着，这些基本价值认定不但在墨学门徒内心形成一种应当实现的道德义务，也成为墨学门徒"陈执"的正当性概念（义）在执行评价活动时作为一个衡量的参照工具。或许这便是《墨经》中之所以会对一些墨家必备的道德条目下定义的原因①也未可知。因此，墨子才会强调："夫辞以类行者也，立辞而不明于其类，则必困矣。"（《大取》）主张建立范例或类例，"以类取，以类予"②，以模拟或类推的方式评价事物，从事行动的选取。

以上是依据《墨子》文本中的资料，将其中所论及的以规范化法仪去评价一个事物时，可能涉及"理智直接认知、语言认知、行动中认知"等三种不同认识对象的主要说明。大体说来，之所以有如此的区分，是因为《墨子》考虑到"物之所以然；与所以知之；与所以使人知之，不必同，说在病"〔说〕。"物。或伤之，然也；见之，智也；告之，使智也。"（《经下9》与经说）而以一个具有普遍性意义的规范性"法仪"从事评价时，应该对直接与间接认识所形成的这三种评价或认识对象都一体适用。总而言之，不论是直接间接、语言行动、稳定变动的认知，事实上都可以简单地归为亲身经验的思辨认知，或接受者由听闻、语言告知的认知，而接受者"循所闻而得其意，'心'之察也。""执所言而意得见，'心'之辩也。"（《经说上90、91》）再透过心智、语言去察辩。从理论知识讨论规范化问题的立场而言，《墨子》所着重的终究还是以人心理智的辨析，以及转换为语言表述形构成的认识对象，作为评价的对象。

（2）规范对象的动态性质。

从以上的讨论可知，规范或认识的对象在相当程度上具有语言与意志活动的性质，因此也具有一定程度的变动性，间接造成了规范对象具有动态的性质。兹即依前文的解释，进一步再分为三点说明由认识对象所形成的规范对象的动态性质。

第一，语言指称动态存有的事物。从墨经及《备城门》以下十一篇的记载可知，基本上墨家是个标榜某种专业技术的团体，对外在存有物也有其独到的见解。墨子认为名实问题的讨论虽然主要是以外物的形貌、数量为主，却是"诸圣人所先为人欲名实，名实不必名"

---

① 如在《经上》中即对仁、义、礼、忠、孝、信、廉、勇、任等，分别予以定义。
② 本段说明请参考孙长祥《墨子大取篇伦理思想发微》，《华冈文科学报》1995年第20期，第59—62页。

(《大取》)。换言之，圣人为了人际间沟通使用的需要，所以制定以名指实的规定。实际上，在使用语言时，名实却不存在必然的关联。关于"名"的规定，有"诸以形貌命者，若山丘室庙者皆是"、有"不可以形貌命者"如"诸以居运命者，苟人（入）于其中者皆是也""若乡里齐荆者皆是也"（《大取》）的区分。按照《大取》的说法，"居运"包含人在活动的情境中以及包含具有时间性、空间性迁变、发展意义的"事物"，甚至于也考虑到各地方言使用的特殊性，都可能造成"名实"意义的变化。另外，还有知道却不能清楚指示的状况：《下经39》说"所知而弗能指。说在春也，逃臣，狗犬，遗者"。〔说〕"所。春也其执固，不可指也。逃臣不智其处。狗犬不智其名也。遗者巧弗能两也。"最重要的或许可以说，墨子似乎认为，外在的物除了像山丘室庙具有特定外貌，较为静态固定，容易以名举实之外，还有本身具有发展变化性的动态"事物"，不断变迁，《经上85》："为，存、亡、易、荡、治、化。"〔说〕"为。亭、台、存也。病、亡也。买、鬻、易也。霄、尽、荡也。顺、长、治也。鼃、鹑、化也。"① 说明了一个动态事物在变化中或是保持现状（存），或是自存在状态中移除、废止（亡），或是以有易无的交换（易），或是原先存在的状态因变化而解消（荡），或是因循原先的状态而加引导（治），或是因性质改变而转换（化）等。② 凡此种种都一再说明了存在的事物有其动态的一面，而以一个相对稳定的语言去指称动态变化的事物时，传达者与接受者必须"通意后对"，以免因为语言表述与指称动态事物的不完整性与不确定性而造成误解。总之，规范对象的动态性质之一，是由于认识或语言指称的对象，指涉到本身是在时空中变化发展而"不可以形貌命者"的存有物，所呈现的一种动

---

① 谭戒甫以为"此言'为'具六义。墨家重人为，主实用；以谓天下万物，举凡存、亡、易、荡、治、化，皆非出之自然"（《墨辩发微》，世界书局1979年版，第110页）。本文与此看法不同，而以为墨辩所讨论的不仅指外在的个物，还包含在时空情境中变化的"事"物（event）。《经上44》"化，征易也。"〔说〕"化。若鼃为鹑。"强调对外物的变易要有所征验。

② 参考 (1) A. C. Graham 前引书，第333—334页；(2) 李约瑟认为此句的说明包含了大自然与人的行动，参考〔英〕李约瑟《中国之科学与文明》第2册，陈立夫主译，台湾商务印书馆1980年版，第286页。

态性质。

第二，语用上的动态性。由于评价活动中认知的语言对象，经常受到使用者的主观意向认定，加之使用者在使用语言形构对象时，由于对语法、语意、语用的掌握有不同的理解而任意地运用，以致言人人殊（言多方），产生语意的歧义与含混现象，也导致语言使用时意义的变动不居现象（异类殊故）。"是故辟侔援推之辞，行而异，转而危，远而失，流而离本，则不可不审也，不可常用也。故言多方，殊类异故，则不可偏观也"（《小取》）。所以，《小取》才"企图从认识与思辨活动的主观状况出发，区辨出思与所思对象的关系，建立起逻辑思维的合理联结"，再结合逻辑思维与语言表述，形成"命题化立辞"，希望让墨学门徒能遵照言辩法仪"论求群言之比，以名举实，之辞抒意，以说出故；以类取，以类予"。再秉此检讨现实情状，评价行动中的认知对象。换言之，语用上之所以会有变动的现象，关键一，在未能制订正确的"名实"——人为的言谓符号——以"摹略万物之然"时，名实不相当致生歧义，必须"正名"，使名实彼此相称。所以《经说下68》谓"彼。正名者彼此。彼此可，彼彼止于彼，此此止于此。彼此不可，彼且此也，此亦可彼。彼此止于彼此。若是而彼此也，则彼彼亦且此此"。以避免不加判别就轻率断言"彼且此，此亦可彼"产生的歧义。关键二，在使用语言时未能"以类行"，以致在行辞时"殊类异故"，造成含混的现象。因此要依据判准划定语言适用的范围，"取此择彼，问故观宜"（《经说上95》），分辨出使用语言时"所以然、所以取之"的理由或条件，《经下1》谓"止类以行人。说在同"。〔说〕"止。彼以此其然也，说是其然也；我以此其不然也，疑是其然也。此然是必然则俱。"总而言之，由于使用语言时，对名实问题不能正名、知止；立辞又不能"以故生，以理长，以类行"缺乏一套可彼此依循的形式化立辞与推求规则；应用时又不知明类、问故、观宜，致使评价的认识对象呈现混杂多样的相貌。或许可以说就是由于语言使用的不当因素，才让规范对象呈现出一种动态的性质。

第三，意向活动的动态性：在前文〔（二）、2、（1）、（iii）〕"行动中认知的认识对象"的说明中曾经提到，行动中认知活动的最大特征是基于"意"的虑求活动。大致说来,《墨子》中似乎没有对"意"直接的定义,但由《天志》上、中、下三篇里,天志与天意的交互使用状况,或许可以推断说:志与意为一组相关的字词。在《说文》中也是"志、意"互训:以为"志者意也。……意者志也,从心音,察'言'而知意也"。段玉裁在注解中加以区辨认为,古文"志、识"不分,"志者记也,知也","志即识,心之所识也;意之训为测度、为记训"。这些解释用来理解《墨子》论志意的看法,也是十分适合的。在《墨子》中,志意常与知、言、欲、虑、爱、恶等一组描述人内在活动的字眼相提并论,并且强调"志行,为也""志功为辩",将人内在的志意活动与向外实现的行动及关涉的外在事物联结,并将自内在志意向外意求完成的实际功效,当成一个连续的过程。综合以上的说法,与理智的活动对照,大致可分辨出"智与意异"的三点不同。第一,理智的活动旨在辨析出对象是什么、有什么;而"意"的活动则在"智"的认知之外,更附加了主观的虑求,能指却未必指向一个认识对象——"虑。虑也者以其知有求也而不必得之。若睨。"(《经说上4》)第二,以虑求为导向的志意,在指向认识事物时,本身又包含"权"的活动,《大取》说"于事为之中,而权轻重之谓求。求为之非也,害之中取小,求为义,非为义也"。"权"的作用是以心理上的重要性或认定有价值为主。第三,《经上75》对"为"字解释说"为,穷知而县于欲也"。或以为"按经文言'为',即函'能为''所为'二义,而'所为'又函'不所为'一义,……盖所为与不所为二者交战于中,不相为谋,则皆为欲所夺耳"[1]。若将此三者关联起来理解,或许可以说,"意"的活动大体而言是在运用理性的同时,加入了人的"欲求"活动,经过心中反复思虑、权衡利害,但尚未诉诸行动表现时的一种内在的"意向"活动。"权非为是也,非(亦)非为非也;权正也。"(《大取》)这种意向的权衡活动并非知识上认知的是非真假衡量,而是如《经上84》所说的"正,欲正,权利;恶正,权害"。换句话说,以欲求、虑求为导向的"意",并不趋向"到"一个客观稳固的认识对象,而是在

---

[1] 谭戒甫:《墨辩发微》,世界书局1979年版,第101页。

情境中、在虑求者当下临事时，志意具有"能"指向各种可能的事物，并衡量它对自己的利害及其价值的重要性。因此，这种包含"志、虑、求、为"的"意"欲，就其"能指"、可指向不同的对象而言，呈现出多义与随时可变的特性，也因为内含虑、欲的志意活动具有"能指"的效果，促成意向活动呈现一种动态性，间接使得规范对象也呈现一种动态性质。对这种意向活动的动态性，墨子认为"意未可知，说在可用"（《经下58》）。必须在当下的情境、事为中"权"衡其是否合宜、可用，使"意求"的内容、对象得以顺遂实现，因此是在"意"的可实现、可兑现性上，才能知"意"之所指。

总而言之，以上即尽量依据《墨子》文本的资料裁剪、排比，分别从语言指称动态存有的事物、语用上的动态性、意向活动的动态性三方面，说明墨学中依"法仪"进行评价时，规范对象所可能具有的动态性质。

3. 规范之评价者的评价心理说明。

虽然本文以为，循规范性法仪去从事评价时与认知活动密不可分，而认识对象与评价对象也有相当大的部分是重叠的，但如果细加分辨评价活动与认知活动，似乎仍可区别出一些基本的差异。认知活动旨在从事一种事实认定，说明客观事物或对象是什么、有什么，关系到描述事物的语言以及判定认识所关联到客观事物的真假问题。评价活动则主要是以人所认可的价值与比较估量的结果，去从事一种价值认定，决定什么事物或对象是善的或恶的、好的或坏的、有价值的，唯有价值得到认定，才能依人的意向去与意向到的认知或评价对象联结，形成"这个事物是有价值的、善的，或无价值的、恶的"道德判断[1]。在上一段讨论"规范对象的动态性质"里，已将规范活动中的认知、语言、志意所可能造成的影响，大致上作了分辨与厘清。兹即依此解释，进一步循《墨子》文本的相关资料，讨论其中对评价心理过程与内容的说明。

---

[1] 在《墨子》中，类似此种形式的道德判断句随处可见，如《天志中》"兼者，处大国不攻小国……观其事，上利乎天，中利乎鬼，下利乎人，三利无所不利，是谓天德。聚敛天下之美名，而加之焉，曰此仁也义也"。

第一，以陈执行权。"《大取》认为在动态的情境中，事实上只有所谓'权'的活动。'权'的活动又依行为者的'陈执'及面对状况当时的利害加以考虑的种种情态，而可区分为1.'于所体之中，而权轻重之谓权'；2.'于事为之中，而权轻重之谓求'两类。所谓'权非为是也，亦非为非也，权正也。'之所以讨论'权'不是为了做知识上的是非判断问题，而是为了讨论人在情境中心理的欲恶趋向，及与认知有关的适宜性问题。"① 依照这个说法，评价者在从事评价活动时，最重要的特征是在心理上"陈执"一个终极目的和衡量"法仪"，"诸陈执既有所为，而我为之陈执，执之所为，因吾所为也。若陈执未有所为，而我为之陈执，陈执因吾所为也"（《大取》）。或许可以说，这是《大取》在区分了"道德评价的"与"认知慎思的"两类不同判断的前提下，才对"陈执"做出"目的的陈执"和"手段的陈执"的分别，"然而，这种区别本身要求对正当概念作出一种解释，并且这种解释要排除它在道德判断中的特有意义。人们通常强调，'正当'专指手段的一种特性，所以它的特有意义仅仅在于指出：被判断为正当的行为是实现某种被理解了的——若不是被直接表达了的——目的的最适合的或唯一适合的手段"②。参照《大取》的举例与解释——如"断指以存腕，利之中取大，害之中取小也。害之中取小也，非取害也，取利也"。"利之中取大，非不得已也；害之中取小，不得已也。所未有而取焉，是利之中取大也；于所既有而弃焉，是害之中取小也"，可知，以墨学理念为目的陈执，当遭遇到"处利害，决嫌疑"的情境时，则因自身欲求的缘故转变为"于所既有而弃焉"的手段陈执，如此一来，则重视的是在特殊时空情境中，如何对特定事例做出合宜的评价与正当的行为选择的思考，事实上，这种因人、事、时、地而制其宜、决其行的行权做法具有相当大的主观性与权宜性，或许这就是为什么情境中的评价活动或评价的心理，在《墨子》"以陈执行权"的主张下会和"所体、事

---

① 孙长祥：《墨子大取篇伦理思想发微》，《华冈文科学报》1995年第20期。
② ［英］Henry Sidgwick：《伦理学方法》，廖申白译，中国社会科学出版社1993年版，第50页。

为、权、正、欲恶、利害"等一组概念，形成密切关联的原因。

第二，欲正权利、恶正权害。《墨子》认为，理解一位评价者"以陈执行权"时如何、为何因事制宜的困难在于，"诸所遭执，而欲恶生者，人不必以其请（情）得焉"（《大取》），很难对评价者欲恶的真实意向正确掌握，甚至连情境相同、判断相近、行为类似的选择也有"其然也同，其所以然不必同""其取之也同，其所以取之不必同"（《小取》）的差异。关键在于：（1）权求"所体"（所知的全偏）、"事为"（事物的动态变化）的轻重时，对人主观欲恶状况的拿捏难以允当；（2）评价者主观意向的虑求不必然能实现，"以其知有求也而不必得之"，也无法自外显的行为得悉其意向；（3）由于时空情境变迁"昔者之虑也，非今日之虑也"，虑求对象的意义也可能生变；（4）更重要的是虑求活动与欲恶的心理活动经常相互伴随，在以知论物的理智要求下很难"知之也着"。话虽如此，但是，在《墨子》中却没有对"欲恶"的活动作直接而深入的讨论，只有间接的说明。《说文》以为"欲，贪欲也"。段注说："……从欠者取慕液之意，从谷者取虚受之意。"《经下44》提到"无欲恶之为损益也。说在宜"。〔说〕"无。欲、恶；伤生损寿，说以少连，是谁爱也？尝多粟，或者欲，不有能伤也？若酒之于人也；且恕人也利人爱也，则惟恕弗治也。"或许可以由此推论说：欲恶的活动主要是指人对"物"爱慕虑求时，导致在己之"欲"与"物"之间从事价值交换的损益、多少、利害、得失等等，满足一己贪求程度的估量活动。《墨辩》中更将志意欲恶引发的喜恶情感关联起来，引申出一个重要的伦理命题——"利，所得而喜也。害，所得而恶也。"（《经上26、27》）

当然，墨子不只是偏重讨论志意与情感的内在问题，还主张必须"志功为辩"，探讨志意实践的可行性，分辨志意与实际行为的功效，并由理智认知就道德实践的成效加以核验，这种对志意欲恶行为评估其善恶好坏的活动，墨子称之为"正"，《经上84》解释说："正，欲正，权利；恶正，权害。"〔说〕"正。正者两而勿必（必也者可勿疑）；权者两而勿偏。"也就是说，"正"包含在道德认知的判定上必须"正是非"，在虑求行为的得失损益上必须"权利害"，所依据的则必须满足墨家终极理念的基本规范，"效者为之法，所效者所以为之法；故中效则是也，不中效则非也"（《小取》）。或许以上的解释会让人联想到墨子是肯定"每个人在每一行为场合，都必然被引导去追求按照他自己在那一时刻对那一场合的观点，将是最有利于他自己的最大幸福的行为"的伦理学快乐论、功利主义观点。[①] 事实上，墨子崇尚自我俭约与牺牲的美德，"其生而勤，其死也薄，其道大觳，使人忧、使人悲，其行难为也"（《庄子·天下》）。虽然墨家讨论欲恶与行为的问题，但其理想是"无欲恶之为益损也"，《经上25》说，"平，知无欲恶也"，希望在认知上不该受到欲恶的影响，对欲恶要"惔然"处之，才能够心平气和"问故观宜"。遵照墨学兼相爱交相利、为民兴利除害的理念，"与以有爱于人，有不爱于人，止爱人"，在正确认知与衡量之后，舍去在行动上无功、不利民、不适宜的部分，而止于选择合宜的行为。所以，《墨辩》才举"贾宜则雠"为例说"尽也者尽去其所以不雠也。其所以不雠去则雠，正贾也。宜不宜，正欲不欲"（《经说下31》）。换言之，针对评价者欲利恶害的心理特性，墨子强调应该以"宜不宜，正欲不欲"。就像在买卖时的交易活动一般，尽管买卖双方各有所欲求，然而，结果却必须是排除不对等的交换，达到彼此都心安满意、可接受的程度。墨辩由"贾宜则雠"的例子说明了"宜与欲"之间应该建立对等、等价、平衡的关系。评价者必须斟酌欲恶利害间的不等价、不平衡、"所体"的全与偏、"事为"中的动态等状况，做出最适宜的评价与选取。并且强调：在正价中非不得已的选取要"利之中取大"，在负价中不得已的选取要"害之中取小"，在评价之中、之后，选择合宜的道德行为，而非只是做合理的知识真假判断。

总而言之，以上的讨论，希望尽量不离《墨子》文本的意涵，完整呈现《墨辩》中有关评价者在从事评价活动时的心理状况，并彰明其如何与为何要从事评价的活动。大体说来，评价的心理活动包含了评价者对价值的认知与理解所形塑的一种内在"陈执"与目的，

[①] （1）引文见［英］Henry Sidgwick《伦理学方法》，廖申白译，中国社会科学出版社1993年版，第64页；（2）参考［美］W. K. Frankena《伦理学》第三章，关键译，生活·读书·新知三联书店1987年版。

作为衡量虑求、欲恶时的法仪；当内在虑求表现在外而有所得时，则为"治"、为有"功"。而以满足个人贪求、欲望为主的欲恶，在不同情境中，所欲未必得之，所恶未必去之，只能在"处利害，决嫌疑"的当下，考虑利害，选择合宜却未必合理的行为，因此，墨子主张以"宜不宜，正欲不欲"。而"宜不宜"又取决于"欲"与"物"之间的平衡关系，当二者之间失衡时，则应当"知所宜止"。这些说法，大体上只是依据个人的喜恶之情去欲恶一个对象时的评价状况所做的说明，要成为墨家学派评价事物时的共同"陈执"，还必须将之普遍化、客观化，因此墨子主张人"不得次（恣）己而为正"，而应该效法"天志"兼爱兼利、行广无私、施德不厚、明久不衰的理念，法天"无欲恶之为损益也""必去喜去怒，去乐去悲，去爱（去恶），而用仁义"（《贵义》）。① 虽然墨子总结了以上的分辨，以为评价心理的欲恶活动尽管有"害之中取小"不得已的选择，终究是以"利"为依归。在结合了"正、宜、必"的考虑之后②，拈出了"以义为利"作为墨学的评价总纲，《经上 8》谓"义，利也"。〔说〕"义。志以天下为芬，而能能利之；不必用。"强调应该以天下苍生的全体利益当成自己的本分或义务，而反对自私自利，并因此提出了一个"兼爱"的重要伦理原则："爱无厚薄，举己非贤也。义利不义害。志功为辩。"（《大取》）将个人的欲恶向普遍性的价值提升，终于确立了墨学"万事莫贵于义"的观点，以"义正"作为墨学行动的最高指导原则，如此一来，"（然则）率天下之百姓，以从事于义，则我乃为天之所欲也。我为天之所欲，天亦为我所欲"（《天志上》）。其实墨子所谓的兼相爱交相利的主张，照《经说下 76》的定义"仁，爱也，义，利也。……爱利不相为内外"，仍是以"仁义"为其学说之本；至于说一般善恶毁誉的道德评价，对墨子而言，只不过是道德

---

① Henry Sidgwick 以为"常识道德判断中使用的'应当'或'道德责任'概念既不指（1）判断者心中存在一种特殊情感……，也不是指（2）某些行为规则是由违反它们便会受到惩罚支持着的。"注见 Henry Sidgwick《伦理学方法》，廖申白译，中国社会科学出版社 1993 年版，第 55 页。

② 《经上 83》"合，正、宜、必。"〔说〕"合。并立、反中、志工，正也。臧之为，宜也。非彼、必不有，必也。"

行为实现之后的附带效果而已①。

4. 规范、规则与解释范例——范例与类推。

（1）以范例教导规范的意义。

从前文"3. 规范之评价者的评价心理说明"的讨论，或可谓《墨子》的经、说、取是经过仔细省察了人在现实情境中基于欲恶选取行为的各种可能状况之后，才主张"以义为利、以义为正"，"以宜不宜，正欲不欲"；真正讨论的重点是"如何依据墨学之义在特殊情境中行动""如何遵照规范选取一个正当而合宜的行为"问题。二取篇针对虑求活动所具有的任意、不必然等特性，认为"今人非道无所行，唯（虽）有强股肱，而不明于道，其困也可立而待也"（《大取》），因此提出"据道而行"的要求，期望墨家门徒承诺信守墨子兼爱兼利的正义之"道"去从事，并以此作为"有道相教"的规约性概念。在"思言行"合一的观点下：①由于行为的选择中，往往加上了人内在意向、希求的取向活动，以至于"内在意求之志的内容，与外在事态之间的关系，难以在理智判断中，找到客观必然的联结关系；而只能以实际在事态情境中的操作、有用来决定其间的关联"。② ②在二取的内文中认为对评价活动的讨论必须透过思维、语言的运作，针对特殊情境中各种可能的事态，依言辩法仪加以"命题化立辞"，而立辞又涉及语境变迁、语言志意的动态性等因素，在这种状况下，"（夫辞）以故生，以理长，以类行也者。立辞而不明于其所生，忘（妄）也"（《大取》）。换句话说，评价活动的目的是经由认知、志意、语言辨析思辨上合理、志意上合法的规范，并秉此评断各种情境中的事态，然后才选择最适宜、有用的行为。虽说"志功不可以相从"，但在墨子依法仪有意识行动的主张下，事实上又必须"志功为辩"，辨别如何依天志的规范"以类取予"加以实践，因此，"'以类行'这一点在《大取》讨论伦理思想的表现形式之中最重要，甚至可谓《大取》全文本身便是'以类行'的范例。因为'志功为

---

① 《经上29》"誉，明美也。"〔说〕"誉。必其行也；其言之忻，使人督之。"《经上30》"诽，明恶也。〔说〕诽。止其行也；其言之作。"另可参考《天志》篇"聚敛天下之美名，而加之焉，曰此仁也，义也"的说法。

② 孙长祥：《墨子大取篇伦理思想发微》，《华冈文科学报》1995年第20期。

辩'的主要意义,是探讨兼以行义理想实践的重要思考活动。'辩'除了内在自我澄清模糊之外,则是'有道相教'中主要的相教活动——类以举实"。① 也就是说,在实践上要"志白其义,行获其用"②,《小取》因此标举"以类取,以类予",依类作行为的取舍。

在墨子学派"有道相教"的标榜下,二取篇遵照墨学给定的目标,深入探讨如何经由正确的理性思维、谈辩方式,辨析在特殊情境下各种行为的可能后果,以选取合于义的合理行动,并结集成供作训练墨者共同学习与信守,衡量规范理想行动参考的指导纲领。《大取》在篇末列举了十三个类例,如"圣人也,为天下,其类在于追迷""凡兴利除害也,其类在漏雍""兼爱相若,一爱相若,其类在死也"等③,其中如追迷、漏雍、死等类例究竟所指为何,已不得而知。然而,依本文的解释脉络看来,这十三例都一致的以"……(墨学的主张或义务)……其类在……(情境中的事例)"的基本形式,先标举墨学主张的普遍理念或应尽义务,后举出相当的类例,说明在特定情境事态中的选取必须符合墨学之道,或许这些事例所引起的评价或行为的选取都具有利害两方面的可能,因此才被选作一种范例,当作墨学门徒"有道相教"的学习、参考范例。换句话说,从教育与训练墨者的角度而言,二取篇之所以重视范例或类例,一是为了讲解的方便,让墨学门徒理解并接受墨学的规范理念;二是透过范例提供墨者一种在情境特例中辨析与澄清概念的思想实验;三是形成一种面临近似状况时,作为反思、模拟取予的预设能力。在这层理解下,《小取》着重在思辨、言辩上如何辩护墨学规范的普遍性正义;《大取》则着重如何将墨学的价值应用在特殊的情境中。

(2)规范、规则与范例类推。

从以上对二取篇之所以重视范例以为教导墨者学习有关墨学规范意义的说明可知,虽然同是出于实践墨学道德规范问题的考虑,但

---

① 孙长祥:《墨子大取篇伦理思想发微》,《华冈文科学报》1995年第20期。
② 参考谭戒甫《墨辩发微》,《经上80》注释,第105页。
③ 类似的形式在《经下》的全部内容中亦可见到,如"止类以行人。说在同",差异为以"说"代"类"。

是，二取篇的着重点毕竟不同，《大取》重实际的应用，《小取》重言语的辩护。总体而言，墨学实际上看重的还是各种形式的实际操作问题，或可谓墨辩采取的是"辩护"（言）与"应用"（动）两条路线同时并进的策略，运用在《墨子》全书的讨论中，则经常将道德规范的应然问题与实际操作的实用问题合而为一，并以语言的形式呈现。而在二取篇中则特别表现为借由各种范例宣示其主张与目的①，以利墨者学习，从实践观点而言，也可以说二取基本上是比较重视以范例作为特定的"行动规则"，而非完全偏向纯粹思维性的"规范解释"②。换句话说，透过范例的分析与解释，墨辩重视的是以一种描述性的说明提供学习者共同理解与评价的基础，训练墨者能因此而"以名举实，之辞抒意，以说出故；以类取，以类予"（《小取》）。也由于这种以范例及语言形式说明行动的特性，使得《墨经》中呈现出迥异于先秦诸子的表达方式：即以《经》的定义排除其他意义的可能，而作为一种实践墨学行动的规定；以〔说〕的内容提供进一步的解说与筛选过的优化实践范例；如《经上7》谓"仁，体爱"，〔说〕"仁。爱己者非为用己也。不若爱马者。"或许可以说，《墨经》成立的主要目的，是让墨者知道作为一个墨学行动者所该知道的规范，并引起墨学行动者的认同，兴起实践操作的动力。也就是说，经由《墨经》的语言定义，旨在指示与说明实践者如何行动，如何运用规范领会并分析现实的情况，再作适宜的价值选择③。而这些或许就是墨学重视以具体范例去对规范作概念分析与指导行动的理由。

再者，二取以语言形式表述的范例去讨论与教导墨学规范问题时，所可能遭遇的困难，诚如前文所言：由于规范评价者的心理认知、志意、语言、行动等活动中，充满了许多变动不定的因素，除非

---

① 除了《大取》的类例之外，《小取》也举了许多例子，如"获，人也；爱获，爱人也""且夭非夭也，寿夭也；有命，非命也，非执有命非命也"，等等，可参考。

② 参考前文二、（一）3 的说明。

③ 或以为"这种例子取向的并且潜在地是情境主义的实践学有如下缺点：(1) 缺乏反思；(2) 例子的选择过于狭隘"。参见［挪］Gunnar Skirbekk《情境语用学与普遍语用学——实践学的语用学与先验语用学的相互批判》，《跨越边界的哲学——挪威哲学文集》，浙江人民出版社 1999 年版，第 390—435 页。

"陈执"墨学理念去必然的实践之外,很难在规范与行动之间找到稳固的合法性关系。《小取》对此困难加以反省并归纳出"或也者,不尽也。假也者,今不然也"。两种主要状况,说明以范例解说规范有不能穷尽性,以及可能与现在情境事实不一致的现象;对此则主张应该采取"效者为之法;所效者,所以为之法;故中效则是也,不中效则非也,此效也"的做法加以判别。而对于以范例或类例阐述规范、或检验在情境中的行为或概念是否恰当合宜时,《小取》则针对语言表述、志意意向、选取理由等可能产生的差异,归结出"辟侔援推"四种基本的表述方式,并认为此四者可能造成"是犹谓也(他)者,同也;吾岂谓也(他)者,异也"的情况,而得出一个结论说"是故辟侔援推之辞,行而异,转而危,远而失,流而离本,则不可不审也,不可常用也;故言多方,殊类异故,则不可偏观也"。相应于这些情况才特别标举出:"或乃是而然,或是而不然,或一周而一不周,或一是而一不是",四种可能似是而非、产生谬误的状况,逐一举例说明,以教导墨者在分辨中学习选取合于墨学之道的行动。

由以上的说明可知,以辟、侔、援、推之辞所表达的"是不是、然不然、周不周"等类例或范例,主要是用来训练墨者以墨学理念规范作为最佳行动的选择标准,并依此标准作概念与立辞的同异分析,尤其是以相异性关系为主讨论类例的意义,因此特别看重导致否定性与荒谬性结论的范例:如"获之亲,人也;获事其亲,非事人也。其弟,美人也;爱弟,非爱美人也。车,木也;乘车,非乘木也。……盗人,人也;爱盗,非爱人也;不爱盗,非不爱人。……之马之目盼,则为之马盼。之马之目大,而不谓之马大。……"或以为"以这样的荒谬结论为基础,我们试着反思地去理解被否定的预设的独特的地位和重要性。作为一种程序,这种否定的方法可以使我们对某一预设在给定的情境中占什么地位和起什么作用有更好的把握"[①]。因此《小取》对辟侔援推之辞的定义:"辟也者,举也物而以明之也。侔也者,比辞而俱行也。援也者,曰子然,我奚独不可以然也。推也

---

① [挪] Gunnar Skirbekk:《情境语用学与普遍语用学——实践学的语用学与先验语用学的相互批判》,《跨越边界的哲学——挪威哲学文集》,浙江人民出版社1999年版,第413页。

者，以其所不取之，同于其所取者，予之也。"或可视为一种非形式的归谬论证，旨在表明一旦否定或拒绝某些墨学基本规范或原则，就会出现无意义性，或"内胶外闭"的状况。此外，"辟侔援推"的定义，还包含一个相当重要的意涵，便是四者都使用一种模拟或类推的方式，自不完备的范例，推论出实践墨学理念的必然性，而这种模拟的依据，则仍然是立基于墨者对墨学理念的认知与接受程度上。

总而言之，虽然本文从思言行合一的角度，探讨可以作为《墨子》全书的共同规范问题，并认为二取篇的核心是从"思辨的合理性、行为的合法性、选择的合宜性"的立场去建构墨学规范的问题；不可讳言的，讨论《墨子》规范的终极目的仍只在表明墨学强调"言足以复行者常之，不足以举行者勿常"（《耕柱》）。换言之，在墨子坚持"凡言凡动，利于天鬼百姓者为之……合于三代圣王尧舜禹汤文武者为之"（《贵义》）的主张下，所有透过语言形式范例教导墨者评价活动的日的，都要求其在现实情境中足以"复行、举行、迁行"以利天下，即以语言指导墨者选取合宜的行动去实践墨学的理念。而在一切以实践为优先、选取合宜可用的行为考虑下，墨辩由思辨性、抽象性的规范讨论，最后落实到在具体范例中揭示行动的操作规则，从而建立了一套运用范例训练墨者学习规范的完整规划。

三　结论——反省与批评

大体而论，本文以"墨辩中有关行动规范的逻辑"为题所做的讨论，基本上是参照墨子当时所处的周文疲弊、礼崩乐坏所产生的政治社会规范解组、概念名实系统混淆、是非价值沦丧等历史状况。遵循《墨子》在反思中批判与建立墨学的线索，以及后期墨者在墨辩，尤其是二取篇所归纳出有关对墨学理念的思维认知、语言表述与行动选择的见解为凭据，进一步尝试以哲学、伦理学的规范性概念加以整合，探索可以通贯《墨子》全部思想的规范性解释。在重构的过程中尽可能秉持以问题为导向、以文献记载为根据，有一分资料说一分事理的态度。不可否认，在发展全文的过程中自我澄清了不少对墨子学说的困惑，却也发现还存在许多亟待进一步探索与说明之处，未能详尽讨论。

在撰写过程中首先遭遇的困难是在文本中为合适资料找寻相当论点的不易，由于规范性概念涉及墨学理论的普遍性意义，涵盖所有可能牵涉到的哲学领域，如形上学、认识论、伦理学、逻辑、方法论等，在判别资料上难以周全，为避免论点过于庞杂，是以选择认识论、方法论的角度对墨学规范性概念作分析，或许因此而使得部分论点稍嫌简略，但希望已勾勒出墨学规范概念的主要架构。其次，为避免主观与过度的阐述，而迁就文本资料的意涵，斟酌再三，取其宜适加以联缀，并不刻意求全；或许因此而使得本文显得不够严谨，但希望是在《墨子》文本的节制之下，尽量完整地呈现墨学行动规范概念的意涵，而非牵强附会。再次，由于本文采思言行并重的观点讨论墨学行动规范的逻辑问题，而思言行三者又彼此交互影响，在资料的解释与使用上难免重出，但已尽可能避免多义的使用。此外，为导引出本文的论点，不惮其烦地分析二取的背景与内容，使得部分内容稍显冗长与重复。不论如何，兹将前文辨析与讨论墨学行动的规范性意义中最具特色、可资参考与发展的部分，择其要点，综述于后。

第一，墨学以实践为本，而墨辩则采"语言—行动"（辩护与应用）并进的策略，从思维、语言的角度探讨墨学行动规范的"思辨合理性、行动合法性、选择合宜性"问题。这种以合理行动必须经由理性辨析、判断行动知识符合规范的真理中效性、由内在规范联系与表现为外在行动的正当合法性以及在情境中实践行动的有用可实现性的主张，形成墨学行动规范逻辑的最主要特征。而这种要求合理行动必须遵循给定目标，依理智审查、依规范决行的讨论方式与内容，和西方行动功利主义、规则功利主义、情境伦理学的说法都有可相互参照之处，颇富现代哲学研究的意味，在先秦诸子中可谓独树一帜，值得再深入研究。

第二，关于依规范化法仪对规范对象的评价、思辨认知问题上，由墨辩的资料之中大致可以归纳出从理智直接认知、从语言与行动间接认知等形成三种不同认识对象的区别。墨辩这种以认识论方法所区分的观点，基本上预设了说话者（自）与听话者（他）两种相异立场的考虑①；表明了自他之间对相同规范与事物的理解上容有落差，彼我双方必须透过语言不断的"通意后对"，彼此询问、相互辩解，经过反复沟通的交往行动，才逐渐澄清疑惑，建立正确的规范理念，确立行动的目的，而勇于选取并遂行合宜的行动。因此二取篇才重视经由语言辩护的反思，树立言辩法仪，批判因为认知、语言与意向种种因素所造成"言多方、殊类异故"引致的谬误，以利后学者在批判错误中吸取教训、学习行动。这种重视说话者与听话者经由语言沟通、交互论辩的方法，被用来教导墨者依墨学规范调整自我的行动概念，促成墨者遵循规范从事可以普遍化的行动，或许这便是墨家团体共同信守与传衍，作为"有道相教"，而训练墨者组成一个纪律严明实践团体的行动指导原则。以上的说法或许与当代社会交往行动理论有可相互发明之处，有待进一步比较对照。

第三，自墨辩以规范性法仪去评价或规范一个对象的讨论中发现，墨辩所讨论的规范对象往往具有语言与意志活动的性质。当以语言去指称动态存有物，或因情境中个人主观的理解而任意使用语言，都可能造成语意、指称及语用上的不定现象，墨辩对此则采取以语言"摹略万物之然"的方式，将外物完全转换为认知的、语言的"所谓（实）与所以谓（名）"关系，并经由语言定义限定名实的意义，再加以"命题化立辞""论求群言之比，以名举实，以辞抒意，以说出故"，并以此方法论证与解释墨学行动规范的合理性，训练墨者依此辨析与衡量情境中的事例是否合于规范。至于因志意虑求的意向活动所造成规范对象的动态性质讨论，在墨辩中特别区分了"智与意"的不同，认为"智"的活动重在认知事物是什么，而判定其真伪的知识性意义。而"意"的活动则在随智而动的同时，已然羼入人内在主观、非理性的虑求、欲求内容，当在"所体、事为"的情境中，因心理的欲恶趋舍去从事评价与估量活动时，人会依照一己"陈执"的价值理念，权衡对己的利害，做出最适宜可用的行动选择。这一部分的讨论，关涉到墨子行动规范概念如何实践的合法性问题，也是墨

---

① 《经下9》谓："物之所以然；与所以知之；与所以使人知之，不必同，说在病。"〔说〕"物。或伤之，然也；见之，智也；告之，使智也。"

家伦理思想的核心所在。经由前文的辨析可以知道，墨辩基于智意之辨才发展出"陈执行权"的特殊看法："权"无关是非，而是"正"欲恶利害的活动。了解这点才可以理解墨辩依规范法仪从事评价的心理活动过程与特殊之处，透过墨辩对智知与志意虑求活动的分辨，可以发现墨辩已揭示了"道德评价的与认知慎思的"两类不同判断形式的差别，并且在二取篇对"权取"活动的说明下，更呈现出墨辩主张在情境中"权取"的墨家行动伦理学特色。当然，也不能忽略墨辩对"知、志、意、虑、求、为"等心理内在活动状态所做出的深刻分析，对研究中国古代心灵哲学所可能的贡献。总之，从墨辩中行动规范问题的讨论，引发了更多有关墨家语言哲学、心灵哲学、伦理思想的论题，值得再深入研究。

第四，墨辩中的最大特色之一，或可谓提出类例或范例作为墨者"有道相教"的方法，经、说、二取篇都可以在教导墨者学习规范的意义下，被当成是一种情境教学的方式与内容来看待。而墨辩范例的主要表述形式为"……（墨学规范），其类在（情境特例）……"，这种以语言的表述方式将具普遍性、概念性的规范与相对之下较具体、特殊的范例相结合的形式，看似平常无奇，但从讨论伦理学、道德判断的角度而言，却可以激起各种深刻问题的批判思考。在本文中则由规范学习的立场，认为以墨辩这种形式的范例为取向的规范教学，旨在示范一种特定价值的选择与操作过程，甚至因此范例的教导，再配合对规范知识的合理性认知，使得这些范例转而形成墨者的行动操作规则或行动指导纲领，这种从思想规范到行动规则转向的种种哲学性问题，值得再三深思。

平心而论，本文虽然企图以规范性的问题整合《墨子》全部思想，也从思言行合一的观点，循"认知—语言—行动"的进路，次第铺陈墨学的规范理论、规范认知、规范的评价心理、一直到规范的学习，都扼要做了说明。事实上，从以上四点的反省来看，关于墨学行动规范的问题并不单纯，而本文亟于通贯《墨子》全书交代墨学中所呈现的线索，以致造成内容疏漏不全的部分，则请参见《墨辩中的认识与语言》一文中的增补与说明。至于如何进一步参照当代哲学、科学的进展，以现代逻辑的观点与方法，加以形构化、符号化，而真正转化为一种可程序化、数学、逻辑语言化的运作方法，则是另一个有待大家共同竭尽心智发展的问题。诚如前文所言："事实上墨辩逻辑重视的是能在语言与行动实践中应用的实用逻辑，而非全然作为纯粹理性思维工具的逻辑。"又如胡塞尔所说的："给逻辑学设定一个目的，尔后却又把属于这个目的的各种规范和规范性研究排除在逻辑学之外，这种做法是背谬的。"那么，本文可谓是不离《墨子》言辩逻辑以实践为目的的规范性研究的一种尝试。在研究中国古代逻辑的思想时，若能把握与参照中国古代各家派逻辑思想的设定目的，而不排除对这些的规范性研究，相信当更有助于厘清中国逻辑学的问题，并发掘与建构出属于中国特有的逻辑思想内容与形式。

《小取》"是而然"中的命题、词项与西方逻辑史的一些论述[*]

韩国建[**]

墨辩《小取》的"侔",其中"是而然"反映了《小取》对于语句、命题和命题中词项的认识。本文将这些认识与西方逻辑史中的有关论述予以讨论,本文认为两者具有一定的相通性和共同性。

一 《小取》"是而然"中的词项与命题

《小取》的"辞"是语句和命题,"意"是思想,"以辞抒意",指用语句将思想表达出来。如"白马,马也。"为一个"辞",即语句和命题。"白马,马也。乘白马,乘马也。(白马是马。骑上白马是骑上马。)"是两个"辞",前者称为"是",后者称为"然",即为"是而然"。"是""然"是两个并列的"辞",即"比辞",也是一个"侔"。"侔也者,比辞而俱行也。"侔是两个并列的命题而(同时)都(可以)进行推理。

"是而然"列举了八个"辞",即有四个"比辞",四个"侔"。如下:

---

[*] 本文是《〈小取〉"是而然"中的命题与词项问题》的后续讨论,由于论及范围的原因,本文部分内容与该文有些重叠但详略不同,可予参阅。该文刊载在《墨子研究论丛》(十二),齐鲁书社2017年版。

[**] 韩国建,上海古籍出版社,副研究馆员。

（1）"白马，马也。"　　（2）"乘白马，乘马也。"
（3）"骊马，马也。"　　（4）"乘骊马，乘马也。"
（5）"获，人也。"　　　（6）"爱获，爱人也。"
（7）"臧，人也。"　　　（8）"爱臧，爱人也。"
　　　　是　　　　　　而　　　　　然

《小取》认为"辞"是由"名"构成的，"白马，马也"。由"白马"与"马"两个名；"乘白马，乘马也。"由分别加上动词"乘"的两个名而构成。《小取》没有明确给出主项谓项的名称，但由两个"名"而构成了"辞"所表现的含义相当于由主项和谓项构成了命题。"是而然"是两个主谓结构的命题。"白马""乘白马"为主项，"马""乘马"为谓项。"乘白马""乘马"是两个复杂概念[①]，其词项前面加上了动词"乘"（骑上），另一个命题"爱获，爱人也"中的词项前加上"爱"（施行仁爱）。

《小取》认为"辞"有肯定命题和否定命题，辞本身含有肯定的断定和否定的断定。"白马，马也"的"是"和"乘白马，乘马也"的"然"为肯定命题。而"车，木也。乘车，非乘木也"为"是而不然""乘车，非乘木也"，是"不然"，是否定命题，其所否定的是"乘车，乘木也"（因被《小取》否定掉而没有直接显示）。即《小取》认为否定命题的主谓项之间含有表否定的"非"，也就是说，《小取》认为"白马，马也"（白马是马）和"乘白马，乘马也"（骑上白马是骑上马）的肯定命题的主谓项之间实际暗含着表肯定断定的"是"。"是"相当于联项，即肯定命题的结构是"［主项］+（是）+［谓项］"，而否定命题的结构为"［主项］+非+［谓项］"。

《小取》认为命题有真假。如《小取》以否定命题"乘车，非乘木也"为真，即以相对立的肯定命题"乘车，乘木也"为假。同样，《小取》以肯定命题"白马，马也"和"乘白马，乘马也"为真，也就是以否定命题"白马非马"和"乘白马，非乘马也"为假（这些

[①] 此说采用诸葛殷同的说法，见《说侔》，《中国哲学史研究》1989年第4期。

命题《小取》也没有直接显示），即"是而然"两个肯定命题都是为真的。

《小取》将"白马，马也""获，人也"作为命题，是直言命题。《中国逻辑史教程》指出："墨家辩学有大量相当于直言命题的'辞'的运用。例如'白马，马也。'"① 这表明《小取》已经接近于发现"S是P"这样的命题形式。但是《小取》并没有确定出这样的命题形式，也没有在此基础上构造出推理形式，如三段论推理形式，如将"白马，马也"（M是P）和"小白马，白马也"（S是M）作为前提，再推出"小白马，马也"（S是P）的结论。这与亚里士多德逻辑发现三段论推理有所不同。《小取》对于命题的探讨出现了另一个走向，即在"白马，马也""获，人也"中的词项前面加上动词而扩展出"乘白马，乘马也""爱获，爱人也"等的另一种形态的命题。

《小取》有"一周而一不周"的说法，在外延上对"然"的命题如"乘白马，乘马也""爱获，爱人也"的谓项"乘马""爱人"作了解释。② "周"指周遍，指涉及一类中的所有事物；"不周"是对"周"的否定，是不周遍，指一类事物中只要有一个就可以成立。《小取》：

> 爱人，待周爱人而后为爱人。不爱人，不待周不爱人，不周爱因为不爱人矣。乘马，不待周乘马然后为乘马也，有乘于马因为乘马矣。逮至不乘马，待周不乘马而后不乘马。此一周而一不周者也。

当说"爱人"时须要爱所有的人才是"爱人"，这是"周"；而当说"不爱人"时不须所有人都不爱，只要有一个人不爱就是"不爱人"，这是"不周"。当说"乘马"时不须要骑所有的马然后才是"乘马"，只要骑上一匹马就可以说是"乘马"，这是"不周"；当说

---

① 温公颐、崔清田主编：《中国逻辑史教程》，南开大学出版社2001年版，第126页。
② 此说采用杜国平的说法，见《〈墨经·小取〉侔式刍议》，《毕节学院学报》2013年第1期。

"不乘马"时,须所有的马都不骑才是"不乘马",这是"周"。在这里《小取》说明了作为谓项的"乘马"和"爱人"的外延,一个表示一个事物,一个表示一类事物。

但在"乘白马,乘马也"中除"乘马"外还有主项"乘白马",据"一周而一不周"的说法,"乘马"是"不周"的则"乘白马"也是"不周"的。① 即"乘白马""乘马"都是"不周"的。即命题的主项"乘白马"的"白马"指一个个体事物,与谓项"乘马"的"马"相同,都指一个个体事物。而在"爱获,爱人也。"中谓项"爱人"的"人"是"周"的,② 因而主项"爱获"的"获"也是

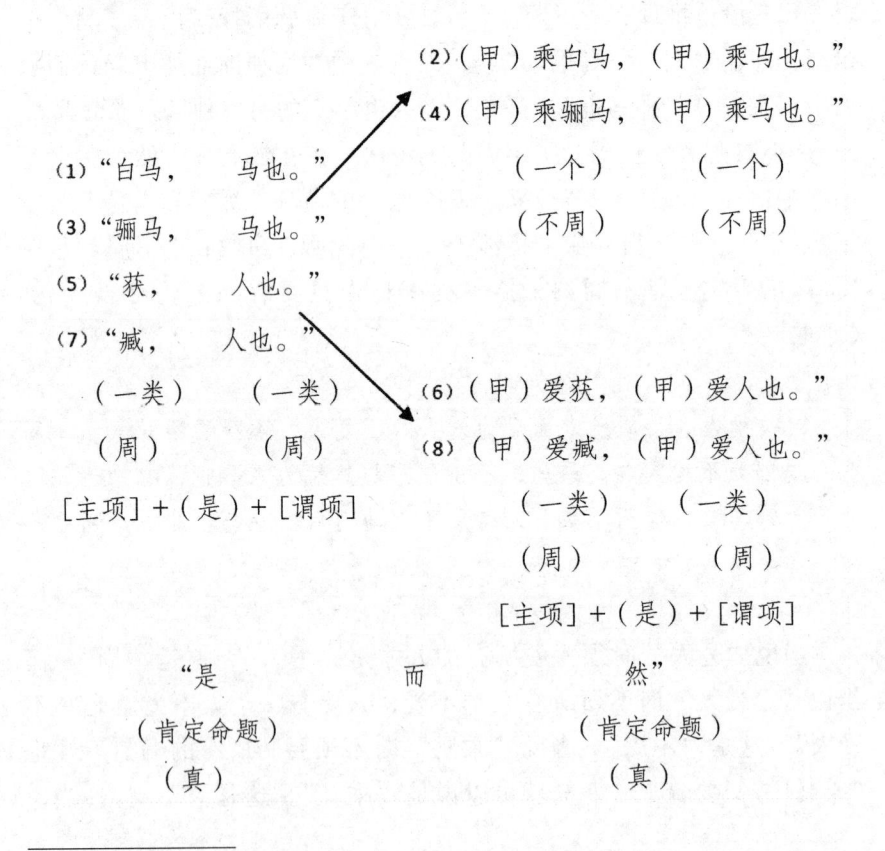

(1)"白马,　马也。"　　　(2)(甲)乘白马,(甲)乘马也。"
(3)"骊马,　马也。"　　　(4)(甲)乘骊马,(甲)乘马也。"
　　　　　　　　　　　　　　（一个）　　（一个）
　　　　　　　　　　　　　　（不周）　　（不周）
(5)"获,　人也。"
(7)"臧,　人也。"
（一类）　（一类）　　　　(6)(甲)爱获,(甲)爱人也。"
（周）　　（周）　　　　　(8)(甲)爱臧,(甲)爱人也。"
[主项]+(是)+[谓项]　　　　（一类）　　（一类）
　　　　　　　　　　　　　　（周）　　　（周）
　　　　　　　　　　　　　[主项]+(是)+[谓项]

　　"是　　而　　然"
（肯定命题）　　　　　　　　（肯定命题）
（真）　　　　　　　　　　　（真）

---

① 此说采用张家龙的说法,见《论〈墨经〉中"侔"式推理的有效性》,《哲学研究》1998年增刊。
② 此说采用沈有鼎的说法,见《沈有鼎文集》,人民出版社1992年版,第350页。

"周"的,即主谓项"爱获""爱人"都是"周"的,即对于"获""人",其所指都是周遍的,都表示一类事物。

值得注意的是,"然"的命题"乘白马,乘马也""爱获,爱人也"等是由其词项前加上动词"乘"和"爱"而构成,其命题的形态已有所不同。

因此,"是"的命题"白马,马也""获,人也",其中两个词项都是"周"的。"然"的命题"爱获,爱人也"主谓项是"周"的,指一类事物,"乘白马,乘马也"的主谓项是"不周"的,指一个别事物。"是而然"和从"是"到"然",其八个命题的主谓结构以及词项的"周"与"不周"的状况如下所列:(动词前加上省略的动作主动者"甲")

显然,"是"与"然"的两种命题其形态不同,"然"的命题也有两种类型。

二 "是而然"所表达的在词项、命题理论上的认识

从"是"到"然",由"名"构成"辞","辞"与"辞"又形成"是而然"的"比辞","是而然"的两个"辞"都为真的,这些都是建立在《小取》对"名"词项和"辞"命题的理论的认识之上的。

(一)《小取》关于词项"名"的认识
1. 两个类词项分别表示一类事物与另一类事物

《大取》:"立辞而不知其类,则必困矣",命题的生成、成立("立辞")都与类有关。命题"白马,马也"中词项"白马"(白色的马)、词项"马"分别是不同的类,类词项指称一类事物,即两个类词项分别表示两类事物。"白马,马也""骊马,马也"中"马"是谓项,"白马""骊马"(深黑色的马)分别是主项,这表明"马"的大类划分为"白马""骊马"的小类,亦即子类,谓项"马",主项"白马""骊马"反映出"马"不但包含"白马"还包含"骊

马"，两者有包含关系。而"获，人也""臧，人也"中的"人"划分为"获"（女奴隶的人）、"臧"（男奴隶的人）的小类（又，命题的主项"白马"与"骊马"、"获"与"臧"分别是不同的小类，两个小类是一种"异"，是反对关系）。

2. 一个词项有表示类词项与表示一类中一个的个别词项

《小取》认为一个词项在具体的语句中可以有时表示一类事物，如"不乘马"的"马"是"周"的，"待周不乘马而后为不乘马"，是表示一个类，指一类的所有个体。但有时表示一个事物，"乘马"的"马"是"不周"的，因为骑上了一匹马就可以说是"乘马"，即指一类中一匹个别的马。而"爱人"的"人"是"周"的，"待周爱人而后为爱人"，须所有的人都爱。但是"不爱人"的"人"是"不周"的，"不待周不爱人，不周爱，因为不爱人矣"，不须所有的人不爱只要一类中有一个不爱就是"不爱人"，此时的"人"指只要有一个个别的人，是个别词项。

3. 两个词项分别表示一个事物，都是个别词项

"乘白马，乘马也"中"白马"和"马"两个词项都表示一个事物，是个别词项。因为"乘马"的动词"乘"所涉及的对象是"不周"的，"不待周乘马然后为乘马"，"有乘于马"，只要骑上一匹马就可以为"乘马"。同样，"乘白马"的"白马"也指一个，只要骑上一匹白马就可以为"乘白马"。这些是个别词项。

4. 两个个别词项同时指一个对象

"乘白马"与"乘马"中的"白马""马"两个词项都指一个事物，并指的是同一个事物，即"这一个"事物。甲（某人）所骑的"这一个"事物，它既是白马又是马，既由白马指称它又由马指称它。

5. 两个词项存在着一种从类到个别的转换

《小取》认为当词项在加上动词后其外延的不同就显现了出来，或指一类中所有事物或指一类中的一个事物。如"不乘马"是"周"，而"乘马"是"不周"，显然从"不乘马"到"乘马"，词项"马"所指称的对象有所转变，有一个由"周"的一类到"不周"的一个个别的转换。同样，从"白马，马也"到"乘白马，乘马"，其

词项"白马""马"所指称的对象也有由"周"的类词项到"不周"的个别词项的转换。

6. 词项前加上动词形成了动宾关系，其已是动宾结构

"乘白马，乘马也""爱获，爱人也"都是动宾结构，其所"乘"的白马、马与"爱"的获、人都是指被动的状态，与动作的主动者形成了两者之间的关系。

7. 复杂词项的动宾关系涉及关系命题

"乘白马，乘马也"的词项在动词作用下形成的是复杂词项，而动宾关系又触及到了关系命题，并且"乘白马"与"乘马"还涉及两个关系命题。但是，《小取》针对的只是词项"白马"和"马"，《小取》使用了两个关系命题的关系后项而构成了命题，表示了在动词作用下的两个复杂词项之间的关系。

如以欧拉图表示，"白马，马也。乘白马，乘马也"（"白马""马"是两个类词项，有小类和大类，但"乘白马"和"乘马"分别表一个个别，是个别词项。见图1）。与"获，人也。爱获，爱人也。"（"获""人"是类词项。"爱获""爱人"是类词项。同时，有"爱人"也有"不爱人"，则"不爱人"指一个个别，而有"爱获"也有"不爱获"，"不爱获"也指一个个别。（见图2）图中大圆圈表示大类的事物，中圆圈表示小类的事物，小圆圈表示一个个别事物）。如下列：

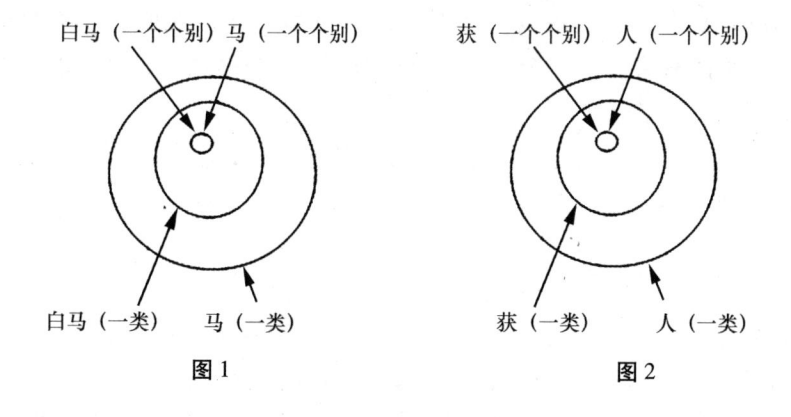

图1

图2

8. 词项与事物的关系

词项是表示事物的，即"名"是指称（称谓）"实"的。"名"指名称，语词，词项；"实"指客体，事物，对象。《小取》："以名举实"，"举"即称谓，指称，即用"名"词项指称（称谓）"实"事物。胡适说："种种事物，都叫做'实'。实的称谓，便是'名'。"[①] 沈有鼎说："可见'名'由我口说，'实'则原先在外界，二者决不可混淆。"[②] 实是外界事物，名是称谓事物的词项，两者是不同的，不可混淆。如"马"的一类事物"实"由"马"的类词项"名"指称。同时《小取》又有"察名实之理"的说法，"实"与"名"及两者关系存在着一种"理"。《小取》"一周""一不周"又认为，实有一类实与一个实的区别，名也有指称一类实与一个实的区别，词项既有指一个又有指一类，在"乘马"中"马"指一个实，在"不乘马"中"马"指一类实；在"不爱人"中"人"指一个实，在"爱人"中"人"指一类实。

《小取》又指出，在具体语句中，一个词项"马"还有指称一个对象与两个对象的不同："一马，马也。二马，马也。马四足者，一马而四足也，非二马而四足也。马或白者，二马而或白也，非一马而或白。"当说"马四足"时，"马"只能指一匹马而不能指两匹马，因为一匹马有四条腿，如果两匹马就应当有八条腿，因此说"马四足"时如"马"指两匹马就是谬误了。当说"马或白"时"马"须指两匹马而不能指一匹马，因为只是在有两匹马状况下才能说马有的是白的，只有一匹马说马有的是白的就是谬误了。此时"马"的词项所指称的对象有一个个体与两个个体的区别。（两个个体是指复数概念）

"名"与"实"关系有多种情形，如果从"以名举实"来看词项"马"，如：

---

① 胡适：《中国哲学史大纲》（卷上），中华书局1991年版，第139页。
② 《沈有鼎文集》，人民出版社1992年版，第350页。

"实",事物	"名",词项	实例:"马"
"实",一类事物	"名",词项,表示一类事物	"白马,马也"的马"不乘马"的马
"实",一个事物	"名",词项,表示一个事物	"乘马"的马,"马四足"的马
"实",两个事物	"名",词项,表示两个事物	"马或白"的马

《小取》认为,一个词项"名"有时指一个事物"实",有时指两个事物"实",有时指一类事物"实",都须在具体语句中加以分别和明确。《小取》指出在不同的语句中,应注意名与实的关系,即应清楚词项所指对象的外延状况,这应当是《小取》所说的"名实之理"。

(二)《小取》关于命题"辞"的认识

《小取》认为由两个类词项"名"可以构成一个命题"辞",如"白马,马也""获,人也"。《小取》认为"是"即肯定命题,"不然"即否定命题,如"白马,马也"和"乘车,非乘木也"。《小取》认为肯定命题暗含着表肯定的"是",如"白马,马也"。否定命题含有表否定的"非",如"乘车,非乘木也"。《小取》认为肯定命题的"辞"如"白马,马也"为真,否定命题的"辞"如"白马非马"为假。《小取》认为"名"加上动词后形成复杂词项"乘白马""乘马""爱获"等而构成一个"辞",如"乘白马,乘马也""爱获,爱人也"。《小取》认为"是"与"然"是两种"辞",即加与不加动词在命题的形态上有所不同,如"白马,马也"和"乘白马,乘马也"。《小取》认为"然"的命题分为两个类型,一种命题"辞"由复杂的个别词项"名"构成,如"乘白马,乘马也"。另一种命题"辞"仍是复杂的类词项"名"构成,如"爱获,爱人也"。《小取》认为当说"乘白马,乘马也"时,"乘"涉及一类中的一个个体即"不周",当说"爱获,爱人也"时,"爱"涉及一类的所有个体即"周",即动词形成的复杂词项所涉及的外延并不相同。《小取》认为,由两个关系命题的关系后项的词项而构成命题,表示在动词作用下两个词项的关系如"（甲）乘白马"的"乘白马"，"（甲）乘马"的"乘马"。《小取》认为"乘白马"的白马所指的是一个个别事物，"乘马"的马所指的是也是一个个别事物，两个词项都指一个个别事物，且是同一个事物。《小取》提出"是"和"然"的两种命题是并列的（即"比辞"），如"白马，马也。""乘白马，乘马也。"并且这两个命题同时都是真的，而"白马非马。""乘白马，非乘马也。"则同时都是假的。

如以欧拉图表示，如"白马，马也"（图3）。而"乘白马，马也。"中是两个个别词项（图4），另"获，人也""爱获，爱人也"（图5）。如图3、图4、图5所示。（两个大圆圈各表示一类事物，小圆形表示一个个别事物）

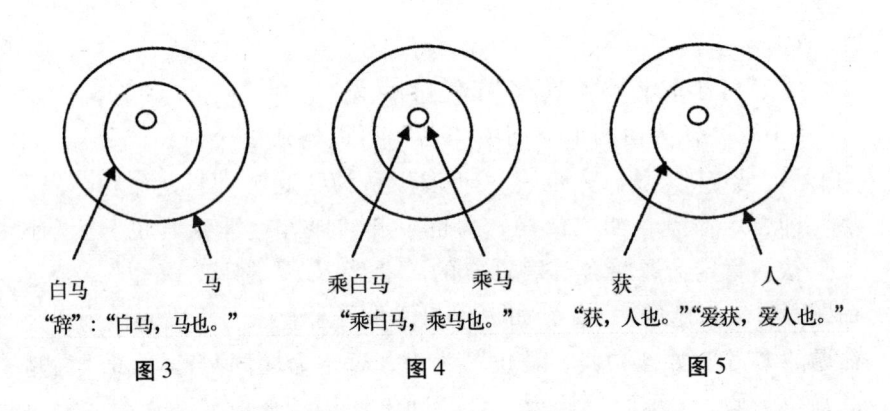

白马　　马
"辞"："白马，马也。"
图3

乘白马　乘马
"乘白马，乘马也。"
图4

获　　人
"获，人也。""爱获，爱人也。"
图5

《小取》"是"的命题由主谓项的两个类词项构成。"然"的命题由于词项分别加上动词而成为复杂词项，其动宾关系又触及关系命题和两个关系命题，其复杂词项又有"周"和"不周"即外延上不同，其复杂词项是由两个关系命题的关系后项而构成命题，"是"和"然"的命题的特点也表现了《小取》在词项、命题理论上的认识。

三　《小取》的论述与西方逻辑史的一些论述

《小取》对于命题的探讨与亚里士多德在命题理论基础上发现三段论推理有不同的走向。在西方逻辑史上，作为命题和由命题形成的推理，除三段论推理外还有附性法等的推理。而除此之外还有一些对命题和推理的探讨，这些探讨与《小取》对命题的探讨有类似和相同之处，这些都是建立在对词项与所指称的事物、个别词项与类词项、两个类词项、两个个别词项等理论的认识之上，涉及命题结构等理论问题。下面讨论亚里士多德的有关论述。

1. 表示一个个别、种、属的关系

属种关系表示一类事物与另一类事物有包含关系。表示属种关系的是两个类词项。亚里士多德说："如果要说明某个具体的人是什么，或者用种说明，或者用属说明，而且，用'人'比用'动物'说明更加恰当。"① 这是说，"人"是种，"动物"是属，它们都可以用于说明某个具体的人，而属与种之间是有包含关系的，"就像属包含种一样"②，表示种和属的都是普遍词项。

又，亚里士多德没有直接表示但可以想见应当有以"白人"作为种的。"但我们可以用单一的谓项来称谓单一的事实，如说某一个别的人是人，某一个别的白人是人。"③ 这里"一个个别的白人"指个别事物，如同有"一个个别的人"与种的"人"的关系，也应当有"一个个别的白人"与"白人"的种的关系，即"白人"也是种。而当将"白人"作为种，"人"就是属。

据亚里士多德的说法，表示种的词项是普遍词项。种表示的是事物的一类，也称为一般，也称事物的形式。亚里士多德说："形式所表示的是这类，而不是这个。但是人们却从这个制作出、产生出这类来，然而一旦产生了，这个类也就存在。这个卡里亚，或者这个苏格拉底作为整体，正如这个铜球一样，而人和动物则相当于一般的铜球。"④ 有表示个别的和表示一类的，"卡里亚""苏格拉底""一个个别的人""这个铜球"都是指一个个别事物，是个别词项；而"人""铜球"是一类事物，是一般，是种，是普遍词项。即亚里士多德所说的"人"是一个类，"动物"也是一个类而且是一个更大的

---

① 《亚里士多德全集》第1卷，中国人民大学出版社1990年版，第8页。
② 同上书，第6页。
③ 同上书，第68页。
④ 《亚里士多德全集》第7卷，中国人民大学出版社1993年版，第167页。

类；同时，"白人"是一个类，"人"也是一个类，而且是一个更大的类。这些两个类的关系正是属种关系。

《小取》没有直接给出属种关系的名称，但是，其所说的"类"，其在命题"白马，马也"中"马"的大类划分为"白马""骊马"的小类；"人"划分为"获""臧"的小类，这里"马"与"白马"，"人"与"获"都是"名"，分别表示有包含关系的一类事物与另一类事物，这两个"名"与属种关系相当。又如，《小取》有"不乘马"，这一"马"为"周"，同样可以想见也有"不乘白马"，这一"白马"也为"周"的。而这些"白马"与"马"的两个表周遍的"名"，即大类与小类的关系，也显示为属种关系。

如以欧拉图表示，亚里士多德所说"人"与"动物"（图6）、"白人"与"人"（图7）的种与属关系，与《小取》"白马"与"马"的小类与大类的关系（图8）是相当的。

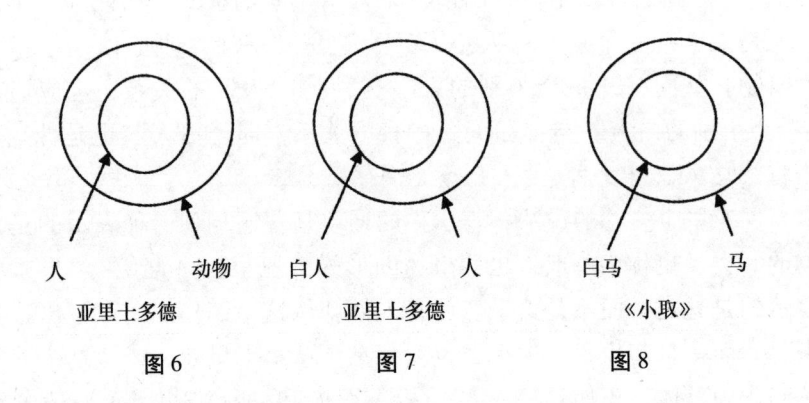

人　　　动物　　白人　　　人　　　白马　　　马
亚里士多德　　　亚里士多德　　　《小取》
图6　　　　　　图7　　　　　　图8

亚里士多德论述了个别与种的关系。一个事物是个体即个别，一类事物是种，即有表个别的词项与种的词项。亚里士多德说，"就像属包含种一样，如某个具体的人被包含在'人'这个种之中"①，即"一个个别的人"包含在"人"的种之中，"一个个别的人"与"人"是种与个体的关系。

在《小取》中，个别与种的关系明显地在"乘马""不乘马"中

---

① 《亚里士多德全集》第1卷，中国人民大学出版社1990年版，第6页。

表现出来。"不乘马"的"马"指一类事物,是周遍的,也是种;"乘马"的马是不周遍的,"马"只要有一个就可以成立,指一个个别,两者是个别与种的关系。

如以欧拉图表示,亚里士多德所说"一个个别的人"和"人"的属于关系(图9),和《小取》的"乘马"(一个个别)与"不乘马"(一类)的属于关系(图10),如下列:(大圆圈表示一类事物,小圆形表示一个个别事物)

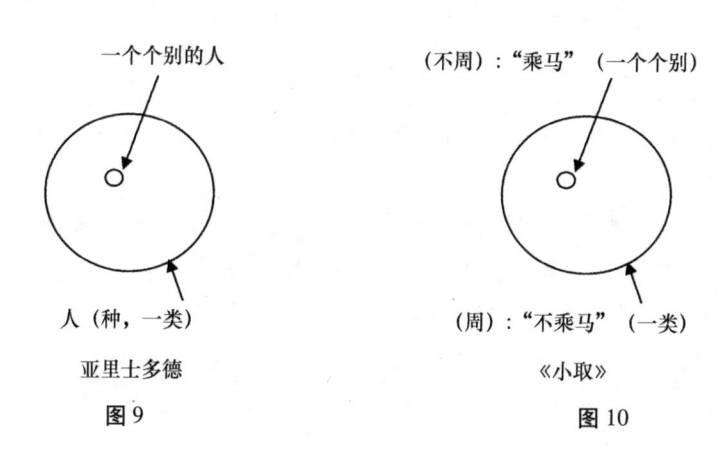

图9 亚里士多德：一个个别的人 / 人(种,一类)

图10 《小取》：(不周)"乘马"(一个个别) / (周)"不乘马"(一类)

由此有一个个别、种、属的互相关系。按照亚里士多德的说法,有一个个别,有种,有属,"如果要说明某个具体的人是什么,或者用种说明,或者用属说明,而且,用'人'比用'动物'说明更加恰当。"即"一个个别的人"是个别事物,"人"是种,"动物"是属。同样,"一个个别的白人"包含在"白人"的种之中,"一个个别的白人"是个别事物,"白人"是种,"人"是属。如下：

一个个别的人	人	动物
一个个别的白人	白人	人
(个别事物)	(种)	(属)

《小取》的命题"白马,马也"中"白马""马"是类词项,实际表现为"白马"作为种,"马"作为属。另,在"乘白马"中

是一匹白马,据《小取》又可以有"不乘白马",其"白马"为"周",是指一类,即在"乘白马"中表示"一个个别的白马",在"不乘白马"中表示"白马"的一类。同时,《小取》认为,"不乘马"的"马"表示一类事物。也就是说,《小取》的"一匹白马""白马""马"的关系实际上已与一个个别、种、属的说法相当。如下列:

"乘白马"的"白马"　　"不乘白马"的"白马"　　"不乘马"的"马"
　　　　　　　　　　"白马,马也。"的"白马"　"白马,马也。"的"马"

一匹白马　　　　　　　　白马　　　　　　　　　马
(个别事物)　　　　　　(一类,种)　　　　　　(一类,属)

因此,有两个个别与种的关系,以欧拉图表示亚里士多德的"一个个别的人"与"人"的种,"一个个别的白人"与"白人"的种(图11),与《小取》的"乘白马""乘马"中表示一个个别,"不乘白马"和"不乘马"以及"白马,马也"中都表示一类的说法(图12)。如以下:

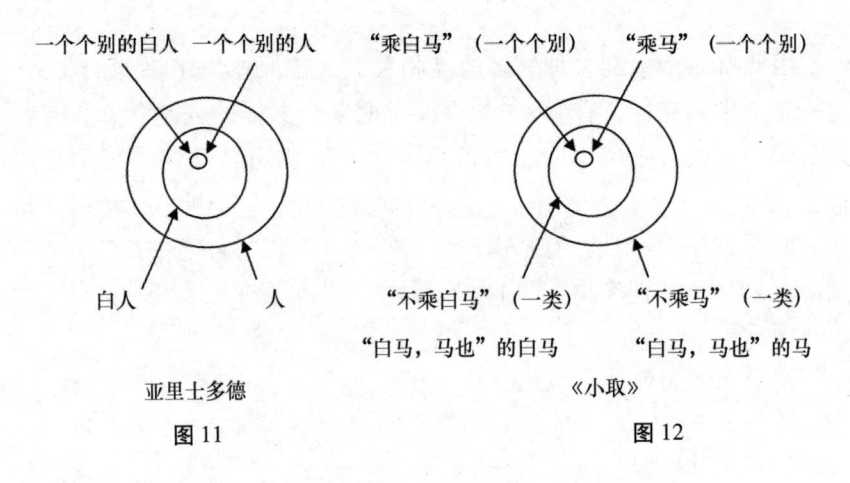

一个个别的白人　一个个别的人　　　"乘白马"(一个个别)　"乘马"(一个个别)

白人　　　　　人　　　　　　　"不乘白马"(一类)　　"不乘马"(一类)
　　　　　　　　　　　　　　　"白马,马也"的白马　　"白马,马也"的马

亚里士多德　　　　　　　　　　　　　　《小取》
图 11　　　　　　　　　　　　　　　　图 12

2. 两个词项表示同一个事物

亚里士多德有"某一个别的人"和"某一个别的白人"的说法。这就是说,对于一个个别事物来说既是"一个个别的人"又是"一

个个别的白人"。亚里士多德说:"一个人既是人,又是白的,所以他将是一个白人。"① 即当说某一个人又是白的时候他就是一个白人。在这里"一个个别的白人"和"一个个别的人"两个词项指称的是同一个事物(见图11),也就是说,"一个个别的白人"也就是"一个个别的人",既用白人指称他又用人指称他。

《小取》的"乘白马,乘马也。"其"白马"与"马"都指同一个个别事物,即作为甲(某人)所骑上的一个对象既是一匹白马也是一匹马(见图12),既用白马指称它又用马指称它。《小取》所说与亚里士多德所说的是相当的。

3. 词项前加上动词后引进动宾关系

我们知道亚里士多德有"十范畴"学说,即1实体、2数量、3性质、4关系、5何地、6何时、7所处、8所有、9动作、10承受。亚里士多德说:"举个例子来说,实体,如人和马;数量,如'两肘长'、'三肘长';性质,如'白色的'、'有教养的';关系,如'一半'、'二倍'、'大于';……动作,如'分割'、'点燃';承受,如'被分割'、'被点燃'。"② 根据亚里士多德所说,十个范畴中的第九个、第十个范畴是"动作""承受",这样,引进了动作的动词,形成动宾关系。而第十个范畴"承受"是被动的,如"分割食物""点燃火把"即"食物"被分割、"火把"被点燃。"承受"是被动状态,是动作的承受者。

显然,《小取》的"乘马""爱人"中的"马""人"都是被乘骑,被仁爱的,是被动者,是承受者,《小取》所表示的与亚里士多德"十范畴"中第十个的"承受"范畴相当,加上动词后就形成了关系命题。

4. 由词项构成命题

据亚里士多德的命题理论,由词项构成命题,可以形成"人是动物"的肯定命题,这是全称命题,表示"所有的人是动物"(同样也可以形成"白人是人")。命题中的"人"和"动物"都是普遍词

---

① 《亚里士多德全集》第1卷,中国人民大学出版社1990年版,第67页。
② 《亚里士多德全集》第1卷,中国人民大学出版社1990年版,第5页。

项，即两个有包含于关系的类词项，也是表示事物的小的类和大的类。

据亚里士多德的论述，"人是动物"是一个真命题。如果有一个三段论以"人是动物"为大前提，则"动物"是大词，"人"是中词，这一肯定命题为真，而否定命题"人不是动物"则为假。"大词肯定中词是真实的，否定中词是不真实的，证明为这样的断定所影响，把对矛盾面的否定加到中词上并没有什么区别。如果我们断定，称谓'人'是真实的东西，称谓'动物'也是真实的——只要'人是动物'是真实的，'人不是动物'是不真实的。"[①] 即如以大词"动物"肯定中词"人"，其命题"人是动物"为真，而命题"人不是动物"则为假。

《小取》以"白马，马也"（白马是马）、"获，人也"（女奴隶是人）为真，以"白马非马"（白马不是马）为假，这些与亚里士多德的论述相当。

亚里士多德以后，西方逻辑在词项，命题，推理上有进一步的探讨。除了三段论外，还有附性法推理等。附性法是将命题的主谓项分别加上某些词项而形成，所形成的仍然是直言命题，如"篮球运动是球类运动。男子篮球运动是男子球类运动"，由前一命题真推出的后一命题也真。显然，《小取》"是而然"的"白马，马也。乘白马，乘马也"与之不同。"然"的命题的主谓项分别加上动词而成为复杂词项，涉及关系命题，其命题形态有所不同。然而，逻辑史中还有一些对词项、命题和推理的探讨，与《小取》的探讨有类似和相同之处。下面讨论亚里士多德以后西方逻辑史的一些论述。

1. 表达属种关系的两种类词项

据亚里士多德的"一个白人"的说法，我们可以想见应当有将"白人"作为种，但是亚里士多德一般将"动物"与"人"作为属与种，往往举"人是动物。"的例子来讨论。对于概念或词项，波菲利（234—305）对于逻辑史影响较大。波菲利的概念树形图将实体作为

---

① 《亚里士多德全集》第1卷，中国人民大学出版社1990年版，第268页。

最高的属，往下是物体，再往下是有生命的物体，再往下是动物，再往下是有理性的动物，再往下是人，人下面是苏格拉底和柏拉图等个体的人。实体是最高的属，人是最特定的种，种往下不再划分（逻辑史论著通常指出波菲利的表述与亚里士多德的表述有所不同）。"人"作为种，是一个全称量词，但中世纪也有逻辑学家将"人"的概念明确地再划分为"白人"的论述。

如西班牙的彼得（约1220—1277）讨论了概念的限制问题。宋文坚指出，西班牙彼得提出，"人"的概念如果用形容词修饰一概念，就缩小了概念的外延，"如'白人在跑'的白人"①，显然，西班牙彼得讨论的是作为普遍概念即普遍词项"人"的外延大，再划分为"白人"，就缩小了外延。

如邓斯·司各脱（1265—1308）认为，思维对事物的抽象是概念，"人"作为全称量词是一种抽象概念，但如"人"与"白人"，"人"比"白人"的抽象程度更高。宋文坚指出，司各脱认为："抽象有双重含义，第一种抽象抽象掉物质，也抽象掉相关的含义。例如'人'这概念，既抽象掉这个人和那个人的具体的人，也抽象掉物质，如抽象掉白人、黑人。另一种抽象，能抽象掉有关的含义，但却没有撇开物质，如'白人'这概念抽象掉具体的这个人和那个人，却没有抽象掉人的物质性，因为白是物质的一种性质。"② 司各脱看到全称量词"人"和"白人"都是抽象概念，但人的抽象程度高，白人的抽象程度低。这实际上已将"人"划分为"白人"的小类，也是将"人"和"白人"看作属与种的关系。

以上所说，作为普遍词项将"人"再划分出"白人"，这一说法与《小取》将"马"划分为"白马""骊马"的小类是类同的。

以欧拉图表示，西班牙彼得和司各脱的人与白人的关系（图13）与《小取》的马与白马的关系（图14），如下所示：

---

① 马玉珂主编：《西方逻辑史》，中国人民大学出版社1985年版，第172页。
② 同上书，第178页。

350　中国逻辑史研究方法论

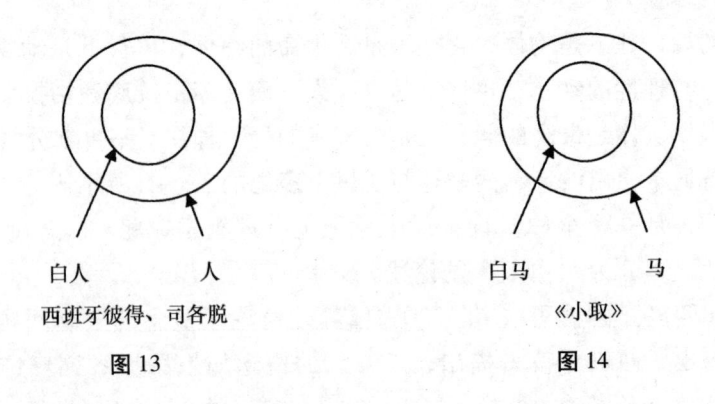

白人　　人
西班牙彼得、司各脱
图 13

白马　　马
《小取》
图 14

2. 词项表达个别与种的关系，表示一个个别事物与一类事物

中世纪逻辑学家提出了指代的学说。指代理论表示的是词项的一种特性，这种特性在命题中显示出来。宋文坚说，西班牙彼得关于指代理论提出，"指代是为了特定目的而用实名词对某物所作的解释"，"指代是词的一种特性，实际这种特性只有在判断或命题中才能显示出来"①。西班牙彼得将指代首先分为"普遍的指代"和"分离的指代"。宋文坚说："普遍的指代是用普遍的词项，如'人'、'动物'等词实现的指代，即用一个普遍的词项或普遍概念表示具体事物，如'人在跑'命题中的'人'就是一个普遍的指代。它所表示的实际是某一个具体的人。例如苏格拉底或我们中国语言中习惯用的张三或李四。"② 即"人""动物"是普遍词项或普遍概念，但在一命题"人在跑"中，"人"实际是指一个具体的人，在命题中普遍词项"人""动物"等指一个存在的个别事物。

又，在普遍的指代中又分为"本性的指代"和"偶性的指代"，在偶性的指代中又分为"简单的指代"和"人称的指代"。关于人称指代，宋文坚论述说："人称指代乃是指使用一般词项于该词项所能表示的特殊个体。当我们说'人在跑'时，人这个词实际指某个特殊的人。"③ 这也是说，在"人在跑"中，人称的指代"人"这个词

---

① 马玉珂主编：《西方逻辑史》，中国人民大学出版社 1985 年版，第 167 页。
② 同上书，第 168 页。
③ 马玉珂主编：《西方逻辑史》，中国人民大学出版社 1985 年版，第 167 页。

项指某个特殊的人，是一个个别的人。

以上普遍指代和人称指代都表明其词项具体在命题中指一个个别事物。而《小取》提出，在"乘白马，乘马也"的命题中，"马"是"不周"的，即原本普遍词项的"马"在这里实际指一个具体事物，是一匹个别的马。又，《小取》指出"马四足"的"马"指一匹马，也是说普遍词项在具体语句中却有特定的所指，即在具体语句中，词项的这种特性就显示出来，《小取》的说法与上述说法类同。

3. 命题中的词项有一种由类词项转为个别词项，从种到个体的转变

西班牙彼得的指代理论还提出一种"过渡"说。西班牙彼得将人称指代又分为"确定的指代"和"不确定的指代"，在不确定的指代中又分为"可变的指代"和"不可变的指代"。在可变的指代中彼得提出了"过渡"说。"可变的指代是说命题中的一个词项有几重意思，而不是单一的意思。当我们说'任何人都是动物'时，'人'既可指每个人，又可指一类人。这里可以从个体过渡到它所属的种，又可从种过渡到它所包含的个体。例如我们可以说'任何人都是动物，所以苏格拉底是动物'。在'任何人是动物'这个例子中，'动物'则是不可变的模糊的指代，因为我们不能说'任何人是动物，所以任何人是这动物'。"[①] 西班牙彼得发现当说命题"任何人都是动物"（即"人是动物"）时，主项"任何人"的"人"是可变的指代，其主项可以由种过渡到个体，因此可以说"任何人都是动物，所以苏格拉底是动物"，后一命题主项"苏格拉底"指一个个体。这样就由"人"的种过渡到个体"苏格拉底"。但是，谓项"动物"是"不可变的指代"，从而不可以说"任何人都是动物，所以任何人是这动物"。彼得的这一"过渡"说表述了词项在命题中有从个体过渡到它所属的种，又可从种过渡到它所包含的个体的现象，"人"是作为可变的指代在命题中又可以指"一个个别的人"，即普遍词项在命题"人是动物"中的"人"指每个人，指一类人。而作为普遍指代、人

---

① 马玉珂主编：《西方逻辑史》，中国人民大学出版社1985年版，第169页。

称指代，在命题"人在跑"中普遍词项"人"实际是指一个个别，命题中的词项有从种过渡到个体的现象。而《小取》的"乘马"中"马"指一个个体，"不乘马"中"马"指一类，词项有一个从类词项到个别词项的转换，这与西班牙彼得的"过渡"说有相似之处。

以欧拉图表示西班牙彼得在"人在跑"指一个个别，"人是动物"指一类（图15），《小取》的"乘马"（一个个别）与"不乘马"（一类）（图16）：

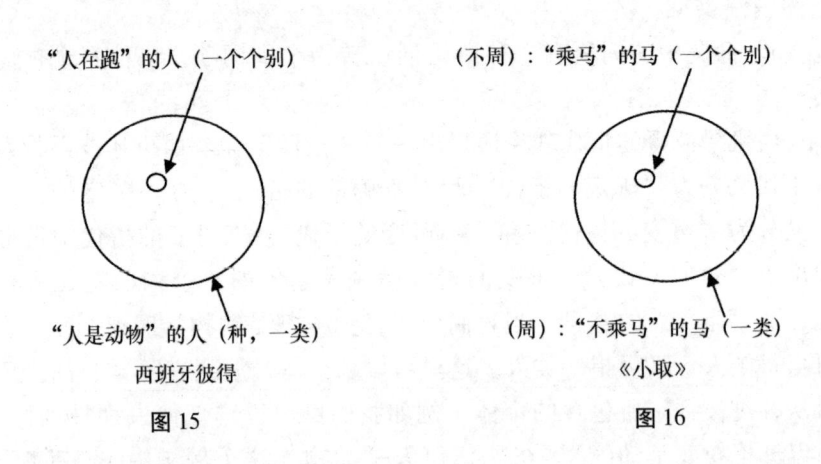

"人在跑"的人（一个个别）　　　　　（不周）："乘马"的马（一个个别）

"人是动物"的人（种，一类）　　　　（周）："不乘马"的马（一类）
西班牙彼得　　　　　　　　　　　　《小取》
图 15　　　　　　　　　　　　　　　图 16

4. 有关推理的说法

中世纪逻辑学家对推理进行了很多研究。威廉·奥卡姆（约1295—1349）将推论（即推理，下同）分为"形式的推论"和"实质的推论"。所谓形式的推论指对于一切词项都有效，是形式上正确或形式上有效的。实质的推论指具有同一形式的语言，并非都正确，要视内容而定，如"'苏格拉底奔跑，因而人奔跑'是一个实质推论"[①]。奥卡姆认为实质推论有两种变型，第一种变型是借助内在环节的推论。宋文坚论述说："'苏格拉底奔跑，因而人奔跑'是第一种，它借助了'苏格拉底是人'这个内在的环节。"[②] 这是说，"'苏格拉底奔跑，因而人奔跑'是一个实质推论，但它有一个"苏格拉底是

[①] 马玉珂主编：《西方逻辑史》，中国人民大学出版社1985年版，第184页。
[②] 同上。

人"的命题作为内在环节（这是一个单称命题），从而前者为真可以推出后者为真，是由"苏格拉底是人"为内在环节，由"苏格拉底""人"作命题的主项所形成的推论。

约翰·布里丹（1300—1358）采用威廉·奥卡姆将推论分为形式的推论和实质的推论的说法。布里丹又将实质的推论分为绝对的和当下的。绝对的推论指不论任何时候都不能前件真和后件假。宋文坚说，布里丹举例："'一个人在跑，所以一个动物在跑'，布里丹指出这是一个绝对推论。"① 布里丹还认为，绝对的推论可以化归为形式的推论。所谓化归，就是补充一个相当于原理式的大前提，有此前提从而成为一个形式的推论，"把它化归为形式推论，就是增加一个大前提：每一个人是动物。于是就得到：'每一个人是动物，一个人在跑，所以一个动物在跑'"②。布里丹所说的化归，实际是把一个省略推理补充为形式正确的完整推理（实际奥卡姆将"苏格拉底是人"作为"内在的环节"也与之类似）。但是，这一形式的推理与三段论推理不同，"每一个人是动物"为大前提，小前提与结论是将大前提全称命题的主谓项分别由两个类词项转换为个别词项（一个人、一个动物），再分别作主项形成两个直言命题，从而形成一个形式推论。

以上这些推论都将命题的主谓项提出来分别形成两个命题，与《小取》的"是而然"有些相似之处，只是所说"'苏格拉底奔跑'""一个人在跑""一个动物在跑"分别是主谓结构的直言命题，而《小取》形成的是有动宾关系的命题。

5. 加上动词形成的动宾关系的命题和推理

逻辑史中也出现了动宾结构的命题。威廉·奥卡姆提出表现为含有动宾关系命题的推理。张家龙论述说，奥卡姆提出可以有效地得到一个推理："每个人是动物，苏格拉底看见一个人，所以，苏格拉底看见一个动物。"③ 这里的推理是由"每个人是动物"和"苏格拉底

---

① 马玉珂主编：《西方逻辑史》，中国人民大学出版社1985年版，第190页。
② 同上。
③ 江天骥主编：《西方逻辑史研究》，人民出版社1985年版，第170页。

看见一个人"为前提，推出"苏格拉底看见一个动物"的结论。这一推理出现了"看见"与"一个人""一个动物"的动宾结构，从而形成关系命题。

琼京·雍吉厄斯（1587—1657）在《汉堡逻辑》中提出一种从主格到从格的推理。宋文坚说："这种推理是从带有作主格的项的命题推出至少含有一个作从格的项的命题。"①"从格"亦称"斜格"，包括宾格和所有格为从格。"所谓'斜格'（或'从格'）是一个语法概念，指'主格'以外的格（宾格和所有格）。"② 宋文坚说："后来莱布尼兹为这种推理举了一个著名的例子：所有圆都是几何图形。因之谁画了圆谁就画了几何图形。"③ 这一例子的结论中动词"画"的动宾关系的词项"圆""几何图形"都是宾格。雍吉厄斯所说的推理中动宾关系已涉及关系命题的推理。张家龙指出，这是"关系推理"④，"这种推理是直言三段论所包括不了的"⑤。

我们看到，《小取》与奥卡姆、雍吉厄斯所提出推理有诸多共同性。它们都有一个全称的直言命题，如奥卡姆的"每个人是动物"和《小取》的"白马，马也"（白马是马），并且都有由该全称命题的主谓两个词项再分别形成两个动宾关系的宾格词项，如"看见一个人""看见一个动物"和"乘白马""乘马"。

但也有不同之处。以奥卡姆的推理来说，前提的两个命题为真，推出后一结论的命题为真。雍吉（莱布尼茨）的举例略异，前提的一个命题为真，推出结论的两个命题为真（即"推出至少含有一个作从格的项的命题"）。它们都有三个命题，或前两个命题为真，推出后一命题为真；或前一个命题为真，推出后面两个命题为真，即三个命题都为真。但《小取》"白马，马也。乘白马，乘马也"的"是而然"是两个命题，"乘白马，乘马也"只是一个命题。诸葛殷同

---

① 宋文坚：《西方形式逻辑史》，中国社会科学出版社1991年版，第187页。
② 江天骥主编：《西方逻辑史研究》，人民出版社1985年版，第170页。
③ 宋文坚：《西方形式逻辑史》，中国社会科学出版社1991年版，第187页。
④ 江天骥主编：《西方逻辑史研究》，人民出版社1985年版，第171页。
⑤ 同上书，第170页。

说:"'甲所乘是白马',不是一个有真假的、真正的命题",但"'乘白马乘马也',却是一个真命题"①。"乘白马"与"乘马"之间含有一个"是"的肯定的断定,它们只是构成命题的复杂词项,是使用了两个关系命题的关系后项而构成的命题。"是而然"是前一命题为真,后一命题也为真,两个命题都为真。《小取》表示的是由一个命题扩展为另一个命题,而两者都为真。

另一具有共同性的是,全称命题的主谓项是普遍词项,在宾格词项中都转换为个别词项。如奥卡姆举例的全称命题"每个人是动物"主谓项都是普遍词项,在"看见一个人""看见一个动物"的宾格词项"一个人""一个动物"都转换为个别词项。《小取》也如此,"乘马"的"马"指一匹个别的马。

另外两个命题中动宾关系宾格词项所指是一个事物,并且是同一个事物。奥卡姆所说"每个人是动物,苏格拉底看见一个人,所以,苏格拉底看见一个动物",其"看见一个人""看见一个动物"都指一个事物,是同一个事物。雍吉厄斯(莱布尼茨)举例,"画了圆""画了几何图形"所画的一个圆、一个几何图形也指一个事物,是同一个事物。这与《小取》的"乘白马,乘马也"(骑上白马是骑上马)相同,即"乘白马""乘马"指的是一个事物,并且是同一个事物。

如果以欧拉图表示,雍吉厄斯(莱布尼茨)的"所有圆都是几何图形","因之谁画了圆谁就画了几何图形"(补出相应部分,为"谁画了〔一个〕圆谁就画了〔一个〕几何图形",见图17)与《小取》"白马,马也""乘白马,乘马也"(补出相应部分,为"〔所有的〕白马是马。〔甲〕骑上〔一匹〕白马是〔甲〕骑上〔一匹〕马",见图18)。

前面布里丹所说形式的推论:"每一个人是动物,一个人在跑,所以一个动物在跑。"和奥卡姆的"'苏格拉底奔跑,因而人奔跑",其内在的环节是单称命题的"苏格拉底是人"亦类似,都可以用欧拉图表示。

---

① 诸葛殷同:《说侔》,《中国哲学史研究》1989年第4期。

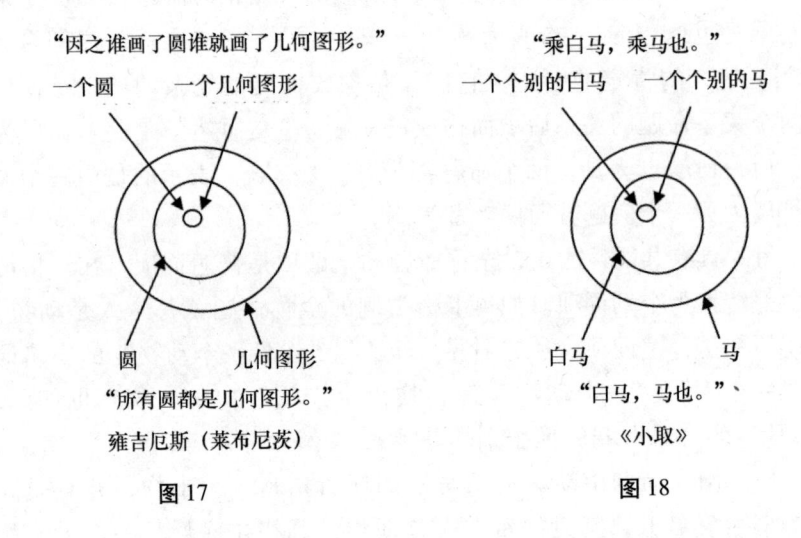

"因之谁画了圆谁就画了几何图形。"
一个圆　　一个几何图形

圆　　几何图形
"所有圆都是几何图形。"
雍吉厄斯（莱布尼茨）

图17

"乘白马，乘马也。"
一个个别的白马　　一个个别的马

白马　　马
"白马，马也。"、
《小取》

图18

这些带有动宾结构的关系命题和推理，是一种"带有作主格的项的命题"推出"作从格的项的命题"，与《小取》"是而然"是相近的。

据上，可以看到《小取》的论述与逻辑史一些论述有许多是相同或相似的。

四　结语

逻辑史中，亚里士多德逻辑和中世纪逻辑学家所论述的内容是非常丰富的，与《小取》相同相似的论述只是很小的一部分，但这也是值得探讨研究的。

《小取》并没有发现三段论。诸葛殷同说："中国先贤没有象亚里士多德那样抓住比较简单的直言命题的对当关系，直接推理和三段论这些一元谓词逻辑的问题；一上来就抓住了一些比较复杂的推理，象侔这种二元谓词逻辑的问题，这就难于发展出一套足与亚里士多德三段论媲美的逻辑理论了。"① 这是说，《小取》表现为另一

---

① 诸葛殷同：《说侔》，《中国哲学史研究》1989年第4期。

个走向。虽然说《小取》已认识到"白马，马也"（白马是马）等直言命题，但与亚里士多德逻辑发现三段论推理不同，《小取》在词项前面加上动词而扩展成为"乘白马，乘马也""爱获，爱人也"，与"二元谓词"即关系命题有关。然而，我们又看到，《小取》的这一走向，在西方逻辑史中也有相同和类似的走向。这种走向是建立在对词项和命题理论的认识之上的，也反映了两者有相同和类似的思考路径。

对于这一走向，《小取》与西方逻辑史的一些论述，本文略表以下一些看法。

1. 《小取》认识到直言命题

如将"白马，马也""获，人也"等四个"辞"确定为同一形式，即为直言命题。《小取》认识到"白马"、"骊马"与"马"是表示两类事物的类词项，是普遍词项，这与亚里士多德所说的种与属关系相当，当它们构成"白马，马也""骊马，马也"的命题时，与亚里士多德的"人是动物"的命题相当。"然"的命题在词项前加上"乘""爱"的动词即为被动状态，与亚里士多德十范畴中的"承受"范畴相当。而形成动宾结构将导致引入关系命题，但亚里士多德对此还没有进一步的论述。

2. 《小取》认识到个别与种的关系

《小取》认为"乘白马""乘马""不乘马"，当说"不乘马"时，"马"指一类事物是"周"的，当说"乘马"时是"不周"的，只要有一个就可以成立，两者是个别与种的关系。而又如"乘白马"的"白马"也指一个个别。而"一马，马也。二马，马也"即一匹马、两匹马的个别词项与马的类词项，这也表达了亚里士多德所说的个别与种的关系。

3. 《小取》认为两个词项指称一个事物

"乘白马，乘马也"，其（某人）甲所骑乘的一匹马是白的就是一匹白马，即一匹白马既用白马指称它又用马指称它，这与亚里士多德所说"一个人即是人，又是白的，所以他将是一个白人"的说法相当，即"一个个别的白人"，既用白人指称他又用人指称他。而奥卡姆所说"每个人是动物，苏格拉底看见一个人，所以，苏格拉底看见一个动物"和布里丹所说"每一个人是动物，一个人在跑，所以一个动物在跑"，其中一个人和一个动物也指同一个事物，这一个事物既用人指称它又用动物指称它。这些都显示两个词项指称一个事物，并且指的是同一个事物。

4.《小取》认为，普遍词项有时表示具体事物

在"乘马"中，原来普遍词项的"马"是不周遍的指一个具体的马。指代理论认为在具体语句或命题中普遍词项有时表示一个具体事物，如西班牙彼得指出"人"的普遍词项在命题"人在跑"中表示一个具体的人，《小取》的说法与之相当。

5.《小取》认为有一个从普遍词项到个别词项的转换

在"不乘马"中是普遍词项，在"乘马"中是个别词项，这体现了在具体语句中有一个从普遍词项到个别词项的转换。又，从"白马，马也"到"乘白马，乘马"，其词项"白马""马"所指称的对象也有这种转换。这一发现与西班牙彼得的指代学说提出的在具体语句从种过渡到个别，即普遍词项到个别词项的"过渡"说类同。如西班牙彼得所说"人是动物"（即任何人都是动物）可以过渡到"苏格拉底是动物"。又如从"人是动物"到"人在跑"也有这种过渡，再如布里丹所说"'每一个人是动物，一个人在跑，所以一个动物在跑'"也有这种过渡。而奥卡姆所说"每个人是动物，苏格拉底看见一个人，所以，苏格拉底看见一个动物"也反映了这种过渡。如果以奥卡姆举例来看这一过渡或转换，如图19所示。

奥卡姆的举例

（一类）　　　　　　（一类）
"每一个人　　是　　动物"
　　↓　　　　　　　　↓
"苏格拉底看见一个人""所以，苏格拉底看见一个动物"
　　（一个）　　　　　　（一个）

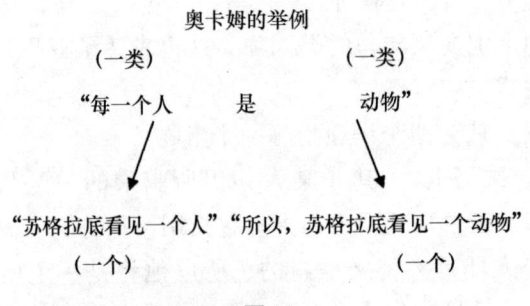

图 19

6. 《小取》的"是"的命题的主谓项在加上动词后成为"然"的命题，这与关系命题有关

"然"的命题由于词项分别加上动词形成动宾关系，又触及关系命题和两个关系命题。这与奥卡姆、雍吉厄斯（莱布尼茨）提出的推理中的命题相近，都已涉及关系命题。

7. 《小取》的"是"的命题是全称命题，在其主谓项分别加上动词后成为两个命题

奥卡姆、雍吉厄斯（莱布尼茨）提出的推理也是将全称命题的主谓项分别加上动词后成为关系命题，两者是类同的。只是《小取》又取用了关系命题的两个关系后项而形成一个"然"的命题。

也就是说，我们看到《小取》的这一走向在西方逻辑史中也有相同和类似的走向，这也反映了两者有着相同和类似的思考路径。另外，也应看到两者有一些不同。奥卡姆、雍吉厄斯（莱布尼茨）、布里丹等说的是一种推理，其前提和结论都是三个命题，尽管推理方式上略有不同。而《小取》是一个命题扩展、生成出另一个命题，是两个命题（本文暂不讨论推理问题）。更为不同的是，《小取》提出"然"的命题有两个类型："乘白马，乘马""爱获，爱人也"，因为其动词的属性不同导致关系后项有表"一类"和"一个"的不同。这一点奥卡姆、雍吉厄斯（莱布尼茨）所论及的是没有的。

最后，应当提到，我们这里讨论的是古代逻辑，古代逻辑重要的部分是主谓逻辑。《小取》和西方逻辑史的一些论述都已涉及关系命题，雍吉厄斯所说的"从格"（含有宾格词项）的命题就是关系命题。在逻辑史上关系逻辑是对主谓逻辑的一种发展。张家龙说："从亚里士多德至17世纪，古典形式逻辑在逻辑形式化方面取得了许多成就。这为用数学方法处理古典形式逻辑创造了前提。另一方面，古典形式逻辑有局限性，这种局限性随着科学的发展日益明显。它把一个简单命题只分析成主词和谓词，这样做的后果就是取消了关系命题。"[①] 雍吉厄斯是较早论及关系命题及推理的，张家龙说："有些逻

[①] 张家龙主编：《逻辑学思想史》，湖南教育出版社2004年版，第594页。

辑学家对古典形式逻辑作了一些推广工作，例如，琼金·雍吉厄斯的《汉堡逻辑》就提出了关系推理。"① 逻辑学发展到现代逻辑，关系逻辑是其中的一部分内容。从逻辑史的视野看，早先逻辑学家的探究发现对后来逻辑学家的深入丰富是有贡献的。我们看到奥卡姆、雍吉厄斯（莱布尼茨）那里已经出现关系命题。而《小取》所论述的既涉及主谓命题又涉及关系命题，刘培育说："而侔式推理是关于二元谓词的关系推理。关于关系推理，在西方史是在19世纪中叶以后才引起逻辑学家的重视，并开始研究的。"② 表现了中国古代先贤对于逻辑思想的探讨和创获，尽管《小取》的成果在它以后的中国古代没有得到进一步的深化和发展。

以上讨论了《小取》的"是而然"中的命题、词项与西方逻辑史的一些论述，我们可以看到两者有相同与相似的论述，我们也可以看到两者具有一定的相通性和共同性。

---

① 张家龙主编：《逻辑学思想史》，湖南教育出版社2004年版，第594页。
② 同上书，第88页。

墨家"实"之意义辨析

李雷东[*]

一 《墨子》中关于"实"的一些用例[①]

《墨子·明鬼下》说：

> 子墨子曰：是与天下之所以察知有与无之道者，必以众之耳目之实知有与亡为仪者也。请惑闻之见之，则必以为有；莫闻莫见，则必以为无。

《墨子·非命上》说：

> 故言必有三表。何谓三表？子墨子言曰：有本之者，有原之者，有用之者。于何本之？上本之于古者圣王之事。于何原之？下原察百姓耳目之实。于何用之？废以为刑政，观其中国家百姓人民之利。此所谓言有三表也。

"众之耳目之实"是判断有与无的标准，"百姓耳目之实"是立言的一个标准。"闻之见之，则必以为有；莫闻莫见，则必以为无"，

---

[*] 李雷东，长治学院中文系副教授。
[①] 本文若无特别注明，《墨子》引文均出自吴毓江《墨子校注》，中华书局2006年标点本。

"实"的存在是可以感知的,通过感官获得的可以作为认识和判断的基础。

又在《墨子·非攻下》说:

> 子墨子言曰:……今天下之所同义者,圣王之法也。今天下之诸侯,将犹多皆免攻伐并兼,则是有誉义之名,而不察其实也。此譬犹盲者之与人同命白黑之名,而不能分其物也,则岂谓有别哉!

墨子认为,天下诸侯虽赞誉"圣王之法",但不能行"圣王之法",这是不察"圣王之法"的"实",所以天下诸侯所谓的"义"也就没有其实。天下诸侯在对待"圣王之法"的问题上,如盲者一般,知名而不知实。

由上面的几个例子可以看出,"实"的一个意义是实存,既指行为、事物,也指言论、鬼神等,它们都可以被感知到。还可以看出,作实存意的"实",在句子中充当宾语,《明鬼下》篇在介宾短语中作宾语,《非命上》《非攻下》篇在动宾结构中作宾语,这也说明"实"表示实存。

在这个意义上,"实"与"物"同义。王国维认为:"古者谓杂帛为'物',盖由'物'本杂色牛之名,后推之以名杂帛。《诗·小雅》曰:'三十维物,尔牲则具。'传云:'异毛色者三十也。'实则'三十维物'与'三百维群'、'九十其'句法正同,谓杂色牛三十也。由杂色牛之名,因之以名杂帛,更因之以名万有不齐之庶物,斯文字引申之通例矣。"① 赵纪彬对《尚贤》以下29篇中的"物"字作了统计和分析(不包括《亲士》以下7篇、墨经6篇和《备城门》以下11篇),"物"字三十八见,可分为两类:(1)用以名自然现象

---

① 王国维:《释物》,载姚淦铭、王燕编《王国维文集》(四),中国文史出版社1997年版,第97—98页。

者七个；（2）用以名社会现象者三十一个。① "从'尚贤使能'到'制衣裳''杀牛羊'，从'兼爱'到'挈泰山'，从'非攻'到'命白黑'，从'节用'到制造宫室、舟车、甲盾五兵，从祭祀上帝山川到牧畜酿酒，从偷桃盗李到攻国窃都，从立言规范到辩别名实，从察类明故到命之有无及礼乐兴废，通名为'物'。"②

《经上》："名，达、类、私。"《经说上》："说名：物，达也；有实，必待文名也命之。"墨子从外延上将概念划分为三类：达、类、私。"物"作为"达名"，指"万有不齐之庶物"，这正与上引所述相同，"物"在外延上可指"尚贤使能"等。上引《经说上》中有"有实，必待文名也命之"，其中的"实"指实存。

"万有不齐之庶物"可以通过感官被感知到，在这一意义上的"实"具有经验的性质。墨子还注意经验的累积。《经下》："知而不以五路，说在久。"《经说下》："（智）以目见，而目以火见，而火不见。惟以五路智，久不当以目见若以火见。"③ "五路"即五官，"久"指时间，"火"今语谓光，"若"训与。在《墨子》书中，"久"作"时间"讲的时候，是对各种时刻、时段的总称。每个具体的时刻或时段连接起来形成了连续不断的时间，人们也是从这些时刻、时段中获得对"时间"的认知。墨子认为"时间"不能依靠感官获得，而是依靠经验的积累获得。

二 《墨子》中对"实"的解释

从《墨子》书中的一些具体用例，可以看出，"实"表示实存，指向的是万有不齐之物，所表达的是事物的本然状态。《墨子》书中还有对于"实"的具体解说。这些解说与上述意义有区别也有联系。

实，荣也。（《经上》）

---

① 参见赵纪彬《困知录》，中华书局1963年版，第170页。
② 同上书，第177页。
③ 此条《经说》原文采用高亨《墨经校诠》的点校。高亨：《墨经校诠》，中华书局1962年版，第170页。

实，其志气之见也，使人如己，不若金声玉服。（《经说上》）

此条经文很简单，其意义不好确定，应该从说文中寻找解释。经说以志、气充实于人体内为譬辞，来说明"实，荣也"。各家对这条《经》《说》的解释也是着眼在两者的关系上，孙诒让认为："言其实充美则见于外。"① 杨俊光认为："有其实，才有其荣（名）；荣（名）生于实，实为荣（名）之本。"② 根据杨氏的阐发，此条经文、说文也在说明实与名的关系。这里的"名"不仅是名称，还指更广泛的内容。外在的表现要以"实"为根据，否则就如"金声玉服"徒有其表。本雅明说："语言不仅与人类精神表达的所有领域（语言总是以这样那样的形式内在于这些领域）并存，而且与万物并存。无论在生物界还是无生物界，没有一样事物不以某种方式参与语言，因为表达自身的精神内涵正是每一事物的本质特征。"③ 墨子所谓的实与荣（名）的关系也正如这里所说，可以放在生物界和无生物界中去理解，语言的存在方式正好说明了实与荣的关系。

从上面可以看出，"实"是非常重要的一个范畴，但上面所述仅是从相互联系的层面上来说明"实"。从上述经文、经说文以及各家的解说还可以看出，墨子所说的"实"与"志气"相对应，"荣"与"见"相对应，志气充于内才是"实"，也就是"其实充美"，所以"实"还有充实、充满的意思。《孟子》有："志，气之帅也；气，体之充也。"（《孟子·公孙丑上》）④ 孟子的"浩然之气""至大至刚……塞于天地之间"（《孟子·公孙丑上》）⑤。志气是譬辞，可以看作属性，或"德"，事物的属性充实完满才是"实"，有实才能有荣（名），"荣（名）"要以"实"为根据，要充分表现"实"，即经说中的

---

① 孙诒让：《墨子间诂》，中华书局2001年标点本，第335页。
② 杨俊光：《墨经研究》，南京大学出版社2002年版，第125页。
③ 陈永国等编译：《本雅明文选》（中译本），中国社会科学出版社1999年版，第263页。
④ （宋）朱熹：《孟子集注》，《四书章句集注》，中华书局1983年标点本，第230页。
⑤ 同上书，第231页。

"使之如己"。

墨子对于实与荣（名）关系的界定和认识，不应局限在哪一个或哪一类事物当中，可以看作是对更为广阔的事物关系的概括。"实"所蕴含的充实意义（存在于属性与对象之间）也具有普遍意义。这一点在《墨子》书中也有相关的论述。墨子将这种关系称为"盈"。

盈，莫不有也。（《经上》）
盈　无盈无厚。（《经说上》）
坚白，不相外也。（《经上》）
[坚]于（尺）[石]无所往而不得，得二。（坚）异处不相盈，相非，是相外也。（《经说上》）①

如果说"实，荣也"条经文和说文主要从"实"与"荣（名）"的关系层面上来揭示"实"的意义，那么，这两条经文和说文共同说明"实"本身所蕴含的意义，即属性与对象间的关系，这种关系具有普遍意义。

这两条在《墨子》书中前后相连，均有错讹。孙诒让将"坚白，不相外也"条说文中的"于尺无所往而不得"移入"盈，莫不有也"条说文中，后来注家多沿用此说，并在孙氏的基础上而有所损益。也有注家不同意孙氏的说法。孙碣转述栾调甫"未肯刊行"的《名经注》认为，"盈，莫不有也"只是在为下条说文"异处不相盈"的"盈"字预为界说。②杨宽认为"盈，莫不有也"条是前一条的实例。这里同意栾、杨二位的观点，并且采用杨俊光的校点。

对这两条经文和说文的解释总体上包含这样的意思：对象是一个占有空间的实体，认识对象就是认识其包含的属性，这属性在对象中无处不在，这就是"盈"；实体以"盈"这种方式而存在。墨子认为世界上万有不齐之物是实存，又在这两条经文和说文中更为具体和明

---

① 这两条经文和说文有错讹，各家对这两条的校点和词序意见不一，这里采用杨俊光《墨经研究》中的校点和词序。
② 孙碣：《坚白离盈辩考证》，载栾调甫编《墨子研究论文集》，人民出版社1957年版，第166页。

晰地说明了"实"的存在,以"盈"的方式存在。

从上面的解说来看,"实"具有两个义位,一个是实在、实存,一个是充实、充满。两者不同但有联系。"充实"是指属性充满在对象中,只有实在的事物才能充实。"弥"与"盈"义近,在充满、充实的义位上,两者与"实"义近。"弥"和"盈"从不同层面或范畴说明了"实"的存在方式及其结构。

三 从"实"与"名"的关系来看"实"的意义

墨子除了从本体论层面上来论述"实",还从认识论层面上来论述"实"。

《墨子》书中有很多关于"名""实"关系的论述,如:"察名实之理","摹略万物之然,论求群言之比","以名举实","所以谓,名也。所谓,实也。名实耦,合也","二名一实,重同也",等等。詹剑峰说:"墨家'察名实之理'即论存在与思维的关系,他们主张实是客观的存在,名是实的反映。"① 语言是思维的形式和外壳,思维与存在的关系,主要体现在语言与存在的关系上。墨子对于人类的认识也有独到的分析。

    知,接也。(《经上》)
    知　知也者,以其知过物而能貌之,若见。(《经说上》)

对于经文,孙诒让认为:"此言知觉之知。"② 此条经文所说的"知"指的是知觉。从心理学的角度来讲,知觉是人脑对直接作用于感觉器官的客观事物的各个部分和属性的整体反映。格式塔知觉理论认为,知觉具有主动性和组织性,总是以整体方式认识外界事物。经文仅仅以定义的方式,描述了知觉的过程,仅仅说明了"知"是智能与外物相接遇,关于知觉的进一步解说在说文中。

---

① 詹剑峰:《墨家的形式逻辑》,湖北人民出版社1956年版,第48页。
② 孙诒让:《墨子间诂》,中华书局2001年标点本,第309页。

对于说文的理解，重点在对"貌"的解释。孙诒让认为："能貌之，谓能知物之形容。"① 梁启超说："貌，状态也。貌之，摄其状态以成印象也。"② 从上面的解说来看，"貌"带代词"之"，名词用为如动词。"以其知过物而能貌之"解释"接"。梁启超在解释"貌"之后又说："以其'所以知'之'知材'与外界事物相遇，而能摄其印象，谓之知。"③ 智能与外物接遇是个知觉的过程，其结果是产生了模拟外物的"印象""形容""态貌"，印象、形容、态貌综合来看，是对事物的整体认识。

上文曾就墨子关于"实"的论述作了解说，"实"的存在方式和结构是属性充实充满在对象当中。此条对于"知"的解说，说文中言"过物"，可知"实"是"知"的根据，其所"貌"的结果，也是对于事物的各个部分和属性的整体反映，与"实"的结构相当。

知，明也。（《经上》）

（恕）[知]（恕）[知]也者，以其知论物而其知也著，若明。（《经说上》）

对"知，接也"条经文，梁启超说："此条言知识之第二要件，须藉感觉。接者，感受也。"④ 对此"知，明也"条，梁启超认为："此条言知识之第三要件，须将所知者加以组织，成一明确之观念。"又说："必须将感觉所得之'知'分类比较，有伦有脊，令此印象成为一观念。"⑤ 杨俊光从词源的角度分析了"论"的意义，认为"论"即今语"分析""说明"之义⑥。"论"有"排比论次"的意思，而"论"又以"言"为义符，可知，语言与知觉的发展同时存在，将知觉所得材料"排比论次"也必得有语言的介入才能完成。此条解说

---

① 孙诒让:《墨子间诂》，中华书局2001年标点本，第334页。
② 梁启超:《墨经校释》，载《饮冰室合集·专集》，中华书局1989年版，第4页。
③ 同上。
④ 同上。
⑤ 同上书，第5页。
⑥ 杨俊光:《墨经研究》，南京大学出版社2002年版，第84页。

"知"的观念形态。观念的确定必由语言,语言是思维的形式,"知觉就是把感觉器官获得的信息转换成对物体或事件的经验和知识的过程,其中语言在知觉发展过程中起着重要作用"①。

从墨子关于语言的论述中,也确能看出语言与认识的关系,并且进而可以探究语言与"实"的关系。墨子一般以"言"来称语言,用"名"来称概念。

举,拟实也。(《经上》)
(誉)[举]　告以文名,举彼实也故。(《经说上》)

梁启超说:"拟实者,模拟其实相也。"② 詹剑峰认为:"举既是模拟事物的实相。"③ 杨俊光又进一步分析认为:"'模拟'是思维的行为,概念则是思维的形式,二者迥然不同。只有'拟'的结果——所得到的'事物的实相'才是概念,但在墨书却不称为'举'而称为名。"④ 从上面可以看出,梁、詹两人对"拟实"的理解与杨氏不同,梁、詹认为"实相"存在于"实"中,而杨氏认为"实相"是"拟"的结果,存在于思维中。从他们的分歧可以看出,这里所探究的"举"已不仅是认识过程,而属于语言的领域。

由此可见,"拟"是模拟,"拟实"与"以其知过物而能貌之"相似,"貌之"的结果是得到事物的印象或形容,同时也与"知,明也"紧密相关。"拟""貌"具有描画的性质,这种描画又与思维紧密相关,可以说是一种描画的思维,或者说是一种模拟的思维,思维的结果是事物的印象、形容。

陈孟麟认为,"拟实"的"拟"是《易·系辞》中"拟诸形容,象其物宜"的"拟"⑤。詹剑峰、吴毓江沿用陈氏的解说。原文全句

---

① 叶奕乾等主编:《普通心理学》,华东师范大学出版社2004年第2版修订本,第113页。
② 梁启超:《墨经校释》,《饮冰室合集·专集》,中华书局1989年版,第15页。
③ 詹剑峰:《墨家的形式逻辑》,湖北人民出版社1956年版,第48页。
④ 杨俊光:《墨经研究》,南京大学出版社2002年版,第238页注②。
⑤ 陈孟麟:《墨辩逻辑学》,齐鲁书社1983年修订本,第19页。

是:"圣人有以见天下至赜,而拟诸其形容,象其物宜,是故谓之象。"高亨解释全句说:"圣人有以见到天下事之复杂,从而用《易》卦比拟其形态,象征其物宜,所以谓卦体曰象。"① 从原文和解释来看,"拟诸形容"与"象其物宜"并列作为"谓之象"的原因,因此,若以"拟诸形容"来解释"拟实","象其物宜"也应该包括在"拟实"的意义内。"比拟其形态"是"拟实"的一个方面,"象征其物宜"是"拟实"的又一个方面,"拟实"即"举"的结果是印象、形容,印象、形容也是"举"的内涵的承担者。

再结合上面墨子对"知"的两个"要件"的解说,"举,拟实"与"知"的两个"要件"又有不同,前者已经进入了语言的层面,而不仅仅是论述认识的过程。所以,紧接着的下一条既说"言,出举也"。

言,出举也。(《经上》)
言也者,诸口能之出民者也。民若画虎也。言也谓,言犹石致也。(《经说上》)

以上两条中的"举"意义相同,但词性不同,上条的"举"是动词,下条的"举"用作名词,表示"举"的内容。"举,拟实也"条也是在为这一条的解释预作界说。

从经文来看,"言"是将"举"所得到的(此处是名词)表示出来,这是语言的一个功能。孙诒让解释经文说:"谓举实而出之口。"② "言"所包含的内容很广泛,"凡人类在相互交往中所表达的内容,以语言、文字所组织起来的表达形式,都应该包括在内"③。由此可知,"以名举实,以辞抒意,以说出故"均包含在"言"的范围内。"言"指称所有语言活动和内容,是对"举"的表出,"拟实"的印象也成为"言"所指称内容的形式。

---

① 高亨:《周易大传今注》,齐鲁书社1979年版,第518页。
② 孙诒让:《墨子间诂》,中华书局2001年标点本,第316页。
③ 杨俊光:《墨经研究》,南京大学出版社2002年版,第245页。

语言具有描画"实"的性质,"名""辞""说"均是对世界中事物及其关系的描画。墨子认识到语言在形式上与"实"存在相同的一面,同时,墨子也认识到"同归之物,信有误者",语言在表达道理的时候会出现差错,所以,墨子在研究人类认识的同时,非常注意对语言现象的探究。探究的起点应当从说文中的"言也谓,言犹石致也"开始。

"言也谓,言犹石致也。"孙诒让校释原文为:"言也[者],谓言犹名致也。""犹",与"由"通;"石",疑为"名"之误。释义为:"谓言因名以致之。"① 吴毓江认为:"言非名无由见意。"② 可见,"名"是语言的基本构成元素,"言"的表达意义需由"名"来完成。詹剑峰认为:"出口为言,言必积名词而后成,故曰:'言由名致也'。"③ 詹氏将"名"释为"名词",不必准确,但是,他的解释道出了"名"在语言中所具有的基本作用。

上面分析过,墨子的"举,拟实"具有模拟思维的性质,"拟实"形成了"图像",语言将这图像固定并且表出,而"名"是语言的构成单位,"名"也具有这样的模拟性质。"言,出举也"条说文说,"名若画虎也","举,拟实也"条说文说,"告以文名,举彼实也",都说明了"名"所具有的描画或模拟性质。"名"与"实"的关系是描画关系,这种关系分两个方面,一是"拟诸其形容",一是"象其物宜";"拟诸其形容"是对"实存"的描画,"象其物宜"是对属性充实于对象中的描画。通过这种对应,"名"可以与"实"之间具有描画或模拟关系。

墨子对"名"的分类注重于在同一层面上的分类,这是由其"物有以同而不率遂同"的思想决定的。

> 名,达、类、私。(《经上》)
> 物,达也,有实必待(文多)[之名]也命之。马,类也,

---

① 孙诒让:《墨子间诂》,中华书局 2001 年版,第 338 页。
② 吴毓江:《墨子校注》,中华书局 2006 年版,第 488 页。
③ 詹剑峰:《墨家的形式逻辑》,湖北人民出版社 1956 年版,第 63 页。

若实也者必以是名也命之。臧，私也，是名也止于是实也。声出口，俱有名，若姓（字）[字]灑。(《经说上》)

"达名""类名""私名"是墨子对"名"的分类。其中"物"是达名，墨子认为其是"有实必待之名也命之"。"物"是"实"的总名，"实"则需要"物"来表达。从墨子所举的例子来看，"达名""类名""私名"均与"实"直接相关，与"实"的不同方面或状态有关，墨子并没有进一步分析概念的上下位关系，并不十分在意对概念作纵深的分析。《大取》有："苟是石也白，败是石也，尽与白同。是石也唯大，不与大同。是有便谓焉也。""白"与"大"都可以与"石"搭配，但"白"的性质可以遍指所有白石，"大"的性质就不能遍指所有大石，"大"作为形容词指称事物，是相对而言。张纯一认为这是"破世人大小异同等妄执也"[①]。正如上文所引："言多方，殊类异故，则不可偏观也。"

墨子关于名的分类的论述还有：

不可牛马之非牛，与可之同，说在兼。(《经下》)

故曰"牛马非牛也"，未可。"牛马牛也"，未可。则或可或不可，而曰"牛马牛也未可"，亦不可。且牛不二，马不二，而牛马二。则牛不非牛，马不非马，而牛马非牛、非马，无难。(《经说下》)

杨俊光认为，此条"说在兼"的"兼""具体说的是概念种类的问题，'兼'是'兼名'即文中的'牛马'一词。"[②] 从名的角度看，"兼名"命名的是整体，如"牛马"。"体名"称谓整体中的部分，如牛或马。牛或马只能指称"牛马"中的牛或马，不能指称整体的"牛马"，整体只能用兼名来指称才正确。

此外《大取》篇说：

---

① 张纯一：《墨子集解》，成都古籍书店1988年版，第391页。
② 杨俊光：《墨经研究》，南京大学出版社2002年版，第60页。

以形貌命者，必智是之某也，焉智某也。不可以形貌命者，唯不智是之某也，智某可也。诸以居运命者，苟入于其中者，皆是也；去之，因非也。诸以居运命者，若乡里齐荆者，皆是。诸以形貌命者，若山丘室庙者，皆是也。

"形貌"和"居运"也是名的两种分类，"实"的形态、位置不同，名称亦有不同，分类的标准全以"实"的存在状态为准，两者都是对实存的描述。

"实"的可经验性*
——《墨经》"实,荣也"句新解

陈声柏　韩继秀**

"名实问题"是春秋战国时期重要的核心问题之一,"名"是什么?"实"是什么?"名"与"实"应该是什么关系?墨家特别是后期墨家都进行了细致的思考,其具体主张主要包含在《墨经》六篇当中。自晚清以来,前贤专家在《墨经》的版本考据、文字训诂、文本解读等诸方面取得的巨大成果,成为我们今天继续研究可以站立的"巨人的肩膀"。就研究理路而言,以往《墨经》中的"名实问题"研究一般放置在逻辑学-认识论、语言哲学、历史分析—文化诠释等三种范式中进行解读。《墨经》主张"以名举实"(《墨子·小取》)的名实观,却是不同解读进路的研究者获得的相同结论。其中,有关"名"或"名学"的系统理论讨论文献可谓是汗牛充栋,但是,"实"到底为何义?有关"实"的系统理论探讨的文献却屈指可数。在《墨经》中,谈"实",多与"名"对举①,以"实"解"名"。最著名的句子是在

---

* 本文获得兰州大学2015年中央高校基本科研业务费专项资金自由探索项目"'名'与先秦诸子哲学"(15LZUJBWZY076)资助。另,本文初稿2016年9月2日于广州中山大学举办的"两岸中国逻辑史学术研讨会"发表时曾获得翟锦程教授、田立刚教授、达哇教授、何杨博士的中肯建议,高婧、李声昊、刘静、耿培杰等诸君在我主讲的读书会上亦提出有益意见和建议,在此一并致谢!曾发表于《兰州大学学报》(社会科学版)2018年第3期。

** 陈声柏,兰州大学哲学社会学院教授;韩继秀,兰州大学哲学社会学院中国哲学硕士,现已毕业,就职于宁夏回族自治区石嘴山市中级人民法院。

① 《墨经》六篇中"实"字共出现了24次,分布在18个句子或句群之中,其中《经上》《经说上》12次,《经下》《经说下》6次,《大取》2次,《小取》4次。一般情况在语句中都是"名""实"对举的,只有6处在文字中没有直接提到"名",但其中还有3处是有"名""实"对举含义的。剩下3处除了本文讨论的《经上》《经说上》文2处外,就是《小取》中的"桃之实,桃也;棘之实,非棘也"句1处了。

《墨子·经上》文界说"名"为"达、类、私"三类后，在《墨子·经说上》文进一步解释为："物，达也。有实必待之名也命之。马，类也。若实也者必以是名也命之。臧，私也。是名也止于是实也。声出口，俱有名。若姓字丽。"这个解释意味着，各种"名"皆以"实"为基准，对于墨者的世界而言，"实"较之于"名"更为基础和根本。毫无疑问，这里充分说明了墨家对"实"的极端强调和重视。但是，关于"实"本身含义的界定和解说在《墨经》中并不多见，其最核心的非"实，荣也"句莫属，而此句的读解又向来众说纷纭。所以，《墨经》中的"实"到底有何真义？其特色何在？鲜有系统的讨论或满意的回答。本文试图在前人研究的基础上，再阅经典，不预设某种解释理路，以思想的贯通性和理解的可能性为标准，结合当时社会历史及论辩时风，通过对"实，荣也"句的具体读解，尝试对《墨经》中"实"义的理解提出自己的浅见。敬请方家批评指正。

一 知识与价值的分野：从前贤研究说起

《墨经》中的"实"到底是何含义？其特质何在？关于"实"本身含义的界定和解说在《墨经》中并不多见，其最核心的文字非《经上》的"实，荣也"句莫属了[①]，我们的分析与讨论也就由此展开。一般而言，由于"经"中的文字过于简略，对其的解读往往需要结合"说"中的解释文句一并讨论，这一句尤甚。

  实，荣也。（《经上》，后简称《经》文）
  实。其志气之见也，使人如己，不若金声玉服。（《经说上》，后简称《说》文）

关于《经》文的解读，主要有两种不同的理解进路。一种是伦理

[①] 当然，《经说上》中的"所以谓，名也。所谓，实也"句对于理解"实"的含义也很重要，但说到底，此处与其说是对"实"的界说，不如说是对"谓"的说明，是以"实"说"所谓"，并非相反。

"实"的可经验性　375

学的理路。早在孙诒让就引毕沅语曰："实至则名荣。"① 张纯一延此思路引诸说："尹（桐阳）云：荣，名也。实至而名自归。《吕览·务本》：尝试观上古记三王之佐，其名无不荣者，其实无不安者，功大也。张之锐云：荣谓实之光华外见者，有实则自发光华。纯一案《文选·通幽赋》：苟能实，其必荣。往引张晏曰：苟能有仁义之道，必有荣名也。"② 这种理路的解释将"荣"解为"名"，由此引入伦理学含义，即从墨家"重实轻名"立场认为这里是"实主荣次""贵实而贱荣"的意思，而且颠倒了语句的主词与谓词的关系，不是以"荣"解"实"，而是以"实"解"荣"，成了"荣，实也"的含义了。杨俊光的看法是这种理路的典型观点，他在引述诸家看法之后认为，大家的理解基本一致，"实"是"实质、实际内容的意思"③；"荣"是"光荣、名誉的意思"④。概括此句的解释为："有其实，才有其荣（名）；荣（名）生于实，实为荣（名）之本。"⑤ 雷一东则从文字学的角度以这种思路将这一句翻译为："笃实，是气质的美。"⑥

另一种是认识论的理路。伍非百解《经》文为："实为果实，荣为花叶。借为内外表里之称。"⑦ 谭戒甫则说："实，荣之质。荣，实

---

① （清）孙诒让：《墨子间诂》，中华书局2001年点校本，第311页。
② 张纯一编著：《墨子集解》，成都古籍书店1988年影印世界书局1936年本，第276页。
③ 杨俊光：《墨经研究》，南京大学出版社2002年版，第121页。
④ 同上书，第122页。杨俊光先生在这里引述诸家看法后将"荣"概述为"各家都一直地认为是光荣、名誉的意思"。这是笔者所不能同意的。一方面所引诸家的看法归结不出来杨先生的结论，比如，杨文中引的伍非百"荣是花叶"说，就不好概括为光荣、名誉之义；另一方面结合《说》文中的文字，如果不是像杨先生那样颠倒"实""荣"的关系，大概是无法落实作为"光荣""名誉"之荣含义的通贯理解的，"志气之见"或者"气之见"是"光荣"的或有"名誉"的含义吗？《说》文中强调的"实""荣"一致的意涵又如何体现呢？
⑤ 杨俊光：《墨经研究》，南京大学出版社2002年版，第125页。李雷东以杨先生上述观点为基础，结合孙诒让先生"言其实则见于外者"的看法，重点说明了这里的"实""有充实、完备的意思"（李雷东：《语言维度下的先秦墨家名辩》，中国社会科学出版社2013年版，第193—194页)，颇具启发意义。
⑥ 雷一东：《墨经校解》，齐鲁书社2006年版，第51页。
⑦ 伍非百：《墨辩解故》，《中国古名家言》，中国社会科学出版社1983年版，第28页。

之著。有诸内必形诸外也。"① 吴毓江引张惠言语注:"见其外而知其内。"② 高亨引《尔雅·释草》"木为之华,草为之荣"按语曰:"华、荣同义,析言则别,混言则通也。实存于内,荣见于外,有实必有荣,故曰'实,荣也。'"③ 这种解释理路中,几位研究者都以"内""外"来区分"实""荣",认为"实"是内在实质,"荣"是外在表现。④ 伍非百抓住了"实""荣"的初始义"果实""花叶",谭戒甫点出了"实,荣之质。荣,实之著",高亨更是明言"有实必有荣"。顺此认识论思路,孙中原直接注"荣"为:"草类开花,引申为事物的实质所表现出来的现象。"⑤ 并把"实,荣也"句解释为"实质是透过现象表现出来的"⑥。这种理解路径的优点是符合文字和句法本身的含义,以"荣"解"实",并且指出了"实"与"荣"的关系是"果实"(这里是种子的意思)与"花叶""质"与"著""实质"与"现象"的关系。不得不说,这是相当有见地的看法,成为我们继续思考的基础,但是,以"内""外"来表述这里的"实""荣"关系是否恰当呢?这是我们的疑问,后文将尝试解答。

关于《说》文的解读,一些研究者遵从认识论的理路,并认为原文有误。孙诒让首先怀疑:"'不'字疑当作'必'。"解"其志气之见也,使人如己"为"言待人以实与己身无异",认为张惠言解为"见其外而知其内"也通。"玉服"即佩服之玉。去掉"不"字的"若金声玉服"就解为"言其实充美则见于外者,若金声玉服之昭著,即所谓荣也",并引张惠言和毕沅语声援自己的看法⑦。高亨也认为"不"字多余,而且改"如"为"知",说"如当知,形近而

---

① 谭戒甫:《墨辩发微》,中华书局1964年版,第90页。
② 吴毓江:《墨子校注》,中华书局2006年点校本,第483页。
③ 高亨:《高亨著作集林》第七卷(《墨经校诠》《商君书注释》),清华大学出版社2004年版,第66页。
④ 杨俊光先生也以内外说实荣。他引述石广权的话说,"实"谓"充实乎内"的东西,"荣"谓"光发乎外"的东西。(杨俊光:《墨经研究》,南京大学出版社2002年版,第121—122页)
⑤ 谭家健、孙中原注译:《墨子今注今译》,商务印书馆2009年版,第233页。
⑥ 同上书,第234页。
⑦ (清)孙诒让:《墨子间诂》,中华书局2001年点校本,第335页。

误"。解释《说》文为:"有实者,其志气之见于外也,使人知已。见于外而人知之,即荣矣。故曰:'其志气之见也,使人如己。'金声谓金之声音也。玉服谓玉之文采也。……实与内者之见于外也,若金之有声音,玉之有文采。故曰:'若金声玉服。'"① 孙中原在近著中奉行彻底的认识论路线,据高亨等人的意见认为:"如"应作"知","已(不是己)"假借为"矣","不"为衍文。将《说》文校改为:"其志气之见也,使人知矣,若金声玉服。"② 并译现代汉语含义为:"事物的内在实质表现为外在的现象,能够使人认知,这就像金属的声音、玉石的文采,可能帮助人们认识它们的实质一样。"③ 概而言之,这些研究者认为,第一,原文有误,"不"字为衍文或误讹;第二,"荣""实"不同,"实"内"荣"外;第三,"志气之见,使人如己/知己/知矣"与"金声玉服"意涵相似。

也从认识论的理路出发,一些研究者认为原文无误。谭戒甫说:"其志气之见也者,谓实荣为志气之表见。志,实也。气,荣也。……盖志不易见,由气而见。以气使人,人必反之;如其己心,……人必安之。故曰使人如己。使人如己,亦即体身之意。"与上述解"玉服"为"佩服之玉"或"玉之文采"不同,他认为,"玉服"与金声对文,是"服饰之服","金声玉服,徒炫于外,而无补于内。犹之不能充实而务荣,不能持志而暴气,故曰不若。"并引《墨子·辞过》文等证墨家不尚金声玉服。后又按"实犹质也,荣犹文也。实荣者,犹言质文也"。以"质""文"关系明辨儒墨之别。④ 吴毓江注:"务实之人,其志气之见于外也,质实无华,使人衡量己者适如其分,不至过情,不若金声玉服,英华外眩也。《论衡·验符》篇曰:'金声玉色,人之奇也。'"⑤ 伍非百认为:"气从志生,荣从实显。故曰'其志,气之见也'。有诸内必形诸外,管其外而知其内。

---

① 高亨:《高亨著作集林》第七卷(《墨经校诠》《商君书注释》),清华大学出版社2004年版,第66—67页。
② 谭家健、孙中原注译:《墨子今注今译》,商务印书馆2009年版,第233—234页。
③ 同上书,第234页。
④ 谭戒甫撰《墨辩发微》,中华书局1964年版,第90—91页。
⑤ 吴毓江:《墨子校注》,中华书局2006年点校本,第483页。

故曰'使人如己'。金声玉服，义未详。"① 概言之，这些研究者认为，第一，原文无误；第二，"荣""实"不同，"实"内"荣"外；第三，"志气之见"与"金声玉服"意涵不相似，相反，或未解。

而另一些研究者持伦理学的立场，有认为原文无误的，以张纯一为代表。他先批评孙诒让把"不字疑当作必""玉服即佩服之声玉服之昭著，即所谓荣也"是"未得解"，认为"不字非误"，并以墨子重"行"贱"服"、讲求"质朴"为证。接着他说："实者，即《庄子·徐无鬼篇》所谓'修胸中之诚'也。荣者，即《老子》所谓'道之华'也。大丈夫处其实不居其华，是墨道也。不居其华而自华，非墨者之所计及也。志，诚于中者也。气，形于外者也。其志气之见也使人如己，即《庄子·田子方篇》所谓'正容以悟之，使人之意也消。'又《则阳篇》所谓'不言而饮人以和，与人并立而使人化。'例如舜耕历山，田者让畔之类是。《鲁问篇》：'公输子谓子墨子曰：吾未得见之时，我欲得宋；自我得见之后，予我宋而不义，我不为。'其实谂也，岂若金声玉服，徒饰外观者，不能充实而有光辉哉？盖墨子以行不在服。"这是用道家价值观念与传世典故来说明重在有"德"以"行"，借此贵"实"而贱"荣"。并认为这正是"与后世儒家重视儒服者异趣也，故以'不若'反譬之。"② 既然"荣"即《老子》所谓"道之华"，作为"大丈夫处其实不居其华"的"墨道"，怎么可能是"实，荣也"的含义呢？显然这一读解不够圆满。也有研究者认为原文有误的，以杨俊光为代表。他认为，《经》文应作"荣，实也"，加上接受梁启超改"人"为"之"③和张其锽校"服"为"振"④的看法，《说》文改为："荣，其志气之见也，使之如己，不若金声玉振。"《经》《说》文整个的意思就成了："'荣'的实质就是'实'，有其实，才有其荣，有其名。内在的'志气'之

---

① 伍非百：《墨辩解故》，《中国古名家言》，中国社会科学出版社1983年版，第28页。
② 张纯一编著：《墨子集解》，成都古籍书店1988年影印世界书局1936年本，第276页。
③ 梁启超校说："'使之'旧作'使人'，疑因形近而讹，今以意校改。"（梁启超：《墨经校释》，《梁启超全集》第十一卷，北京出版社1999年版，第3217页）
④ 杨俊光：《墨经研究》，南京大学出版社2002年版，第123页。

表现为外在的'荣',应务'使之如己'志气之实,而不是像'金声玉振'那样无其实而仅有其外的'荣'。"[1] 原文"以荣解实"的含义,被颠倒为"以实解荣"的理解,实在过于大胆,不敢苟同。概言之,这些持伦理学解释理路的研究者认为,第一,同持认识论理路的研究者一样,也认为"荣""实"不同,"实"内"荣"外;第二,在伦理价值上,重"实"轻"荣",贵"实"贱"荣";第三,"志气之见"与"金声玉服/振"意涵不相似,相反。

总之,以上研究者不管是持认识论立场还是伦理学立场,不管是认为原文有误还是无误,甚至不管具体词句内涵的解释差别。他们都认为"荣""实"不同,"实"内"荣"外,"实"是"荣"的内在根据,"荣"是"实"的外在表现。不同研究者的分歧主要在于:一是由于持有的解释理路的差别,有些研究者对"荣"和"实"作了伦理学的解释。认为"荣"是表现在外的浮华(名),"实"是内在的质朴。因此,根据墨家一向重实轻名、重实际轻礼乐的态度,他们认为这里包含重"实"而轻"荣",褒"实"而贬"荣"的意味。二是由于对"金声玉服"具体含义的理解差异,有些研究者认为"志气之见"如同"金声玉服/振"一样,都是表现在外使人能够认识发现的东西,即通过外在的"荣",可以认识到内在的"实"。这是持认识论态度的研究者的看法。他们认为"实"与"荣"的关系如同"志气"与"志气之见",金与金之声,玉与玉之服的关系,因此,"不"字为衍文,应当删除。而另有更多的研究者,既有持认识论解释理路的,也有持伦理学解释理路的,他们根据墨家一向重行轻服[2]的立场,认为"志气之见"不同于"金声玉服",前者为褒义,后者为贬义,"不"字必不可少,两相对照彰显"'荣''实'一致"的关系。

二 《经》文新解:以"荣"为中心

纵观以上两种解释理路的观点,都以"内外"区分来解读"实

---

[1] 杨俊光:《墨经研究》,南京大学出版社2002年版,第125页。
[2] 具体论述请参阅后"《说文》新释"部分相关文字。

荣"及其关系。伦理学理路的研究者甚至还以此为基础,进一步界定这种"内外"区分是有"主次""重轻""贵贱"之别的。这是我们首先不能同意的。

从形式上看,这样区分和解读与《经》文"实,荣也"句体现出来的"甲,乙也"的文言文判断句式不符。按照王力主编的《古代汉语》中关于"判断句,也字"的看法,"判断句是以名词或名词性的词组为谓语,表示判断的。在现代汉语里,判断句的主语和谓语之间一般要用系词(判断词)'是'字来联系,例如'我是中国人'。但是在秦汉以前,判断句一般不用系词,而是在谓语后面用语气词'也'字来帮助判断。例如:制,岩邑也。(左传隐公元年)虢,虞之表也。(左传僖公五年)董狐,古之良史也。(左传宣公二年)而母,婢也(战国策·赵策)"①。"实,荣也"是这里第一种"也字判断句"的典型句式,即"甲,乙也"。这个句式翻译成现代汉语就是"甲是乙",甲、乙都是名词或名词性词组,"乙"是用来判断、解释"甲"的,而非相反。依此理解,"实"和"荣"都应该作名词理解,整句的意思是,"实是荣"。可是,根据以上多位研究者的观点,强调"实"跟"荣"内外有别等差异,实质上就是说,实不是荣,翻译成文言文就是"实非荣",而不是"实,荣也",这是上述观点的矛盾之处。

就关系着眼,"实,荣也"表达的是"实"与"荣"的主词与谓词的表述关系。如果《墨经》想要表达"实"与"荣"之间的其他关系,则必须使用其他的关系词,如"举,拟实也"(《墨子·经上》),使用"拟"字说明"举"与"实"的关系;再如"所以谓,名也;所谓,实也"(《墨子·经说上》),使用"谓"字说明"名"与"实"的关系。《公孙龙子·名实篇》云:"夫名,实谓也"也是用也字判断句表示"是",用"谓"说明"名""实"关系。由此可见,《墨经》作者如果想要表达"实是荣"之外的其他意思,即"实""荣"是表述关系以外的内外、主次、重轻、贵贱关系,那么,根据文言文的表达方式,他们应当选择其他形式和字词,既然没有这样做,那我们就有理由认为,"实,荣也"就是《墨经》作者想要说明"实"与"荣"

---

① 王力主编:《古代汉语》第1册,中华书局1962年修订本,第241—242页。

是表述关系——"实"就在"荣"之中,从"荣"中自可求得"实",且必须从"荣"中求得"实"①。强调"荣"对"实"有说明和解释效力,而不是内外、主次、重轻、贵贱等关系。

从内容上看,墨家或者后期墨家的这种观点可能与主流不符合,因为这种观点不仅违反了常识意义上"实"与"荣"经常不一致的事实,而且从伦理学上否定了"实"比"荣"更高尚的价值品格。但是,我们并不能因此判定《墨经》此句的理解不是这个意思。墨家在很多方面本就推陈出新,反对传统的和儒家的认识与价值观,这是众人皆知的事情。② 春秋战国时期,由于思想解放,百家争鸣,奇谈怪论,极端表达,比比皆是。试如:庄子讲"吾丧我""周梦蝶"(《庄子·齐物论》),公孙龙论"白马非马"(《公孙龙子·白马论》)、"坚白石"(《公孙龙子·坚白论》),杨朱则被孟子描述为"拔一毛而利天下,不为也"(《孟子·尽心上》),墨家自己也论证过"杀盗非杀人也"(《墨子·小取》)的怪论。所以,与通常讲"实"内"荣"外、重"实"轻"荣"不同,墨家标新立异强调"荣"对于"实"的重要性,主张以"荣"解"实",进而认为"实"就在"荣"之中,从"荣"中自可求得"实",且必须从"荣"中求得"实"。在诸子论战的时风下,墨家提出并主张这种反常道(道儒等)的观点是完全可能的。

更何况,这种理解与墨家一贯的经验主义认识倾向也正相吻合。前文提及,伍非百、谭戒甫、孙中原指出,"实"与"荣"是"果实"(种子)与"花叶"、"质"与"著"、"实质"与"现象"关系,孙中原翻译"实,荣也"一句为"实质是透过现象表现出来的",这种经验主义已显端倪。顺此思路推进一步,这里恐怕不是"透过",而是"就是"。整句的意思应该是说:事物的"本质/实质"(实)就存在现象(荣)当中。③ "实"就在"荣"之中,从"荣"

---

① 具体论证请参见后文论述。
② 具体主张可参阅后"《说》文新释"部分的相关文字。
③ 或许,孙中原的看法还承续传统西方哲学"本体/现象"二元分立的观点,如果放眼现代西方哲学,现象学"回到事情本身"和"本质即现象"等基本主张和看法,对于激活中国传统思想的现代阐发或是更具启发意义的,中国传统的"道器不离""体用不二""显微无间"的观念与之也更有相互发明的可能——如果不过度诠释以至于牵强附会的话。

中自可求得"实",且必须从"荣"中求得"实"。"实"与"荣"自然也不存在什么内外之分、重轻之别。

进一步说,《墨经》一贯认为物的各种特征、表现、经验性质总是统一在一个不可分割的整体之中,即所谓"盈"。李雷东认为,《墨经》中关于"盈"的看法正是墨子"实""荣"关系普遍意义的讨论①。比如在"坚白"问题上,《墨经》认为"坚白""广修"相盈而不相外。"抚坚得白,必相盈也。"(《墨子·经说下》)"苟是石也白,败是石也,尽与白同。"(《墨子·大取》)这与著名的公孙龙的"离"观点正相反对。另外墨子讲"三表法"时说:"下原察百姓耳目之实。"(《墨子·非命上》)别处又言:"是兴天下之所以察知有兴无之道者,必以众人之耳目之实,知有与亡为仪者也。"(《墨子·明鬼》)毫无类外,这些正好与上述"实,荣也"的理解相吻合呼应。所谓"耳目之实"正是眼耳感官感觉到的具体现象,表明"实"具有可经验的特征。这正是"实,荣也"句透露出的《墨经》"实"的最核心意蕴及其特征:荣,即可经验性。

问题是,凭什么可以这样解释呢?接下来就需要我们从词源学上以"荣"字为中心找到根据。

到底什么是"荣"呢?荣,金文写作 ✲ 或 ✲ ,是象形字,像两支如火把相互照耀的花朵或花丛。造字本义是"丛生的植物繁花绽放"。篆文误将金文字形"上部的花朵或花粉状"写成两个"火",金文字形下部"草茎丛生状"写成"冖",并在其下加上"木"。这样一来,金文的象形字就变成了篆文的会意字,强调树木开花。② 现在繁体"榮"字的样子大概就是篆文字形奠定的。到许慎时,其在《说文解字》中卷六木部解"榮"字为:"桐木也。从木,荧省声。一曰屋栖之两头起者为荣。"③ 清代段玉裁在其著《说文解字注》中

---

① 李雷东:《语言维度下的先秦墨家名辩》,中国社会科学出版社2013年版,第194—196页。
② 参见网络象形辞典"荣"条目,http://www.vividict.com/WordInfo.aspx?id=2521,2017年12月8日。
③ (汉)许慎撰,(宋)徐铉校定:《说文解字》(附检字),中华书局1963年影印本,第117页。

为"一曰屋榕之两头起者为荣"注曰:"士冠礼,乡饮酒礼皆云东荣。郑曰。荣,屋翼也。韦注甘泉赋同。榕,楣也。楣,齐谓之檐。楚谓之榕。檐之两头轩起为荣。故引伸凡扬起为荣。卑污为辱。"①"屋榕之两头起者"可以理解为房屋的屋翼或飞檐,"扬起"则意味着,"屋翼或飞檐"被理解为房屋最引人注意的显要部分,进而可以象征或指代(标示)房屋本身。此种解释不难理解,"荣"义本来是指以花为荣,以此花发现该草木,这意味着,花是作为草木最易发现或印象最深的显著特征/根本特性,成为草木的"标示"。将此义从草木扩展到房屋,"屋翼或飞檐"就如同花荣一样,因为其容易被发现而给人印象深刻,且据此可以判断房屋主人的身份、地位等社会属性,在当时已习惯以其来象征或指代房屋本身,成为"标示"此屋的显著特征/根本特性,这也是"荣"。括而概之,"荣"之引申义即可解释为"事物之显著特征或根本特性","显著"和"根本"意味着具有"可经验性"和"标示意义"。

事实上,"荣"作为"屋翼或飞檐"含义一直使用。如《仪礼·士冠礼第一》说:"夙兴,设洗,直于东荣,南北以堂深。"汉郑玄注:"荣,屋翼也。"唐贾公彦疏:"云'荣屋翼也'者,即今之博风。云荣者,与屋为荣饰;言翼者,与屋为翅翼也。"② 司马相如的《上林赋》也说:"偓佺之伦暴于南荣,醴泉涌于清室,通川过于中庭。"晋郭璞注:"荣,屋南檐也。"③ 即便如此,"荣"在墨者的时代并非只有"屋翼或飞檐"一义,甚至还不是主要的含义。我们在包括《墨子》《庄子》《春秋左传》《商君书》《荀子》等战国中后期传世文献中查阅关于"荣"字的文句时,发现"荣"字已有多种含义,包括荣华、繁荣、荣誉等,并以"荣辱"对称的"光荣,荣耀"之义最为盛行。比如:"彼以为强必赏,不强必贱,强必荣,不强必辱,

---

① (汉)许慎撰,(清)段玉裁注:《说文解字注》,上海古籍出版社1981年版,第247页。

② (汉)郑玄注,(唐)贾公彦疏:《十三经注疏·仪礼注疏》卷第一《士冠礼第一》,北京大学出版社1999年整理本,第18页。

③ (南朝梁)萧统编,(唐)李善注:《文选一》卷第八《司马长卿上林赋》,上海古籍出版社1986年版,第368页。

故不敢怠倦。"(《墨子·非命下》)"定乎内外之分,辩乎荣辱之境,斯已矣。"(《庄子·逍遥游》)"成师以出,而败楚之二县,何荣之有焉?若不能败,为辱已甚,不如还也。"(《春秋左传·成公六年》)"民之生,饥而求食,劳而求佚,苦则索乐,辱则求荣,此民之情也。"(《商君书·算地第六》)"荣辱之来,必象其德。"(《荀子·劝学篇第一》)这些句子中的"荣",都是与"辱"相反对的"光荣、荣耀"之义。就此而论,《墨经》作者没有使用"荣"字在当时的流行含义,反倒是使用不那么流行的"屋翼或飞檐"含义来提醒别人他的主张与众不同。这不也是我们今天中西学人都还在使用的治学方法吗?发掘一个字词的偏僻或原初含义以阐明自己的主张的正当性。身处求新求异的百家争鸣时代,作为居于显学地位的《墨经》作者这么做也就不难理解了。另一方面,《尔雅·释草》有言:"木为之华,草为之荣。不荣而实者谓之秀,荣而不实者谓之英。"[1] 这既为"荣""实"互解提供了一个旁证;又为理解"实,荣也"提供了一种不同思路,因为《尔雅》为儒家经典,强调"荣""实"不一致。而墨家非儒立新,正好反其道而行之,强调"荣""实"一致。这不也正是战国时期诸子争鸣、标新立异的写照吗?

"荣"的"屋翼或飞檐"含义在"实,荣也"这句话中,如何具体引申出具有"可经验性""标示意义"的"事物之显著特征或根本特性"的普遍内涵呢?

"实",繁体写为"實",许慎在《说文解字》中卷七宀部解为:"富也。从宀从贯。贯,货贝也。"[2] 清代段玉裁在其著《说文解字注》中注曰:"富也。引伸之为艹木之实。从宀贯。会意。……贯为货物。以货物充于屋下,是为实。"[3] 由此看来,"实"有充实、充满、完备的意涵。这意味着,得先有一个"空间"(屋),再拿东西

---

[1] (晋)郭璞注,(宋)邢昺疏:《十三经注疏·尔雅注疏》,北京大学出版社1999年整理本,第265页。

[2] (汉)许慎撰,(宋)徐铉校定:《说文解字》(附检字),中华书局1963年影印本,第150页。

[3] (汉)许慎撰,(清)段玉裁注:《说文解字注》,上海古籍出版社1981年版,第340页。

（货物）去充实，充满之后就是成就了一个事物——富（充满了货物的房屋）。将之意义普遍化引申之后，"富"就是"实"，是"果实/种子""本质/实质""本体①/世界真相"。"货物"就是"荣"，是"花叶""飞檐""现象"，是具有"可经验性""标示意义"的"事物之显著特征/根本特性"。用具有"可经验性""标示意义"的"事物之显著特征/根本特性"去充实天地世界，事物就完备成其为自己，也就是"实"了②。在具体表达中，"屋翼或飞檐"含义就是"荣"的普遍化引申义的一个具象理解中介。好比说，"实"是什么呀？就是那个"屋翼或飞檐"。光这么一下，有点蒙，什么意思？说"屋翼或飞檐"不是为了认识"房屋"吗？"房屋"的"实"，作为房屋显著特征/根本特性的"屋翼或飞檐"是"荣"，我们了解了作为房屋的显著特征/根本特性的"屋翼或飞檐"，从而认识了"房屋"。用"实""事物显著特征/根本特性（具有可经验的标示意义的'荣'）"抽象义替代"房屋""屋翼或飞檐"的具体义，这不就以"荣"知"实"了吗？这就是"实，荣也"句要表达的含义，即以具有"可经验性"的"事物之显著特征/根本特性"去标示事物本身。也就是说："荣"是事物所表现出来的、可经验的、具有标示意义的显著特征/根本特性。"实"就在"荣"之中，从"荣"中自可求得"实"，且必须从"荣"中求得"实"。"实"就是事物所表现出来的、可经验的、具有标示意义的显著特征/根本特性所呈现的样子，以"荣"解"实"。这意味着，"实""荣"没有以前研究者认为的"内外"之分，更没有伦理学解释理路者强调"实主荣次""实重荣轻"之别。相反，墨者反倒是提高了"荣"的认识论地位，认为"荣"在价值上与"实"平列，以荣解实，荣实一致。这才是《墨经》作者要强调的真正意思吧！

---

① 谭戒甫："实者物之本体也。"（谭戒甫：《墨辩发微》，中华书局1964年版，第108页）

② 这里的意思如果用《说》文中的"志气之见（现）"来解释就更为通透了。请参阅后"《说》文新释"部分的相关内容。

三 《说》文新释：以儒墨之别为视角

解完了《经》文，再来看《说》文。《说》文中的"实"字是标牒字①，与"实"的含义无关，不作分析。从形式上来说，《墨经》四篇中，"经"中文字是直接界定某一名称或事物，"说"中文字是对"经"中文字的界定进一步说明或解释。这种说明或解释既可以是对被界定主词的再次阐述，如《墨子·经上》文曰："知，接也。"《墨子·经说上》文解释说："知。知也者，以其知过物而能貌之，若见。"也可以是对界定谓词或谓语的解释，如《墨子·经上》文曰："仁，体爱也。"《墨子·经说上》文解释说："仁。爱己者非为用己也，不若爱马。（著若明）"前引的《经》文是说，"荣"是对"实"的界说，意思是说"实"是"荣"。那么，什么是"荣"呢？以荣为实的效果如何呢（作为强调实效的墨家不会不在意吧）？前引的《说》文是上述的第二种解释，"其志气之见也"是进一步解释何为"荣"，"使人如己，不若金声玉服"则是以墨儒对比说明以荣为实的效果。

关于《说》文，如前文所述，不管是文字的校改，还是含义的理解，研究者们众说纷纭，鲜有共识。我们以为，要理解《说》文，需要把墨家思想作为一个具有统一性的整体看待，从百家争鸣的背景出发，尽少校改文字，试图做出文字词义、逻辑惯式、思想内容诸方面都能贯通的合理解释。于是，我们的讨论就从墨家思想的基质——"非儒"主张开始。

众所周知，墨家自始至终反对儒家，《墨子》中就作有《非儒》

---

① 标牒字，即每条"说"文的开头一个或两个字取自相应的"经"文的首字或头两字，提示二者相对应，这些字无意义，只是起指示作用。据杨俊光先生的看法，这种体例始于曹耀湘的《墨子笺》，梁启超在其《墨经校释》中继之。（杨俊光：《墨经研究》，南京大学出版社2002年版，第4—5页。）梁启超曰："今细绎全文，得一公例，凡《经》说每条之首一字，必牒举所说经文此条之首一字以为标题，此字在经文中可以与下文连续成句。在《经说》文中，决不许与下文连续成句。"（梁启超：《墨经校释》，《梁启超全集》第十一卷，北京出版社1999年版，第3199页）

《非乐》《公孟》等篇专事反儒。在诸多重要问题上，墨家的主张或观点都与儒家针锋相对，比如说，儒家明辨"义""利"之别，而墨家恰恰相反认为"利"就是"义"（《墨子·经上》："义，利也。"）；儒家崇礼重乐，而墨家非礼（《墨子·节葬下》）非乐（《墨子·非乐上》）；儒家讲亲疏有别、仁爱有差的"差等"之爱，而墨家明确反对提倡兼相爱、交相利的"兼爱"思想（《墨子·兼爱（上中下）》）。

《说》文作为战国中后期的墨家文献，百家争鸣的局面正如火如荼地展开，其文字针对同样是显学的论敌儒家展开论述是再自然不过的事了。所以，以儒墨之别为视角分析《说》文就顺理成章成为我们的思路。前文引述谭戒甫和张纯一对《说》文的分析时就提及过这一点，如张纯一指出的"盖墨子以行不在服（见公孟篇），与后世儒家重视儒服者异趣也，故以'不若'反譬之"①。由是，我们如何具体读解《说》文呢？既然文中出现"不若"二字，就意味作者对其前后文字表达的内容态度相反。所以以"不若"为界将《说》文分为前后两部分，一部分是其前的"其志气之见也，使人如己"，为肯定意味，是墨家坚持的观点；一部分是其后的"金声玉服"，"不若"意味着否定，是墨家反对的。墨家反对并概述的"金声玉服"可能就是儒家的主张。那么，我们具体的解读从"金声玉服"入手。"金声玉服"会是墨者概述的儒家观点吗？

孟子曾提到"金声"，说："伯夷，圣之清者也；伊尹，圣之任者也；柳下惠，圣之和者也；孔子，圣之时者也。孔子之谓集大成。集大成也者，金声而玉振之也。金声也者，始条理也；玉振之也者，终条理也。始条理者，智之事也；终条理者，圣之事也。"（《孟子·万章下》）朱熹注："此言孔子集三圣之事，而为一大圣之事；犹作乐者，集众音之小成，而为一大成也。……金，钟属。声，宣也，如声罪致讨之声。玉，磬也。振，收也，如振河海而不泄之振。……盖乐有八音：金、石、丝、竹、匏、土、革、木。……八音之中，金石

---

① 张纯一编著：《墨子集解》，成都古籍书店1988年影印，世界书局1936年本，第276页。

为重,故特为众音之纲纪。又金始震而玉终诎然也,故并奏八音,则于其未作,而先击镈钟以宣其声,俟其既阕,而后击特磬以收其韵。宣以始之,收以终之。"① 由是观之,孟子这里是以奏乐的"金声玉振"之有始有终的合符节奏和规则来说明孔子作为"集大成"者的含义和伟大。"金声"也就是"乐",儒家"六经"本有《乐》,可见这里的"金声"应该可以视作儒家的主张了。而墨子书中对"乐"的批评比比皆是,"大钟鸣鼓、琴瑟竽笙之声""撞巨钟、击鸣鼓、弹琴瑟、吹竽笙"之"乐"都是墨者一贯反对的(《墨子·非乐上》)。作为"乐"之代表的"金声",在墨者眼里自然是反对而说"不若"了。

"玉服",解为"奢华"或"合礼"的服饰,即"儒服"。其作为儒家的主张而为墨者所反对素有论者。上述张纯一的看法就是一例。谭戒甫在论述墨家不同意"金声玉服"时就引《墨子·辞过》文"铸金以为钩,珠玉以为佩,女工作文采,男工作刻镂,以为身服。此非云益暖之情也。单财劳力,毕归之于无用也"为证。杨俊光更是详引《墨子·公孟》篇如下文字:"公孟子戴章甫,搢忽,儒服,而以见子墨子,曰:君子服然后行乎?其行然后服乎?子墨子曰:行不在服。公孟子曰:何以知其然也?子墨子曰:昔者齐桓公高冠博带,金剑木盾,以治其国,其国治。昔者晋文公大布之衣,牂羊之裘,韦以带剑,以治其国,其国治。昔者楚庄王鲜冠组缨,绛衣博袍,以治其国,其国治。昔者越王勾践剪发文身,以治其国,其国治。此四君者,其服不同,其行犹一也。翟以是知行之不在服也。公孟子曰:善!吾闻之曰:宿善者不祥。请舍忽,易章甫,复见夫子,可乎?子墨子曰:请因以相见也。若必将舍忽、易章甫而后相见,然则行果在服也。"得出结论说,墨子凡事要在"行"而不在"服",既不必"戴章甫、搢忽,儒服",亦不必"舍忽,易章甫"②。由此理解,这里作为"儒服"的"玉服"实则也就是儒家之"礼",反对儒家之礼是墨家素有的立场。说"不若"自在情理之中。

---

① (宋)朱熹:《四书章句集注》,中华书局1983年版,第315页。
② 杨俊光:《墨经研究》,南京大学出版社2002年版,第124—125页。

总之，由此观之，"金声玉服"就是《尔雅》中说的"荣而不实"的"荣"不副"实"的效果。"不若金声玉服"，就意味着墨者对儒者崇礼重乐的批评，即非礼非乐的主张。

与对儒家"金声玉服"的批评不同，"其志气之见也，使人如己"才是墨家的主张。《说》文"其志气之见也，使人如己"正是《经》文"实，荣也"（实即荣）的注解或以例说明；"金声玉服"不符合"实，荣也"（实即荣）的原则和要求，根据"金声玉服"，我们并不能真正知道其后的实际或事情的真相。如同墨子跟公孟子的对话说的："公孟子曰：君子必古言服，然后仁。子墨子曰：昔者商王纣、卿士费仲为天下之暴人，箕子、微子为天下之圣人。此同言，而或仁或不仁也。周公旦为天下之圣人，关叔为天下之暴人，此同服，或仁或不仁。然则不在古服与古言矣。且子法周而未法夏也，子之古，非古也。"（《墨子·公孟》）既然说同样的言论、穿同样的服饰其行为可以是"仁"的，也可以"不仁"的，那怎么可以据"言"和"服"来推断或判断"仁"与"不仁"呢？这里的"仁"与"不仁"说的就是墨家主张的"行"，"仁"和"不仁"体现出来的就是"荣"，也即"实"。

在战国时代，大体相信充斥天地宇宙之间的都是"气"，万事万物由气之聚散变化而成。这是先秦朴素的"气"本体观念。如庄子在解释其妻子死后为何鼓盆而歌时就是用气之聚散来说生死，"察其始而本无生，非徒无生也而本无形，非徒无形也而本无气。杂乎芒芴之间，变而有气，气变而有形，形变而有生，今又变而之死，是相与为春秋冬夏四时行也"（《庄子·至乐》）。不只如此，人的精神气质德性也以"气"来解释，孟子的浩然之气就是一例，他说："难言也。其为气也，至大至刚；以直养而无害，则塞于天地之间。其为气也，配义与道；无是，馁矣。是集义所生者，非义袭而取之也。行有不慊于心，则馁矣。"（《孟子·公孙丑上》）

关于"志气"，孟子曰："夫志，气之帅也；气，体之充也。夫志至焉，气次焉。故曰：持其志，无暴其气。"又曰："志壹则动气，气壹则动志也。今有蹶者趋者，是气也，而反动其心。"（《孟子·公孙丑上》）志为心，气为体。就这里具体讨论"不动心"问题的语境而言，这里主要是针对"识人"或"识己"而言的。"心志"与"体气"构成"人"的二元本质/实质要素，是为"本体"（非西方哲学意义上的，与朴素的"气"本体观念不同，孟子还强调作为"气之帅"的"志"，倒是更类似后来朱熹说的"理气二元"的"本体"之意），"志""气"充实、完备于人的心、体之中，这就是人之"实"，代表一个人的真实意义。"志""气"各有其位、各司其职、相互影响，"志""气"的不同组合、影响和变化构成不同品性、不同容貌、不同行为的人或同一个人的变化，这就是"志气之见"，是人的可经验的标示特征，即人之"荣"。所以，观察不同的志气表现及其变化（荣），就能了解一个人的本质/实质，也就知道了其是怎样一个人。

总之，《说》文中"其志气之见（现）也"是举例解释《经》文"荣"的含义，"使人如己"是说"以荣解实"的效果。即"志气之见"是"人"或"己"的"荣"的表现，了解他人或自己的"志气之见"，就能知道他人或自己"志气"的具体结构（不同"志气"的充实、完备状态，即实），而"志气"是人的"本质/实质"，所以，由此我们知道了他人是个什么样的人或人们知道了自己是个什么样子的人。这里强调，一方面，要从"荣"出发认识事物，这意味着事物具有可经验性特征；另一方面，"荣"与"实"具有一致性，"实"就在"荣"之中，从"荣"中自可求得"实"，且只能从"荣"中求得"实"。这意味着"荣"对"实"具有标示意义。也就是"由荣解实""荣实一致"的"实，荣也"的含义。"使人如己"，就是让他人（观察"志气之见"了解到的自己）就如同真实的自己一样[1]。借此说明达到"荣""实"一致的效果。

整体而言，不管是"志气之见"，还是"金声玉服"，就表面而言，都是人的可经验性的"显著"特征。但是，这种"显著"针对

---

[1] 事实上，《说》文中真正难解的是这一句。照前文确定的解释准则，尽量不校改文字，才有此次添加括号中字义的解释，但所添加字义为前文"其志气之见"的含义，作为作者行文省略也可理解。当然，最理想的解释或许是也将此处"如"校改为"知"，那整个《说》文在字义上就完全通顺了，即观察一个人的志气之见（荣），使他人了解真实的自己（实），不像"金声玉服"那样，徒饰表象，无法知道真实的自己（实）。

儒者和墨者，显然具有极其不同的意义，于儒者而言，"金声玉服"就是人的根本特性，毫无疑问，它可以标示人，如同他们强调礼乐的重要性一样。对墨家来言，从非儒非礼乐的立场出发，认为"金声玉服"没有标示意义，不能作为人的根本特性，只有"志气之见"才具有标示意义，作为人的根本特性，是真正的"荣"。墨者以"其志气之见"为例达到的"使人如己"之效果与"金声玉服"对比，强调"荣"与"实"的一致性，而非"荣"不副"实"。整个《说》文的意思就是：荣就像一个人志气（神情容貌和言行举止）呈现出来的样子，他人以此了解到的自己就如同真实的自己，不像一个人用金声玉服（隆重的排场和华丽的服饰）所呈现出来的样子，名不副实，与真实的自己并不相同。这也意味着：对于了解一个人的"实"而言，志气之见（行）显然比"金声（乐）玉服（礼）"更为根本（显著），前者为墨家主张，后者则是儒家的看法。

结语："实"的可经验性及其方法论意义

总之，通过"实，荣也"句《经》《说》文的以上解读，我们注意到理解墨者"实"义的一个新视角，即以"荣"解"实"，可别儒墨。"荣"是事物所表现出来的、可经验的、具有标示意义的显著特征/根本特性。以"荣"解"实"，就是要强调"实"具有可经验性，这是符合墨家经验主义传统的具有高度辨识度的主张。揭示这一点，一方面，丰富了我们对墨者在"名实关系"上对"实"强调及其认识——以具有可经验性的"荣"解"实"，认为"荣"在价值上与"实"平列，"实"就在"荣"之中，从"荣"中自可求得"实"，且只能从"荣"中求得"实"，荣实一致，彰显了墨家经验主义传统；另一方面，凸显了墨者主张与其他诸子特别是儒家的巨大差异，令人印象深刻。

或许，这些结论还没有太多的现存文献支持，尚可自慰的是，要证伪这一结论大概也不是容易的事吧！整个论文的思考和写作过程就如同一次声势浩大、跨越古今、穿行中西的知识旅行，途中自有见到锦绣山河、大千世界的心旷神怡，更有体悟惊涛骇浪、峰回路转的惊心动魄。如果我们不是刻意排斥用现代术语或西方哲学的概念来表达的话,《墨经》中这种意义的"实"有点近似于西方哲学中的"本质"概念,"荣"则近似于"现象"概念,那么,"实,荣也"几乎就可以理解为"本质即现象"的意思,仿佛墨子及其弟子们穿越时空成为西方哲学意义的"现象学家"!这样的比附自然免不了有过度诠释的"格义"之嫌,这不是我们想要的结论。思想的普遍性本身意味着对时空的超越,只是我们在论证这种求"同"的普遍性同时,还需要兼顾具体历史处境的"同中异"罢了,"同"和"异"乃事物相即不离的一体两面。仅凭这一句的解读当然还不足以得出涉及整体墨学乃至中西哲学比较的大结论,但是,将此作为理解墨家"实"义的新的大胆假说,再从文献上小心求证,在思想上进行跨越古今中西的对话与诠释,难道不是今天这个多元文化世界需要认真对待且值得期待的"事件"吗?

诡辩抑或误解？*
——"白马非马"及其合理性论证

郭 桥**

"白马非马"是中国逻辑史上的一个典型命题。在先秦名辩思潮所产生的诸多命题中，该命题可谓出乎其类拔乎其萃。围绕这一命题，先秦诸子或肯定或否定，众说纷纭，极大地推动了名辩思潮的发展。周山研究员这样指出，公孙龙对"'白马非马'命题的论证，较尹文的'察士之类'的分析，无疑有了长足的进步，标志着先秦名辩思潮到了公孙龙子时代，已经达到了一个新的高度"①。虽然"白马非马"命题诞生于先秦，而其影响却并不囿于先秦，随着其后中国思想史的延续，该命题产生了深远的影响，"先秦诸子，如墨经、庄子、荀子、吕览等，以及后来的学者，无论引述或是批评公孙龙，也必定要提'白马非马'这个问题"②。

一 "白马非马"的提出及早期评价

（一）兒说与"白马之说"

根据文献记载，"白马非马"这一命题的最早提出者并非战国末

---

* 本文原刊于《逻辑学研究》2015年第3期，现略有改动。
** 郭桥，河南大学哲学与公共管理学院教授。
① 周山：《中国逻辑史论》，辽宁教育出版社1983年版，第152页。
② 陈癸淼：《公孙龙子今注今译》，台湾商务印书馆股份有限公司1986年版，第14页。

期的公孙龙。《韩非子》中有这样的记载:"兒说,宋人,善辩者也。持白马非马也服齐稷下之辩者,乘白马而过关,则顾白马之赋。故籍之虚辞则能胜一国,考实按形不能谩于一人。"(《韩非子·外储说左上》)关于兒说,郭沫若在《十批判书》中认为大约"兒说必当于齐威、宣之世"①。"齐威、宣之世"即公元前356—前301年期间,公孙龙生活于公元前325年—前250年,和荀子、邹衍同时,这样,"在公孙龙之前,早已有'白马非马'的论辩流行于世"②。关于兒说和公孙龙的关系,郭沫若甚至提出了进一步的推测:"'白马非马'之辩几为公孙龙所专有,据此,可知发之者实是兒说。兒说年代早于公孙龙。"③"兒说之年代既明,则知'白马非马'之说,于齐威、宣时已流行,公孙龙祖述之,盖亦兒说之弟子或再传弟子而已。"④ 这样,以下的结论就可以得出:"白马非马"之说早在公孙龙之前的兒说时期就已经提出,并进行了论证,其结果"服齐稷下之辩者"。

《韩非子》一书不仅记载了兒说提出并论证"白马非马"的故事,其中还有关于"白马非马"的两处评价。其中的一处,就在上述所引关于兒说和"白马非马"关系的材料当中,即"兒说……持白马非马也服齐稷下之辩者,乘白马而过关,则顾白马之赋。故籍之虚辞则能胜一国,考实按形不能谩于一人"(《韩非子·外储说左上》)。这里,韩非先后以寓言和直白两种方式表达了他对"白马非马"的看法。关于前者,栾星曾有这样的评论:"《韩非子》所载兒说乘马过关的故事,就是一个有趣的寓言。尽管他可以把'非马'说得天花乱坠,仍被官吏挡了驾,必须按马纳税。以官吏为象征意义的地主政权,决不承认'白马非马'。为了维护一定的生活成规,新的统治者也决不允许把白马说成'非马'。"⑤换言之,兒说"白马非马"所采取的"反常识的诡辩形式,对旧的社会秩序具有破坏性,

---

① 郭沫若:《十批判书》,人民出版社1986年版,第267页。
② 孙中原:《中国逻辑史(先秦)》,中国人民大学出版社1987年版,第148页。
③ 郭沫若:《十批判书》,人民出版社1986年版,第267页。
④ 同上书,第269—270页。
⑤ 栾星:《公孙龙子长笺》,中州书画社1982年版,第164页。

对逐渐定型的新的社会秩序亦具有破坏性"①,这可谓韩非对"白马非马"说进行批评的直接原因。关于后者,即"籍之虚辞则能胜一国,考实按形不能谩于一人",则体现了韩非考察儿说观点的优先选择视角是"考实按形",从事实层面,也就是白马之实和马之实的实际关系方面,而不是儿说的辩辞即"虚辞"层面。当然,韩非也看到了仅就说辞层面而言,儿说的论证具有"能胜一国"即具有广泛的可接受性。但是,在两种视角的比较中,韩非显然选择了第二种视角。

《韩非子》中对儿说"白马非马"说的第二处评价:"人主之听言也,不以功用为的,则说者多棘刺白马之说;不以仪的为关,则射者皆如羿也。"(《韩非子·外储说左上》)栾星在对这一条史料进行解释时这样指出:"以棘刺之端为母猴,乃诈骗术。白马即白马非马之说,这里指儿说故事。"② 这里,韩非对儿说"白马非马"说的评价的出发点是"以功用为的",换言之,"白马之说"和战国时期各诸侯国的实际功用要求相背离是导致韩非否定"白马非马"的原因。至于儿说的主张何以和"功用"相背离,陈宪猷有这样的解释:"韩非这句话,充分代表了当时社会政治的特点,以及社会政治对学术思想的限制和要求。换言之,战国之末,必须建立尚功用的政治,国家才能得到生存,社会才能得以统一,这是关系到生死存亡的大事。而以抽象的思维形式作为研究对象的名辩理论,自然便无法与其他诸子理论抗衡了。"③ 也就是说,学说的实际政治效用是韩非评价"白马非马"主张的标准。

(二) 公孙龙与"白马非马"

《公孙龙子》一书的问世,特别是其中的《白马论》一文标志着公孙龙对"白马非马"这一主张在前人的基础上进行了更加系统的说明和详细论证。这一点,公孙龙本人也颇为得意,"龙之所以为名

---

① 栾星:《公孙龙子长笺》,中州书画社1982年版,第164页。
② 同上书,第133页。
③ 陈宪猷:《公孙龙子求真》前言,中华书局1990年版。

者,乃以白马之论耳!""龙之学,以白马为非马者也。使龙去之,则龙无以教"。(《公孙龙子·迹府》)

关于公孙龙的"白马非马"说,《史记集解》引刘向《别录》的如下一段材料,记载有邹衍的有关评论:"齐使邹衍过赵。平原君见公孙龙及其徒綦毋子之属,论'白马非马'之辩,以问邹子。邹子曰:'不可!彼天下之辩有五胜三至,而辞正为上[1]。辨者,别殊类使不相害,序异端使不相乱,抒意通指,明其所谓,使人与知焉,不务相迷也。故胜者不失其所守,不胜者得其所求。若是,故辩可为也。及至烦文以相假,饰辞以相惇,巧譬以相移,引人声使不得及其意。如此,害大道。夫缴纷争言而竞后息,不能,无害君子。'坐皆称善。"(《史记·平原君列传》,裴骃《集解》)这里,"不可!"一句,表明邹衍对公孙龙"白马非马"的论证所持的态度极其果断、明确——否定"白马非马"说的合理性。至于邹衍评价公孙龙论证的出发点,《中国思想通史》的作者提出了这样的看法:"邹衍批评公孙龙辩者之徒以'辞正为上',是儒家的见解,而不事苛察(所谓'不能,无害君子'),则稷下道家学派(宋、尹)也有同样的主张(道家老、庄也轻视辩者)。"[2] 此外,从邹衍所言"辩"的特点来看,例如"别殊类使不相害,序异端使不相乱",他是在物类的层面,即事实层面来看待"白马非马"说的,而公孙龙并不是如此提出他所谓的"白马非马"的,具体见下文分析。囿于这样的认知背景,进而邹衍也就对公孙龙对自己观点的论证抱持排斥态度——"烦文以相假,饰辞以相惇,巧譬以相移,引人声使不得及其意",认为其结果"害大道"。

在《庄子》一书中,虽然没有专门针对公孙龙"白马非马"说的直接评议,但是,其中的《天下》和《秋水》关于公孙龙学说的整体评价和有关描述,实际上也就体现了作者对"白马非马"说的倾向性观点。《庄子·天下》曰:"桓团、公孙龙辩者之徒,饰人之

---

[1] "上"原讹作"下",参见郭沫若《十批判书》,人民出版社1986年版,第315页;侯外庐、赵纪彬、杜国庠:《中国思想通史》,人民出版社1957年版,第648页。
[2] 侯外庐、赵纪彬、杜国庠:《中国思想通史》,人民出版社1957年版,第649页。

心，易人之意，能胜人之口，不能服人之心，辩者之囿也。"作为庄子后学在比较先秦诸家之后所概括而成的一篇文献，《庄子·天下》"评述了各家的学说，从庄子学派的观点出发，对各家学派一一作出褒贬"①。其中，"能胜人之口"可谓对作为辩者的桓团、公孙龙的一定程度的肯定，"饰人之心""不能服人之心"则是对辩者的否定，因为辩论的目的就在于实现悟他的目标，即"易人之意"。

关于先秦道家对公孙龙"白马非马"说的否定，从《庄子》的有关资料中也可以得到说明。《庄子·秋水》载："公孙龙问于魏牟曰：'龙少学先王之道，长而明仁义之行；合同异，离坚白；然不然，可不可；困百家之知，穷众口之辩：吾自以为至达矣。今吾闻庄子之言，汒然异之。不知论之不及与？知之弗若与？今吾无所开吾喙，敢问其方？'公子牟隐机太息，仰天而笑曰："子独不闻夫坎井之蛙乎？……子乃规规然而求之以察，索之以辩，是直用管窥天，用锥指地也，不亦小乎？……今子不去，将忘子之故，失子之业。'公孙龙口呿而不合，舌举而不下，乃逸而走。"公孙龙，字子秉，赵国人，在名辩思潮中影响极大，《庄子·徐无鬼》载庄子谓惠施曰："儒墨杨秉四，与夫子为五。"这里的"秉"，就是指公孙龙。"当时儒墨宗风，振靡天下，公孙掉臂其间，造成对峙之局，其学术价值概可肮见。"②公孙龙的学说在战国时期产生了很大的影响，这从庄子的上述措辞中也可以看出。在《秋水》中，作者借公孙龙之口表达了这样的事实：包括"白马非马"在内的"龙之学"具有"困百家之知，穷众口之辩"的特点，也就是说，作者承认公孙龙学说的新颖性以及论证的强有力性。但是，他通过"坎井之蛙"的故事，譬喻相对于庄学，"白马非马"等属于渺小之知，属于"用管窥天，用锥指地"之小学。"口呿而不合，舌举而不下，乃逸而走"则是庄子通过夸张的笔调来表达他对公孙龙"白马非马"等学术观点的彻底否定。

荀子是总结战国学术的著名学者，可谓"卓荦大家，巍巍然少与伦比"。《荀子》一书具有浓郁的社会批判与思想批判色彩，战国显

---

① 张耿光：《庄子全译》，贵州人民出版社1991年版，第596页。
② 王琯：《公孙龙子悬解》自序，中华书局1992年版。

学无不遭其批判。"令人奇怪的是：荀卿对其他学人以及惠施的批判，无不直指姓名，毫不含混，唯独于公孙龙采用暗喻笔法，全书从未提及公孙龙的名字。"① 对此，谭戒甫曾这样指出：《荀子》一书"言时必并称'惠施、邓析'而不一称'邓析、惠施'者，以其所置意实在龙，不在析也"②。该书中有关评论惠施、邓析之处，"谓之斥责邓析、惠施固可，即谓之斥责惠施、公孙龙亦未尝不可也"。"荀子之所恶于龙者，方且迁怒于牟矣。"③ 依谭戒甫的说法，《荀子》书中的以下几节文字，均可视为荀子对公孙龙"白马非马"等学术主张的评价：(1)"山渊平，天地比，齐、秦袭，入乎耳、出乎口，钩有须，卵有毛，是说之难持者也，而惠施、邓析能之；然而君子不贵者，非礼义之中也。"(《荀子·不苟》)(2)"不法先王，不是礼义，而好治怪说，玩琦辞，甚察而不惠，辩而无用，多事而寡功，不可以为治纲纪；然而其持之有故，其言之成理，足以欺惑愚众。是惠施、邓析也。"(《荀子·非十二子》)(3)"不恤是非、然不然之情，以相荐撙，以相耻怍，君子不若惠施、邓析。若夫谪德而定次，量能而授官，使贤不肖皆得其位，能不能皆得其官，万物得其宜，事变得其应，慎、墨不得进其谈，惠施、邓析不敢窜其察，言必当理，事必当务：是然后君子之所长也。"(《荀子·儒效》)(4)"纵情性，安恣睢，禽兽行，不足以合文通治；然而其持之有故，其言之成理，足以欺惑愚众。是它嚣、魏牟也。"(《荀子·非十二子》)分析上述评论中所包含的有关信息，不难看到：(1) 荀子承认公孙龙在论题选择上的新颖性，这从以下措辞可以得出："是说之难持者也""治怪说，玩琦辞"；(2) 荀子肯定公孙龙的论证能力，这从以下措辞可以得出："能之""甚察""其持之有故，其言之成理"；(3) 荀子否定论证"白马非马"的效用，这从以下措辞可以得出："甚察而不惠，辩而无用，多事而寡功"，"足以欺惑愚众"；(4) 荀子评价"白马说"的倾向性根据，即优先标准是政治、伦理功用，这从以下措辞可以得

---

① 栾星：《公孙龙子长笺》，中州书画社1982年版，第132页。
② 谭戒甫：《公孙龙子形名发微》，中华书局1963年版，第196页。
③ 同上书，第170页。

出:"非礼义之中也""不法先王,不是礼义""不可以为治纲纪";(5)荀子对"白马说"的最终评价结论是否定之、抛弃之,即"君子不贵"、公孙龙辈"不敢窜其察"。

此外,《荀子·正名》中有关"用名以乱实"的条目如下:"'非而谒','楹有牛','马非马也',此惑于用名以乱实者也。"王先谦在《荀子集解》一书中指出,该条是谈公孙龙"白马非马"的,"马非马,是公孙龙白马之说也"(清·王先谦《荀子集解·正名》)。谭戒甫则进一步对该条目进行了如下校改:"'止,而(同如)矢过楹';'白马非马也':此惑于用名以乱实者也。验之名约,以其所受悖其所辞,则能禁之矣。"① 关于这一校改,作者做了这样的说明:"原作非而谒楹有牛马非马也,兹改如正文。此疑本误作'非而牛谒楹''有马非马也',及二句合读,乃以牛马为类耳。盖止、矢、过、白四字,与非、牛、谒、有,皆形似致误。"② 观察经过校改后的条目,就会明显地看到荀子对公孙龙"白马非马"说的直接否定——他把"白马非马"说视为"三惑"之一,即"惑于用名以乱实者也",并提醒"明君知其分而不与辨也"。

总之,公孙龙"白马非马"说以及其他有关学术主张,尽管在当世颇具影响,但就总体而言,却受到了并世显学的排斥或否定,殊不见容于时人同辈。这一点,诚如王琯所言:"公孙龙书,与儒道殊恉,并世庄荀,已相排笮。"③

除了兒说和公孙龙,先秦时期主张"白马非马"说的还有其他一些学者。《战国策·赵策二》记载苏秦说秦王之言曰:"今臣有患于世。夫刑名之家,皆曰白马非马也。已如白马实马,乃使有(白)马之为也。此臣之所患也。"④ 这里,苏秦指出"夫刑名之家,皆曰白马非马也"。一个"皆"字,表明抱持此主张是当时形名家的一个普遍行为,不属于个别或者特殊现象。关于这一点,谭戒甫先生也有类似认识,他说:"白马非马者,实形名家当时所共持诵之论题,而

---

① 谭戒甫:《公孙龙子形名发微》,中华书局1963年版,第136页。
② 同上。
③ 王琯:《公孙龙子悬解》自序,中华书局1992年版。
④ 孙中原:《中国逻辑史(先秦)》,中国人民大学出版社1987年版,第149页。

亦即为彼辈论题中之所最要者也。"① "已如白马实马,乃使有(白)马之为也"(关于这一句,栾星在《公孙龙子长笺》一书中做了这样的注解:"乃使有(白)马之为也句,白字疑衍;为借为谓。")表明苏秦对刑(形)名家"白马非马"说的评价依据是事实层面的白马和马之间的关系,即作为特殊性事实存在的"白马"和作为一般性事实存在的"马"之间的关系。

总之,"从战国中期儿说倡'白马非马'论,到战国末期公孙龙与孔穿、邹衍等辩论'白马非马',这一惊世骇俗、引起轰动的辩论大约持续了一百年之久,以至于人们把它编成故事到处流传"②。这种辩论,混合着肯定和否定两种价值选择,而以后者为主。

二 "白马非马"在秦汉至明清时期的遭际

秦汉以降,随着中国社会由奴隶制向封建制转型的完成,"白马非马"这一在形式上具有挑战常识性质的观点在思想史演进的过程中进入了一个新的历史阶段——接受后世学者的重新反思和评估。根据现有的文献,在这个过程中,肯定者有之,但就总体而言,持否定态度的评价居于主流地位,诚如谭戒甫在《公孙龙子形名发微》中所言:"周秦而下,凡评议之涉乎此学(指白马论等公孙龙的学说——引注)者,大率目为淫辞诡辩,将惑俗而害治;及其至也,几欲取其书而火之,盖亦已甚哉!"③

(一) 否定说

关于公孙龙的"白马非马"说,在秦汉以后的文献中出现了有关公孙龙乘白马渡关的故事。版本(1),即西汉刘向《别录》所记载:"公孙龙持白马之论以度关。"(《初学记》卷七引)版本(2),即东汉桓谭《新论》所记载:"公孙龙常争论曰:'白马非马',人不能

---

① 谭戒甫:《公孙龙子形名发微》,中华书局1963年版,第164页。
② 孙中原:《中国逻辑史》(先秦),中国人民大学出版社1987年版,第149页。
③ 谭戒甫:《公孙龙子形名发微》,中华书局1963年版,第130页。

屈。后乘白马无符传欲出关，官吏不听。此虚言难以夺实也。"(《白孔六帖》卷九引。《绎史》所引同。)版本（3），即东汉高诱《吕氏春秋·淫辞》注："龙乘白马，禁不得度关，因言马白非（白）马。"版本（4），即三国魏刘邵《人物志·材理》西凉刘昺注："以白马非（白）马，一朝而服千人，及其至关禁固，直（讲真话）而后过也。"版本（5），即罗振玉《古籍丛残》唐写本古类书第一种白马注："公孙龙度关，关司禁白马不得过。公孙曰：'我马白非马。'遂过。以上五个版本涉及西汉、东汉、凉、唐四个不同的历史时期。对于这些记载，一方面固然如有的学者所指出的那样——"像这样的故事，无疑由公孙龙的白马论演义而出"①。这些故事"显然为编造之戏言，皆不可引以论白马非马之辩"②，但是，我们也要看到在这种隐喻的表达方式中传达了这样的信息：公孙龙的"白马非马"说要接受世俗社会的检验，合于世俗的理解的，则"过关"；否则，"不过关"。史籍记载的传说故事中，"官吏不听"体现了立足于白马之实和马之实的关系进行考察的结果；"遂过"可谓以反语的方式表达了对"白马说"的贬斥，因为早在荀子的年代，他已经使用"足以欺惑愚众"这样的措辞来表达对公孙龙学说的针砭了。

秦汉至明清，思想界对"白马非马"说的否定除了采取编排故事这种文学化的方式之外，进行直接否定的也可谓不绝如缕。南朝刘勰认为："公孙之白马、孤犊，辞巧理拙，魏牟比之鸮鸟，非妄贬也。"（《文心雕龙·诸子》）唐成玄英《庄子·齐物论》疏曰："白，即公孙龙守白马论也。姓公孙名龙，赵人。……亦何异乎坚执守白之论，眩惑世间？虽宏辩如流，终有言而无理也。"南宋吕祖谦指出："昔人言'白马非马'之说，若无白马在前，则尽教它他说；适有牵白马过堂下，则彼自破矣。"（吕祖谦《东莱集》）南宋黄震在《黄氏日钞》中称："公孙龙者，战国时肆无稽之辩，九流中所谓名家，以正名为说者也。其略有四：一曰'白马非马'。……其二曰'物莫非指'。……其三曰'鸡三足'。……其四曰'坚白石'。……其无稽如

---

① 栾星：《公孙龙子长笺》，中州书画社1982年版，第147页。
② 谭业谦：《公孙龙子译注》，中华书局1997年版，第111页。

此，大率类儿童戏语，而乃祖吾夫子正名为言，呜呼！夫子之所谓正名者，果如是乎？"（黄震《黄氏日钞·读诸子》）这里，黄震既贬斥了"白马说"，又否定了其"正名"价值。被朱元璋誉为"开国文臣之首"的宋濂则声言要烧掉阐述"白马说"的公孙龙作品，他指出："予尝取而读之，'白马非马'之喻，'坚白同异'之言，终不可解。后屡阅之，见其如捕龙蛇，奋迅腾骞，益不可措手。甚哉其辨也！然而名实愈不可正。何邪？言弗醇也。天下未有言弗醇而能正。苟欲名实之正，亟火之。"（宋濂《诸子辩·公孙龙子》）清代王先谦在《荀子集解》一书中对《荀子·正名》中"'非而谒楹有牛，马非马也'，此惑于用名以乱实者也。验之名约，以其所受悖其所辞，则能禁之矣"这一条进行解释时这样指出："非而谒楹有牛，未详所出。马非马，是公孙龙白马之说也。《白马论》曰：'言白，所以命色也；马，所以命形也。色非形，形非色，故曰白马非马也。'是惑于形色之名而乱白马之实也。"显然，在这里王先谦承袭了荀子在其《正名》中对公孙龙"白马说"的批评，并进一步指出"白马非马"何以属于"以名乱实"的情形。此外，王先谦还进一步说明如何禁止"以名乱实"的谬误——"验其名之大要，本以稽实定数，今马非马之说则不然。若用其心之所受者，违其所辞者，则能禁之也。"（王先谦《荀子集解·正名》）

（二）贬抑兼具说

按照今天的通行说法，名家是"战国时以辩论名实问题为中心的一个学派"[①]。《汉书·艺文志》列名家为"九流"之一。名家诸子在战国时称"辩士"（《庄子·徐无鬼》）、"辩者"（《庄子·天下》、《韩非子·外储说左上》）、"察士"（《吕氏春秋·审应览·不屈》）、"刑（形）名家"（《战国策·赵策二》），西汉称之为"名家"。

《汉书·艺文志》列举名家七人：邓析、尹文、公孙龙、成公生、惠子（惠施）、黄公、毛公。关于包括公孙龙在内的名家诸子，在该书中有这样一段文字："名家者流，盖出于礼官。古者名位不正，礼

[①] 《哲学大辞典·中国哲学史卷》，上海辞书出版社 1985 年版，第 256 页。

亦异数。孔子曰：'必也正名乎！名不正则事不成。'此其所长也。及謷者为之，则苟钩釽析乱而已。"（《汉书·艺文志》）这里，一方面认为包括公孙龙"白马说"在内的名家诸子学说有"其所长"，即承继孔子的思想而强调正名的重要性，并付诸实践，另一方面，又对名家诸子"钩釽析乱"的做法予以否定，这当中，似应包括对公孙龙"白马非马"说的否定。

相对于《汉书·艺文志》中对包括"白马非马"在内的名家学说所进行的评价，司马谈的观点则更加具体、深入。司马谈在《论六家之要指》中这样评价名家："夫阴阳、儒、墨、名、法、道德，此务为治者也，直所从言之异路，有省不省耳。……名家使人俭而善失真；然其正名实，不可不察也。……名家苛察缴绕，使人不得反其意，专决于名而失人情，故曰'使人俭而善失真'。若夫控名责实，参伍不失，此不可不察也。"（司马迁《史记·太史公自序》）这里，司马谈一方面肯定了名家学说的治世作用——"务为治者也"，另一方面分析了名家阐述思想的方式——"苛察缴绕""专决于名而失人情"。"若夫控名责实，参伍不失，此不可不察也"则体现了对名家学术特点的高度肯定。关于司马谈的这种分析，今人给予了这样的评价："他（指司马谈）认为名家之谈辩是存在有种种不足，但他同时又强调，在'控名责实，参伍不失'方面，确也是为'制纲纪'者所'不可不察'的。司马谈之言，尽管不免同样带有那个时代的局限，可他的分析态度却是值得肯定的。"[①] 汉儒，尤其是司马谈对包括公孙龙"白马说"在内的名家学说整体特点的复合型评价——贬抑兼具，体现了秦汉以降中国思想界对名家诸子，尤其是公孙龙学说评价时的弹性态度。这一态度的背后，反映的则是中国文化在秦汉以后的发展过程中，对先秦名家所倡导的逻辑分析理性在一定程度上的接纳和延续。这种接纳和延续，在后世文献，比如魏晋以及清代文献中都可以看到。

北齐刘昼在《刘子》一书中指出："名者，宋钘、尹文、惠施、公孙龙之类也。其道正名，名不正则言不顺。故定尊卑，正名分，爱

[①] 崔清田：《名学与辩学》，山西教育出版社1997年版，第265页。

平尚俭，禁攻寝兵。故作华山之冠，以表均平之制；则别宥之说，以示区分。然而薄者，损本就末，分析明辩，苟析华辞也。"（刘昼《刘子·九流》）这里，刘昼一方面引用孔子的话来肯定公孙龙之辈学说之旨"其道正名"的积极意义，另一方面又认为名家的"分析明辩，苟析华辞"属于不足，归类于舍本取末之举。从这一评价，不难看出刘昼对司马谈《论六家之要指》中有关观点的继承。

清代章学诚在《文史通义》中指出："有才智自骋，未足名家，有道获亲，幸存斧琢之质者。告子杞柳湍水之辨，藉孟子而获传；惠施白马、三足之谈，因庄生而遂显。虽为射者之鹄，亦见不羁之才，非同泯泯也。"（章学诚《文史通义》卷二）在《校雠通义》卷三，章学诚又指出："邓析子、公孙龙之名，不得自外于圣人之名，而所以持而辩者非也。"（章学诚《校雠通义》卷三）这样，章学诚一方面肯定了公孙龙"白马非马"说和"鸡三足"所体现的"不羁之才"，另一方面又认为他和邓析"所以持而辩者非也"和"圣人之名"有根本区别。

（三）沉默说

司马迁在《史记》中谈到公孙龙的只有30个字："平原君厚待公孙龙。公孙龙善为坚白之辩，及邹衍过赵言至道，乃绌公孙龙。"（司马迁《史记·平原君虞卿列传》）这里，司马迁不提公孙龙的"白马说"，只是谈到他"善为坚白之辩"，这是什么原因呢？是搞不清楚"白马说"的原委，还是不愿意陈述自己的观点，留待后人评说？司马迁和公孙龙"白马非马"说的关系成了历史上的一个谜团。

三 近代以来学术界对"白马非马"的评价

近代以来，随着西学东渐以及唯物辩证法在中国社会的传播，在重新审视国故的过程中，公孙龙的"白马非马"说再一次进入人们的视野。由中国逻辑史研究会资料编选组编选、甘肃人民出版社出版的《中国逻辑史资料选》，在"公孙龙"部分有这样的评价："关于公孙龙的逻辑思想，主要有三种不同的看法：一种认为公孙龙是一个彻底割裂个别与一般的形而上学诡辩论者，他在历史上只是一个反面教员，没有提出过什么合理的逻辑思想；另一种认为公孙龙提出的'白马非马'既有割裂个别与一般或过分强调个别异于一般的错误，又从逻辑上分析了概念之间的差别，反映了合理的逻辑思想；再一种认为公孙龙的'唯乎其彼此'是科学的正名理论，'白马非马'则深刻地揭示了种名和属名在逻辑上的差别，但在《通变论》中则突出地反映了其诡辩术。总之，关于公孙龙的哲学思想（名实观）和逻辑思想都有待于进一步的研究和讨论。"[1]这一段文字，虽然是针对《公孙龙子》一书中所包含的逻辑思想整体而言的，但是，其中提到的"三种不同的看法"，也完全适用于近代以来学术界对公孙龙"白马非马"说的总体评价。其中，"关于公孙龙的哲学思想（名实观）和逻辑思想都有待于进一步的研究和讨论"这一观点，在一定程度上也构成了本文对公孙龙"白马非马"说进行重新探索的缘由之一。

四 《公孙龙子》中的"白马非马"

无论是先秦，抑或秦汉以降，不同时期的人们在批评公孙龙"白马说"的时候，往往具有一个共性——把公孙龙对"白马非马"的论证诠释成和常识观点即"白马是马"彼此抵牾，有害于社会之"治道"。这种评价的出发点，在逻辑上犯了稻草人谬误，即虚拟一个错误的对象，然后进行反驳。事实上，"白马非马"的提出是有特定的语境限制的，这就是《公孙龙子》一书中除了《迹府》以外的其他五篇，尤其是《名实论》和《白马论》所构建的文本世界。离开了《公孙龙子》一书所构建的论域，对"白马说"的理解难免走向歧路。

（一）基本术语"白"和"马"的界定

公孙龙提出"白马非马"这一观点是在《白马论》一文中。就观点的语言表述而言，"白马非马"这句话中涉及三个基本术语：

---

[1] 中国逻辑史研究会资料编选组：《中国逻辑史资料选》（先秦卷），甘肃人民出版社1991年版，第73页。

"马""白"和"非","白马"是在"马"和"白"这两个基本术语的基础上生成的后生性术语。在当代中国逻辑史界,学者们在评判公孙龙"白马说"是否属于诡辩的时候,也不外乎从这些术语的含义分析入手——或取其二,或取其三,或取其一。和今人的做法不太一样,公孙龙在《白马论》的开篇,即通过自问自答的形式明确了"马"和"白",进而也就包括"白马"这三个术语的含义:"[曰](根据《道藏》本,原文此处并无'曰'字,依《白马论》为对话体而下文皆以'曰'字分别主、客的体例而增补):'白马非马'可乎?曰:可。曰:何哉?曰:马者,所以命形也;白者,所以命色也。……"(《公孙龙子·白马论》)这一事实表明,在公孙龙看来,澄清"马"和"白"这两个术语的含义是其阐述自己观点的合理性的前提。至于"非"字,他并没有给出特别的解释,而这一点,也就表明"白马非马"中的"非"字,在公孙龙看来不需要专门明确,换言之,公孙龙是在和以客方所代表的众人于同一意义上来使用"非"这一术语,即"非"的意义是"不是",而不是其他种种。

那么,作为支撑"白马非马"这一观点中的两个核心术语,"马"和"白"是在哪一种意义上使用呢?"马者,所以命形也;白者,所以命色也。"这句话告诉我们,公孙龙是把"马"和"白",进而也包括"白马",是作为"命形""命色""命色又命形"的工具来使用的;这里的"命",就是"命名"的"命",给予的意思。"命形"就是对物的形状给予名称;"命色"就是对物的颜色给予名称。"马者,所以命形也;白者,所以命色也"的意思是:"马"是对于物的形状给予的名称;"白"是对于物的颜色给予的名称。换言之,"马"是用来称谓物的形状的;"白"是用来称谓物的颜色的。相应地,"白马"就是用来称谓物的形状和颜色的。这里的有关解释,从字书和《公孙龙子》的《迹府》篇中可以得到佐证。《广雅》对"命"的解释是:"命者,名也。"(《广雅·释诂三》)《说文解字》对"名"的解释是:"名,自命也。从口从夕。夕者,冥也;冥不相见,故以口自名。"(《说文解字·口部》)"命形"和"命色",在《公孙龙子》的《迹府》篇即写作"名形""名色"。可见,"命"同"名",意思是:命名、称呼。

按照中国逻辑史研究的传统看法,"白马非马"中的"白马"和"马"往往被视为不同的概念来理解,王左立先生曾就此予以反驳:"人们可以用白马之名称谓白马,用马之名称谓马,但却不能用白马的概念和马的概念去称谓白马和马。所以,'白马非马'是说,白马之名不是马之名。"①"'白马非马'的'白马'和'马'表示的是白马之名和马之名,而不是白马的概念和马的概念。因为,概念是既不能'命形',也不能'命色'的。"②

　　公孙龙的"白马论"是从事物的名称或者称谓的角度来立论的,这一分析视角可以从下列事实中获得支持。(1)安东·杜米特留在《逻辑史》一书中指出,公孙龙分析问题时着力于"名",他说:"公孙龙讨论的有些悖论同惠子很相似。像这个学派的其他逻辑学派一样,他关心名的定义,试图证明它们的错误。"③(2)包括公孙龙在内的"名家"这一提法始于司马谈之《论六家之要指》,"名家"这一名称本身就凸显了公孙龙等名家诸子分析问题的视角选择是独特的——"专决于名"。(3)关于世传《公孙龙子》六篇的编次讨论。世传《公孙龙子》六篇,除了《迹府》篇是后人辑录而成之外,其余五篇的先后编次,自古不定。"近人分析公孙龙的思想时,也或先或后,没有定规。"④在这些"没有定规"的编次中,有一些学者打破了原来《道藏》本中各篇的顺序,把《名实论》置于《白马论》之前。例如,林恒森先生认为,在《公孙龙子》六篇篇次的排列上,"当按:《迹府》、《名实论》、《指物论》、《坚白论》、《通变论》、《白马论》的次序,方能更好地体现出全书的体系结构。"⑤成中英先生指出:"我们通常看到的公孙龙著作的顺序是由《四库全书总目提要》给出的:……我希望以下列重新排列的顺序对公孙龙进行系统的了解:N1. 迹府;N2. 名实篇;N3. 白马篇;N4. 坚白篇;N5. 通变

---

① 崔清田:《名学与辩学》,山西教育出版社1997年版,第151页。
② 温公颐、崔清田:《中国逻辑史教程》,南开大学出版社2012年版,第106页。
③ [罗]安东·杜米特留:《逻辑史》(第一卷上),李廉主译,油印本,第3—32页。
④ 周山:《中国逻辑史论》,辽宁教育出版社1983年版,第133页。
⑤ 高流水、林恒森:《慎子、尹文子、公孙龙子全译》,贵州人民出版社1996年版,第175页。

篇；N6. 指物篇。在这个新排列中，我们可以看到，公孙龙是怎样在 N2 中提出他的正名方案，怎样在 N3、N4、N5 中为他的方案建构论证与范式，最后在 N6 中得出'指物论'。"① 其实，明正统《道藏》本以及王启湘先生所考察的唐本《公孙龙子》的五篇顺序（《迹府》《白马》《指物》《通变》《坚白》《名实》）相同的事实②，足以表明现存《公孙龙子》中除了《迹府》之外的其余五篇，在被后人进一步编纂的时候，已经把《名实论》置于理解《白马论》时的先在背景知识。至于《名实论》何以在传世本《公孙龙子》中被置放于末篇，庞朴给出了这样的解释："秦汉人写书喜欢把序放在最后，这一篇（指《名实论》——引注）因而也被编在末尾。"③ 这样，上述提到的今人把《名实论》重新编排到《白马论》之前的做法，和传世本《公孙龙子》的编者可谓殊途同归、旨趣一致——都强调《名实论》对理解《白马论》的指导作用。(4) 庞朴、周山等学者均明确指出《名实论》在研究"白马非马"等公孙龙学说上的指导性地位。庞朴先生指出："《名实论》是公孙龙哲学的纲领性文章。在这里，他表明自己哲学的基本任务在于'审其名实，慎其所谓'，即考察事物的名和实，慎重地给他们以称呼。"④ 周山先生指出："在幸存的《公孙龙子》数篇著作中，《名实论》可以说是打开其余数篇的玄奥之门的一把钥匙；它在《公孙龙子》中具有基础性、指导性的地位，要想准确地认识和理解《公孙龙子》的逻辑思想体系，就必须首先研究《名实论》。"⑤

（二）《白马论》对"白马非马"的合理性论证

明确了《名实论》是理解公孙龙"白马论"的理论前提，以及公孙龙对"白马非马"这一命题中基本术语"马""白"，也包括生

---

① 成中英：《公孙龙哲学的意义：作为意义与指涉的"指"理论的新阐释》，《成中英自选集》，山东教育出版社 2005 年版。
② 王启湘：《周秦名家三子校诠》，古籍出版社 1957 年版，第 49 页。
③ 庞朴：《公孙龙子研究》，中华书局 1979 年版，第 47 页。
④ 同上书，第 46 页。
⑤ 周山：《中国逻辑史论》，辽宁教育出版社 1983 年版，第 46 页。

成术语"白马"的界定,"白马非马"这一主张的合理性也就被公孙龙在《白马论》中清晰地呈现出来。

1. 基于名的语义辨析。

在《公孙龙子·白马论》的开篇,公孙龙拟定的主方针对客方的提问有这样的回答:

> 马者,所以命形也;白者,所以命色也。命色者非命形也。故曰:白马非马。

这是公孙龙为"白马非马"提出的第一个论证,也是统领《白马论》中其余论证的基础性论证。可以说,《白马论》中的其余论证都是基于这一论证而展开的。在该论证中,公孙龙为其主张提出了三个论据:(1)马者,所以命形也;(2)白者,所以命色也;(3)命色者非命形也。根据直觉,从这三个论据似乎只能得出结论:白非马。"白非马"不是"白马非马",显然,后者的断定内容要比前者多:"白马"比"白"多出一个构成元素——"马"。为了保证"白马非马"能够得出,谭戒甫把"命色者非命形也"校改为"命色形非命形也"。他这样解释:"命色者非命形,犹云命白者非命马,固不待说而知,即说也非其恉。疑'者'字讹,兹特改为'形'字。"①针对谭戒甫的校改,庞朴先生持反对意见:"此一章主意重在'白'字,以'白'马为非马;下一章客难之曰'白之,非马何也?'正由此引起,故不烦改字。"②谭戒甫之所以主张把原文校改为"命色形非命形也",这是因为他看到由"命色者非命形也""不足以引起下文",即"白马非马"③。换言之,要得出"白马非马"的结论,需要在前提中包含这样的命题——"命色形非命形也",因为"白马"属于"命色形"的范畴。庞朴之所以反对谭戒甫的校改,是因为他看到了"白"这一元素的存在及其和"马"这一元素的区别是"白马

---

① 谭戒甫:《公孙龙子形名发微》,中华书局1963年版,第24页。
② 庞朴:《公孙龙子研究》,中华书局1979年版,第13页。
③ 同上。

非马"成立的不可或缺之前提。庞朴的这一观点，和《迹府》篇对公孙龙学说的概括是一致的。《迹府》篇指出："公孙龙……为'守白'之论。假物取譬，以'守白'辩，谓白马为非马也。"（《公孙龙子·迹府》）这样，可以说谭戒甫和庞朴二人分别看到了"白马非马"这一结论之得出的必要前提，他们均是从思维层面上审视论证中理由和主张的逻辑关系的。但是，二人的观点均存在需要完善之处。就谭戒甫的观点而言，校改后的句子加上其他两个句子，似乎依然不足以推出结论；就庞朴的观点而言，固然公孙龙"白马论"强调了"白"这一要素，但是，强调"白"是基于"白马"这一整体和"马"相比较而言的，脱离开这样的背景，也就无所谓"守白"即强调"白"了。

鉴于上述分析，第一个论证的推理过程可以描述如下：

（1-1）马者，所以命形也；白者，所以命色也。

［故曰：白马者，所以命色形也］

（1-2）命色者非命形也。［故曰：命色形非命形也］

（1-3）［命色形非命形也］［白马者，所以命色形也］［马者，所以命形也］故曰：白马非马。

推理（1-1）的结论可以由前提推出，这样，在语言表述上就可以把结论省略。推理（1-2）和推理（1-1）类似，在语言表述上也可以把结论省略。在推理（1-3）的三个前提中，前两个分别是推理（1-2）和推理（1-1）的结论，这样，在由（1-1）、（1-2）和（1-3）三个推理所构成的整体系统中，也就可以在语言表述上省略推理（1-3）的前两个前提；由于推理（1-3）的第三个前提是推理（1-1）的第一个前提的重复，这样，该前提在由三个推理所构成的整体系统中也就可以在语言表述上省略。省略掉推理（1-1）和（1-2）的结论，以及遵循在一个推理序列中，先行前提可以在后继推理中反复使用而在语言表述上不必再次出现这一原则，这样，上述（1-1）、（1-2）和（1-3）三个推理的整体语言表述就是：

马者，所以命形也；白者，所以命色也。命色者非命形也。故曰：白马非马。

这样的表述，也就是我们所看到的《公孙龙子·白马论》中对

"白马非马"的第一个论证之陈述。不难看出，该论证的特点是：通过分析"白马"和"马"这两个名所称谓的实的差异，也就是这两个名称的语义之不同来证成相应的观点。换言之，立足于对名称（称谓）的语义分析是公孙龙立论的思路特点。在《名实论》中，公孙龙提出了"夫名，实谓也"的观点，即他认为"所谓名，是对实的称呼"①。或者说，"名是事物的实的称谓"②。事物的实不同，就应该使用不同的名来称谓，不可彼此混淆，这也就是《名实论》中所提出的"唯谓"原则——"知此之非此也，知此之不在此也，则不谓也；知彼之非彼也，知彼之不在彼也，则不谓也。"（《公孙龙子·名实论》）"唯谓"原则的实质是"同则同之，异则异之"（《荀子·正名》），即同实同名，异实异名。具体到"白马说"，因为"白马"之名所指称（或者说反映）的事物之实是色和形的统一，即白之色和马之形的统一；"马"之名所指称（或者说反映）的事物之实是形，即马之形；色和形的统一不同于仅仅是形本身，所以，作为指称二者的名称，"白马"之名和"马"之名也就不是一回事，不一样，换句话说，"白马非马"是成立的。

2. 构建特定的语用情景

在《公孙龙子》一书中，公孙龙还通过构建特定的语言使用情景来证成"白马说"的合理性。

> 求马，黄、黑马皆可致；求白马，黄、黑马不可致。使白马乃马也，是所求一也。所求一者，白者不异马也。所求不异，如黄、黑马有可有不可，何也？可与不可，其相非明。故黄、黑马一也，而可以应有马，不可以应有白马，是白马之非马，审矣。（《公孙龙子·白马论》）

这是公孙龙在《白马论》中对"白马非马"提出的第二个论证。在这个论证中，他构建了使用"白马"和"马"这两个名的具体情

---

① 庞朴：《公孙龙子译注》，上海人民出版社1974年版，第43页。
② 谭业谦：《公孙龙子译注》，中华书局1997年版，第51页。

境——某人想要一匹马,即"求马";另外的一个人则想要一匹白马,即"求白马"。结果,黄马和黑马面临的选择将是不同的。就"求马"的人而言,"黄、黑马皆可致",即"马"这一名称的所指范围比较宽泛,包括了黄色和黑色的马;就"求白马"的人而言,"黄、黑马不可致",即"白马"这一名称的所指范围相对狭窄,黄色或黑色的马均不可算数。

基于构建的上述情景,公孙龙进行了"白马非马"的辩护。辩护的具体策略是使用归谬法,具体过程如下。

(2-1) 使白马乃马也,是所求("求马"和"求白马")一也。所求一者("求马"和"求白马"相同),白者不异马也。[白者非马也。故曰:白马非马]

需要指出,推理(2-1)中的前提"白者非马也",在前述第一个论证中可以得到,即"马者,所以命形也;白者,所以命色也。命色者非命形也。[故曰:白者非马]"

(2-2) [使白马乃马也,是所求不异也] 所求不异,[则黄、黑马均可致] [黄、黑马有可有不可]。可与不可,其相非明。[故曰:白马非马]

不难看出,在通过构建"求马"和"求白马"这一特定的语言使用情景来论证"白马非马"的过程中,存在着(2-1)和(2-2)两次使用归谬法的情况。通过这两次归谬,公孙龙又一次论证了"白马非马"是合理的,诚如庞朴先生所指出的:"主(指主客双方中的主方)以'求'(指"求马"和"求白马")证'白马非马'"。[①]

通过"求马"和"求白马"的语用情景构设,公孙龙借助于在特定情景中所发生的事情——"黄、黑马皆可致"以及"黄、黑马不可致",阐述了其主张,即"白马"和"马"是不一样的,二者之间存在着差异,进而"白马非马"(白马之名不是马之名)也就获得了具体的语用支持。公孙龙的这一论证手段,在一定意义上,是对名家先进尹文形名学说中"事以验名"思想的直接运用。《尹文子》曰:"形以定名,名以定事,事以验名;察其所以然,则形名之与事

---

① 庞朴:《公孙龙子研究》,中华书局1979年版,第14页。

物，无所隐其理矣。"(《尹文子·大道上》)关于公孙龙在论证"白马非马"的过程中受到尹文思想的影响，这一点，从《公孙龙子·迹府》所载尹文和齐王论"士"的故事也可窥得端倪。汉朝人高诱也指出："尹文，齐人，作《名书》一篇，在公孙龙前，公孙龙称之。"(汉高诱注《吕氏春秋·正名》)董志铁先生则更加明确地认为："公孙龙的《白马论》中有'色非形，形非色'的区分，很难说不是受了《尹文子》中'好非牛、牛非好'的影响与启发。特别是公孙龙《指物论》中对'指'与'物指'两个范畴的分析，可以说是对《尹文子》区分'名'与'分'，即好（分）、牛（名）这一思想的发展与提高。"[1] 如若尹文和公孙龙的关系确如董先生所言，则公孙龙在《名实论》中论证"白马非马"的方法受到名家先进尹文的影响，也就是水到渠成之事。

当然，在《公孙龙子·白马论》中，作者对"白马非马"的论证不止一处，但是，以上两个论证构成了整个"白马说"论证的基础。这一看法，和《迹府》篇的观点也是一致的。在《迹府》篇，作者主要选择了本文所选择的上述两个方面来说明公孙龙对"白马非马"的论证。

---

[1] 董志铁：《名辩艺术与思维逻辑》，中国广播电视出版社2007年修订版，第36页。

物的可指性
——《公孙龙子·指物论》新解[*]

李 巍^{**}

要说中国哲学史上最晦涩难读的文本，恐怕非《公孙龙子·指物论》莫属。正如学术前辈葛瑞汉（A. C. Graham）所说，"对喜好解决难题的读者来说，它或许是所有中国哲学作品中最令人着迷的一部。但是，还没有两个注者已对其解释达成一致"[①]，甚至"在早期中国哲学文献中，没有任何文献能有《指物论》那样多的对立解释"[②]。同样，以研究中国逻辑著称的赫梅莱夫斯基（J. Cheimelewski）也坦言："关于《指物论》，尤其是它的关键术语'指'，迄今没有一个被普遍接受的诠释。"[③] 回顾学术史，可知二人所言非虚。不过，在以往的各式理解中，将"指"界定为共相、观念（概念）与意义，仍是被不少学者所接受，至今依然

---

* 本文删节版原刊于《哲学研究》2016 年第 11 期。
** 李巍，中山大学哲学系副教授。
① Graham, A. C., *Latter Mohist Logic, Ethics and Science*, Hong Kong: The Chinese University Press, 2003, p. 457.
② Graham, A. C., *Studies In Chinese Philosophy and Philosophical Literatures*, New York: The State University of New York Press, 1990, p. 210.
③ Chmielewski, J., *Language and Logic in Ancient China*, Marek Mejor, Komitet Nauk Orientalistycznyche Press, 2009, p. 187.

流行的观点①。不用说,这些观点都有各自相当的合理性,也最能体现以西学资源重构中国思想的积极努力。即便如此,仍有两个疑问值得关注:其一,考虑到"指"在先秦除了表示手指,更多是表示具体指出某物的亲知活动②,则以《指物论》之"指"为共相、观念(概念)或意义,是否与它的日常用法相隔太远?其二,如果可以用共相、观念(概念)、意义来界定"指",似乎同样能拿来界定《公

---

① 历来论者对《指物论》之"指"的解释如"代名词"(金受申:《公孙龙子释》,商务印书馆1928年版,第22页)、"指定"(王琯:《公孙龙子悬解》,中华书局1992年版,第48页)、"标记"(胡适:《先秦名学史》,安徽教育出版社1999年版,第151页)、"属性"(沈有鼎:《沈有鼎文集》,人民出版社1992年版,第265页)、"共相"[冯友兰:《中国哲学史》(上),华东师范大学出版社2000年版,第158页]、"观念"(杜国庠:《杜国庠文集》,人民出版社1962年版,第95页)、"意识和思维"(庞朴:《公孙龙子研究》,中华书局1979年版,第20页)、"意义"[Graham, A. C., *Studies In Chinese Philosophy and Philosophical Literatures*, New York: The State University of New York Press, 1990, p. 210;劳思光:《新编中国哲学史》(卷一),广西师范大学出版社2005年版,第290页]、"类"(Chmielewski, J., *Language and Logic in Ancient China*, Marek Mejor, Komitet Nauk Orientalistycznyche Press, 2009, p. 187)、"概念"(陈癸淼:《公孙龙子今注今译》,台湾商务印书馆1986年版,第43页)、"抽象项目"(冯耀明:《公孙龙子》,东大图书公司2000年版,第85页)、"指称"[曾祥云:《〈公孙龙子·指物论〉疏解》,《湖南大学学报》(社会科学版)1999年第1期]等。其中,共相说、观念(概念)说、意义说最为流行,下文主要围绕这三种解释来谈。

② 如《论语·八佾》的"指其掌",《礼记·大学》的"十目所视,十手所指",《庄子·则阳》的"今指马之百体而不得马",这些"指"都是手指具体指出的意思。此外,见诸《墨子·经下》《庄子·齐物论》《庄子·天下篇》及《列子·仲尼》的"指",也都表示具体指出某物,并与公孙龙论"指"有关(详见后文)。当然,"指"在先秦也有较为抽象的意思,如《孟子·告子下》的"愿闻其指"、《孟子·尽心下》的"言近而指远"之"指",即表意旨;又,《荀子·正名》的"制名以指实""名足以指实"的"指",则表"名"的指称。但这些都不是"指"字最主要的意思。尤其就"指"之"指称"义来说,虽然葛瑞汉早就主张《指物论》之"指"应被"理解为以名指出,与英文的'meaning'内涵相近"(Graham, A. C., *Latter Mohist Logic, Ethics and Science*, Hong Kong: The Chinese University Press, 2003, p. 457),且也有论者尝试以"指称"释"指"(曾祥云:《〈公孙龙子·指物论〉疏解》,《湖南大学学报》(社会科学版)1999年第1期),但实际上,至少到后期墨家,描述"指称"这种语义作用的术语还是"举",如《墨子·经上》之"举,拟实也"、《墨子·小取》之"以名举实";至于"指",仍主要是指出某物的亲知活动。因此,对公孙龙来说,以"指"刻画"名"的语义作用,恐怕正如赫梅莱夫斯基所说,仍然是"太复杂而难以被设想的"(Chmielewski, J., *Language and Logic in Ancient China*, Marek Mejor, Komitet Nauk Orientalistycznyche Press, 2009, p. 185)。

孙龙子》书的另一基本概念——"实",而不少论者的确就是这样看的①。那么,"指""实"之别何在呢?

围绕以上疑问,本文尝试说明:公孙龙论"指"是从动作上"具体指出"某物,引申为事物"可被具体指出",并将"可被具体指出"看作经验对象的普遍性质,即事物的可指性。这就是《指物论》之"指"与其先秦日常用法的关联所在。而公孙龙将"指"从动作引申为性质,可能出于和辩者、墨家与庄子学派论辩的意图,但更是其学说从名实推进到指物的内在要求,那就是以事物具有可指性,为其能被命名的基础。因此"指"就可说是"实"之外对事物的另一种规定:"实"是规定事物内容的经验性质(如马之色形、石之坚白),"指"则规定了事物内容或经验性质得以被把握的条件。故《指物论》强调事物皆有可指性("物莫非指"),这正是以"名"谓"物"的前提("天下无指物,无可以谓物")。但"指"不同于"名"所表达的"实"("物之各有名,不为指"),不可在经验上亲知。故《指物论》又主张可指性本身没有可指性("指非指"),即不能因为"指"是"物"的性质,就要求后者被具体指出时,前者也能一同在经验上被指出("奚待于物而乃与为指")。然而,没有作为经验性质的"指",这并不妨碍事物具有该性质("天下无指,物不可谓无指也")。理解这一点,是破译《指物论》的关键。

---

① 如冯友兰说:"公孙龙以指物对举,可知其所谓指,即名之所指之共相也。"[冯友兰:《中国哲学史》(上),华东师范大学出版社2000年版,第158页],实际是以"指"与("名之所指"的)"实"皆为"共相"。但冯耀明认为,冯友兰以公孙龙之"复名"(如"白马""黄马")指涉"共相"的观点是缺乏根据的,只有单名(rigidly designators),如"白""马""坚""白"等,才"指涉一些抽象的项目和普遍者"(冯耀明:《公孙龙子》,东大图书公司2000年版,第85、142、169页)。又,杜国庠说:"公孙龙所谓'实',是由他所谓'指'而来的,而'指'是观念的东西,因而他所谓'实',也不能不是观念的"(《杜国庠文集》,人民出版社1962年版,第103页),是以"指""实"皆为"观念"。而郭沫若所谓"指……相当于现今所说的观念,或者共相……'指'即'实'"(郭沫若:《十批判书》,东方出版社1996年版,第288页),则是对共相说与观念说的综合。再有,劳思光主张"所谓'指',即表意义",又认为"'实'指每一物所以为此物的属性或意义"[劳思光:《新编中国哲学史》(卷一),广西师范大学出版社2005年版,第290页],是以"指""实"皆为"意义"。

一 从动作到性质——"指"的通义与新义

现在,就来具体阐述以上观点。最先要说的是,认为《指物论》是在某种特殊含义上言"指",这是合理的。正如世人说公孙龙"诡辞数万以为法"(《法言·卷二》),其"诡辞"之"诡",就是为了论辩取胜,以某个人们不熟悉、但未必不合理的特殊用法偷换语词的日常用法。但"偷换"要成功,至少要求语词的两种用法间有可追溯的关联。是故,要判断某种关于"指"的解释是否恰当,必须检验解释者所认为的公孙龙的用法与"指"在先秦的日常用法即"具体指出"间,有无上述"可追溯的关联"。而过去以共相、观念(概念)、意义释"指",所以并不令人满意,就在于一个表指出动作的词,要能表示抽象实体(共相即形上实体,观念或概念即精神实体,意义则为语义实体),恐非强引曲说而不可为。因之,不论怎样理解《指物论》的"指",至少应兼顾其在先秦的日常用法。

当然,强调"兼顾"并非要弱化"指"的两种用法之别。事实上,差别不但有,而且很明显。比如《指物论》说的"且指者,天下之所兼","兼"是公孙龙的常用术语,表示某种性质被某些事物所兼有。[①] 将"指"界定为"兼",显然不是就日常的指出动作来说,而应与性质相关。那么最先要考虑的,就是如何将"指"的含义从"表动作"引申到"表性质"。应该说,这种引申是可能的,并且比传统解释从"表动作"到"表实体"(共相、观念、意义)的引申更自然。那就是,可以先将"指"从"具体指出"某物的动作引申为某物"被具体指出"。再进一步,则能引申为任一事物"可被具体指出"。而"可被具体指出",正可被看作一切经验对象的普遍性质,

---

[①] 如《坚白论》以坚白"不定者,兼",又以"坚未与石为坚,而物兼"。《指物论》的"且指者,天下之所兼",亦就"指"作为普遍性质来说。有论者主张"兼"为"无"之误,大概仅适合文中"兼不为指"一句,于此句则难以成立。况且两个"兼"字相隔不远,第一个是讹误,第二个还是讹误,未免太巧合了。

即事物在经验上的可指性。① 因此,《指物论》以"指"为"天下之所兼",就能解释为以可指性是事物兼有的性质。当然,这并不否认存在某物不能被指出的情况,但那只能归因于认识上的限制,而非事物自身不可被指出,即只要是经验个体,就始终有可指性。

所以,用"可指性"解释《指物论》中被用作性质语词的"指",应该是能被设想的。而要说依据,除了因为上举"具体指出→被具体指出→可指性"的引申是可能且自然的,更因为这种引申方式在先秦典籍中并不缺少相似案例,如:

> 虽小道,必有可观者焉。(《论语·子张》)
> 国人皆曰可杀,然后察之,见可杀焉;然后杀之。(《孟子·梁惠王下》)
> 故视而可见者,形与色也;听而可闻者,名与声也。(《庄子·天道》)
> 大可睹者,可得而量也;明可见者,可得而蔽也;声可闻者,可得而调也;色可察者,可得而别也。(《淮南子·本经训》)

"可观""可见""可睹"等,就是将"观""见""睹"等动词在被动义上引申为对象的性质。设想公孙龙是将"指"在被动义上引申为对象的"可指",也属相同方式。这样,就能理解《指物论》为何总是重复"物可谓指乎""物不可谓无指也"的问答,因为它真正要谈的

---

① 我们认为,无论古代人还是现代人,除了能亲历某物"被具体指出"的场合,也能在其中陈述相关的场合句如:[1] 这白马可被具体指出。[2] 这坚白石可被具体指出。而从[1][2]中抠掉名字("这白马""这坚白石"),就能得到一个语义片段 F_:_可被具体指出,若将其他个体名填入空位,又能产生新句子如 [3] Fa:a 可被具体指出。[4] Fb:b 可被具体指出。[5] Fc:c 可被具体指出。并能设想,只要填入空位的名字命名了现实的个体,由此产生的句子就总是真的,因而就有量化陈述:($\forall$x) Fx:对任一 x 来说,x 可被具体指出。正是在此意义上,"可被具体指出"就能被视为个体对象的普遍性质。如弗雷格([德]弗雷格:《弗雷格哲学论著选辑》,王路译,商务印书馆 2006 年版,第 89、120 页)所说:"逻辑的基本关系是一个对象处于一个概念之下",而"有一个对象处于其下的概念为这个对象的性质"。那么,句子 Fa、Fb、Fc……或($\forall$x) Fx 中,概念词所表示的概念 F(可被具体指出)就是"处于其下"的个体对象的性质,本文称之为事物的"可被具体指出性"或简称为"可指性"。这说明,将"具体指出"变为"被具体指出",进而引申到事物"可被具体指出"这种普遍性质,就是从"指"字表动作的日常义过渡到表性质的特殊义的一种可能方式。因而,"指"之二义的关联就能被描述为:"具体指出→被具体指出→可指性。"

并非指出活动,而是对象"可指"这种性质。那么,如果人们只知道"指"表动作的日常用法,不知其表性质的特殊用法,就势必陷入"诡辞"的陷阱。如《指物论》首句"物莫非指,而指非指",单从日常用法看,既是主张事物被具体指出,又主张指出的活动不能有所指出,显然是一个矛盾陈述。大概公孙龙的用意,就是要让人们困惑。

而他最得意的,应该正是在"指"表动作的通义之外揭示其表性质的新义,并由此对"物莫非指,而指非指"做出新的理解,即事物莫不可被具体指出,但"可被具体指出"这性质本身不可被具体指出。说得更简单些,就是事物莫不具有可指性,但可指性本身不具有可指性。这样,一个原本矛盾的陈述就说得通了。而根据前引文例,也能构造类似表达如(1)小道莫不可观,但可观(这性质本身)并非可观;(2)形色莫不可见,但可见(这性质本身)并非可见;(3)声名莫不可闻,但可闻(这性质本身)并非可闻。此中原理,就是将及物动词在被动义上引申为表性质,这仅是所及对象的性质,而非它自身的性质。正如可看、可触仅是坚白石的性质,但可看、可触本身则不可看、不可触。同样,若将看、触等认识活动都关联到"指"范畴中,也能说物皆为可指,但可指本身不可指。当然,这样说的前提是已经将"指"从主体"具体指出"的动作引申为对象物有"可被具体指出"这种性质(可指性)。而这,应该就是"指"在先秦的日常用法与在《指物论》中的特殊用法间"可追溯的关联"。循此关联,不仅能说明《指物论》对"指"的引申(从表动作到表性质),也能推测公孙龙做此引申的缘由。因为"指"虽是先秦学术的小众话题,但在名辩思潮中却很受重视。那么,公孙龙将"指"从主体动作引申为对象性质,就很可能与学派论辩有关。

首先是辩者与墨家。辩者主张"有指不至"(《列子·仲尼》)或"指不至,至不绝"(《庄子·天下篇》),是对事物能否在认识上被指出,抱有极大怀疑。但《列子·仲尼》将此怀疑言论当作"龙诳魏王"的话,恐怕有失公允。因为根据"指"的性质义(可指性),辩者说的"不至""不绝"都只能是认识上的局限使然,而非对象本身不可指出,故《指物论》所谓"物莫非指""非有非指",正可看做对辩者的怀疑态度的批评。至于墨家,其立场要温和得多,只要求将指物活动可以实施与不可实施的情形区分开。前者叫"有指于二而不可逃"(《墨子·经下》),是说对象在场,如"坚白二也而在石"(《墨子·经说下》),就能具体指出("有指于二")、没有遗漏("不可逃")。反之,对象缺席则"所知而弗能指"(《墨子·经下》),如逃匿的臣仆"弗能指",不可再造的失物"弗能指"(《墨子·经说下》)。但墨家仍然只关注作为动作的"指",故从《指物论》以"指"为性质的观点看,"弗能指"的判断仍有问题。因为"逃臣""遗者"虽不在场,毕竟还是现实的"物",所以仍是在认识上"弗能指",而非对象本身没有可指性。故公孙龙屡言"物不可谓无指也",大概也是针对墨家,强调在"指"表性质的意义上,不可谓事物本身"弗能指",亦即凡物皆有可指性("物莫非指")。

再看道家。《庄子·齐物论》有"以指喻指之非指,不若以非指喻指之非指"的著名说法。虽不知此言与《指物论》的确切关联,但至少能肯定二者存在关联,尤其是,《指物论》主张事物有"指"(物皆有可指性)而"指"自身"非指"(可指性本身没有可指性),这思路很像是《齐物论》说的"以指喻指之非指"。可是,道家真正倡议的是"不若以非指喻指之非指",故与《指物论》以"指"为中心的立场不同,强调以"非指"为中心。这大概正因为"道"的特征就是"非指",如所谓"道昭而不道"(《庄子·齐物论》)、"夫道,……可传而不可受,可得而不可见"(《庄子·大宗师》)。那么,"以非指喻"就能说是"以道观之"(《庄子·秋水》)的另一表达,而"以指喻"则可类比于"以物观之"(同上)。是故,说"以指喻……不若以非指喻",其实就是强调"以道观之"高于"以物观之"。如果这正是庄子本人的主张,则《指物论》对"指"的讨论就能看作一种回应,即不论怎样强调"以非指喻"或"以道观之",正名者还是要"以指喻"或"以物观之",否则就谈不上"凡物载名而来"(《管子·心术下》)的"名"。反过来,如果"不若"云云出于读过《指物论》的庄子后学,则此说也能视为对公孙龙的批评。但即便如此,也并未否定《指物论》以"指"为事物性质(可指性)的观点,只是认为这还不够,即仅看到"物"之有"指",没看到"道"之"非指"。应该说,以上两种情况都有可能。但不论哪一种,《齐物论》以"道"("非指")为本与《指物论》以"物"("指")为本的立场之别是非常显著的。

说到这里，前述第一个疑问就迎刃而解了。因为有理由相信，将"指"解释为可指性，会比传统的共相说、观念（概念）说、意义说更利于把握将"指"从日常动作义引申到《指物论》特有之性质义的线索，也更利于在诸子论"指"的大背景中审视公孙龙做此引申的原因。

二 从名实到指物——"指""实"之别

再看第二个疑问。以下将说明，以"指"为可指性，要比传统解释更适合呈现公孙龙学说中的"指""实"之别。如《指物论》所谓"天下无指者，生于物之各有名，不为指也"，有论者认为，这句话"证明'指'与'名'有相同的性质，即'指'可以代替'名'，起'名'的作用，也就是说，'名'是'指'的一种"[①]。但笔者认为，此语恰恰是在强调"名"与"指"不同，即人们认为"天下无指"，是因为（"生于"）通过事物的"名"（"物之各有名"），无法把握事物的"指"（"不为指"）。为什么呢？因为"夫名，实谓也"（《名实论》），"名"只表示"实"，如"马者，所以命形也；白者，所以命色也"（《白马论》）的颜色、形状，即事物呈现的经验性质。那么，不能通过"名"来把握"指"（"不为指"），就正在于"指"不是"实"，不是经验性质。故《指物论》反复强调"指非指"，即以可指性（这性质本身）不具有可指性，说明不能像具体指出事物的"实"那样指出其"指"。而该篇所以难读，很大程度上就因为既主张"指"是凡物兼有的性质，又要说该性质不能在经验上具体指出。那么，关注"指""实"之别，就要进一步思考公孙龙为何在可经验的"实"之外另立一非经验的"指"？亦即为何在名实外别论指物？

这当然有思想环境的原因，即前述先秦名辩思潮中指物问题本就渊源有自，而公孙龙论"指"，尤其是将"指"当作"物"的性质，应有与诸子论辩的意图。但更重要的，则是通过以"指物"为"名实"奠基，来解决自身名实理论的困难。该理论在《名实论》有纲领性表述。首先是将"实"界定为充实于"物"，令事物具有内容的东西（"物以物其所物而不过焉，实也"）。此前，说它们是经验性

[①] 李耽：《先秦形名之家考察》，湖南大学出版社 1998 年版，第 49 页。

质，只是以公孙龙所论马之色形或石之坚白为例。《名实论》则有更充分的依据，即强调"实"在"物"中有各自的"位"或位置（"实以实其所实，不旷焉，位也"），那当然就是有确定呈现、可由感官辨识的诸经验性质。因此，进一步讲名实相应，就是使"名"与色、形等在"物"中"位其所位"（即有确定呈现）的"实"对应。这包括两个规定：一是"非则不谓"，即不能以"名"称谓与其"实"占"位"不同的"实"。如《白马论》强调"命色者非命形也"，即色形二"实"在马中占"位"不同，所以色名就不能称谓形名称谓的东西；另一是"不在则不谓"，即某"名"所对应的"实"，如果并非在事物中"位其所位"，而是"出其所位"（即没有确定呈现），也不能以该"名"称谓。如"白"所命之"实"不在马中占"位"，即"使马无色"或马色非白时，就不能以"白"谓马，故说"白者不定所白，忘之可也"（《白马论》）。按这两项规定，可知名实相应乃是一一严格对应，即"彼（名）"唯独称谓"物"中占"位"呈现的"彼（实）"，"此（名）"唯独称谓"物"中占"位"呈现的"此（实）"，是谓"其名正，则唯乎其彼此焉"。

《名实论》的这个正名原则，虽于《白马论》中有显著运用，但在《坚白论》中却难以贯彻，因为该篇对"离"的讨论，恰表明某"实"（如坚或白）在某"物"（如石）占"位"，这并非必然，而是也存在离而自藏、不驻于物的可能，这就会出现有名无实的状况，更何谈名实相应。现在，就来具体看看《坚白论》的论述。该篇为主客对辩体，主方申论离坚白，即以坚白石之坚硬、白色能够与石相"离"而退藏于密。客方则反对说："其白也，其坚也，而石必得以相盈。……坚白域于石，恶乎离？"这既是在事实层面，以坚白石实际有坚有白（"坚白域于石"），反对离坚白；更是在模态层面，以坚白石必然有坚有白（"其白也，其坚也，而石必得以相盈"），反对离坚白。而论主所谓"离"，其实只针对后者，即主张坚白能与石相"离"，这并非否认坚白石在事实上有坚有白，而是否认将此事实看作必然。因此，论主对客方提出两点反驳。第一，是坚硬、白色是所有坚物、白物共有的性质（"兼"），并不限定在某些事物上（"不定其所白"、"不定其所坚"）。既如此，所举坚白事物中不必然包括石头（"恶乎其石"）；第二，坚、白不但可能脱离石头，更可能脱离任何事物而有独立存在（"未与［物］为坚""不白物而白焉"），但这样的坚、白并不在经验界显现（"天下未有"），只能"自藏"在抽象领域：那里还有其他独立存在的性质（"黄黑与之然"），却没有作为具体个体的石头（"石其无有"），又枉论坚白石（"恶取坚白石乎"）？

总的说来，以上反驳可以成立。因为从模态的角度看，"坚白石有坚有白"为真，但"坚白石必然有坚有白"则非真，因为总能设想某种反事实状态，是叫作"坚白石"的东西并不坚硬或并非白色。故上举主方的反驳，正可看作对相关反事实状态的设想。其目的，正是表明在"必"的模态层面，可以说"坚必坚""白者必白"（《坚白论》），却不能说坚白"石必得以相盈"。换言之，对"离"的强调，是通过指出坚白二"实"不仅是与物的性质，也能是离物的独体，表明坚白石有非坚或非白的可能。① 可问题是，承认这种可能，就会给践行《名实论》"唯乎其彼此焉"的正名原则造成困难。因为

---

① 从《坚白论》开篇来看，公孙龙似乎并没有主张"可能地，坚白石不具有坚硬和白色"。因为主论"坚白石"非"三"为"二"，理由为"视不得其所坚，而得其所白者，无坚也。拊不得其所白，而得其所坚。得其坚也，无白也"，意谓坚白石对单一感官而言——在任何时间和任何情况下——都是"其举也二"的。而客方的答辩是：Ⓐ坚白石对单一感官"其举也二"，乃感觉官能不可替代的结果，所谓"目不能坚，手不能白……其异任也，其无以代也"。Ⓑ我们不能由感觉官能的"异任""无以代"来推论坚白石"无坚""无白"，因此说"不可谓无坚也，不可谓无白也"。这至少因为坚白石在事实上是既坚硬且白色的，此即"坚白域于石"。Ⓒ既然"天下无白，不可以视石。天下无坚，不可以谓石"，那么坚白石就必然是坚硬和白色的，此即"石必得以相盈"。我们注意到，Ⓐ是客方最直接针对主方"其举也二"论的反驳。而Ⓑ与Ⓒ的提出，则表明客方认为，主论"其举也二"不仅是一个认识论的主张，更是要从认识去推论存有。因此，Ⓑ项给出了一个事实判断 p："坚白石是坚硬和白色的"，Ⓒ项则给出了一个模态判断 □p："坚白石必然是坚硬和白色的"。那么，论主要回应客方的观点，应当怎样呢？首先，Ⓐ几乎不可否定，正如《坚白论》主方并未对感官"无以代"的断言提出反对，并且末尾还将这种"无以代"扩展到"火""锤"之上；其次，Ⓑ也很难否定。论主虽说坚白石对感官的呈现——向来总是——"其举也二"的，但并没有说坚白石本身——向来总是——坚石或白石。既然坚白石在事实上是坚硬和白色的，或者说，坚白石在"天下"是坚硬和白色的，则公孙龙显然不太可能去否定这个明见的事实。因此，如果客方断言了 p，则主方不太可能提出 ~p。而客方似乎的确断言了 p（"天下无白……，天下无坚……"），这一来，主方要驳斥他的论点，就只能从Ⓒ项入手，去反对坚白之于石"必得以相盈"的主张。因此，公孙龙真正核心的观点乃是在《坚白论》"坚未与石为坚，而物兼，未与（物）为坚，而坚必坚。其不坚石、物而坚，天下未有若坚，而坚藏。……白固不能自白，恶能白石物乎？若者必白，则不白物而白焉。黄黑与之然，石其无有，恶取坚白石乎"一段文字中才提出的。而这段文字的核心精神就是说明，只有坚性、白性本身才能说是"必坚""必白"的，对坚白石则不能说"必坚""必白"。所以，一旦断定对 ~□p，那么主方就有责任举出坚白石非坚、非白的可能世界——也就是举出 p 的反事实状态 ◇~p（可能的，坚白石不具有坚硬或白色）。笔者认为，这才是《坚白论》主方真正驳斥客方的地方。

只要某"实"不必然在"物"（如坚白并非必然在石），也能与"物"相"离"或"出其所位"，就谈不上名实相应。那么，反过来说，要保证名实相应是一项有意义的要求，当然必须说明"实"在"物"中"位其所位"，有所呈现的原因。并且，这原因显然在"物"而不在"实"，因为坚、白既能"离"石"自藏"，成为抽象领域的独体，则其著显于石，成为"石之白"、"石之坚"，就绝非自身使然。所以，必定是"物"具有某种特性，才能令"实"的呈现成为可能，此特性，就是《指物论》之"指"。正如说"天下无指物，无可以谓物"①，即强调只有断定"物"是具有可指性的物（"指物"），才能以"名"去称谓它（"谓物"），也就是去称谓其中占"位"呈现的"实"。可见在公孙龙那里，对"指物"的讨论正是要为"名实"奠基。故《指物论》无一处言"实"，这正因为"实"的问题（即某"实"因何成为"在物之实"而能被"名"称谓的问题）必须以"指"说明。不把"指"讲清楚，就无以论"实"，更无以"正名实"。

所以，公孙龙在"名实"之外别论"指物"，是其学说逻辑的必然走向。由此，也就能对前举第二个疑问做出回答。那就是，以"指"为可指性，最能表明"指""实"有别。区分的关键，正在于"物"之有"指"不同于有"实"，不是具有某种经验性质，故不能在经验上具体指出（"指非指"）。但一般而言，人们说事物有某性质，总是已在经验上指出了它，现在认为"指"是"物"的性质，却又不能具体指出，这的确令人疑惑。故《指物论》说"非指者，天下无指，而物可谓指乎？"②就是在模拟上述质疑，即事物的可指

---

① 此语以往断作"天下无指，物无可以谓物"，冯耀明已阐明其问题（冯耀明：《公孙龙子》，东大图书公司2000年版，第93页），其说可从。

② 这句话原为"非指者天下而物可谓指乎"，以往论者作三种处理：（1）断作"非指者天下，而物可谓指乎？"并以"天下"作动词，表"充满天下"（庞朴：《公孙龙子研究》，中华书局1979年版，第21页）；（2）断作"非指者，天下无〔而〕物，可谓指乎？"以"而"为"无"字之误（俞樾：《诸子平议补录》，李天根辑，中华书局1956年版，第30页）；（3）断作"非指者，天下而物，可谓指乎？"以"而"字无误，表"是"（冯耀明：《公孙龙子》，东大图书公司2000年版，第93页）或"之"（陈癸淼：《公孙龙子今注今译》，台湾商务印书馆1986年版，第49页）。笔者以为，这三种断法都有可商榷之余地。第一种"天下"二字上读，意思牵强且于文献无征；第二种、第三种以"而物"二字上读则不妥，因为下文从未有"天下而物"的表达，且屡言"而物不可谓指"，正是对本句"而物可谓指乎"的回答，则"而物"应下读。又参照下文"天下无指，而物不可谓指也"，本句"天下"与"而物"间应脱漏"无指"二字，补全则构成完整问答，即提问"天下无指，而物可谓指乎"，答曰"天下无指，而物不可谓指也"。

性不能在经验上具体指出（"非指者"），经验界就没有这种性质（"天下无指"），如何能说事物是有可指性的呢（"物可谓指乎"）？类似的质疑，《指物论》也表述为"指也者，天下之所无；物也者，天下之所有，以天下之所有为天下之所无，未可"，即以"物"为经验实在，"指"非经验项目（即不作为经验性质存在），则认为"物"有"指"，就是让存在者具备不存在的特征，故说"物不可谓指也"。然而，公孙龙断定事物有"指"，本就不是在具有某种经验性质的意义上来说的，正如"天下无指者，物不可谓无指也。不可谓无指者，非有非指也。非有非指者，物莫非指也"。就是强调，没有作为经验性质的"指"（"天下无指"），这并不足以否定事物有"指"（"物不可谓无指也"），因为断定可指性是物的性质，其依据是没有不能被指出的物（"非有非指者"），凡物皆可被具体指出（"物莫非指"）。

如此看来，"指"作为"物"的性质，与"实"或经验性质的根本差异就在于它并不对具体认识活动负责，而是用于说明事物为何能被认识（即"有指"或具有可指性）。故"物莫非指"绝不意味事物皆已在认识上被具体指出，而是强调没有本性上不可被具体指出的物，即凡物皆因其本性而有可指性。那么，虽然《名实论》的"实"是对"物"之内容的规定，但"指"却是另一种规定，不是规定事物呈现了哪些经验特征，而是规定了诸经验特征得以呈现于物的条件。因此，对事物有可指性的肯定，不可能像对"实"的把握那样诉诸经验，更没理由认为事物被具体指出时，其可指性这种性质也能一道被指出，故《指物论》篇尾明言"指固自为非指，奚待于物而乃与为指"。这就像弗雷格[1]强调的，"三角形"这个概念描述了事物有三角的性质，而非这概念本身有三角的性质。同样，指概念描述的是事物的性质，而非其自身也有该性质。是以，《指物论》断定"物莫非指"时，也必定要主张"指非指"，即可指性自身不具有可指性。

---

[1] ［德］G. 弗雷格：《算术基础》，王路译，商务印书馆1998年版，第70页。

结　语

　　以上提出了一个关于《指物论》的新解读，但绝不是要否定传统观点，而是致力于以竞争性解释拓展经典研究的地平线。现在，既然能将公孙龙所谓"指"与其先秦的日常用法沟通起来，并能与他的另一核心术语"实"区别开，就有理由相信用"可指性"释"指"，是破译《指物论》谜题的可行方案之一。

　　附《指物论》译文：

　　P1：事物莫不具有可指性（物莫非指），但可指性自身不具有可指性（而指非指）。

　　P2：如果经验界没有具备可指性的物（天下无指物），就根本不能去称谓它们（物无可以谓物）。但说可指性不是可被具体指出的（非指者），它就不在经验界存在（天下无指），又怎能说物是有可指性的呢（而物可谓指乎）？

　　P3：的确，这种性质是经验界没有的（指也者，天下之所无也），物则是经验界实存的（物也者，天下之所有也）。认为经验界实存的东西有经验界没有的性质（以天下之所有，为天下之所无），这不可以（未可），所以只能认为经验界没有可指性（天下无指），物也不能说是有可指性的（物不可谓指也）。

　　P4：但所谓物不具有可指性（不可谓指者），理由只是此一性质不可被具体指出（非指也）。但不可被具体指出（非指者），物却莫不能被具体指出（物莫非指也）。也就是说，即便主张经验界没有可指性且物也没有此种性质（天下无指而物不可谓指者），仍要承认没有不能被具体指出的物（非有非指也）。而只要承认没有不能被具体指出的物（非有非指者），就等于已经承认了事物莫不具有可指性（物莫非指也）。只是凡物都有可指性（物莫非指），这性质本身却没有可指性（而指非指也）。

　　P5：人们认为可指性不存在（天下无指），只是因为事物的名称（生于物之各有名）表达的主要是可被经验的性质，[如马之色形、石之坚白，都是在事物中占位呈现的"实"]，而非不可经验的可指性（不为指也），所以，将不是可指性的经验性质说成是可指性（以有不为指之无不为指），就不可以（未可）。

P6：可指性是事物兼有的性质（且指者，天下之所兼）。虽然这种性质并不作为可经验的性质存在（天下无指者），却不能说物没有这种性质（物不可谓无指也）。所以不能说物没有可指性（不可谓无指者），因为没有不能被具体指出的物（非有非指也）。没有不能被具体指出的物（非有非指者），就是凡物皆有可指性（物莫非指）。

P7：当然，仅对可指性本身来说（指），也不存在"不具有可指性"的问题（非非指也）。只有加予物的可指性（指与物），才能说是不具有可指性的（非指也）。这是因为，假使世上没有作为物之性质的可指性（使天下无物指），谁能断言可指性不可被指出（谁非指）？假使世上没有物（天下无物），谁又能去谈论物的可指性（谁径谓指）？假使世上只有可指性径谓却没有物（天下有指无物指），谁还能断言这性质不具有可指性（谁径谓非指）？谁又能断言物无不具可指性（径谓无物非指）？

P8：明确了这些，就应当承认事物的可指性自身固然不具有可指性（且夫指固自为非指），岂能因为它是物的性质就认为它能与物一同被具体指出（奚待于物而乃与为指）！

论庄子、惠施的"大小之辩"

吴惠龄[*]

前　言

庄子关于大小关系的譬喻，最著名就是在《逍遥游》中的鹏鸟与蜩、学鸠，庄子形象化的描写鹏鸟之大，以对比蜩虫与学鸠的渺小。不过，由于晋代郭象将鹏鸟与蜩、学鸠注解为"各以得性为至，自尽为极也""向言二虫殊翼，故所至不同"，郭象认为虽然鹏鸟与蜩、学鸠形成大与小的对比，不过，鹏鸟与蜩、学鸠因为各自有各自的天性，所以一样可以获得逍遥，说道："今言小大之辩，各有自然之素，既非跂慕之所及，亦各安其天性。"郭象的注解使得后代在诠释庄子之大小关系时产生了歧异，一方面因为庄子认为相对性的概念不是绝对的，所以认同郭象将大与小视为可以被消解的相对性概念，认为鹏鸟与蜩、学鸠可以各自获得适合自己的逍遥生活[①]；另一方面，根据《逍遥游》的文脉，在描述鹏鸟与蜩、学鸠之后，有一句"之二虫又何知"，因此认为大与小的对比，在这里有特殊的意义，不只是可被消解的相对性概念。由此歧义的解读，引发本文的研究动机：为什么《逍遥游》中，庄子在描述鹏鸟与蜩、学鸠之后，要说"之

---

[*] 吴惠龄，台湾辅仁大学哲学系专案助理教授。

[①] 在邓克铭《方以智论庄子的逍遥游》中，邓先生提出方以智认为大小之辩是可以消除的片面思考，此一思考脉络，主要接续郭象的批注发展而来的。笔者认为如果回到庄学文本来进行思考，那么，郭象的批注很可能不够全面。参见邓克铭《方以智论庄子的逍遥游》，《台湾大学哲学论评》2014 年第 48 期。

二虫又何知"？鲲鹏所展现的大，具有什么特殊的意义？庄子想要借由鹏鸟与蜩、学鸠的对比说明什么？

由于《逍遥游》最后以庄子与惠施的一段辩论作为结尾，因此引发本文探讨庄子与惠施关于大小问题的研究。① 由于记载惠施的文献不多，《庄子·天下》较为详尽地介绍惠施的主张，称为"历物十事"②，将作为分析惠施关于大小之辩的主要依据。本文将以大小之辩作为研究主轴。首先，根据葛瑞汉在《论道者：中国古代哲学论辩》③中，将惠施"历物"十事与西方芝诺（Zeno）提出的悖论进行对比分析，凸显惠施思想中的逻辑思维，由此，笔者尝试客观地探究"历物"的思维特色，进而分析惠施对于大小问题的探讨是否属于悖论；其次，由《庄子》中大小问题的探讨来考察庄子关于道物关系的主张；最后，借由对比分析庄、惠对于大小问题的论述，分析庄子对于惠施逻辑性思考的批判是否合理。

一 "历物"的大小之辩

记载惠施思想的传世文献并不多，多数的研究皆是依据《庄子》中记载庄子与惠施的对话，来推论惠施的观点；然而，关于惠施如何分析大小的问题，则根据《庄子·天下》记载惠施的"历物"十事来进行探究。

（一）"历物十事"的结构

关于惠施的"历物之意"为何，《庄子·天下》说道：

---

① 《庄子》中记载庄子与惠施许多思想辩论，如《逍遥游》关于有用与无用的辩论、《德充符》关于有情与无情的对辩、《秋水》的"濠梁之辩"等。本文《庄子》原文主要参考（清）郭庆藩《庄子集释》，顶渊出版社2005年版。以下引用《庄子》皆据此注本，仅标示篇章与页数，如《逍遥游》，第36—39页；《德充符》，第220—223页；《秋水》，第606—608页。在校对《庄子》引文时，同时参考陈鼓应注译《庄子今注今译及评介》，中华书局2009年重印版。

② 《天下》，第1102—1105页。

③ ［英］葛瑞汉：《论道者：中国古代哲学论辩》，张海晏译，中国社会科学出版社2003年版，第92—98页。

（1）至大无外，谓之大一；至小无内，谓之小一。（2）无厚不可积也，其大千里。（3）天与地卑，山与泽平。（4）日方中方睨，物方生方死。（5）大同而与小同异，此之谓小同异；万物毕同毕异，此之谓大同异。（6）南方无穷而有穷。（7）今日适越而昔来。（8）连环可解也。（9）我知天下之中央，燕之北，越之南是也。（10）泛爱万物，天地一体也。①

惠施认为人可以由"观察"获得外物的初步信息，如"至大无外""至小无内"等关于大小的知识，以及从"无厚"到"千里"关于空间延伸的知识。而且惠施认为人们可通过比较关于外物的知识，归纳出事物所具有属性与相对性，取得对于外物更进一步的了解：如比较事物属性的异同，归纳出"小同异""大同异"概念；根据比较天地、山泽、"南方无穷而有穷""天地之中央"，归纳出空间的相对性；从"日方中方睨""物方生方死""今日适越而昔来"的命题，归纳出时间的相对性。惠施认为明了天地万物具有的相对性，有助于逐渐建立人们对于外物一致性的理解，最终将达到主体与客体相融通，即"天地一体"的境界。

（二）关于解读"历物"的范畴与诡辩

西方汉学家葛瑞汉由芝诺（Zeno）悖论的启发，提供对于"历物十事"不同视角的解释，说到：

（1）计算与划分有关；无论无限的整体还是不是不可分的点都是最小的划分，都可以计算为一。（2）不可分的划分表现为一个悖论，任何数量都是其最小的划分之和，然而点的总和仍然是一个点。（3）无限的整体表现了另一个悖论；由于从任何位置上

---

① 为了便于原著与葛瑞汉之解释的对比分析，在此另外标示数字作为辅助说明"历物"的十事，如（1）（2）……。（《天下》，第1102—1105页）

与下的距离都是无限的，所以高山应该与湖泽一样平。（4）由于时间不可分的划分，运动也表现一个悖论；生命最后的运动是死的开端，所以一物同时生死。（5）在划分与命名，我们假定能够把"马"之名给予彼此亲近而不同于其他客体的客体；但是，如果我们把相近与区别向前推一步，马变成既彼此不同又与任何他物相信。（6）空间表现为进一步的悖论，它必须而又不能有一个限度。（7）时空联合不可分的划分，将出现如果我在某日与次日之间的时刻横过在一种状态与另一种状态之间的界线，那么，我既在今天处于某种状态又在明天处于另一种状态。（8）如果不可分的划分真正存在，接着连环能够被精细为完美的圈，彼此穿过全无障碍。（9）空间如果是无限的，任何地方都是其中心。（10）由于划分导致矛盾，所以根本不要划分，于是爱万物如同爱自己。①

葛瑞汉将惠施的历物十事，以悖论的方式进行解释，认为惠施提出历物的过程为：从划分导致的悖论与矛盾，进而提出不要划分，而有"泛爱万物""天地一体"的观点。

葛瑞汉将惠施的"历物"以悖论来理解的好处，在于这种理解方式有助于西方学界理解惠施"历物"的内容与观点。因为，关于悖论的问题是以西方研究者较为容易理解的逻辑思维，通过这些悖论来分析惠施的"历物"十事，可以整理出惠施对于时间、空间、名实等问题细微的探讨与分析。不过，我们可以进一步地提问，以悖论的方式进行解释惠施的"历物"，是否真的符合惠施所要表现的思想？是否可以用不同的研究进路探讨"历物十事"？

诚如李贤中认为章炳麟、严灵峰等学者，以范畴架构来分析历物十事的内容，可以较注解的方式更能贴近"历物"的内容；李贤中并指出丁原植以推演的方法，则可以呈现历物十事结论命题的推导过

---

① ［英］葛瑞汉：《论道者：中国古代哲学论辩》，张海晏译，中国社会科学出版社2003年版，第95页。

程和相互的关联性。① 由此,李贤中将历物十事的思想架构,分为"历""物""历物"三大范畴:第一,关于"历"的论述,说道:"经历、推移、过、历览、分辨、治理、判断等意义,因此,'历'包含了人之心思活动的一段过程,其结果即是一种'知';就认识主体而言,内肯定了分辨、推演、比较整合等作用,外肯定了'物'的存在。此'历'即属思想界之范畴。"② 第二,关于"物"的分析,说道:"可指天地万物,包括有形、无形之物,有形者诸如:天地、山泽、生物等,无形者如:大小、中晲、同异、今昔等,就历物之意观之,'历'的对象即是'物',此'物'并不同于先秦诸子所关切的对象,因为他们的注意力都集中在人文世界的政治、道德、教化、生活等问题上,而惠施的历物之意都与这些问题马牛不相及,而是将眼光从人文世界转移至自然世界、物理世界,欲探求自然宇宙中万物之理。此'物'乃属于现象界之范畴。"③ 第三,关于"历物"的讨论,说道:"此乃是现象界中之对象物在思想界中呈现的一种方式,对象物虽不因人而存在,但却是因人而被认知。天地万物以'知'

---

① 李贤中统整章炳麟、严灵峰、丁原植的研究,依李教授书籍中的分述,依次如下。(甲)章炳麟在所作《国故论衡》的"明见篇"里将十事分为三组:第一组,论一切空间的分割区别都非实有(此包括第1、2、3、6、7、8、9事);第二组,论一切时间的分割区别都非实有(此包括第1、4、7事);第三组,论一切同异都非绝对的(此为5事)而十事的"泛爱万物,天地一体也"则是上述三组的结论。章氏的分类,之后有胡适、渡边秀方、虞愚、张其昀等人从知并加以引申发挥,以自圆其说。(乙)严灵峰教授在"惠施等(辩)者历物命题试解"中,参照儒、墨、道三家某些共通的观点和采取综合的方法,分条缕析地作有系统的解释和说明,而将之分为:(1)大、小(有限和无限)其中包括惠施第1、2、6、8四事,及天下篇辩者第21事;(2)动、静(时间和空间)其中包括惠施4、7二事及辩者第9、15、16三事;(3)同、异(彼和此)其中包括惠施第3、5、9、10四事及辩者第1事;(4)名、实(是和非)其中包括辩者其余第16事。丙、丁原植教授的"惠施逻辑思想之形上基础",则将惠施的十个命题加以归纳性的整理,分为七项:(1)逻辑表达范域的设定。(此为第1事)(2)现象存在基本性质与此性质在逻辑中所形成之两极序列。(此乃第5事前半)(3)借现象物个别差异性的取消而逼现逻辑序列的无限。(此包括第3、4、7、9四事)(4)说明序列极限之不可界定。(此包括第2、6两事)(5)要求对于现象物探讨之"物论"可解。(第8事)(6)齐一性原理的提出(此乃第5事后半)。(7)齐一性原理的根源与道德原理之提出(第10事)。丁原植并认为历物十事极可能是惠施物论中十个具有结论性的命题,并尝试重新建立其推演的系统架构。详见李贤中《名家思想研究》,花木兰文化出版社2012年版,第49—50页。

② 李贤中:《名家思想研究》,花木兰文化出版社2012年版,第51页。

③ 同上。

来探求，其方式有二：或就其为对象物而作客观性质料的分析，或就其在'知'（思想界）中知呈现方式形成此'知'之逻辑性表达；惠施的'历物'即是采取了后者的逻辑性处理方式，故此'历物'即属于表达界之范畴。"①

又如张晓芒将惠施"历物"的内容依照辩题分为三类，如"关于时间问题的辩题""关于空间问题的辩题"与"关于事物的辩题"②。而温公颐、崔清田主编的书中，将惠施"历物"依照辩题分为三类，如"关于时间问题的命题""关于空间问题的命题"与"关于事物之间联系的命题"③。

（三）"大小关系"与"天地一体"

受到葛瑞汉以悖论解读的影响，笔者认为在对于空间的探讨时，惠施提出了"大一"说明无穷大的整体空间，以"小一""无厚不可积"，说明无限分割到最小的空间。由此来看，大小的关系，无限分割到最小的"小一"虽然是"无厚不可积"，却是真真切切存在于世界之中的，所以惠施说"其大千里"，因为"小一"的无限在无穷大的空间中是无穷无尽的，这个论点也与"南方无穷而有穷"的观点相应。历物十事存在关于空间无限分割的"小一"与整体空间的悖论，因为如果空间可以无限分割，那么无限分割的"小一"的总和，是不是等同于整体空间？倘若"小一"的总和等同于"大一"，那么为何说"无厚不可积"呢？这正是葛瑞汉用来说明惠施的"历物"具有悖论的主要原因，因为在同一个立场上，如果既是"小一"又是"大一"，便形成悖论。

若依据李贤中、张晓芒以范畴来探讨"历物"的内容，笔者进一步展开"历物"中，惠施的大小之辩与"天地一体"的关系。就历物十事的论述来说，惠施显然是认为"小一"的总和可以是"大一"，所以虽然"无厚不可积"，但是"小一"却是存在于宇宙整体之中的概

---

① 李贤中：《名家思想研究》，花木兰文化出版社 2012 年版，第 51—52 页。
② 张晓芒：《先秦诸子的论辩思想与方法》，人民出版社 2010 年版，第 120—121 页。
③ 温公颐、崔清田主编：《中国逻辑史教程》，南开大学出版社 2001 年版，第 79—84 页。

念,所以是"其大千里",归结出空间是既"无穷"又"有穷"的概念。"无穷"在于认知主体可以将空间在思想上的无限分割,"有穷"在于认知主体对于宇宙整体,也就是空间最大("至大无外")的理解。惠施也将大小之辩,应用在讨论概念、种性、属性的比较。惠施将大的概念或种性相同、小的概念或属性相异的状况,称为"小同异";将万物彼此概念、种性皆完全不同的状况,称为"大同异"。

不同于以悖论或范畴来探讨历物十事的文献,笔者认为惠施对于大小概念的应用,乃是从认知主体对于"物"的理解与分析所呈现出来相对性的概念,所谓的"大"可以只是相对于较小的事物,所谓的"小"也只是相对于较大的事物,所以惠施又以"至大""大一"和"至小""小一"来区别相对性的大小之辩。由此来说,惠施提出的"小一"与"大一"并不存在悖论的问题,因为就惠施来说,"小一"与"大一"是站在不同的立场,对这个世界进行观察后所获得的解释。惠施所说的"至大""大一""至小""小一",可以只是一种理性的推论:因为惠施对于"至大""大一"的了解,在于理性(思想界)推论有一个极大的空间,大到不能再大了,所以称为"至大";理性(思想界)推论和空间无限的分割,分割到不能再小了,所以称为"至小"。而且,惠施还隐含天地万物和宇宙为一整体的观点,所以将最大的整体称为"大一",将最小单位称为"小一";而无限个最小的"小一",存在于整个宇宙("大一")之中,这也合乎"无厚不可积,其大千里也"的推论。由此,可以进而了解惠施为何主张"历物"的最后一事为"泛爱万物,天地一体",因为惠施相信人们以通过理性的认知与分析,来认识或理解这个世界;在思想界中无论是"大一"或"小一"的概念,皆是"物"在空间上的呈现,为理性的推论出"大一"和"小一"的可能性,以及理性推论出"天地一体"的可能性。

二 庄子论大小之辩

《庄子》中记载许多关于庄子批判名家、惠施过于理性思维的推论,在此将研究的焦点至于"大小之辩",论述庄子对如名辩思维的批判，进而说明庄子对于大小关系的主张。

（一）庄子对名辨思想的批判

庄子认为名家，尤其是惠施的思维模式，经常会造成主客对立的状况，因为当人们站在自己的立场，指责别人的错误时，双方立场在彼此对辩的状况下，对立的状况便会越来越严重，庄子在《齐物论》指出"彼"或"此"的立场，并不是绝对的，可是人们往往站在那一方的立场（"彼"）就看不见这一方（"此"）；而自己（"此"）知道的一面，总认为是真的一面。所以，彼方是相对于此方而来，此方也是相对于彼方而有的。庄子认为这是以明静的心去观照事物的实况，再因为"彼""此""事态"的对立所产生无穷的是非判断，称为"以明"。①

笔者认为庄子意识到是、非的价值判断，常常因为立场的不同而有不一样的判断，所以，是、非并不是绝对不变的判断，而圣人之所以成为圣人，就是可以不受立场的局限，看清楚现实状况中"彼"与"此"的动态流变，以明静的心摆脱成见、立场的限制。庄子对于惠施思维的批判亦可在《徐无鬼》中看到，如：

> 庄子曰："射者非前期而中，谓之善射，天下皆羿也，可乎？"惠子曰："可。"庄子曰："天下非有公是也，而各是其所是，天下皆尧也，可乎？"惠子曰："可。"庄子曰："然则，儒、墨、杨、秉四，与夫子为五，果孰是邪？或者若鲁遽者邪？其弟子曰：'我得夫子之道矣，吾能冬爨鼎而夏造冰矣。'鲁遽曰：'是直以阳召阳，以阴召阴，非吾所谓道也。吾示子乎吾道。'于是为之调瑟，废一于堂，废一于室，鼓宫宫动，鼓角角动，音律同矣。夫或改调

---

① 《齐物论》说道："物无非彼，物无非是。自彼则不见，自知则知之。故曰：彼出于是，是亦因彼。彼是，方生之说也。虽然，方生方死，方死方生；方可方不可，方不可方可；因是因非，因非因是。是以圣人不由，而照之于天，亦因是也。是亦彼也，彼亦是也。彼亦一是非，此亦一是非。果且有彼是乎哉？果且无彼是乎哉？彼是莫得其偶，谓之道枢。枢始得其环中，以应无穷。是亦一无穷，非亦一无穷也。故曰'莫若以明'。"参看《齐物论》，第66页。

一弦，于五音无当也，鼓之二十五弦皆动，未始异于声，而音之君已。且若是者邪？"惠子曰："今夫儒、墨、杨、秉，且方与我以辩，相拂以辞，相镇以声，而未始吾非也，则奚若矣？"庄子曰："齐人蹢子于宋者，其命阍也不以完，其求鈃钟也以束缚，其求唐子也而未始出域，有遗类矣夫！楚人寄而蹢阍者，夜半于无人之时而与舟人斗，未始离于岑，而足以造于怨也。"①

庄子以"不期而中""各是其所是天下皆尧也"来批评惠施喜好争论的缺失。庄子认为如果各家皆认为自己是对的（"各是其所是"），那么，惠施为何要与儒墨杨秉争论是非，而且还要强调争论时从未输过。庄子借"蹢子求钟"的故事，说明各家各以为是的争论，往往遗弃珍贵而执着于贱陋的事物，就像失亡了孩子却还奋力地追求钟器一样；又如"楚人蹢阍造怨"的故事，比喻各家彼此争执不休的行为，既未求得真理，且在无谓的争执中，可能造成彼此的怨怼，使得天下没有"公是"。

庄子如此批评惠施，正因为庄子认为是与非、彼与此的判断与立场，都是相对而成且会流动、变化的，在《齐物论》中说道："以指喻指之非指，不若以非指喻指之非指也；以马喻马之非马，不若以非马喻马之非马也。天地，一指也；万物，一马也。"② 此处庄子以公孙龙的"指物"和"白马论"作为例子，提醒人们如果强化了万物的相异之处，将可能形成割裂彼此、双方对立的困境；倘若由"一指""一马"，即是从万物相同的观点去思考，则天地万物都可找到他们的共同性。这可说是庄子不赞同名家、惠施，过于强调由万物相异之处进行比较、划分的思维。③ 庄子认为圣人不会照这样的思维去

---

① 《徐无鬼》，第 838—840 页。
② 《齐物论》，第 66 页。
③ 李贤中在《"指物"与"齐物"的认知观点比较》由"指"与"齐"具有不同的认知目的，因而形成不同的认知模式：庄子"道通为一"的"齐物"感通模式，以及"指物"主客二元的认知模式。李教授指出这两种认知观点各有优点、具有互补的可能。由于本文的研究焦点在"大小之辩"，因此在此就不展开关于"指物"和"齐物"的讨论。Hsien-Chung Lee（李贤中），"A Comparison of the Cognitive Perspective Applied in 'Referring to Things' and 'Equality of Things'"（《"指物"与"齐物"的认知观点比较》），*Asian and African Studies*, Vol. 16, No. 3, 2012。

思考，而会观照事物的本然，了解任自然的道理。"此"亦是"彼"，"彼"亦是"此"；"彼"当中有它的是非，"此"当中也有它的是非。"彼"与"此"不再相互对立，就称为"道枢"；理解"道枢"的道理，就可以顺应无穷的流变，而不再因为"彼""此"或"事态"的对立所产生无穷的是非判断。庄子认为这是以明静的心，去观照事物的实况，称为"以明"。

（二）"大小关系"与"道物关系"

庄子对于大小关系的譬喻，最著名就是在《逍遥游》中，鹏鸟与蜩、学鸠的对比。庄子形象化的描写鹏鸟之大，以大鹏鸟动身前往南冥时波澜壮阔的景致，如"水击三千里""抟扶摇而上者九万里"，以及鹏鸟因为飞得太高，已经看不到马，只能看到一群马奔跑所引起的烟尘。而蜩虫与学鸠以自己飞得不高、飞得不远，嘲笑鹏鸟费尽心力飞往南冥的不智。不过，庄子认为鹏鸟的迁徙是非常不容易的，在迁往南冥之前需要积累许多的工夫，还需要等待适当的时机如六月的风，才能展翅而飞。庄子以蜩虫与学鸠对鹏鸟的嘲笑，来比喻大小视野的差异，而说"之二虫又何知！"[1]，并进而说道：

> 汤之问棘也是已。（汤问棘曰："上下四方有极乎？"棘曰："无极之外，复无极也。"）[2] 穷发之北，有冥海者，天池也。有鱼焉，其广数千里，未有知其修者，其名为鲲。有鸟焉，其名为

---

[1]《逍遥游》原文："北冥有鱼，其名为鲲。鲲之大，不知其几千里也。化而为鸟，其名为鹏。鹏之背，不知其几千里也；怒而飞，其翼若垂天之云。是鸟也，海运则将徙于南冥。南冥者，天池也。齐谐者，志怪者也。谐之言曰：'鹏之徙于南冥也，水击三千里，抟扶摇而上者九万里，去以六月息者也。'野马也，尘埃也，生物之以息相吹也。天之苍苍，其正色邪？其远而无所至极邪？其视下也亦若是，则已矣。且夫水之积也不厚，则负大舟也无力。覆杯水于坳堂之上，则芥为之舟，置杯焉则胶，水浅而舟大也。风之积也不厚，则其负大翼也无力。故九万里则风斯在下矣，而后乃今培风；背负青天而莫之夭阏者，而后乃今将图南。蜩与学鸠笑之曰：'我决起而飞，抢榆枋，时则不至而控于地而已矣，奚以之九万里而南为？'适莽苍者三飡而反，腹犹果然；适百里者，宿舂粮；适千里者，三月聚粮。之二虫又何知！"详见《逍遥游》，第2—9页。

[2] 陈鼓应教授根据闻一多考察唐僧神清的《北山录》的增补。详见陈鼓应《庄子今注今译及评介》，中华书局2009年重印版，第16页。

鹏，背若泰山，翼若垂天之云，抟扶摇而上者九万里，绝云气，负青天，然后图南，且适南冥也。斥鴳笑之曰："彼且奚适也？我腾跃而上，不过数仞而下，翱翔蓬蒿之间，此亦飞之至也。而彼且奚适也？"此小大之辩也。①

庄子借汤与棘的问答，讨论大小之辩的问题。汤与棘谈论的内容，正是以同篇（《逍遥游》）鹏鸟与学鸠的对比来进行的论述，只是这里庄子换作以鹏鸟和小麻雀作为对比。鹏鸟迁往南冥的姿态依旧壮阔，鹏鸟旋风般的身影直上青天，"抟扶摇而上者九万里"，往南冥而去。小麻雀不会羡慕鹏鸟，却是以讥笑的口气，对鹏鸟的行为表示不以为然。庄子以此来说明大、小视野的区别。

而郭象在注解此段文本时，却说："各以得性为至，自尽为极也。向言二虫殊翼，故所至不同，或翱翔天池，或毕志榆枋，直各称体而足，不知所以然也。今言小大之辩，各有自然之素，既非跂慕之所及，亦各安其天性，不悲所以异，故再出之。"② 如依郭象的解释，大与小在各安其性的状况下，消解了大小的差异。所以，鹏鸟与麻雀不存在巨大的差异，因为喜欢翱翔天际或在小树之间飞跃，都只是根据各自的天性所做的选择，也就不用"不悲所以异"。

郭象的注解不仅是一种注解，更是一种不同角度的诠释。郭象认为，大小之辩的宗旨是要消解大小的差异，让万物各安其性，乐于承认各自的不同。可是，郭象的诠释牺牲了庄子凸显鹏鸟与小麻雀的差异，牺牲了大小之辩的精髓。因此，笔者认为应该回到《逍遥游》的语境脉络中，凸显鹏鸟与小麻雀的差异，重新理解大小之辩的意义，如陈鼓应认为庄子"小大之辩"的重要性是："以示小天地和大世界的不同，并明世俗价值与境界哲学的差异。"③

如果重新解读庄子以"大小之辩"展现"大"和"小"的差异，则可进一步理解庄子为何多以"大"表现宽广、壮阔、辽阔的意涵，

---

① 《逍遥游》，第 14 页。
② 郭庆藩在《逍遥游》的注解中，搜集郭象注的解释。详见《逍遥游》，第 16 页。
③ 参看陈鼓应《老庄新论》，五南图书出版社 2005 年第 2 版，第 147 页。

如《逍遥游》的"大知""大年""大树",《齐物论》的"大知""大言""大道不称""大言不辩""大仁不仁""大廉不嗛""大勇不忮""大觉",《人间世》的"大德",《大宗师》的"大块载我以形""大通",等等。由此,《逍遥游》中,庄子说蜩虫、学鸠"之二虫又何知",意指庄子认为蜩虫与学鸠的"小",无法了解鹏鸟"大"的视野,当然就无法了解鹏鸟为了想要迁徙到南冥所做的决心和努力。又如《秋水》篇"井底之蛙"的寓言①,也可以依"大小之辩"的思维来进行说明,庄子以井中的青蛙,比喻陷于有限的知识或视野时,往往无法理解真正广阔的天地与知识,意指庄子认为身处于井底的青蛙,有限的"小"视野,无法理解井外的"大"世界。

由庄子对于"大小之辩"比喻大境界与小天地的差异,也可进而了解庄子为何将知识区分了层级:"小知""大知"与"真知",如"大知闲闲,小知闲闲"(《齐物论》),"小知不及大知"(《逍遥游》),"真知"(《大宗师》)②。因为,庄子对于人的认知作用存有怀疑,认为人作为认知的主体,对于万物的认识可能有所局限或不足,因此,提醒人们不要一开始就认为自己的认识或理解,就是正确无误的"真知",而必须小心谨慎地审视自己的知识。庄子主张先有"真人"才有"真知"["且有真人而后有真知"(《大宗师》)]③,庄子认为的"真人"是认知主体从认清自己"有待"的局限,了解人与天的差异,逐步地修养提升。所以,"真人"不会因为微小就拒绝,

---

① 《秋水》,第 563—564 页。
② 吴怡从庄子对于"知"的区别,说明庄子如何"从知以入逍遥之境"。吴怡针对中国哲学所说的"知"概念进行分析,认为庄子的"知"可以区别为上一层的"智慧"与下一层的"知识":上一层属于"智慧"的知,如大知、真知;而下一层的"知识"可以分为"外物的知"与"人事的知"。吴怡认为庄子对于"外物的知"所论不多,主要偏重于"人事的知"的阐述。笔者认为,由于庄子本来就重视人如何在人世间安身立命、安顿心灵的问题,所以对于外在知识的阐述可以不必如此细分为"外物的知"与"人事的知",本文主要以"小知"、"大知"与"真知"进行论述。详见吴怡《逍遥的庄子》,新天地书局1973 年版,第 60—88 页。
③ 《大宗师》云:"知天之所为,知人之所为者,至矣。知天之所为者,天而生也;知人之所为者,以其知之所知,以养其知之所不知,终其天年而不中道夭者,是知之盛也。虽然,有患。夫知有所待而后当,其所待者特未定也。庸讵知吾所谓天之非人乎? 所谓人之非天乎? 且有真人而后有真知。"参看《大宗师》,第 224—226 页。

不会自恃成功，不会谋谟人心，也不会因为错过了时机而悔恨，不会顺利得当就自恃，登高处不会害怕，入水不怕湿，入火不怕热。由此，"真人"获得辨别"小知""大知"和"真知"的辨识能力，达到与道相合而到达"真知"的境界。①

由此可以发现，庄子论述"大小之辩"时，不仅讨论现象中事物大、小的相对性概念，更由对于"大"的推崇，比喻人的视野和思想境界的提升。又如《秋水》中，庄子借河伯询问能不能就以天地为"大"、以毫末为"小"（"然则吾大天地而小毫末可乎？"），庄子认为人对天地万物的认识不能如此简单的化约，因为在天地之中，万物（"物"）的丈量是无穷的，时序是没有止期的，得失是无常的，始终是没有固定不变的，所以，以有限的生命去追求无穷的知识，才会茫然无所得。② 为了解决这样的困境，庄子提出："以道观之，物无贵贱；以物观之，自贵而相贱；以俗观之，贵贱不在己。"③ 这就是说，庄子认为不同的立场、角度或视野去观察万物，将可能获得极为不同的结果：依道来看，万物没有贵贱的分别；从万物本身来说，万物都自以为贵而相互轻贱；从流俗来说，贵贱都是外来的而不在万物本身。依此推论来说，可以将庄子"大小之辩"，延伸诠释为道与物的关系，因为推崇最"大"的视野、境界，即合乎"以道观之"的境界；而从"小"来说，则是在"以物观之""以俗观之"的视

---

① 关于庄子主张先有"真人"才有"真知"（"且有真人而后有真知"），其中涉及认知主体与认知作用的关系，笔者另有论文《论庄子如何从"弃知去己"建构"至人无己"的论述》专门讨论此问题，由于本文的研究焦点"大小之辩"，为了避免模糊焦点，在此就不展开"真人"和"真知"的论述。参看吴惠龄《论庄子如何从"弃知去己"建构"至人无己"的论述》，《道家文化研究》2017年第30辑。

② 《秋水》云："河伯曰：'然则吾大天地而小毫末可乎？'北海若曰：'否。夫物，量无穷，时无止，分无常，终始无故。是故大知观于远近，故小而不寡，大而不多，知量无穷；证向今故，故遥而不闷，掇而不跂，知时无止；察乎盈虚，故得而不喜，失而不忧，知分之无常也；明乎坦涂，故生而不说，死而不祸，知终始之不可故也。计人之所知，不若其所不知；其生之时，不若未生之时。以其至小，求穷其至大之域，是故迷乱而不能自得也。由此观之，又何以知毫末之足以定至细之倪！又何以知天地之足以穷至大之域！'"参看《秋水》，第568页。

③ 《秋水》，第577页。

野,也还是局限在万物有限、主体有限的层面进行思考。① 如此,可以从《则阳》篇中,理解庄子对于执着名辩思维的批判:

> 少知曰:"四方之内,六合之里,万物之所生恶起?"太公调曰:"阴阳相照、相盖、相治,四时相代、相生、相杀,欲恶去就于是桥起,雌雄片合于是庸有。安危相易,祸福相生,缓急相摩,聚散以成。此名实之可纪,精微之可志也。随序之相理,桥运之相使,穷则反,终则始。此物之所有,言之所尽,知之所至,极物而已。睹道之人,不随其所废,不原其所起,此议之所止。"②

庄子从万物起源的问题,指出人之认识和言说的限度,因此无论我们如何穷究于事物的比较分析,仅限于物的范围("极物而已");关于物起源的问题,却是议论的止点("议之所止")。

庄子因为意识到人之言说、认知的限制,所以,他反对惠施太过于重视知识分析的思维。庄子认为在有形的物世界之外,尚有"道"的存在,对于如此难以形容的"道",可以依"大小之辩"来理解。庄子将可以无限分割的空间、时间,视为"物"的世界,人们可以依理性的思维,推论万物无限分割为"小"的状态。然而,无论如何理性地分析时空中的"小"与"大",仍不脱离"物"的范围。虽然"物"的世界,也在"道"的范围之内,可是无论如何讨论、分析万物,我们仍旧不能完全地了解"道",而且当人们过于执着于对"物"的分辨时,往往容易陷入从相异的角度,而造成自恃和成心。庄子主张唯有了解人自身的限制,如言说的极限、认知的极限,才可能明了自己的不足,而愿意放下"井底之蛙"的"小知",正确地分判"大知"与"小知"的区别,成为"真人"看见"以道观之"的

---

① 本文以"大小之辩"讨论庄子的"道物关系",主要受到郑开老师的启发。郑开老师以庄子关于视野分析,说明庄子如何以"大小"说明"道物关系"。本文在此研究基础上,展开《则阳》篇的探究。参看郑开《庄子哲学讲记》,广西人民出版社2016年版,第50—51页。

② 《则阳》,第914页。

"真知"。

结　语

依照庄子与惠施分别对于"大小之辩"的论点，可以明了庄子借由"大小之辩"，提醒人们不要自以为是，忽略了人作为认知主体的局限性。庄子主张人的语言、理性和认知作用皆是有限的，因此认为惠施的"历物"，虽然提供了理性分析万物的认知过程，却还是太过陷溺、纠结于"物"的范畴，只能以"泛爱"的方式，推导出"天地一体"的可能性，而且"历物"的"天地一体"，可能都难以避免仍然是在"物"的视野中。根据庄子关于"大小之辩"的推论，庄子一再提醒人们不要陷溺于"小知"的追求而自以为是，成为"井底之蛙"，更不要以沉陷于"以物观之""以俗观之"的视野，而自以为认识了万物与整个世界。由此来说，依"大小之辩"的讨论来思考，庄子对于惠施的批判，重点在于庄子不认同惠施深究于"物"范畴的分析，庄子认为应该学习鹏鸟，以"大"的视野达到"以道观之"的境界。因此，由"大小之辩"的分析，可说庄子对于惠施的批判是合理的，因为要达到如鹏鸟一样的"大"视野，虽然需要积累许多功夫、需要等待时机，却是可以逐渐接近"真知"的正确途径。

近代中国逻辑思想研究源论[*]

翟锦程[**]

引 言

中国逻辑思想的发展源远流长。从先秦诸子的典籍一直到明末清初诸子学复兴，都可以发现丰富的中国逻辑思想。但关于中国逻辑思想的研究，除晋代鲁胜在《墨辩注》中有过简要的阐述外，到19世纪末几近中断。伴随着西学东渐的浪潮，西方传统逻辑开始传入中国，逐步成为中国逻辑思想研究的主要方法，并使后者成为一个独立的研究领域。考察和分析西方传统逻辑对中国知识界的具体影响，勾勒出中国逻辑思想研究形成的基本过程，是继续深化中国逻辑思想研究、探讨中国逻辑思想特质的重要环节。在西方传统逻辑传入过程中，"逻辑学"这一术语的中文译名不尽一致，诸如名学、辩学（辨学）、论理学等，本文使用"逻辑"和"中国逻辑思想"来统一对应相关术语。

一 西方传统逻辑的传入及其影响

西方传统逻辑传入中国有两个阶段。第一阶段为明末清初，西方

---

[*] 本文原刊于《中国高校社会科学》2016年第1期。本文系国家社科基金重点项目"明末至民初西方逻辑传入全过程背景下的中国逻辑思想发展研究"（14AZX015）和国家社科基金重大项目"八卷本《中国逻辑史》"（14ZDB013）阶段性成果。本文在写作中，有关日本学界的相关文献得到了南开大学日本研究院刘岳兵教授的帮助，在此致谢！

[**] 翟锦程，南开大学哲学院教授。

传统逻辑的基本体系构架和以中世纪逻辑为主的部分内容开始传入中国；第二阶段为清末民初，西方传统逻辑体系大范围地完整传入，并逐步成为研究中国逻辑思想的主流方法。

在第一个阶段，来华传教士以"学术传教"为策略，试图与中国士大夫阶层结合，从而达到传教的目的。由于逻辑在西方知识体系中居于基础地位，传教士也自然把西方传统逻辑引进到中国。这一时期的传教士和信教士大夫主要有利玛窦、高一志、艾儒略、傅汎际、南怀仁、徐光启和李之藻等，典型文献有《几何原本》《西学》《西学凡》《名理探》《穷理学》等，这些文献对第二阶段的学者接受西方传统逻辑，进而开展中国逻辑思想研究产生了一定的影响。

目前可知的最早记载传入中国的西方传统逻辑的文献是1603年刊印的利玛窦（Matteo Ricci, 1552—1610）的《天主实义》，其中谈到了亚里士多德的"十范畴"，他提出："夫物之品宗有二，有自立者，有依赖者。"① "自立者"是亚里士多德"十范畴"中的实体范畴，"依赖者"是其他九个范畴。第一阶段传播的文献几乎都涉及了这一问题。

第一次把西方的演绎观念介绍到中国的是1607年利玛窦与徐光启（1562—1633）合译的《几何原本》的前六卷，后九卷是由李善兰（1811—1882）和伟烈亚力（Alexander Wylie, 1815—1887）于1857年合作翻译完成。《几何原本》的演绎体系与观念，对清末的一些学者产生了重要影响。如康有为（1858—1927）在1888年前后初成、1900年前后修订的《实理公法全书》②一文，完全按照《几何原本》的体系和形式，运用演绎的逻辑方法，论证了其"大同之义"的社会理想，在论证方式上受到了西方传统逻辑观念与方法的直接影响。

需要注意的是，利玛窦的另一部著作《辩学遗牍》和徐光启的《辩学疏稿》虽以"辩（辨）学"为题，但这个"辩学"与逻辑没

---

① ［意］利玛窦：《利玛窦中文著译集》，朱维铮主编，复旦大学出版社2007年版，第18页。

② 《康有为全集》第1卷，姜义华、张荣华编校，中国人民大学出版社2007年版，第145—160页。

有关系，是天主教对佛教、儒道等义理的考辨与对诤。与此相类似的还有明代冯从吾（1556—1627）所撰《辩学录》，其内容也与逻辑无关，而是对中国古代哲学一些问题的考辨。艾约瑟（Joseph Edkins, 1823—1905）在翻译《辨学启蒙》时，明确提出该书与《辩学遗牍》完全不同，"迥不侔耳"①。

其后，意大利传教士高一志（Alfonso Vagnoni, 1566—1640）在刊于1632年的《童幼教育》一书收录了其成稿于1615年的《西学》，此文最早介绍了西方哲学的构成要素，涉及逻辑概念。他提出，"落热加者（逻辑），译言明辨之道以立诸学之根基，而贵辨是与非、虚与实、里与表，盖开毛塞而于事物之隐蕴不使谬误也"，哲学由逻辑、物理学、数学、形而上学和伦理学五个部分构成，逻辑是所有学问的基础。②但高一志对逻辑的介绍在当时中国并没有引起足够的关注。

意大利传教士艾儒略（Jules Aleni, 1582—1649）在1623年刊印了《职方外纪》《西学凡》等著作。在《职方外纪》中，他将逻辑翻译为"落日加""译言辩是非之法"③，但未作更多的解释。在《西学凡》中，艾儒略对哲学五个组成部分的基本框架做了比较系统的介绍，其中逻辑"译言明辨之道，以立诸学之根基。辩其是与非、虚与实、表与里之诸法"④，与高一志的介绍基本一致。逻辑体系包括六个方面的内容：落日加之诸豫论，凡理学所用诸名目之解；万物五公称之论；理有之论，即不显形于外，而独在人明悟中义理之有者；十宗论，即天地间万物十宗府；辩学之论，即辩是非得失之诸确法；知学之论，即论实知、与憶度、与差谬之分⑤。艾儒略介绍了一个相对完整的中世纪欧洲哲学的知识体系脉络，也全面展现了中世纪古逻辑的基本框架。1896年梁启超编辑介绍西学知识的《西学书目表》（该

---

① ［英］艾约瑟：《辨学启蒙》，上海图书集成印书局1898年版。
② 钟鸣旦、杜鼎克等编：《徐家汇藏书楼明清天主教文献》（一），辅仁大学神学院1996年版，第373—380页。
③ ［意］艾儒略著，谢方校释：《职方外纪校释》，中华书局1996年版，第69页。
④ 吴组湘主编：《天学初涵》第1册，台湾学生书局1978年版，第31页。
⑤ 同上书，第32—33页。

表包括上卷西学诸书、中卷西政诸书，下卷杂类诸书，另有附卷）将《西学凡》列于"附卷"之中。①

李之藻（1565—1630）与葡萄牙传教士傅汎际（Francois Furtado，1587—1653）翻译了1611年葡萄牙科因布尔大学耶稣会会士哲学讲义《亚里士多德〈辩证法大全〉疏解》，中文译本于1631年刊印，定译名为《名理探》。《名理探》主要介绍了"五公""十伦"，对亚里士多德逻辑的其他内容基本没有涉及。

1683年，比利时传教士南怀仁（Ferdinand Verbiest，1623—1688）将其编译的60卷《穷理学》进呈康熙，奏称"从西字已翻译而未刻者，皆校对而增修之、纂集之；其未经翻译者，则接续而翻译，以加补之，辑集成帙"②，其中包括比较完整的亚里士多德逻辑的内容，第一次将西方演绎逻辑的全貌展现出来。由于康熙没有准奏刊印，该书对后世没有产生什么实质性的影响，但从南怀仁的奏折可以得知，《穷理学》所涉大部分内容在成书前已经在中国有所传播。其后，由于清政府开始推行禁教政策，西方典籍亦被禁止传播，西方传统逻辑的第一次传播至此告一段落。

清末民初是西方传统逻辑在中国传播的第二个阶段。这一阶段的传播途径主要是创办杂志和编译著作。代表性的刊物主要有：《中西闻见录》（1872年创刊）、《格致汇编》（1876年创刊）、《万国公报》（1868年创刊）等。

艾约瑟在1875年第32号的《中西闻见录》上发表了《亚里斯多得里（亚里士多德）传》一文，又于当年《万国公报》第338卷上转载，其中用较多篇幅介绍了亚里士多德逻辑。他将亚里士多德逻辑译为"详审之理"，认为"所谓详审之理者，在昔无人论及，斯学亚为首创之也"，把三段论的大前提、小前提和结论译为初级、中级、终级，简单明了地介绍了三段论的基本内容，"西语名为西罗吉斯莫斯（syllogism，三段论），而亚之此学则名为罗吉格（logic，逻辑——

---

① 梁启超：《饮冰室合集集外文》下，夏晓虹辑，北京大学出版社2005年版，第1145—1146页。

② 徐宗泽：《明清间耶稣会士译著提要》，上海书店出版社2006年版，第147页。

笔者注）也"①。这是三段论的内容第一次得以公开传播。

慕维廉（William Muirhead，1822—1900）、沈毓桂（1807—1907）以"格致新法"为题摘译培根《新工具》一书，连载于1877年《格致汇编》的第二、三、七、九卷上；1878年《万国公报》又分九次转载。1888年，他们又修订《格致新法》的译文，题名为《格致新机》，相对完整地翻译了《新工具》上卷，介绍了归纳法和演绎法。格致之法分为两种："一推上归其本原，一推下包乎万物"，"推上之法，从地下万物归于上，推下之法，从天上本原畀于下，二者兼全而足据者也"②。"推上之法"是归纳法，"推下之法"是演绎法。1891年《格致汇编》第二卷刊登了艾约瑟的《西学启蒙十六种》书目，其中包括《西学略述》和《辨学启蒙》。孙诒让1886年起订阅《格致汇编》，1887年起订阅《万国公报》。这两份杂志对孙诒让了解西方传统逻辑产生了直接影响。梁启超《西学书目表》的"报章"类中收录了这两种杂志。③

编译图书是系统了解西学知识的最有效途径。清末一批机构和知识分子开始编译西学各领域基础知识的图书，主要机构有江南制造局、格致书室、中国总税务司等，主要人物有傅兰雅、艾约瑟、严复、王国维等。编译的著作主要有《格致须知》《西学启蒙十六种》以及严复、王国维翻译的著作等。

1868年起，傅兰雅（John Fryer，1839—1928）任江南制造局翻译馆译员，编译《西国近书汇编》，自编27种《格致须知》科学入门读物。1898年出版的《理学须知》是其中一种。此书对穆勒《逻辑体系》全书作了简明而完整的介绍。这是《逻辑体系》的基本内容第一次传入中国。徐维则辑、顾燮光补辑的《增版东西学书录》评价："其书专揭分晰事物之法，于理学为论辨，于辨学为理辨，与艾约瑟所译《辨学启蒙》相出入，而文词之明白过之。学者欲穷格

---

① ［英］艾约瑟：《亚里斯多得里传》，《中西见闻录》，1875年4月第32号。
② ［英］慕维廉：《重修诸学自序》，《格致新机》，同文书会1888年版，第1页。
③ 梁启超：《饮冰室合集集外文》下，夏晓虹辑，北京大学出版社2005年版，第1142页。

致之要，宜读此以植其基。"① 梁启超在《读西学书法》中提出，"傅兰雅所译《格致须知》……每本不过二十余页，力求简明，便于初学。……欲粗通大略，此书亦可省观也"②，讲明了该书具有启蒙性的特点。

  1880年，中国总税务司赫德聘请艾约瑟为海关翻译，挑选并翻译了15种英国出版的启蒙读物，又编纂《西学略述》一书，合为《西学启蒙十六种》，1886年由北京总税务司署印行，1898年由上海图书集成印书局重印。这套书得到了中国知识界的高度评价，李鸿章作序称："此书十六种，……其理浅而显，其意曲而畅，穷源溯委，各明其所由来，无不阐之理，亦无不达之意，真启蒙善本。"③ 曾纪泽序曰："探骊得珠，剖璞呈玉，遴择之当，实获我心，虽曰发蒙之书，浅近易知，究其所谓深远者第于精微条目益加详尽焉能耳，实未始出此书所纪范围之外，举浅近而深远寓焉，讵非涉海之帆械、烛暗之镫炬欤！"④ 其中的《辨学启蒙》是完整介绍西方传统逻辑的读本，底本是英国逻辑学家杰芳斯（W. S. Jevons，1835—1882）1876年出版的《逻辑初级读本》（*Primer of Logic*）。《增版东西学书录》评价"是书所列条理仅举大略，足以窥见辨学之门径，亟宜考究其理由，浅入深详，列问答以成一书，借为课蒙之用"⑤。梁启超认为《辨学启蒙》是十六种书中"特佳之书"⑥之一，但收录在《西学书目表》的"无可归类之书"中⑦。

  此外，严复1902年至1905年间翻译出版了《穆勒名学》（《逻辑体系》前半部），1909年翻译出版《名学浅说》（与《辨学启蒙》

---

① 熊月之编：《晚清新学书目提要》，载徐维则辑，顾燮光补辑《增版东西学书录》，上海书店出版社2007年版，第140页。
② 梁启超：《饮冰室合集集外文》下，夏晓虹辑，北京大学出版社2005年版，第1167页。
③ ［英］艾约瑟：《西学略述·李鸿章序》，上海图书集成印书局1898年版。
④ 同上。
⑤ 熊月之编：《晚清新学书目提要》，载徐维则辑，顾燮光补辑《增版东西学书录》，上海书店出版社2007年版，第139页。
⑥ 梁启超：《饮冰室合集集外文》下，夏晓虹辑，北京大学出版社2005年版，第1167页。
⑦ 同上书，第1144页。

系同一底本）。1902年《译书汇编》刊登高山林次郎著、汪荣宝翻译的《论理学》，文明书局出版清野勉著、林祖同翻译的《论理学达旨》，1903年商务印书馆出版了田吴炤翻译的日本十时弥的《论理学纲要》，1906年上海泰东书局出版了胡茂如翻译的大西祝的《论理学》，王国维1908年翻译出版了《辨学》（其底本是杰芳斯1870年出版的《逻辑基础教程》）。这些译作完整准确地介绍了西方传统逻辑体系和内容，比较广泛地传播了逻辑的基本观念与方法。从以上梳理可以发现，清末投身中国逻辑思想研究的大部分学人，对第一次传入的西方传统逻辑有所了解；对第二次传入的逻辑则更为熟悉，甚至直接参与到传播的过程，对促进中国逻辑思想研究的形成产生了重要的影响。

二 孙诒让是中国逻辑思想研究的启蒙者

孙诒让（1848—1908）是中国逻辑思想研究的启蒙者，他在1893年完成《墨子间诂》后，阅读了大量的"近译西书"，通过与西学知识的对比、参验，明确意识到《墨子》书中有逻辑思想的存在。他在1897年给梁启超的信中提出："尝谓《墨经》楬举精理，引而不发，为周名家言之宗，窃疑其必有微言大例，如欧士论理家雅里大得勒（即亚里士多德——笔者注）之演绎法，培根之归纳法，及佛氏之因明论者。"[①] 孙诒让阅读的这些"西书"是他接触西学的基本依据，也是中国逻辑思想研究形成的起点，有必要对其阅读过的与逻辑有关的"西书"做一考证。从信中可以看到，孙诒让阅读过的西学新书至少涉及"《几何原本》""形学""力学""热学""化、电诸家"等[②]。

孙诒让丰富的藏书中有大量的"新书"。1911年，其后人对玉海楼藏书做了初步统计，其中"有新书二千六百四十三册，杂志二十九种一千四百七十七册，报纸十一种，有数种合订为一册者，亦有一种

---

① （清）孙诒让：《籀庼述林》，《孙诒让全集》，中华书局2010年版，第382页。
② 同上书，第382—383页。

分订若干册者，计有三百零五册"①。孙诒让读书涉猎甚广，涵盖古今中外，而且自律甚严。据《孙衣言孙诒让父子年谱》记载，1902年孙诒让又重新制定读书规程，开始学习西文，希望能直接阅读"西书"的原文，但终因年事已高，被迫中断。② 可见，他对"新学"的了解和接触是十分广泛的。孙诒让1886年起接触西学，"开始阅览中译本西籍之有关科学技术者，如外人在上海译印出版之《格致汇编》等。阅时每用朱笔略加圈点。又间有墨笔笺语，书于各册中"。1887年起，他"向上海广学会订阅《万国公报》"。这些书刊多有西方传统逻辑的介绍。③

孙诒让思想倾向维新，在与他人的交往过程中不断接触到新信息。师从于孙诒让的黄庆澄（字愚初，1863—1904）于1893年出游日本。回国后，将其所见所闻和个人体验，整理成《东游日记》一书，并请孙诒让作序。孙诒让在序中提到："日本与我国同文字，其贤士大夫多通华学。……（愚初）其归也，仅携佛氏密部佚经数十册，又为余购彼国所刊善本经籍数种，皆非其初意也。既又出日记一小册示余，识其游历所至甚悉。"④ 黄庆澄在其中谈到了日本的"哲学"科和"哲学会"。黄庆澄1898年又编辑了三卷《中西普通书目表》，卷二为西书书目，计有23类230种，大多数是翻译欧洲和日本的著作。他在"西学入门书"中介绍了12种，如：《西学课程汇编》《日本学校章程》《西学启蒙十六种》等。⑤ 孙诒让为其作序说："《中西普通书目表》……兼综中西，无所偏主，故以'普通'为名，中书多取之南皮尚书《书目答问》，西书多取之新会梁氏《西书表》。"⑥《西书表》即梁启超的《西学书目表》，与逻辑直接相关的

---

① 孙延钊：《孙衣言孙诒让父子年谱》，徐和雍、周立人整理，上海社会科学院出版社2003年版，第364页。
② 同上书，第304页。
③ 同上书，第228、233页。
④ 黄庆澄：《东游日记》，载罗森等《早期日本游记五种》，王晓秋点、史鹏校，湖南人民出版社1983年版，第220页。
⑤ 引自王扬宗编校《近代科学在中国的传播》下，山东教育出版社2009年版，第674页。
⑥ （清）孙诒让：《籀庼述林》，《孙诒让全集》，中华书局2010年版，第350页。

两部著作——艾约瑟的《辨学启蒙》和艾儒略的《西学凡》被梁启超分别分类到无类可归之书和附卷之中。① 由此可知，孙诒让对梁启超《西学书目表》所涉内容十分熟悉。

1897年，康有为编辑《日本书目志》，他在《自序》中提出："曾文正公之开制造局以译书也三十年矣，仅百余种耳。"② 在孙诒让的藏书中也应该包括一部分制造局的译书。《书目》中涉及逻辑学的书目达26种。有两处提到"归纳"，即《归纳法论理学》和《归纳论理》③。这应该是"归纳"术语第一次公开出现。

孙诒让在读书过程中，还往往用"西书"与中国古籍相互参照。除其信所提"间用近译西书，复事审校"有一系列的例证外，《孙衣言孙诒让父子年谱》记载，1899年"七月，诒让在曝书之馀，检近年收藏之西洋动物学书各种译册，综合研览，并摘取其说，与中国古籍参互推校……以论究之"④。在广泛的阅读过程中作参验比较是孙诒让养成的读书习惯。

在此值得我们注意的一个问题是，孙诒让除了阅读"译书"之外，还有可能阅读到未译成汉语的日文著作。其根据有二：一是孙诒让1897年所提"论理""演绎法""归纳法"这些术语均直接来自日语，而当时还没有完整翻译成中文的日文逻辑著作；二是清末中日学界之间有图书相互往来的情况。黄庆澄东游日本曾购回图书。中国的图书也流向日本学界，如1902年高濑武次郎在东京金港堂书籍株式会社出版的《杨墨哲学》一书的参考文献中列举出了清初孙星衍《墨子后叙》、毕沅《墨子篇目考断案》等日文译本，也列出了"孙诒让《墨子间诂》六册（未见）"⑤等未译书目。应该说，孙诒让是近代中国逻辑思想研究当之无愧的启蒙者。

---

① 梁启超：《饮冰室合集集外文》下，夏晓虹辑，北京大学出版社2005年版，第1145—1146页。

② 康有为：《康有为全集》第3卷，姜义华、张荣华编校，中国人民大学出版社2007年版，第263页。

③ 同上书，第292页。

④ 孙延钊：《孙衣言孙诒让父子年谱》，徐和雍、周立人整理，上海社会科学院出版社2003年版，第290页。

⑤ ［日］高濑武次郎：《杨墨哲学》，东京金港堂书籍株式会社1902年版，第430页。

三 日本学界对中国逻辑思想研究的直接影响

日本在明治维新时期推行"文明开化"政策，倡导学习西方思想，大力译介西方近代文化成果。仅以逻辑学为例，到 1889 年，翻译、编著的论著已近百种。我们熟知的诸如概念、推理、归纳、演绎等术语在这些逻辑论著中已经得到普遍的统一使用。

中国国内维新派代表人物大力主张翻译日文书籍。张之洞认为："各种西书之要者，日本皆已译之，我取径于东洋，力省效速。"① 康有为提出："日本文字犹吾文字也……泰西诸学之书其精者，日人已略译之矣，吾因其成功而用之，是吾以泰西为牛，日本为农夫，而吾坐而食之。费不千万金，而要书毕集矣。"② 梁启超主张："日本与我为同文之国，自昔行用汉文。……日本自维新以后，锐意西学，所翻彼中之书，要者略备，其本国新著之书，亦多可观。今诚能习日文以译日书，用力甚鲜，而获益甚巨。……以此视西文，抑又事半功倍也。"③ 张之洞、康有为、梁启超等人均把翻译日文图书视为引进西学新知的捷径。根据谭汝谦在《中国译日本书综合目录》一书中所作代序《中日之间译书事业的过去、现在与未来》的统计，1660 年至 1895 年间，中译日文书 12 种，日译中文书 129 种，而 1896 年至 1911 年间，中译日文书则达到了 958 种。④ 由此可见，日本图书的翻译对推进西学新知的传播起到了巨大作用。

日本学界在大力传播西学的同时，亦十分重视中国文化研究。除译介中国图书外，部分学校还开设课程，编写教材，讲授中国古代典籍和中国哲学。如 1887 年井上圆了的《哲学要领》第三段专讲"支

---

① 张之洞：《张之洞全集》第 12 册，苑书义等主编，河北人民出版社 1998 年版，第 9745 页。
② 康有为：《康有为全集》第 3 卷，姜义华、张荣华编校，中国人民大学出版社 2007 年版，第 585—586 页。
③ 梁启超：《饮冰室合集》第 1 册，中华书局 1989 年影印本，第 76 页。
④ ［日］实藤惠秀监修：《中国译日本书综合目录》，谭汝谦主编，香港中文大学出版社 1980 年版，第 41 页。

那哲学"①。1893年东京博文馆出版了一套《支那文学全书》②,其中有内藤耻叟的《墨子、文中子讲义》、城井寿章的《荀子讲义》、小宫山绥介的《韩非子讲义》等,对墨子、荀子和韩非的各篇作了详细讲解;1894年神崎一作编辑了《支那哲学者小传》③一书,对先秦诸子作了简要的介绍;1900年松本文三郎④和远藤隆吉⑤分别出版了《支那哲学史》,对中国哲学从先秦到明代的发展作了初步梳理。

日本学者在译介西学和汉学的过程中,开始采用西方传统逻辑的理论和方法审视中国古代思想,这些研究成果对近代中国学者研究中国逻辑产生了直接的影响。日本学术界关于中国逻辑的认识主要有两个方面。

一是认为中国没有逻辑。澳大利亚学者梅约翰认为:"日本明治时期,从事中国哲学史或思想史研究的日本学者大多认为,论理学并不是古代中国思想的特征之一。他们只愿意承认其中偶尔能发现一些论理学的萌芽。他们常拿公孙龙和古希腊人芝诺(Zeno)的思想来作比较。"⑥松本文三郎在1898年提出:"支那哲学没有论理学的研究。不仅其思辨缺乏论理性,我们甚至不能在支那哲学中发现有论理性的组织。"⑦远藤隆吉在《支那哲学史》中将公孙龙和惠施等同于诡辩学派,但认为他们与古希腊的诡辩学派不同⑧。

松本文三郎的观点直接影响到了梁启超。孙诒让1897年致信梁启超,认为《墨子》书中有类似演绎法、归纳法,但这种看法并没有得到梁启超的认同。梁启超1895年读到《墨子间诂》时说:"承仲容先生寄我一部,我才二十三岁耳。我生平治墨学及读周秦子书之

---

① [日] 井上圆了:《哲学要领》,1887年四圣堂藏版。
② 《支那文学全书》,1893年东京博文馆藏版。
③ [日] 神崎一作编:《支那哲学者小传》,东京哲学馆1894年版。
④ [日] 松本文三郎:《支那哲学史》,东京专门学校出版部1900年版。
⑤ [日] 远藤隆吉:《支那哲学史》,东京金港堂书籍株式会社1900年版。
⑥ [澳] 梅约翰:《诸子学与论理学:中国哲学建构的基石与尺度》,《学术月刊》2007年第4期。
⑦ 转引自[澳] 梅约翰《诸子学与论理学:中国哲学建构的基石与尺度》,《学术月刊》2007年第4期。
⑧ [日] 远藤隆吉:《支那哲学史》,东京金港堂书籍株式会社1900年版,第185页。

兴味，皆自此书导之。"① 而梁启超在1902年发表的《论中国学术思想变迁之大势》认为，与希腊、印度相比，中国先秦学术的缺点是缺乏逻辑思想。他提出："今请举中国之缺点：一曰论理Logic思想之缺乏也。……推其所以缺乏之由，殆缘当时学者，务以实际应用为鹄，而理论之是非，不暇措意，一也；又中国语言文字分离，向无文典语典Language Grammar之故，因此措辞设句之法，不能分明，二也。"② 梅约翰认为梁启超的看法与松本文三郎在1898年发表的观点几乎同出一辙："为什么支那哲学家缺乏论理思维呢？根据我们的研究这可以归因于来自支那语固有的性质。支那语与西洋语言、梵语不同，因为不用拼音文字构成。因此支那没有西洋那种显示词格文法的文典。文典一词不仅可以用于指代说明语法的书，也可以用于指代论述文章结构的书。支那没有这样的文典。本来支那不可能有后世称为文法的著作。"③

二是中国有逻辑，这种认识对当时的中国学术界产生了较大的影响。桑木严翼在1900年出版的《哲学概论》附录中有《荀子的论理说》④ 一文。王国维1902年翻译了这部著作后，1904年又翻译了这个附录，题为《荀子之名学说》。桑木认为，荀子《正名篇》尚不足以称得上逻辑，其程度介乎于苏格拉底和亚里士多德之间，但关于名（概念）的探讨似比亚里士多德更为深入，他提出："荀子之论，虽难不免有粗漏之弊，然自其具学问之系统之观点之与雅里大得勒（即亚里士多德）之名学无所异。其论之要旨非以论辩之法则为主，而述当构造论辩之材料即概念时所当奉之法则也。此可谓包含三段论等以外名学上攻究之点也。……故荀子之说可谓较雅里大得勒之名学更深入根本之问题者也。"⑤ 桑木在此比较肯定的是荀子的思想中有相应

---

① 梁启超：《中国近三百年学术史》，中国社会科学出版社2008年版，第239页。
② 梁启超：《中国之新民》，《新民丛报》1902年第7号，第58—60页。
③ 转引自［澳］梅约翰《诸子学与论理学：中国哲学建构的基石与尺度》，《学术月刊》2007年第4期。
④ ［日］桑木严翼：《哲学概论》，东京专门学校出版部1900年版，第449—462页。
⑤ 参见王国维译《荀子之名学说》，《教育世界》1904年第9期。

的逻辑因素。与之相呼应，在中国学界则有比较积极的发挥。

1902年，章太炎（1869—1936）在写作《訄书》时介绍了桑木的观点："（荀子）正名也，世方诸礽（通"认"）识论之名学，而以为在琐格拉底（即苏格拉底）、亚历斯大德（亚里士多德）间。（桑木严翼说）。"①肯定了中国古代有逻辑的观点。他在1906年发表的《诸子学略说》中提出："凡正名者，亦非一家之术。儒、道、墨、法必兼是学，然后能立能破。故儒者有'正名'，墨有'经说'上、下，皆名家之真谛，散在余子者也。若惠施、公孙龙，专以名家著闻，而苟为镞析者多，其术反同诡辩。"②章太炎的看法基本上与日本学界对中国逻辑思想的态度一致。

其后，刘师培（1884—1920）展开了一系列的研究，堪称是中国逻辑思想研究的开拓者。他的最早论述见于1903年底完成、1904年1月刊发的《攘书》之《正名篇》③。刘师培写作《正名篇》既受到了日本学界的影响，也受到了严复所译《穆勒名学》的影响。《穆勒名学》的出版时间至今仍有分歧，据邹振环考证，"《穆勒名学》前后由金粟斋印行过两次，第一次应该是1902年在上海金粟斋译书处编刊的，由商务印书馆排印的铅字本。光绪二十八年四月二十五日，即公历1902年6月6日《外交报》第十号第12期刊载的金粟斋译书处出版广告上已有《穆勒名学》'部甲'"④。刘师培在《攘书》中提到"欧儒之论理（论理学即名学，西人视为求真理之要法，所谓科学之科学也，而其法有二：一为归纳法，即由万殊求一本之法也；一为演绎法，即由一本赅万殊之法也。其书之传入中土者，有《名理探》《辨学启蒙》诸书，而以穆勒《名学》为最要）"⑤，也可印证邹振环的结论。

---

① 《章太炎全集》第3卷，上海人民出版社1984年版，第135页。
② 洪治纲主编：《章太炎经典文存》，上海大学出版社2003年版，第102页。
③ 该书原在1903年已写成。又，《俄事警闻》1904年1月31日（48号）广告"空前杰著，攘书上卷，共十六篇，刘光汉撰，月内出版"，则该书于1904年初印行（参见李妙根编《国粹与西化——刘师培文选》，上海远东出版社1996年版，第110页）。
④ 邹振环：《金粟斋译书处与〈穆勒名学〉的译刊》，《东方翻译》2011年第2期，第38页。
⑤ 李妙根编：《国粹与西化——刘师培文选》，上海远东出版社1996年版，第108页。

刘师培以《穆勒名学》为参照，初步论述了中国逻辑思想的有关问题。他提出："春秋以降名之不正也久矣！惟《荀子·正名》一篇，由命物之初推而至于心体之感觉……与穆勒《名学》合。"他还提出："儒家之外有墨家之辨名，（墨之经上下篇多论理学，《庄子》言南方之墨者以坚白同异之辩相訾即指经上下言也）。"① 在刘师培看来，儒家的《荀子》和墨家《墨经》中都包含有比较丰富而深刻的逻辑思想。

1905年，刘师培又陆续在《国粹学报》上发表《周末学术史序》②《国学发微》③等文，阐明了对中国逻辑思想的基本认识。他在《周末学术史序·总序》说："予束发受书，喜读周秦典籍，于学派源流反复论次，拟著一书，颜曰《周末学术史》，采集诸家之言，依类排列，较前儒学案之例稍有别矣。学案之体以人为主，兹书之体拟以学为主。义主分析，故稍变前人著作之体也。"④ 刘师培计划按学科分类而非按人物写作一部《周末学术史》，《论理学史》为其中一部分。他在《周末学术史序·论理学史序（即名学）》中提出："近世泰西巨儒，倡明名学，析为二派，一曰归纳，一曰演绎。荀子著书，殆明斯意。归纳者，即荀子所谓'大共'也。……演绎者，即荀子所谓'大别'也。"⑤ 他还感慨："因明之书流于天竺，论理之学彰于大秦⑥，而中邦名学历久失传，亦可慨矣！"⑦ 在他看来，西方近代逻辑所包括的归纳与演绎内容，在荀子的著作中已经非常明确地涵盖了。刘师培在《国学发微》中，也提出了相应的看法："吾观希腊古初有诡辩学派，厥后雅里斯德勒首创论理之学，德朴吉利图（德谟

---

① 李妙根编：《国粹与西化——刘师培文选》，上海远东出版社1996年版，第105—106页。
② 刘师培：《周末学术史序》，《国粹学报》第1—5期，1905年2月23日至6月22日。
③ 刘师培：《国学发微》，《国粹学报》第1—14期，第17、23期，1905年2月23日至1906年12月5日。
④ 劳舒编：《刘师培学术论著》，浙江人民出版社1998年版，第3页。
⑤ 同上书，第10页。
⑥ 大秦：中国古代对罗马及近东地区的总称。
⑦ 劳舒编：《刘师培学术论著》，浙江人民出版社1998年版，第12页。

克利特）创见尘非真之学①，皆与中国名家言相类。若近世培根起于英，笛卡耳起于法，创为实测内籀之说，穆勒本其意，复成《名学》一书，则皆循名责实之学。……诸子学术之合于西儒者也。"②他通过中西学术发展比较而得出两者有相类似的逻辑思想。

刘师培也有中国逻辑思想的专题性研究成果。1907年，刘师培发表《荀子名学发微》一文，再次对荀子《正名篇》中的逻辑思想进行了系统解释。除《论理学史序》所叙内容之外，刘师培还提出："荀子以降，惟董子作《深察名号篇》，略申荀子之绪论。厥后杨倞作荀子注，则望文生训，致荀子正名之精理湮没不彰。近儒郝、卢、俞，于杨注之说补缺匡微，而《正名》一篇，则仍多谬误。盖随文解释而不能心知其意也。今于治《荀子》之暇，取《正名》一篇，阐发隐词，以补前儒之略，使中邦名学不致失传，或亦表彰绝学之一助乎！"③刘师培认为，荀子已经明确论述归纳与演绎的有关问题，但其后的注、训等有"望文生训"之嫌，湮没其逻辑精理，因此有必要重治《荀子》以彰显绝学。

依然是受到日本学界的影响，梁启超于1904年彻底改变了中国缺乏逻辑的看法，转向中国有逻辑，他撰写的《子墨子学说》中《墨子之论理学》一章完全用西方传统逻辑体系来解读《墨子》一书。梁启超自认，"今者以欧西新理比附中国旧学，其非无用之业也明矣。本章所论墨子之论理，其能否尽免于牵合附会之诮盖未敢自信，但勉求忠实，不诬古人，不自欺，则著者之志也，"在他看来，"诸子中持论理学最坚而用之最密者，莫如墨子。墨子一书，盛水不漏者也。……故今欲论墨子全体之学说，不可不先识其所根据之论理学"。梁启超给予墨子极高的评价，他说："墨子全书，殆无一处不用论理学之法则；至专言其法则之所以成立者，则惟《经说上》《经说下》《大取》《小取》《非命》诸篇为特详。今引而释之，与泰西

---

① 德谟克利特是古希腊原子论创始人之一，认为原子和虚空是万物的本原。严复译《天演论》提及："其学以觉意无妄，而见尘非真为旨。"（［英］赫胥黎：《天演论》，严复译，严复按语，商务印书馆1981年版，第81页）

② 周国林编：《刘师培儒学论集》，四川大学出版社2010年版，第4页。

③ 刘师培：《荀子名学发微》，《国粹学报》1907年第32期。

治此学者相印证焉"，"《墨子》一书，全体皆应用论理学，为精密之组织。"① 逻辑是墨家全部学说的基础，墨家学说也是应用逻辑的严密体系。

梁启超通过与西方传统逻辑体系——对应的印证和解读，说明墨子构造了亚里士多德式的逻辑，如墨子所谓"辩"，即论理学；所谓"名"，即论理学所谓名词 Term；所谓"辞"，即论理学所谓命题 Proposition；所谓"说"，即论理学所谓前提 Premise；所谓实意故（以名举实，以辞抒意，以说出故），皆论理学所谓断案 Conclusion 也。② 墨子还构造了培根式的归纳法，梁启超认为："倍根氏所以独荷近世文明初祖之名誉者，皆以此也。而数百年来，全世界种种学术之进步亦罔不赖之，而乌知我祖国二千年前，有专提倡此论法以自张其军者，则墨子其人也。"③ 他认为墨子是"全世界论理学一大祖师"，但两千年来没有受到充分重视，"莫或知之，莫或述之"④，实在是一件令人遗憾的事情。通观梁启超的《墨子之论理学》可以看出，他对西方传统逻辑有了一定的把握，但对《墨子》中的一些概念还是做出了主观性的"强解"，如把《小取》的"以类取，以类予"的"类"解为三段论的中项，即"媒词 Middle Term 也"⑤ 等。尽管这样，梁启超借助西方传统逻辑解读《墨子》，既简明地介绍了亚里士多德逻辑，又充分肯定了《墨子》中具有逻辑思想，对推动中国逻辑思想研究具有积极的引导意义。

王国维对中国逻辑思想的研究则是受到了来自日本和欧洲两方面的学术影响，在其学术生涯中，王国维翻译过日文和英文的哲学与逻辑学论著，对逻辑有多方面的理解。王国维 1905 年在《周秦诸子之名学》一文中，主要谈到了墨子和荀子的有关思想。认为"墨子之定义论、推理论，虽不遍不赅，不精不详，毛举事实而不能发见抽象之法则，然可谓我国名学之祖，而其在名学上之位置，略近于西洋之

---

① 《梁启超全集》第 6 册，北京出版社 1999 年版，第 3186、3186、3191 页。
② 同上书，第 3186—3187 页。
③ 同上书，第 3193 页。
④ 同上书，第 3194 页。
⑤ 同上书，第 3187 页。

芝诺者也。然名学之发达,不在墨家,而在儒家之荀子。荀子之《正名》篇虽于推理论一方面不能发展墨子之说,然由常识经验之立脚地以建设其概念论,其说之稳健精确,实我国名学上空前绝后之作也。岂唯我国,即在西洋古代,除雅里大德勒之奥尔额诺恩(Organon,即《工具论》——笔者注)外,孰与之比肩者乎?"① 王国维认为,墨子是中国逻辑的鼻祖,但其地位与芝诺相当,而荀子则是堪与亚里士多德比肩的中国逻辑思想的顶峰。王国维的观点显然也受到了日本学界的影响。

墨子的逻辑思想主要集中于《墨辩》六篇之中。王国维提出:"墨子之名学说,见于《经》上下、《经说》上下、《大取》《小取》六篇。"他在1906年发表的《墨子之学说》一文中也谈到了类似的看法。另外,中国古代的逻辑思想在逻辑史上有其独到之处。王国维指出:"如《墨子》《经》上下之论定义(Definition),《大取》《小取》二篇之论推理之谬妄(Fallacy of Reasoning),荀子及公孙龙子之论概念(Conception),虽不足以比雅里大德勒,固吾国古典中最可宝贵之一部,亦名学史上最有兴味之事实也。"② 墨家的定义论、谬误论,荀子和公孙龙的概念论是中国逻辑思想中最有价值的贡献。

王国维将《墨子之学说》第四章的题目标为"名学 = 概念论 = 推理论",直接阐明了墨子的逻辑即是概念论、推理论,明确指出中国逻辑始于墨家。他在总结墨子逻辑思想的特点时提出:"墨子之名学实自其欲攻儒家之说以伸己说始,与希腊哀列亚派之芝诺,欲证明物之不变化不运动,而发明辩证论者相同。然希腊之名学自芝诺以后,经诡辩学者之手,至雅里大德勒,而遂成一完全之科学。而墨子之后,如惠施、公孙龙等,徒驰骋诡辩,而不能发挥其推理论,遂使名学史上殆无我中国人可占之位置,是则可惜者也。"③ 王国维的这些观点与《周秦诸子之名学》一文一脉相承,对先秦逻辑思想的特点与典型代表提出了自己的认识。

---

① 周锡山编校:《王国维集》第1册,中国社会科学出版社2008年版,第392页。
② 同上书,第389—390、385、389页。
③ 同上书,第385、388页。

19世纪末关于中国逻辑思想的研究虽有孙诒让的启蒙，但未得到中国学界的呼应。20世纪初期日本学界的有关探讨则直接启发了中国学界的积极回应。日本学界对中国逻辑思想的认识与评价，还需要做进一步的深入研究。但无论如何，章太炎、刘师培、梁启超、王国维等在1907年以前的有关探讨，是中国逻辑思想研究形成的重要标志。他们讨论的问题尽管不全面，但至少提出了中国逻辑思想研究的方向与领域，初步分析了中国逻辑思想的特点，为20世纪20年代前后中国逻辑思想研究的发展奠定了基础。

四　对中国逻辑思想的基本认识

中国逻辑逐渐成为一个独立的研究领域后，近代诸多学者从不同角度开展了积极探讨，对中国逻辑的相关问题提出了各自见解，而这些问题至今仍然是中国逻辑思想研究的重要问题。

一是中国有逻辑。20世纪20年代前后，持有此种观点的主要代表人物除孙诒让、章太炎、刘师培、梁启超、王国维等人外，还有陈启天。1922年陈启天发表《中国古代名学论略》一文，从中国逻辑与中国学术的关系角度，肯定了中国逻辑的存在，阐述了中国逻辑的作用，他指出："世界名学有三大派别，而学术也因此产生三大派别，即中国学术、西洋学术、印度学术。中国名学是中国学术的工具，有中国的名学才产生中国的学术。"逻辑是学术体系得以形成和发展的基础和根基。西方学术、印度学术、中国学术之所以不同，"最大最要的原因，就在各系都各有一种特别的名学和方法。……要研究中国学术的精神和不能如西洋学术的正确精进、印度学术的精深广大，也不可不先知中国学术的特别方法和名学的变迁了"[①]。因此，对中国逻辑的理解和把握，是认识中国学术总体特征的前提条件。陈启天关于逻辑是学术体系基础的认识，回归到了逻辑的本质特征，对认识中国逻辑的特质，研究中国逻辑思想的发展具有启发意义。

---

① 陈启天：《中国古代名学论略》，《东方杂志》1922年第19卷第4号。

二是中国没有逻辑。除 1902 年梁启超明确提出中国缺乏逻辑思想外，1922 年严既澄发表《论理学之派别》一文，说明了逻辑在东方并没有成为一门专门的学科。他指出："讲到论理学这门学问，普通都只能就西方的论理学言，东方虽不是没有论理学，但并不曾成功一种专门学；我们近年来虽常听说印度的因明，和中国诸子里的片段的论理学说，然这些一鳞半爪的学说，残缺不完，毕竟未能引起我们做系统的研究。况且这门学问，在西洋既已有了二千多年的历史，近今更继续发展，简直已不容东方古代的篝火来和他争光；我们更何必舍近而图远，费不经济的力量去搜拨几千年前的余烬？东方的论理学，大概不出西洋的形式派的范围，我们更没有特别研究之必要。"① 在严既澄看来，先秦诸子虽有逻辑思想的片段，但不足以与西方传统逻辑抗衡，故无研究的必要。

无论是肯定还是否定中国逻辑的存在，这两种对立的认识实际上都涉及了一个共同的问题，即如何认识逻辑以及如何认识中国逻辑的性质。从中国逻辑思想研究成为独立的领域开始，围绕这一主题的讨论就从来没有停止过。正如梅约翰指出的那样："有趣的是，无论当时的学者对'中国本来有论理学'这个命题持否定或是肯定的态度，这两个对立的学术立场都有益于塑造中国哲学的雏形。"② 这一问题的讨论，在今天同样会对推进中国逻辑思想研究和中国逻辑体系建构有着积极的价值。

三是中国逻辑是世界逻辑的三大源流之一。随着对中国逻辑思想相关问题讨论的不断深入，近代学术界对中国逻辑在世界逻辑体系中的地位给予了明确的肯定。最早意识到这一问题的应该是王国维，他 1905 年在《周秦诸子之名学》一文提出："学问之发达其必自争论始矣，况学术之为争论之武器者乎？其在印度，则自数论声论之争，而因明之学起。在希腊，则哀利亚派之芝诺（Zeno）因驳额拉吉来图（Herachtus，今译赫拉克利特）之万物流转说而创辩证论。至诡辩学

---

① 严既澄：《论理学之派别》，《教育杂志》1922 年第 14 卷第 5 号。
② ［澳］梅约翰：《诸子学与论理学：中国哲学建构的基石与尺度》，《学术月刊》2007 年第 4 期。

派起，而希腊学术上之争论益烈，不三四传，遂成雅里大德勒（Aristotle）完备之名学。我国名学之祖是为墨子。墨子之所以研究名学，亦因欲持其兼爱、节葬、非乐之说，以反对儒家故也（见《大取篇》）。荀子疾邓、惠之诡辩，淑孔子之遗言，而作《正名》一篇，中国之名学于斯为盛。"① 学术发展与论辩有关，而论辩需有论辩的工具，所以印度有因明、希腊有逻辑、中国有名学。

其后，1922年陈启天提出："世界名学可照世界学术的分野，划为三大派：西洋名学——Logic 又译'逻辑'或论理学、印度名学——印度名学叫做因明、中国名学"②，中国逻辑与印度因明、亚里士多德逻辑构成了世界逻辑的三大流派。1928年周谷城也指出："名学一科，在世界上，并非西洋人独有之品。世界文化，据史家推测，发祥之地有三：曰中国，曰印度，曰希腊。此三古国，学术史中，皆有与名学相符之物吾等欲治是科，于此等处，宜略明其梗概"③，中国、印度和希腊是世界逻辑发展的发源地。

四是中国逻辑思想的发展经历了三个不同的阶段。在近代的中国逻辑思想研究中，部分学者将中国逻辑思想的发展划分为三个阶段，即先秦以本土逻辑为主的发展时期，汉至明代以印度因明为主的发展时期和明末至民初以西方传统逻辑为主的发展时期。如陈启天认为："中国名学的变迁，可分为三大时期：固有名学时期——断自秦汉以前。……印度名学输入时期——自汉唐到明……西洋名学输入时期——从明末到今。"在三个阶段中，中国逻辑思想的精华是在古代，要研究世界逻辑体系，推动世界逻辑发展，就要探讨中国逻辑的内容、特质与地位，而"中国名学的精华，还在古代。我们欲完成世界名学的大观，合西洋名学、印度名学、中国名学于一炉而治之，就要知中国古代名学的概要和在世界名学上的地位"④。郭湛波也认为："中国哲学，自有中国哲学方法。中国哲学方法：一、古代，自古代至秦，是'辩学'；二、自汉至明末，是'因明'；三、自明末至现

---

① 周锡山编校：《王国维集》第1册，中国社会科学出版社2008年版，第389页。
② 陈启天：《中国古代名学论略》，《东方杂志》1922年第19卷第4号。
③ 周谷城：《名学引端》，《民铎杂志》1928年第9卷第4号。
④ 陈启天：《中国古代名学论略》，《东方杂志》1922年第19卷第4号。

在，是'逻辑'。但因明与逻辑都是舶来品，归印度、西洋方法来研究。所谓中国方法，就是专指古代的'辩学'。"①

20世纪初期中国逻辑思想研究的初步形成为中国逻辑作为一个独立研究领域的发展奠定了坚实的基础，吸引了一大批有识之士投身到这一领域的研究。到20世纪20年代前后，一批比较系统研究中国逻辑思想的研究成果相继问世。主要有胡适（1891—1962）的《中国哲学史大纲》（卷上）和《先秦名学史》。胡适在美留学期间，1917年完成了博士学位论文"The Development of the Logical Method in Ancient China"，中文题目初为《中国古代哲学方法之进化史》，后定名为《先秦名学史》，1922年由上海亚东图书馆用英文出版发行。胡适回国后，又作修改和增订，作为在北京大学授课的讲义，定名《中国哲学史大纲》（卷上），先于《先秦名学史》由商务印书馆1919年出版。1921年梁启超整理《墨子学案》第七章时主要参考了这部著作，他说："胡君适之治墨有心得，其《中国哲学史大纲》关于墨学多创见。本书第七章多采用其说，为讲演便利计，不及一一分别征引，谨对胡君表谢意。"②《墨子学案》的第七章即为《墨家之论理学及其他科学》。

章士钊（1881—1973）在英国留学期间学习逻辑，回国后在北京大学等校讲授逻辑。他于1917年编写的《逻辑指要》作为授课讲义，由时代精神社于1943年正式出版。他在该书中提出，逻辑规律是普遍存在的，"寻逻辑之名，起于欧洲，而逻辑之理，存乎天壤"。因此，中国没有逻辑的认识是"妄说"，"其谓人不重逻辑之名，而即未解逻辑之理者，尤妄说也"③，"逻辑起于欧洲，而理则吾国所固有"，"先秦名学与欧洲逻辑，信如车之两轮，相辅而行"④。北京大学校史馆展览展示，1917年北京大学哲学门研究所的研究科目有章士钊的《逻辑学史》和胡适的《中国名学钩沉》。

---

① 郭湛波：《先秦辩学史》自序，中华印书局1932年版。
② 梁启超：《墨子学案》自叙，《饮冰室专集》之三十九，中华书局1989年影印本，第2页。
③ 章士钊：《逻辑指要》自序，《章士钊全集》第7册，文汇出版社2000年版。
④ 同上。

郭湛波（1905—?）1932年撰写的《先秦辩学史》出版发行。至此，中国逻辑思想研究已经取得了系列的成果。郭湛波在该书《自序》提到，"中国近代受西洋逻辑的影响，所以对中国'辩学'也研究起来，如章炳麟、梁启超、胡适、冯友兰……诸先生，都是研究中国'辩学'有贡献的人"，因此他有条件吸收前人的研究成果，如关于世界逻辑有三大流派、中国逻辑发展有三个阶段的认识等。另外，关于一般认为荀子或墨家是中国逻辑思想高峰的观点，郭湛波也提出了不同的看法，他认为"公孙龙集'辩学'之大成"。他提出，自公孙龙之后，各家都受"辩学"之影响。而成就最著者，就是墨辩和荀子，墨辩《经上》《经下》《经说上》《经说下》《大取》《小取》，这六篇是后期墨者作品，非墨翟学说。荀子虽主"正名"，但与孔子"正名"不同：孔子"正名"是伦理的，荀子"正名"是辩学的，恰成了一个辩证的发展①。同时，他还试图用新的方法来研究中国逻辑思想。郭湛波提出："前人研究先秦辩学的方法，不是用古典的形式论理学，就是用资本主义实验论理学；而不能求出当时学术的真象。我便大胆的，用新的方法，来研究先秦的辩学的尝试，写了一本《先秦辩学史》。"② 胡适、章士钊、郭湛波等人的研究，是最早一批具有系统性的研究中国逻辑思想的成果，对20世纪40年代乃至当今的研究仍然有重要的启发意义。

结　语

西方传统逻辑在中国的传播在观念上对20世纪初期的中国逻辑思想研究产生了深刻影响，而日本学界对中国古代哲学和逻辑思想研究的方式与方法的影响，则直接促使中国学界开辟了中国逻辑思想研究这一领域。尽管在当时中外文化冲突与融合的特殊背景下中国知识界有十分复杂的文化心理，但近代以来形成的研究观念和方式方法一直延续下来，并似乎成为一种定式。西方逻辑在西方知识体系中居于

---

① 郭湛波：《先秦辩学史》自序，中华印书局1932年版。
② 郭湛波：《先秦辩学史》，中华印书局1932年版，第224页。

基础地位，起到根基作用，由此观之，从逻辑与知识体系关系的角度来挖掘支撑中国传统知识体系的中国逻辑，分析其特质，把握其个性，具有重要的理论价值和现实意义。

《名理探》中对逻辑作为一门科学的讨论[*]

江 璐[**]

一 《名理探》与中国逻辑史

在中国逻辑史研究中，有着一个所谓"中国古代是否有逻辑"的争论。持存在说[①]的学者有梁启超、胡适、金岳霖、沈有鼎、孙中原等学者[②]。然而，持相反看法的也不乏大家，如王国维和蒋维乔为中国古代无逻辑一说的创始者，延续这一看法的有郭沫若、港台新儒家如牟宗三、唐君毅、徐复观，以及大陆学者程仲棠[③]。然而，就像程仲棠提到的那样，例如台湾新儒家之所以认为中国古代无逻辑，是因为他们的逻辑观将推理本身之结构或推论之形式视为逻辑学之研究的对象。[④] 可见，此争论其实更多是由于不同的逻辑观所引发而生的。如果是像斯洛文尼亚学者罗亚娜（Jana Rošker）所指出的那样，逻辑推理（logical reasoning）可以有广义和狭义的定义。如果说，狭义的

---

[*] 本文原刊于《逻辑学研究》2019 年第 1 期。

[**] 江璐，中山大学哲学系副教授。此文受到中山大学西学东渐文献馆，广州与中外文化交流研究中心的资助。

[①] 也就是指中国古代是否存在逻辑而言，"存在"一词被作为固定术语用在此争论的讨论中。

[②] 参见孙中原《中国逻辑学十讲》，中国人民大学出版社 2014 年版，第 130—181 页。

[③] 程仲棠：《"中国古代逻辑学"解构》，中国社会科学出版社 2009 年版，第 110—125 页；程仲棠：《近百年"中国古代无逻辑学论"述评》，《学术研究》2006 年第 11 期。

[④] 同上。

定义把逻辑推理视为从亚氏和斯多亚逻辑传统所发展出来的逻辑,而广义的定义则将逻辑理解为聚焦在有效的论证以及其原则上的理性形式的话,那么,逻辑就会有多种形式,且可以包罗中国古代逻辑[1]。

如使用狭义的逻辑定义,那么,《名理探》作为古代中国对亚里士多德逻辑之系统性译介的首列,就可算作中国逻辑的开端。使用广义的逻辑定义,按中国学者的叙述,中国古代逻辑则可追溯到先秦之墨家,主要文献为《墨经》《荀子·正名》《公孙龙子·名实论》[2],更早还可追溯到《易经》,将其视为中国逻辑之开端,罗亚娜也在儒家和法家(她提到的是荀子和韩非子)那里找到中国逻辑[3]。

然而,《名理探》与墨家传统也并非是完全毫无交集,尽管按顾有信等研究者的看法,翻译者李之藻似乎并未发现西方逻辑与中国古代逻辑间的可类比之处,他还是使用了"名理"这一传统的讨论论辩术的名词,来称谓西方传来的"logica"一学[4]。李之藻本人作为一位思想活跃且开放的学者,可想是知道墨家传统的。尽管墨家从先秦之显学沦为经典之外的学派,墨家传统在历史上却未有过断裂。据郑杰文之考证,明朝时期,载录有关墨家著作及校、注、研等的著作,计28种[5]。如果李之藻采用了中国讨论论辩术之传统术语来翻译这一门从西方传来的学科,他想必已经觉察到两者之间存在的相似性。本文将从《名理探》第一卷中关于"名理探",或"名理推"这一门学问的讨论出发,来展示西方逻辑中本身存在的两种,即广义和狭义的关于推理的定义,以指出,即便罗亚娜将狭义逻辑视为亚里士多德传统的西方逻辑,亚里士多德传统中的广义逻辑观却仍然可以容纳不以求真为目的的、而以说服为目的,且不是严格按照三段论进行推理的

---

[1] Jana Rošker, "Classical Chinese Logic", *Philosophy Compass*, Vol. 10, No. 5, 2015, p. 301.

[2] 孙中原:《中国逻辑学十讲》,中国人民大学出版社2014年版,第133页。

[3] Jana Rošker, "Classical Chinese Logic", *Philosophy Compass*, Vol. 10, No. 5, 2015, pp. 301–302.

[4] Cf. Joachim Kurtz, *The Discovery of Chinese Logic*, Leiden: Brill, 2011, p. 54.

[5] 郑文杰:《中国墨学通史》上册,人民出版社2006年版,第298页。

逻辑，从而在这一意义上与中国古代的逻辑是可以兼容的。

二 《名理探》与其蓝本 *In universam dialecticam Aristotelis*

《名理探》以葡萄牙科英科因布拉大学的逻辑教科书 *Commentarii in universam dialecticam Aristotelis* 之由科隆的印书匠 Bernardus Gualterius 于1611年所印刷的版本为蓝本①。*Commentarii in universam dialecticam Aristotelis*，我们或称其为"科因布拉本"，是科因布拉大学于1606年初版的逻辑讲座系列，1611年首次在德国境内印刷。此书在欧洲逻辑史与哲学史上具有重要地位，是文艺复兴时期亚里士多德主义的代表著作之一，并试图调和和统一从中世纪发展出来的不同的亚氏诠释流派。② 由此它甚至在国内1994年出版《欧美逻辑学说史》中也被提及："丰赛卡（1528—1599年），通过比较不同的希腊文手稿，并与拉丁文译本对照，用雅致的语言表述，伴有自己的注释，每章加以介绍及注脚，从而恢复纯亚氏著作的原本。"③ 此描述过于简短，把原文（德国科隆1611年版）拿来分析，我们可以看到这一部作品的主要结构是这样的：整部书分成了前言（Prooemium）；对波菲力之范畴篇导论的注疏（In Isagogem Porphyrii）；对亚里士多德范畴篇的注疏（In Libros Categoriarum）；对他的《解释篇》的注疏（In Libros de Interpretatione）；对亚氏《分析前篇》的注疏（*In Libros de Piriori Resolutionis*），《分析后篇》的注疏（In Libros de Posteriori Resolutionis）以及对其《论题篇》第一卷（In Librum Primum Topicorum）和《辨谬篇》（*In Duos Libros Elenchorum*）的注疏。也就是说，亚里

---

① Cf. Joachim Kurtz, "Coming to Term with Logic. The Naturalization of an Occidental Notion in China", in *New Terms for New Ideas: Western Knowledge and Lexical Change in Late Imperial China*, edited by Michael Lackner, Lwo Amelung and Joachim Kurtz, Leiden et al.: Brill, 2001, p. 151, Footnote 16.

② Cf. Luca Bianchi, "Continuity and Change in the Aristotelian Tradition", in *The Cambridge Companion to Renaissance Philosophy*, edited by James Hankins, Cambridge: Cambridge University Press, 2007, p. 61.

③ 郑文辉：《欧美逻辑学说史》，中山大学出版社1994年版，第231页。

士多德《工具论》中所包含的所有书卷都得到了注疏,并且还加上了对作为中世纪逻辑教科书的波菲力之《导论》的注疏,虽然说《论题篇》一共有八卷,这里却只评注了第一卷。每一部分都分成了数个"问题"(Quaestio)。所谓的"问题"是欧洲经院学教学中的一种特殊的文体,是从课堂讨论中发展而来的。一篇所谓的"问题"其实是一篇围绕着一个专题的论文,结构大体是第一,提出问题,第二,从正反两面来讨论问题,第三,解决问题。这在科英布拉注疏中也得到明显的体现,首先,每一个所谓的"问题"都有一个问句式的标题,以拉丁文"utrum"(是否)开头的一个问题,比如,《前言》的第四个问题为"辩证法是否真的、从正确意义上来说是一门科学"。每一个问题按其复杂性还可以在划分为数个章节。

1555年的时候,葡萄牙国王胡安三世(João Ⅲ)把科因布拉艺学院交给了耶稣会管理,同年,有四位耶稣会教授在此任教,包括享有"葡萄牙之亚里士多德"之誉的丰赛卡神父(Pedro da Fonseca, 1567—1639年)[1]。后者分别于1577和1589年在罗马出版了他的《〈形而上学〉注疏》(*Commentariorum in Libros Metaphysicorum Aristotelis*)的第一和第二卷,于1604年在埃沃拉(Évora)出版第三卷、1612年在里昂出版第四卷。1564年他在科因布拉出版了他的《逻辑要义》(*Instituições Dialécticas*),1591年在里斯本出版了《逻辑导论》(*Isagoge Filosófica*)。[2]他的《逻辑要义》非常受欢迎,在1625年重版已超过51次。[3] 1604年,在科隆、法兰克福、汉堡和维也纳等地陆续出现了有可能基础是在某个在科因布拉听过课的学生笔记上且自称为科因布拉逻辑讲义的书籍。以此,科因布拉的教授们用自己的权威版本做出回应,并在1606年在科因布拉印刷了由达·库托(Sebastian da Couto, 1567—1639)主编的逻辑讲义,1607在里昂重印。这

---

[1] Cf. John Dolye, *The Conimbricenses. Some Questions on Signs*, Milwaukee, WI: Marquette University Press, 2001, p. 15.

[2] Cf. João Madeira, "Bibliographia de e sobre Pedro da Fonseca", *Revista Filosófica de Coimbra*, Vol. 29, 2006, p. 196.

[3] Cf. John Dolye, *The Conimbricenses. Some Questions on Signs*, Milwaukee, WI: Marquette University Press, 2001, p. 24, Note 9.

个版本同时也印有亚里士多德的希腊文原文。① 这部书以上面提到的丰塞卡的《逻辑要义》为基础，并由达·库托添加了前言部分，讨论了逻辑在哲学的诸分支中的地位。② 1611 年科隆版本在致读者前言（Ad lectorem）中同样重申，先前科因布拉教授们本无出版意图，然而受迫于被偷偷出版，且盗用科因布拉大学之名的逻辑课程笔记（furtiva glossemata Dialecticae Cursus）的压力，而出版真正的科因布拉逻辑（vera logica Conimbricensis）。

丰塞卡在 1555 年与 1561 年间，在科因布拉的艺学院任教，在那，他提出了创立课程系列的理念，后来被实现为 *Cursus Conimbricensis* 这一系列注疏，也就是对亚里士多德哲学的系统化教学。他委托同事德·果艾斯（Emmanuel de Goes）来完成这个任务。1572 年与 1582 年间，他在罗马并参与制定了耶稣会的教学大纲，即所谓的 *Ratio Studiorum*。③ 耶稣会教学大纲（*Ratio Studiorum*）中规定，在大学三年为继续深造医科、神学或法律打基础的人文学科学习中，第一年则需学习逻辑。每天要上两次逻辑课，早上和下午各一个小时。学习的方式主要是听课，诠释亚里士多德著作和练习。在基础课程完成后，学生要使用学到了逻辑和修饰手法公开答辩驳斥哲学、神学或科学论点。三段论构成了逻辑教学的很大部分，并且在自然科学和数学教科书中出现。④ 1599 年版的教学大纲则规定，哲学教授在第一年的前两个月要教授逻辑，但并非使用教条式的教授方式，而是通过对托雷多（Toledo）或丰塞卡逻辑著作中章节的讨论让学生学习消化这部分内容。

比利时传教士金尼格（Trigault）在中国度过了两年半的时光之后，受当时耶稣会省长龙华民（Niccolò Longobardo）的委托，在 1613 年回到欧洲。他此行任务之一是为耶稣会在北京和中国其他地方已经创立的驻院收集藏书。1620 年他又一次来到中国的时候，传说他带

---

① John Dolye, *The Conimbricenses. Some Questions on Signs*, Milwaukee, WI: Marquette University Press, 2001, p. 17.
② Joachim Kurtz, *The Discovery of Chinese Logic*, Leiden: Brill, 2011, p. 45.
③ Cf. James Hankins, *The Cambridge Companion to Renaissance Philosophy*, Cambridge: Cambridge University Press, 2007, p. 250.
④ Joachim Kurtz, *The Discovery of Chinese Logic*, Leiden: Brill, 2011, p. 23.

来了7000卷书，不过事实上数量可能为757部著作或更多。随他一同来华的一行人中，就有后来《名理探》的"释义"者，来自于亚速尔（Azores）的葡萄牙耶稣会士傅汎际（Francisco Furtado，1589—1653）。[1] 傅汎际曾在科因布拉大学就学，他当时使用的教材是丰塞卡的逻辑书。[2] 天启七年（1627），傅汎际与李之藻（1565—1630，字振之，教名Leo）开始翻译科英布拉亚里士多德逻辑大全注疏，1631年第一次在杭州刻印出版。李之藻是万历二十六年（1598）进士，任官南京工部员外郎、南京太仆寺少卿、高邮制使等。他曾经与利玛窦合译了《同文算指》，并且与徐光启一同修订过《大统历》。他们两人合译《名理探》时，傅汎际负责陈述拉丁原文的含义，而李之藻则负责选择适当的中文表述。之前，两人已合作翻译了亚里士多德的《论天》，译文名为《寰有诠》（1628年译成）。《名理探》包含了科因布拉本的玻菲力《导论》以及亚里士多德《范畴篇》注疏。[3] 现国际汉学界对《名理探》的英译名为"The Investigation of the Pattern of Names"，因为宋明理学中的概念"理"通常被翻译为"pattern"[4]。

二 什么是"名理探"这门学科？

《名理探》刻本是科因布拉亚里士多德逻辑大全注疏中玻菲力的《导论》和亚氏《范畴篇》原文以及注疏的翻译，后两者在《名理探》中的译名分别为《五公卷》和《十伦卷》。"名理探"作为名词，是傅汎际和李之藻对拉丁文"logica"的译名。在《名理探》中写道："名理之论，凡属两可者，西云第亚勒第加。凡属明确，不得

---

[1] Cf. Nicolas Standaert, "The Transmission of Renaissance Culture in Seventeenth Century China", *Renaissance Studies*, Vol. 17, No. 3, 2003, pp. 367, 379–380.

[2] Cf. Joachim Kurtz, *The Discovery of Chinese Logic*, Leiden: Brill, 2011, p. 25.

[3] 参见张西平、侯乐《简析〈名理探〉与〈穷理学〉中的逻辑学术语——兼及词源学与词类研究》，《唐都学刊》2011年第2期。

[4] Cf. Shun Kwongloi, "Zhu Xi's Moral Psychology", *Dao Companion to Neo-Confucian Philosophy*, edited by John Makeham, Dordrecht/Heidelberg/London/New York: Springer, 2010, p. 177.

不然者，西云络日加。穷理者，兼用此名，以成推论之总艺云。依次释络日加为名理探。"① 把"logica"翻译为"络日伽"，并不是第一次出现在《名理探》之中。在1623年艾儒略（Giulio Aleni, 1582 - 1649）在他的《西学凡》和《职方外记》中，使用了"落日加"这个音译，在江浙一带的方言中"加"或"伽"发音更接近西文中的音节"ca"。艾儒略把"落日加"解释为"辨是非之法"或"明辨之道"②。可见，在上面提到的两部作品中，"络日伽"或"落日加"（logica）在所谓"穷理者"的用法上，已经被用来指"推论之总艺"了，而并非在指"属明确、不得不然者"的"络日伽"，即狭义上的"逻辑"。那么，随着后者之用法而被定义的"名理探"也就指的是欧洲传统学科分类中的三艺（trivium）中的"dialectica"，后者在《名理探》中被译为"辩艺"③。古罗马作者马提亚努斯·卡佩拉（Martianus Capella）在他的《菲劳勒嘉和墨丘利的联姻》（*De nuptiis Philologiae et Mercurii*）一书中所列出的三艺即为：grammatica（语法），dialectica（逻辑或辩证学）和 rhetorica（修辞学）。Dialectica 在第四卷中得到讨论。④ "名理探"在这要指的其实是广义上的 logica，而广义上的"logica"与"dialectica"是同等含义且可互换使用的，如同顾有信（Joachim Kurtz）已经指出的那样。⑤ 从而，虽然在行文

---

① ［葡］傅汎际、李之藻译：《名理探》，生活·读书·新知三联书店1959年版，第15页。

② Cf. Joachim Kurtz: "Coming to Term with Logic: The Naturalization of an Occidental Notion in China," in *New Terms for New Ideas: Western Knowledge and Lexical Change in Late Imperial China*, edited by Michael Lackner, Iwo Amelung and Joachim Kurtz, Leiden et al.: Brill, 2001, pp. 150 - 151.

③ ［葡］傅汎际、李之藻译：《名理探》，生活·读书·新知三联书店1959年版，第11页。

④ 此书的第四卷标题为"De arte dialectica"。关于"七艺"参见［美］爱德华·格兰特《近代科学在中世纪的基础》，张卜天译，湖南科学技术出版社2010年版，第22—23页。

⑤ Cf. "The Jesuit missionaries who first presented Western logic to Chinese readership in the early seventeenth century used the Latin terms *logica* and *dialectica* more or less interchangeably, despite the vivid debates about the proper meanings of both terms in contemporary Europe" (Joachim Kurtz, "Coming to Term with Logic: The Naturalization of an Occidental Notion in China", in *New Terms for New Ideas: Western Knowledge and Lexical Change in Late Imperial China*, edited by Michael Lackner, Iwo Amelung and Joachim Kurtz, Leiden et al.: Brill, 2001, pp. 150 - 151).

上，"名理探"是对"logica"这个词的翻译，但实际上，"名理探"指的是广义上的"logica"，同时也指"dialectica"。那我们就不用奇怪为何《名理探》是 *In Universam Dialecticam Aristotelis* 这本书的译文的书名了。这在下一段对科因布拉本对应之处的解读中可得到更加清晰的论证。

"Dialectica"在中世纪以及早期近代其实指的就是逻辑，不过是广义上的逻辑。"Logica"与"dialectica"这两个名词交错使用的情况，是历史上造成的。阿施沃斯（E. J. Ashworth）指出，从古罗马晚期到中世纪早期，"dialectica"也就是用来称呼三艺中的逻辑的，不过到了13世纪的时候，人们则倾向使用"logica"这个词。到了文艺复兴的时候，Valla 等人文学者则又引入了"dialectica"这个称呼，一直到十七世纪，在此之后，"logica"一词又赢得了上风。由此可见，这两者大体上是作为同义词而被使用的。① "Logica"与"dialectica"都表达了"ars disserendi"，即"论述之艺"，不过，科因布拉本提出了当时不少欧洲学者在这两者之间进行的一个区分：

> Dialectica significet solam facultatem disserendi ex probabilibus, octo libris Topicorum comprehensam; Logica vero artem conficiendi demonstrationem, quae in quatuor libri Analyticis exponitur. （辩证法指的是从可能的前提出发进行论述的能力，包含在《论题篇》的八部书中。而逻辑确实指的是树立证明的技艺，这在亚里士多德的《分析篇》四部书中得到阐释）②

可见，在科因布拉本中，我们见到当时学界讨论中已将"logica"用来指称狭义上的逻辑，即证明性的逻辑，而用"dialectica"来指称在探索问题中所使用的逻辑。亚氏在其《论题篇》中对后者有着清楚的描述："必然要通过关于每一个东西的普遍意见来讨论它们。辩

---

① E. J. Ashworth, *Language and Logic in the Post Medieval Period*, Dordrecht/Heidelberg/London/New York: Springer, p. 22.

② Collegium Conimbricense, *In universam dialecticam Aristotelis*, Cologne: Bernard Walter, 1611, p. 25. 中文为笔者的翻译。

证法（διαλεκτική）恰好特别适于这类任务，因为它的本性就是考察，内含有通往一切探索方法的本原之路"①。而所谓"辩证法"（即上面引文中的"dialectica"）的作用有：智力训练、交往会谈和哲学论辩（参见《论题篇》第一卷第二章，101a20ff.）。《论题篇》在中世纪逻辑学家奥卡姆（William of Ockham）的《逻辑大全》（*Summa Logicae*）中得到了阐释。可见，在此，即便dialectica在此区分中被认为是以普遍意见为出发点，它同样属于逻辑学这一门欧洲传统学科所讨论的对象。科因布拉本对亚里士多德的《工具论》整体加以了注疏，当然也包括了《论题篇》。李之藻之子李次彪在1639年（崇祯己卯年）为《名理探》所撰写的序中提到《名理探》为书有三十卷②，而流传到今日的只有十卷。可见，译者以及同代人脑海中的《名理探》应该是包括了对《工具论》其他数卷之注疏的翻译的，而并非仅仅为玻菲力的《导言》和亚氏之《范畴篇》，且狭义上的逻辑，即《前后分析篇》所讨论的部分，并不包含在流传到我们手里的《名理探》中。从而可想，"名理探"作为名词，并非仅仅指狭义上的逻辑。这一点，也可从《西学凡》中对"落日加"的描绘而得到佐证：艾瑞略认为，"落日加"为哲学学习中第一年所要学习的科目，而且包含了绪论、五公（论共相、普遍概念）、"理有之论"、十宗（即《名理探》的"十伦"）、"辩学之论"和"知学之论"，后者被描绘为"论实知与憶度与差缪之分"③，也就是辨别什么是真正的认知、什么是意见、什么是谬误，从而也应包含亚氏《工具论》中《论题篇》和《辩谬篇》包含的内容。

科因布拉本整个《前言》的问题四（Prooemium, Quaestio IV）随后就在讨论这两个名字的不同之处。当时欧洲对logica与dialectica间区别的众多讨论也充分映照在科因布拉本中：其作者指出，在亚里

---

① ［古希腊］亚里士多德：《论题篇》，徐开来译，载苗力田主编《亚里士多德全集》第一卷，中国人民大学出版社1990年版，第355页。
② ［葡］傅汎际、李之藻译：《名理探》，生活·读书·新知三联书店1959年版，第6页。
③ 艾瑞略：《西学凡》，载李之藻编《天学初函·编理》，上海交通大学出版社2013年点校本，第11页。

士多德那里便可找到对"dialectica"的定义，也就是《论题篇》第一卷第一章（100a25－32），在那，我们的确可读到"从普遍接受的意见出发进行的推理是辩证的推理"①。同一处亚里士多德也区分了"证明的推理"和"辩证的推理"，在希腊原文上可看出，这两者都具有三段论的形式，因为亚氏将它们均称作为"συλλογισμὸς"，前者是具有证明性（αpόδειξις）的三段论，而后者则是辩证性（διαλεκτικὸς）的三段论，它们所对应的即为上面来自科因布拉注疏之引文中的"logica"和"dialectica"。然而科因布拉作者们同样也指出，并没有太确凿的证据支持上文中将"logica"视为"证明的技艺"。因为这个词在亚里士多德、柏拉图以及他们之前的那些作者那，都没有以名词形式出现过。后来的漫步派作者（posteriores Peripatetici）却发明了"logica"一词，并将其用于称谓整个推理论述之艺（也就是说没有做上述的那种区分），而且从词源上也可驳斥上述那种狭义的用法，因为 logica 来自与"logos"，后者包括了一切使用言语的论述。②但科因布拉的作者认为，他们同时代的哲学家们有一个约定成俗的习惯（consuetudo）而使用"logica"来指称包含上面引文中的两个意义下的"ars disserendi"，也就是广义上的"论辩学"。例如丰塞卡（Petrus Fonseca，当时科因布拉大学的哲学教授）就说过，他是比较随意地使用"logica"或"dialectia"这两个名词的。③

使用"名理探"来做广义上逻辑学的译名，在一定程度上借用了中国传统：先秦的所谓"辩者""察士"或刑名家在汉代被称为"名家"，"与儒、墨、道、法、阴阳等学派并称为六家"④。"名"，即概念，"名家"即善于分析概念的人⑤。《名理探》中首次提到"络日

---

① ［古希腊］亚里士多德：《论题篇》，徐开来译，载苗力田主编《亚里士多德全集》第一卷，中国人民大学出版社1990年版，第353页。
② Collegium Conimbricense, *In universam dialecticam Aristotelis*, Cologne: Bernard Walter, p. 6.
③ Ibid., p. 27.
④ 孙中原：《中国逻辑研究》，商务印书馆2006年版，第187页。
⑤ 同上书，第190页。

伽"时，就将其称作了"辩学"①。在它之前撰写的《西学凡》中，艾儒略也使用"辩学"来称呼"落日加"涉及命题以及论证的部分②，并解释道："夫落日加者，译言明辨之道，以立诸学之根基，辩其是与非，虚与实，表与理之诸法。"③而"辩"在《墨经》中有着充分地说明，《经上》中写道："辩，争彼也。"《墨经》的《小取》篇中则定义了"辩"："夫辩者，将以明是非之分，审治乱之纪，明同异之处，察名实之理，处利害，决嫌疑。焉摹略万物之然，论求群言之比。以名举实，以辞抒意，以说出故。以类取，以类予。有诸己不非诸人，无诸己不求诸人。"④艾儒略对"落日加"的解释与《墨经》中对"辩"之定义之间的相似性一目了然。很明显，这并非偶然，而是前者有意识地对中国传统的借鉴。在之后翻译的《名理探》中，将"络日伽"称为"辩学"，是很自然的结果了。另外，《名理探》中也使用了墨辩的一些术语，比如"两可""推"等，在这由于篇幅问题无法细究。不过这些迹象有理由让人质疑顾有信观点的正确性，即傅李二人在翻译中未采用中国古代名辩学的术语⑤。

"名理"二字连在一起使用，在《名理探》开篇第一章就随同"络日伽"出现了；"……名曰络日伽。此云推论名理，大致在于推通，而先之十伦，以启其门"⑥。从而，"名理"在《名理探》中就被用来做为一门学科的称呼，我们见到有"名理之学"或"名理之论"的称谓⑦。而"理"也是《墨辩》中的一个重要概念，在此有法则、

---

① [葡]傅汎际、李之藻译：《名理探》，生活·读书·新知三联书店1959年版，第11页。

② 参见王慧斌、尚智丛《西方逻辑学传入过程中"辩学"与"辩学"概念的演变》，《清史研究》2015年第3期，第30页。

③ 艾儒略：《西学凡》，黄兴涛、王国荣编：《明清之际西学文本》第1册，中华书局2015年版，第234页。

④ 谭家健、孙中原：《墨子今注今译》，商务印书馆2012年版，第361页。

⑤ Joachim Kurtz, *The Discovery of Chinese Logic*, Leiden: Brill, 2011, p.54.

⑥ [葡]傅汎际、李之藻译：《名理探》，生活·读书·新知三联书店1959年版，第8页。

⑦ 同上书，第14、15页。

规律的含义①。在先秦道家中,"理"的含义是具体东西的形状、质性②。可见,中国当时的文人见到"名理"二字,可以联想到非常具体的内容,而且这些内容与科因布拉逻辑中所要传达的内容有着可比之处。这么做也不足为奇:由利玛窦通过经验和实践摸索出来的耶稣会适应政策要求耶稣会传教士们使用中国文化中的语言和概念来诠释和传达西方的哲学、神学思想。

对比《名理探》的译文和其蓝本,我们发现,《名理探》省略了原文中的很多讨论。另外,在提出 logica 与 dialectica 的定义和区分的时候,《名理探》并没有像原文中那样清晰地表明这种区分仅仅为作者并不同意的一种观点。相反,《名理探》将这两者的区分作为定论传达给了中国读者。前面引文中的寥寥数言,竟然就总结概括了科因布拉本中的整个 Quaestio Ⅳ, Articulus Ⅰ (pp.25-28)。从"名理推自为一学否"这一节的第四行起,译者已经开始讨论科因布拉本中的第二节了(Articulus Ⅱ)。

三 《名理探》"五公卷之一"的结构

由于《名理探》并非是与其蓝本一一对应的翻译,而且对原文的结构也有一定的重整。这部书的第一部分"五公卷"和第二部分"十伦卷"都分别被划分为五个部分。尽管"五公"在此指的是玻菲力所说的"五谓词"或五个共相(普遍概念)。"五公卷之一"所对应的其实并不是科因布拉亚氏逻辑注释中关于"五谓词"的玻菲力"导言"(Isagoge)的导论,而对应的是科因布拉逻辑注释整本书的导论(Prooemium),也就是讨论逻辑这门学科的部分。下表展现了就这一部分原文章节与中文译文章节相对应的情况:

---

① 曾昭式:《从先秦文化特点看〈墨辩〉中的"故、理、类"》,《南都学坛》(哲学社会科学版)1999年第2期。

② 参见冯友兰《先秦道家哲学主要名词通释》,《北京大学学报》1959年第4期。

《名理探》	*Commentarius in universam Aristotelis dialecticam*
爱知学原始	De Peripatericorum secta, et ingenio, doctrinaque Aristotelis
艺之总义	Prooemium Quaestio Ⅰ "Utrum ars probe definiatur a philosophis" (Articulus Ⅰ - Ⅲ)
诸艺之析	Prooemium Quaestio Ⅱ "An artium divisio recte se habeat" (Articulus Ⅰ - Ⅱ)
诸艺之序	Prooemium, Quaestio Ⅲ "Quem ordinem inter se artes obtineant" (Articulus Ⅰ - Ⅱ)
名理推自为一学否	Prooemium, Quaestio Ⅳ "Utrum dialectica sit vere proprieque scientia, et ab alius distincta", Articulus Ⅰ "De Nominibus Dialectica, euiusque natura ac fine"; Articulus Ⅱ "Dialecticae in docentem, et utentem partitio explicatur"
用名理探之规为一艺否	Prooemium, Quaestio Ⅳ, Articulus Ⅱ "Dialecticae in docentem, et utentem partitio explicatur"
名理探兼有明用二义	Prooemium, Quaestio Ⅳ, Articulus Ⅴ "Dialecticam docentem esse practicam scientiam"
名理探向界	Prooemius, Quaestio Ⅴ, "Quodnam sit Adaequatum dialecticae subjectum"
欲通诸学先须知名理探	Prooemius, Quaestio Ⅵ, "Sit ne dialectica ad alias disciplinas capessendas necessaria, an non?"
名理探属分有几	Prooemium, Appendix, In qua logicae partiones breviter explicantur

这一卷可以大致分为两个部分：先是总的关于哲学的导论以及其不同科目的排列，然后是关于逻辑之地位、范围、对象、用途和内容的讨论。"爱之知学原始"是对科因布拉本开端的哲学史叙述的一个节选性的翻译。除了在开头简略提到苏格拉底和柏拉图之外，其他部分都是在讲述亚里士多德。然而，科因布拉本却详细叙述了古希腊哲学的各个学派，包括前苏格拉底的埃利亚学派和意大利学派，甚至提及了波斯人和查拉图斯特拉教，而且《名理探》也并没有讨论亚里士多德之后的任何漫步派学者，虽然科因布拉本与此相应的一节是讨论漫步派的。第二章"艺之总义"对应了科因布拉本前言的 Quaestio Ⅰ，然而，后者分为三节，《名理探》却从每一节节选性地翻译了一部分，拼凑为一章，并没有另外划分小标题。而且译者也调整了部分内容的位置：比如关于"步路大"（Plutarch）所叙述的逸事在科因布拉本中是在亚氏提到了科学来源于经验的那一段之后，但是，在《名

理探》中却颠倒过来了。接下来的两章也类似。原文每一题中有两节，《名理探》所对应的那一章为这两节的节选性翻译，并且当中并不分节。从上表可见，《名理探》并非与其蓝本——对应的翻译，而是有意识的节选，同时也对原文加以了转化。比如，原文章节的结构的层次在译文中打破了，原文中是问题与问题（quaestio）并列，问题下会按内容复杂程度而划分诸小节（articulus）。在《名理探》中，科因布拉本的 Quaestio IV 的不同小节却与 Quaestio I - III、V、VI 在结构上并列。译者们也呈现了原文的一些内部结构"或曰"：objectio，反驳；"正论云"（vera sententia, 54）；"所谓" ad...respondetur。这些都是经院学作品中常见的结构，也就是列出一系列论点以此针对它们的反驳，通过分析确定哪个论点为正确的论点（正论），并且对相关的反驳一一做出回应。这样的结构在托马斯·阿奎那的《神学大全》中就已经固定下来了。

四 关于名理探这门学科的探讨

在"爱智学之原始"一节中提到亚里士多德为逻辑学之创始人。他的目的为"引人开通明悟，辩是与非，辟诸迷谬，以归一真之路"[1]。同一处也提到了亚氏之《范畴论》和玻菲力之《导论》，看似《名理探》译者是先打算以这两部著作作为一个整体来开始翻译工作的。先是从神学上为人之所有会有各类认知和学科做了解释：人作为天主肖像具有理性。而"艺"（ars），即科学，被定性为一种习性（habitus），通过后天的积累和学习所获。科学的特性为以真为目的，有一个自己独特的研究对象，以及有益于人。[2] 随后在《名理探》中对科学加以了划分：区分科学有三种方式，①按其内容，②按其目的，③按其地位。按照这种划分，而名理探则属于①关于言语（logos）的科学；②为实践科学，且以练成习性为目的，类似伦理学；

---

[1] ［葡］傅汎际、李之藻译：《名理探》，生活·读书·新知三联书店1959年版，第8页。

[2] 同上书，第9页。

③为传统七艺中较低级的三艺之一,比语法(grammatica)和修辞学(rhetorica)要高级。然而在教学秩序上,最先的当然是语法,然后则应是逻辑(名理之学),修辞学在其之后。在地位上,名理探要比其他两门涉及言语的学科要高级,因为它所致力的是训练理性,却因自然哲学和形而上学两者所涉及的为实在对象,而比这两者要低。不过,与其他的实践科学相比,它却要更高贵,因为伦理学中所要养成的德性为情感的德性,而名理探所要训练而养成的德性,为理智的德性。①

"五公卷之一"的十章中,最后六章在讨论名理探这一学科,其分别从六个方面来加以讨论。第一讨论的是名理探之统一性的问题。在此,科因布拉本中的第一节至第三节(articulus Ⅰ-Ⅲ)被浓缩成了《名理探》的一章。前者的 Articulus Ⅰ、Ⅱ只用了一段话就得以总结。首先确定了名理探是一"学"(scientia,即亚氏意义上的"科学",而非"技艺")。因为按照亚里士多德在《后分析篇》中关于科学的论述可知亚氏定义中的"科学"即可以借着确定的证明而获得新知识的学问。②由于名理探具有可由此推导出新的认知的明确法则和定理,它即为一"学",并且作为其他科学的工具(所谓"具"),如果它自身并非为一门科学,那么其他将它用作工具的科学也就不会存在。另外,名理探也是与其他科学有明确区分的科学,因为它有明确的、与其他科学不同的对象(这在关于"向界"的那一章中将会有详细讨论)。名理探的任务是引导探求真的理性思考(actus intellectus)("专济明悟之用,迪人洞彻真理")。同时作者也指明,名理探是哲学("爱知学")的一部分。③

《名理探》的译者们自行划分出来一章专门讨论名理探的使用是否是一门科学("用名理探之规为一艺否")。这一章的内容是从科因

---

① [葡]傅汎际、李之藻译:《名理探》,生活·读书·新知三联书店1959年版,第14—15页。
② 参见[古希腊]亚里士多德《后分析篇》,余纪元译,载苗力田主编《亚里士多德全集》第一卷,中国人民大学出版社1990年版,第247页。
③ [葡]傅汎际、李之藻译:《名理探》,生活·读书·新知三联书店1959年版,第17页。

布拉本的第二节（Articulus Ⅱ）中摘选出来的。而第二节中的画画的例子却放在了《名理探》的前面一章中。在这里，《名理探》区分了"学"和"艺"，并且特别加了注释表明这里的"艺"是狭义上所指的"艺"，即与"学"（scientia）相区分。这里的"艺"指的是什么呢？科因布拉本里无法找到与此直接相对应的解释，但从《名理探》这一章的上下文来看，并且结合科因布拉本中相应的内容，可以得知，"艺"在此指的是对逻辑的运用，而"学"则指的是逻辑这门科学。这也符合中国古代"艺"字和"学"字的含义："艺"可以指技艺，而"学"指知识。科因布拉本区分了"教学的逻辑"（dialectica docens）和"运用逻辑"（dialectica utens）。① "学"与"艺"的区分在内容上与此相对应。《名理探》在这一章中想要说明的是，讨论推理之规则的，是科学（"就其立法教人，设推辩之规，则为学"），而使用其规则进行推理，则是一门技艺（"就其循袭规条，成诸推辩，则为艺而不为学"）②。

随后的一章"名理探兼有明用两义"对应的是科因布拉本中的第三节（articulus Ⅲ），这里所讨论的是名理探，即逻辑，到底是一门理论科学（scientia speculativa）还是一门实践科学（scientia practica），结论是，名理探既是实践科学，也是理论科学，因为从其对象来看，它是一门理论科学，然而从其目的，即引导理性推理来看，则为实践科学。

名理探作为一门学科的研究对象（所谓"向界"）为"明辩之规式"，即"论辩之模式"（modus disserendi）。在定义上和秩序上（ordine et definitione），此对象都构成了一个整体，从而也就奠定了名理探作为一门学科的统一性。③ 它包含了"解释、剖析、推论"：definitio, divisio, argumentatio。"明辩"则指的是通过论述，而借着已知的发现先前未知的，是一种认知模式。"解释"，即我们现在所说的

---

① Collegium Conimbricense, *In universam dialecticam Aristotelis*, Cologne: Bernard Walter, 1611, p. 28.
② ［葡］傅汎际、李之藻译：《名理探》，生活·读书·新知三联书店 1959 年版，第18 页。
③ 同上。

"定义",展现出所要定义的对象之本质("内之义理"),"剖析"则是进行概念分析,而"推论"是展现出所讨论对象的本质或偶性属性("推辩其情与其依赖者"①)。《名理探》中也区分了名理探这门学问所讨论三种不同的对象:①"明辨之规";②"所以成明辨之规";③"有关于明辨之规"②。"明辨之规"(modus disserendi)指的是上述的"解释、剖析、推论",而"所以成明辨之规"是前者的组成部分(partes),即概念(terminus)和命题(propositio),而"有关于明辨之规"则指的是谓词(praedicamenta),《名理探》很明确地说明所指的即"五称十伦之类者"(玻菲力《导论》里提到的五谓词以及亚里士多德的十范畴)。

下一章所讨论的是名理探的奠基作用,虽然在标题中,这一章的论点得以明确树立,然而,在叙述的时候,译者们却把科因布拉本的作者们作为正论的论点描述为"折中者"的观点。科因布拉本中所相对应的Quaestio Ⅵ顾名思义是作为一个选择疑问句被提出的,按经院学传统讨论方式(特别是托马斯·阿奎那的《神学大全》的模式),分别列出支持反方和正方的理由,但是,会树立正论。当然,正论通常是一种综合,也就是顾及反对意见的综合,所以也可以说是一种"折中"。不过,译者没有像在其他章节中那样,通过"正论"一词来标注他们所要代表的观点。科因布拉本中承接了邓斯·司各脱(Duns Scotus)以及丰塞卡(Fonseca)的观点,即逻辑学作为一门学科(dialectia perfecta et artificialis)对其他各门学科来说,有着运用上的必要性,可以使得它们免于谬误(《名理探》:"用明悟于推论,资此便益,免于诸谬之须也"③)。科因布拉本中所树立的第二个论点是:人本性中的逻辑推理能力(dialectica naturalis)对其他科学是必要的。《名理探》中由此区分了"性成之名理探"和"学成之名理探",前者为人本性中的逻辑推理能力。名理探(在这亦作"明辨之学")在这不仅对自然的科学探讨("因性之识":scientia naturalis)

---

① [葡]傅汎际、李之藻译:《名理探》,生活·读书·新知三联书店1959年版,第18页。
② 同上。
③ 同上书,第30页。

有益，而且也对神学（"超性者"：supernaturalis）有益①。

科因布拉本在 Quaestio Ⅳ 的附录里讨论了逻辑学的划分，《名理探》在五公卷之一的最后一章中简短地总结了这个内容。正确划分名理探的方式是按其所讨论的对象，即所谓的"明辨之规"，而加以划分，也就是上面已经提到的：解释、剖析、推论②。

五　总结

本文第二节中已经提到科因布拉系列是文艺复兴时期亚里士多德主义的代表作品，同时也是一种对从中世纪发展出来的众多基础在亚里士多德诠释上的哲学流派的折中作品，从而决定了这部作品的哲学立场和观点并不是特别明确和连贯。作为一部以教学为主要目的的著作，科因布拉系列并不以树立一个完整且连贯的哲学系统为目的，而是以诠释亚里士多德、传授其主要哲学思想和概念，以及在当时纷争的学派和意见中找到一个能与教会正统兼容的观点。这也体现在科因布拉的亚氏逻辑注疏及其译文《名理探》中关于逻辑作为一门科学的讨论上：在其对"logica"或"dialectica"的名称之讨论中，我们可见科因布拉作者们有着一个广义和狭义的逻辑概念。而在五公卷之一的《名理推自为一学否》一章中，则以亚里士多德《后分析篇》中的科学定义，以狭义来理解逻辑，将其理解为一种证明的科学，目的是为了确立逻辑作为一门科学的地位。然而，在随后的《用名理探之规为一艺否》一章中，则有着对逻辑的广义理解，在此，逻辑为视为"艺"，而非前面的"学"。另外，《名理探》中也提到了科因布拉本中所说的人本性之逻辑推理能力。因此，虽然西方逻辑强调所谓的"规"（regula），而这些规则可以是亚里士多德逻辑著作中已经明确树立的形式化逻辑规则，比如三段论的有效式等，然而，作为人理性思想的能力，逻辑有着一个更加广泛的外延，从而也得以包容中国的

---

① ［葡］傅汎际、李之藻译：《名理探》，生活·读书·新知三联书店1959年版，第31页。

② 同上书，第32页。

逻辑，除非是有人想否认中国人具有理性思维能力，而这显然是荒谬的。《名理探》的译者们之所以能够多年劳作翻译科因布拉亚氏逻辑注疏，当然也预设了逻辑本身具有的普遍性。如同罗亚娜所说的那样，逻辑中具有文化性和普遍性，在翻译的过程中，什么可以得以传达，并且可以通过类似的源于中国文化的概念加以传达，而什么样的内容和信息却有着传达的困难，这或许也能揭示科因布拉逻辑中哪些为普遍性的、而哪些则为受特殊文化制约的因素。